Forstschutz und Forstpolizeilehre,

im Anhange

die

Nachweisung der preußischen Forstpolizeigesetze.

Von

Dr. W. Pfeil,

Ober-Forstrath, Professor und Director der Königl. Preuß. höhern Forst-Lehranstalt, Ritter des rothen Adlerordens dritter Klasse mit der Schleife und des Kaiserlich Russischen Sanct Annenordens zweiter Klasse.

Zweite verbesserte Auflage.

Berlin.

Verlag von Veit und Comp.

1845.

Neue vollständige Anleitung

zur

Behandlung, Benutzung und Schätzung der Forsten.

Ein Handbuch

für Forstbesitzer und Forstbeamte.

Von

Dr. W. Pfeil,

Ober-Forstrath, Professor und Director der Königl. Preuß. höhern Forst-Lehranstalt, Ritter des rothen Adlerordens dritter Klasse mit der Schleife und des Kaiserlich Russischen Sanct Annenordens zweiter Klasse.

Als dritte abermals verbesserte Ausgabe.

Dritte Abtheilung:

Forstschutz und Forstpolizeilehre.

Berlin.

Verlag von Veit und Comp.

1845.

Vorwort
zur ersten und zweiten Auflage.

Die vorliegende Schrift soll sich so viel als möglich auf den praktischen Forstschutz beschränken. Sie vermeidet daher das Naturwissenschaftliche absichtlich, um gar nicht auf die Idee hin zu leiten, als könne der Leser eine genügende Kenntniß der Forstunkräuter, der Forstinsekten daraus schöpfen. Die Zeiten, wo man in dieser Hinsicht mit einem Lehrbuche für Förster auskommen konnte, dürften vorüber sein und nicht mehr wiederkehren. Dem gebildeten Forstmanne ist ein Mehreres davon nöthig, als hier zu geben gewesen wäre, und dem ungebildeten zeige man lieber einen Kiefernspinner oder Borkenkäfer, als daß man ihm die unverstandene aphoristische Beschreibung giebt.

Die Forstpolizeilehre ist zwar nicht die eines Staates, sondern eine allgemeine, ohne Rücksicht auf eine örtliche Gesetzgebung, denn die Nachweisung der Preußischen Forstpolizeigesetze steht eigentlich in keinem weitern Zusammenhange mit dem Uebrigen. Sie beschränkt sich doch aber auch wieder bloß auf Deutschland, und der Verfasser ist weit entfernt, glauben zu wollen, daß die hier entwickelten Ansichten auch passend in Frankreich, Ungarn, Rußland, Schweden u. s. w. sein würden, ja selbst jeder einzelne deutsche Staat wird ein Forstpolizeigesetz mit Rücksicht auf seine eigenthümlichen Verhältnisse entworfen haben, und abweichende Ansichten befolgen müssen. — Jedes Land, welches nach Klima, Bodenkultur, Sitten, politischen Einrichtungen verschieden ist, muß auch sein darauf begründetes Forstpolizeigesetz haben.

Auch die Befreiung der Wälder von Servituten ist nicht nach dem Gesichtspunkte der Preußischen Gesetzgebung allein aufgefaßt, wie in den früheren Schriften des Verfassers, diesen Gegenstand betreffend, sondern aus demjenigen, wie ihn derselbe für sich unabhängig betrachtet. Es sind nur die Grundzüge dazu gegeben, das Einzelne ist in Beispielen bereits anderweitig dargestellt. Das Specielle ist in der Schrift: Anleitung zur Ablösung der Waldservituten, Berlin 1844, enthalten.

Der Verfasser hofft, daß der mit der Literatur vertraute Leser manches Neue darin finden wird; das Buch würde aber natürlich wenig Werth für den Selbstunterricht haben, wenn nicht auch das schon in ältern Schriften Vorhandene, so weit es beachtenswerth ist, darin aufgenommen wäre. Es ist aber dabei wenigstens das sich als unrichtig Zeigende, ausgeschieden worden.

Die Schrift ist weder nach fiskalischen Ansichten, noch nach derjenigen geschrieben, daß der Vortheil des Forstes das Höchste und Erste sein müsse, nach welchem der Forstmann strebt. Es ist vielmehr der Gesichtspunkt des Rechtes, der Wohlfahrt des Volkes immer als derjenige angenommen worden, von dem man stets ausgehen und Alles beurtheilen muß. Es ist in ihr der Grundsatz aufgestellt, daß die Forsten um des Volkes willen da sind, nicht das Volk um der Forsten willen, daß sie nur Mittel, nicht Zweck sind.

Daß manche Gegenstände aufgenommen wurden, wie z. B. Flußpolizei, welche sonst nicht zum Forstschutze gezogen werden, wird gewiß seine Rechtfertigung darin finden, daß der Forstverwalter häufig mit ihnen in Berührung kommt.

Die zahlreichen Berichtigungen, Verbesserungen und Nachträge, welche die zweite Auflage gegen die erste erhalten hat, werden demjenigen nicht entgehen, welcher beide mit einander vergleicht.

Dagegen ist der Theil, welcher von den Insekten handelt,

absichtlich gegen früher sehr abgekürzt worden, indem nur die Vertilgungsmaßregeln gegen die wichtigsten Forstinsekten angeführt sind. Dies ist theils der Raumersparniß wegen geschehen, theils weil des Herrn Professor Ratzeburgs Insektenwerk, welches seit der ersten Auflage erschienen ist, hinreichend Gelegenheit giebt, sich über die Oekonomie der Forstinsekten gründlich zu unterrichten.

Inhaltsverzeichniß.

Forstpolizeilehre.

Forstschutz und Forstpolizeilehre.

Einleitung.

Wo der Wald sich selbst überlassen ist, bedarf er zu seiner Erhaltung keines Schutzes und keiner Fürsorge. Es ist sogar anzunehmen, daß da, wo die Holzpflanzen einmal festen Fuß gefaßt haben, sie bald eine dauernde Herrschaft über die Oberfläche des Bodens gewinnen; wenigstens kennen wir kein Beispiel, daß eine bewaldete Gegend, ohne Zuthun des Menschen, wieder für immer ihren Wald verloren habe. Zwar kann auch im Urwalde der Blitz Feuer anzünden, welches große Strecken verheert; Orkane stürzen die Bäume ausgedehnter Waldflächen nieder; selbst Insekten, obwohl seltner, verheeren solche, aber nur kurze Zeit dauert es, und die ewig schaffende Thätigkeit der Natur ersetzt den Verlust wieder durch neue Generationen von Bäumen, welche üppig aus der Asche oder den modernden Ueberresten der frühern emporschießen. In der sich selbst überlassenen Natur ist ein solches harmonisches Zusammenwirken ihrer Kräfte, daß sich Alles erhält, was sie schuf; sie zerstört nur, um zu erhalten. Nirgends gewinnt eine Thiergattung ein bedeutendes Uebergewicht über die andere; eine hält die andere in Schranken, so daß keine den

Pflanzen gefährlich werden kann. Eins muß dem Andern dienen, ohne daß eins dadurch vernichtet wird. Anders gestaltet es sich, wo der Mensch die Herrschaft über die Oberfläche der Erde gewinnt. Er fragt nur nach demjenigen, was ihm dient und nützlich ist, er steigert die Anforderung an das, was der Boden giebt, über die freiwilligen Gaben hinaus, welche die Natur darbietet, oft sogar bis zur Verwüstung dessen, was sie erzeugte, bis zur Hemmung ihrer wirkenden Kräfte. Immer nur den nahen, vor Augen liegenden, unmittelbar eingehenden Vortheil beachtend, maßt er sich an, zu bestimmen, was schädlich und nützlich ist, nicht den Haushalt der Natur, sondern den des, nur zu oft sich von ihr entfernenden Benutzers der Naturgaben berücksichtigend.

Bei einer geringen Bevölkerung, da, wo diese von den aufgehäuften Schätzen, oft vieler Jahrhunderte, geben kann, erträgt dies der Wald. Die innern Kräfte der Natur sind groß genug, um auch den ausgedehntesten Ansprüchen an sie zu genügen, so lange diese nur noch von Wenigen gemacht werden. So wie die Bevölkerung aber steigt, müssen ihren Ansprüchen Schranken gesetzt werden, oder es kann sich kein Wald erhalten. Früher geht er zu Grunde in den kalten Himmelsstrichen, später in den warmen, leichter auf armen, schwerer auf reichem Boden, wovon die Gründe nicht erst anzuführen sein werden — immer aber wird er vernichtet, auf den Antillen, in Griechenland, wie in Schweden und Island.

Die Forderungen zu seinem Schutze sind nicht gleich zu stellen. Sie sind nicht bloß zu steigern, wo die Natur weniger Kräfte zeigt, um den Angriffen zu widerstehen, das Weggenommene und Zerstörte zu ersetzen, sondern sie müssen auch in demselben Maße mehr Schutz bedingen, wie die Angriffe auf ihn gefährlicher und ausgedehnter werden.

Deshalb muß jedes Zeitalter, jedes Klima, jede verschiedene Vergrößerung der Bevölkerung, jeder sich leicht erhaltende oder schwer wieder zu ersetzende Wald, bald mehr bald weniger ausgedehnte Beschützung genießen.

Wo wenige hundert Menschen auf der Quadratmeile leben, die kaum in das Innere der großen Waldungen dringen können, da bedürfen diese noch kaum einer Sorge für ihre Erhaltung; es genügt, wenn man nur verhindert, daß sie nicht niedergebrannt werden. Anders ist es bei 6 und 8000 Menschen auf der gleichen Fläche. So bilden sich überall gleiche Gegensätze zwischen dem Norden, den rauhen Höhen, wo der zerstörte Wald kaum mehr wieder zu erziehen ist, und dem Süden, den Flußthälern mit üppiger Vegetation, der flüchtigen Sandscholle und dem fruchtbaren Lehmboden, dem Bedürfnisse des 17ten und dem des 19ten Jahrhunderts, den kaum zu verwüstenden Kiefern und den leicht verschwindenden Buchen und Eichen. Beschränkungen der Weide, des Streurechens wären lächerlich, wo einzelne Stücke Vieh in unermeßlichen Wäldern umherirren, wenige Morgen Feld aus ihnen zu bedüngen sind; dagegen kann man diese Nutzungen gar nicht mehr gestatten, wo zahlreiche Empfänger schon auf die Vertheilung der Ernte eines 8jährigen Niederwaldes harren.

Dies wird hinreichend sein, um darzuthun, daß es nicht möglich ist, anzugeben, wie weit die nothwendigen Beschränkungen zur Erhaltung des Waldes überall gehen müssen. Sie müssen sich aus dem Bedürfnisse, wie es sich zeigt, entwickeln — sie müssen sich ändern, werden die Verhältnisse sich anders gestalten.

Selbst die Uebel, welche den Wald betreffen, ohne daß sie durch den Menschen veranlaßt scheinen, Naturereignisse, die außerhalb seiner Einwirkung liegen oder zu liegen scheinen, bedürfen der größern oder geringern Sorge, je nachdem sie mehr oder weniger zu fürchten sind. Die Waldbrände des Nordens, Mäuse und die Insektenverheerungen des gemäßigtern Klimas, der Schnee- und Duftbruch der Gebirge, der Windbruch in den Fichtenwäldern, jedes bedarf der Beachtung, der ängstlichen Sorge in dem Maße mehr, wie man es mehr zu fürchten hat. In den kleinen Nadelholzdistrikten Westphalens, der Rheingegenden, Mitteldeutschlands ist es lächerlich, so ängstliche Vorkehrungen gegen Feuer, Raupen, Wurmtrockniß zu treffen, als in den Gegenden nöthig sind, wo hunderttausende von Morgen mit Kiefern und Fichten bedeckt sind. Aber selbst nachtheilig kann die übergroße Aengstlichkeit, Uebel zu verhüten, die wenig gefährlich sind, werden, weil die Vorkehrungen dagegen selten ohne Aufopferungen auf der andern Seite zu machen sind. Deshalb kann ein Lehr- oder Handbuch des Forstschutzes Vieles enthalten, und muß es sogar, dessen Anwendung nicht überall zu empfehlen ist. Die Uebel, die dem Walde drohen, sind nach ihrer Gefährlichkeit zu würdigen, um dieser gemäß die Gegenmittel anzuwenden.

Wir haben die Gegenstände, welche bei der Lehre von der Beschützung des Waldes erörtert werden müssen, zur bessern Uebersicht in zwei Abtheilungen gebracht: Forstschutz und Forstpolizeilehre.

Unter Forstschutz begreifen wir die Maßregeln, welche der ausübende Forstwirth innerhalb der gesetzlichen Schranken zur Beschützung des Waldes zu ergreifen hat; — unter Forstpolizeilehre die Theorie der Forstgesetzgebung zu demselben Zwecke, verbunden mit der Anleitung zur zweckmäßigen Anwendung dieser Gesetzgebung zum Schutze der Forsten. Auch umfaßt sie noch die Forstkulturgesetzgebung, d. h. die Erörterungen der gesetzlichen Bestimmungen, welche erlassen werden müssen, um die Hindernisse zu beseitigen, welche sich der vortheilhaftesten Benutzung des Forstgrundes entgegensetzen. Die Gesetzgebung zur Sonderung der Rechte der Individuen gegen einander, kann dabei natürlich nur so weit beachtet werden, als durch solche die Erhaltung des Waldes für die bürgerliche Gesellschaft gefährdet würde.

Nur zu oft ist Forstrecht und Forstpolizei mit einander vermischt worden, weil der Fiskus als Forsteigenthümer zugleich auch als Richter zwischen sich und fremden Ansprüchen auftrat, die Forderungen des Staats als Gesammtheit der Gesellschaft, mit den Forderungen an das Forsteinkommen zu Gunsten der Krone oder der Staatskassen verwechselte.

Hoffentlich wird diese verwerfliche Vermischung bald ganz verschwinden, und der Staatsforst kein anderes Recht haben als der Bauernbusch. Wir können hier nur die Ansprüche, welche an den Wald gemacht werden, hinsichts ihrer Zulässigkeit allein in Bezug auf die Erhaltung desselben würdigen, niemals mit Rücksicht auf die Theilung der Nutzungen, welche die Empfänger daraus beziehen. —

Da kein Mitglied der Gesellschaft den Wald entbehren kann, jeder dessen Erhaltung um desjenigen Vortheil willen wünschen und fördern muß, so ist auch jeder verpflichtet, sich den Beschränkungen zu unterwerfen, die dazu nöthig sind. Keiner hat aber nöthig, unentschädigt einen Vortheil aufzuopfern, damit ein Anderer diesen erhalte. Höchstens kann er genöthigt werden, gegen vollen Ersatz ihn aufzuopfern, wenn die Gesellschaft, durch Vermehrung des Gesammteinkommens dadurch gewinnt. — Es ist nicht nöthig, daß zum Besten der Forsten von diesen Grundsätzen des Rechts und der Billigkeit abgegangen werde; ihre Erhaltung kann bei Beobachtung derselben stattfinden. Aber Niemand kann es auch als ein Recht ansprechen, einen Wald zum Nachtheile des Eigenthümers oder des Staates, und bloß um seines persönlichen Vortheils willen verwüsten zu wollen, denn niemals kann die Idee gewesen sein, ihm ein solches einzuräumen.

Erste Abtheilung.

Forstschutz.

Die Beschädigungen des Waldes, denen der Forstwirth durch eine zweckmäßige Wirthschaftsführung zuvorkommen, oder die er, wenn sie entstanden sind, wenigstens möglichst unschädlich machen muß, lassen sich in folgende Abtheilungen bringen.

I. Klimatische, oder durch die eingetretene Beschaffenheit der Atmosphäre herbeigeführte.

1) Durch Frost,

2) Hitze und Dürre,

3) Schnee, Duft- oder Rohreif,

4) Sturmwinde.

II. Beschädigungen, deren Ursachen in der Beschaffenheit des Bodens liegen.

1) Schaden durch Wasser, und zwar

a) fließendes,

b) stehendes (Versumpfungen),

2) Flugsand.

3) Durch die den Holzpflanzen nachtheilig werdenden Unkräuter.

III. Beschädigung durch Zufälle.

a) Feuer, Blitz,

b) Lavinen, Erdschlüpfe ꝛc.

IV. Beschädigung des Holzes durch die sich von ihnen nährenden Thiere, welche nicht unter die Hausthiere gerechnet werden können, sondern sich selbst überlassen, im Walde leben, als:

1) Wildpret,

2) Mäuse, Eichhörnchen, und alle Vierfüßler, welche nicht zum Wilde gerechnet werden,

3) Insekten.

I. Klimatische Uebel.

Schaden durch Frost.

Er findet auf mancherlei Art statt:

1) Indem große Waldbäume ganz getödtet oder wenigstens theilweis beschädigt werden. Holzgattungen, welche mehr dem Norden als Süden angehören, sind dieser Gefahr im Winter gar nicht ausgesetzt. Die Kiefer, Fichte, Lerche, nordische Weißerle, Birke u. s. w. können den höchsten Kältegrad aushalten, ohne darunter zu leiden. Ulmen, Ahorne leiden sehr häufig darunter, vorzüglich erfrieren bei hohen Kältegraden, die ersten sehr leicht ganz oder theilweis vorzüglich theilweis, wenn sie freigestellt werden. Selbst Eichen und Buchen haben in dem strengen Winter von 1788 bis 1789 im südlichen Deutschlande gelitten. Eben so leidet die Hainbuche oft durch hohen Kältegrad. Ein und derselbe ist gefährlicher in südlichen Gegenden als in nördlichen. Je weniger die Bäume an einen hohen Kältegrad gewöhnt sind, desto weniger ertragen sie ihn auch. Je länger die Bäume in einer Gegend das

Laub behalten, desto leichter erfrieren sie; bei Gartenbäumen hat man sogar dieser Gefahr durch Abpflücken des Laubes im Herbste zuvorkommen wollen. Wallnußbäume, welche im September nach einem zeitigen Nachtfroste ihr Laub fallen lassen, haben weit weniger vom Froste zu fürchten, als wo dies ohne Frost abfällt. Nicht der hohe Kältegrad allein wirkt auf die Pflanzen nachtheilig, sondern noch mehr das Anhalten desselben. Derselbe Kältegrad tödtet noch keine Bäume, der nur 24 Stunden anhält, bei welchem viele absterben, wenn er 14 Tage unverändert bleibt. Auch bewirkt es einen wesentlichen Unterschied, ob der Frost Ende Dezember oder Januar eintritt, oder mit gleicher Heftigkeit nach milder Witterung im Februar und März. In dieser letzten Zeit ist er weit schädlicher. Ebenso hat der Standort und die vorhergegangene Witterung Einfluß darauf. Ist dieser sehr naß, ging ein feuchter Herbst und Sommer vorher, so ist die Wirkung des Frostes weit verderblicher als auf trocknem Standorte, und nach vorhergegangener trockner Witterung. Ganz besonders bemerken wir aber bei unsern Waldbäumen die nachtheilige Einwirkung der Kälte, wenn sie im dichten Schlusse standen, die Wurzeln von einer dichten Laub- und Humusschicht bedeckt waren, und plötzlich freigestellt werden, diese Bedeckung der Wurzeln sich verliert.

Man hat die Art und Weise, auf welche der Frost die erwachsenen unbelaubten Bäume tödtet, verschiedentlich erklären wollen. Zuerst durch die Ausdehnung der gefrornen wässerigen Säfte, wodurch eine Zerreißung der Gefäße, welche sie enthalten, bewirkt werden sollte. Allein theils frieren diese zu Eis, sobald die Temperatur im Innern des Baumes unter 0 herabsinkt, wie noch neuerlich Schübler in Tübingen unwiderleglich dargethan hat, ohne daß der Baum deshalb nothwendig abstirbt, theils kann man selbst in Blättern, welche durch den Frost getödtet sind, sehen, daß die Zellen nicht zersprengt wurden, die Wände derselben nur etwas erschlafft sich zeigen. Auch die Markstrahlen der Bäume, die Intercellulargänge, die Poren, die Spiralgefäße der durch Frost getödteten Pflanzen, zeigen sich bei einer genauen Untersuchung unverletzt.

Eine andere Ansicht ist, daß durch den Frost, wenn die Kälte einen gewissen Grad erreicht hat, eine chemische Veränderung der Mischungsbeschaffenheit der Gewächse herbeigeführt wird, und dies die Ursache sei, daß sie nicht fortleben können. Aber auch hier ist noch unentschieden, ob diese unläugbare Veränderung in erfrornen Pflanzen Ursache oder Folge ihres Absterbens ist. Auch bietet sich uns die Erscheinung dar, daß Bäume, deren brauner Splint, Kern und gefärbtes Holz eine so nachtheilige Einwirkung des Frostes auf das Innere des Stammes zeigt, daß dies abstirbt, fortwachsen und die abgestorbene Holzmasse mit neuen gesunden Holzlagen überzogen wird *).

Noch eine verschiedene Ansicht ist die, daß, so wie das animalische Leben erlischt, wenn die nöthige Wärme fehlt, um die eigenthümliche Lebensthätigkeit anzuregen und zu erhalten, dies ebenfalls in Bezug auf das Pflanzenleben der Fall ist.

Noch kennen wir aber in keinem Falle die Art und Weise der Wirkung so genau, daß wir irgend die Ursache in ihren Folgen zu beschränken vermögten.

Dem Forstwirthe bleibt nur übrig, um das gänzliche oder theilweise Erfrieren ausgewachsener Bäume zu hindern: den Schluß des Waldes zu erhalten, die Bodenbedeckung, vorzüglich Laub und Humus nicht vermindern zu lassen, und die zärtlichen Holzgattungen nicht an warmen Südseiten zu zie-

---

*) Siehe über diesen Gegenstand überhaupt: Göppert über die Wärme-Entwickelung in den Pflanzen. Breslau bei Max u. Comp. 1830.

hen, wo im Frühjahre sich die Lebensthätigkeit sehr zeitig entwickelt. — Im Herbste geschneidelte oder verletzte Bäume sind der Beschädigung durch Frost vorzüglich ausgesetzt.

Nur beiläufig können wir erwähnen, da es eigentlich außer dem Bereiche dieser Schrift liegt, daß außer den bekannten Mitteln zur Sicherung der zärtlichen Garten- und Obstbäume, das Umwickeln derselben mit Strohseilen, deren Ende in ein offenes Gefäß mit Wasser geleitet wird, das Einlegen eines krystallinischen Steins zwischen die Zweige, als sichere Schutzmittel empfohlen werden. Da sie nur als unbegründete Erfahrungssätze gelten können, so kann ihre unverbürgte Wirksamkeit auch nur aus der Erfahrung widerlegt oder bewiesen werden. Junge erfrorne, oder durch Frost beschädigte Stämme erholen sich weit leichter wieder, wenn man sie ruhig stehen läßt, als wenn man sie abschneidet; wenigstens schlagen sie unabgeschnitten gleich sicher wieder aus.

Häufiger als das Erfrieren der alten einheimischen Waldbäume ist dasjenige der jungen Keimlinge, so wie die theilweise Beschädigung der Pflanzen durch Frost.

Als solche kann man ansehen:

a) Das Erfrieren der Blätter, Blüten, jungen Triebe durch späte Frühjahrsfröste.

b) Das Erfrieren der nicht vollkommen verholzten Triebe junger Pflanzen und der Stockausschläge im Spätherbste und Winter.

c) Die Frostrisse, Frostspalten, Eisklüfte, welche bei schnell eintretendem starkem Froste entstehen, wodurch die äußern Holzringe zusammengezogen werden, indem der Kern des Baumes bei einer höhern Temperatur unverändert bleibt, so daß diese äußern Ringe nicht mehr zureichen, um das Innere zu umschließen und sich trennen müssen. Nur starke Bäume — wie sich leicht aus dem Angeführten erklären läßt — mit spaltigem Holze erfahren diese Beschädigung, welche dem Fortwachsen derselben nicht hinderlich ist.

d) Wenn der äußere Holzring des Baumes durch den Frost desorganisirt, krankhaft oder getödtet wird, und dieser wächst fort, so daß sich frische grüne Holzlagen über ihn hinweglegen, so entsteht der doppelte oder falsche Splint (faux aubier von Dühamel und Büffon), indem im Innern des Baumes nochmals ein scheinbarer Splintring bemerkbar wird.

e) Die verborgenen Eisklüfte (gelivûres entrelardées) sind todter Splint und todte Rinde im queren Durchschnitte alter Bäume mit gesundem Holze überwachsen. Durch Abzählen der Jahresringe, welche sich darüber hinweggelegt haben, will man den Nachweis führen (Büffon und Dühamel) daß dieser Fehler stets in ausgezeichnet strengen Wintern entstanden sei.

f) Große lange anhaltende Kälte hat überhaupt einen nachtheiligen Einfluß auf die Holzerzeugung. Linné will bei der Untersuchung der Jahresringe einer 100jährigen Eiche gefunden haben, daß die schwachen jedesmal mit harten Wintern zusammentrafen.

Der Forstwirth kann nur etwa diejenigen dieser Beschädigungen verhindern, welche das junge Holz betreffen.

Zu a. Das Erfrieren der Blätter, was junge Pflanzen immer sehr schwächt, und zuletzt, wenn es sich oft wiederholt leicht tödtlich werden kann, ist nur dadurch zu verhindern, daß man die Pflanzen, welche ihm besonders ausgesetzt sind, durch längere Ueberschirmung oder durch dazwischen eingemischtes Schutzholz, zu schützen sucht. Das Nähere deshalb gehört der Lehre von der Holzerziehung an.

Zu b. Das Abfrieren der Zweigspitzen, bei dem ersten starken Froste im Winter erfolgt, wenn die Pflanzen nicht lange genug haben wachsen können, um vollkommen zu verholzen, oder dazu während der Wachsthumszeit die erforderliche Summe der Wärme gefehlt hat. Es findet daher auch diese Erscheinung am häufigsten bei den Holzarten statt, die eigentlich in einem wärmeren Klima ihre Heimath haben, wie Ahorn, Ulme, Elzbeere. Sie wird desto gefährlicher, je später im Frühjahre die Pflanzen aufgehen und die Ausschläge erscheinen, weshalb man auch dies zu vermeiden suchen muß, so weit es die Nothwendigkeit gebietet, sich gegen die späten Frühjahrsfröste zu schützen.

2) Weit verderblicher wird der Frost durch die gänzliche Tödtung der jungen aufgehenden Pflanzen und der Stockausschläge im Niederwalde. Das Erste bewirken die späten Frühjahrsfröste, das Zweite sowohl diese als auch die Herbst- und Winterfröste, wenn die Ausschläge nicht voll haben verholzen können. Ahorn, Buchen, Eichen, Eschen, Hainbuchen, Akazien und Linde leiden als Samenpflanzen vorzüglich durch späte Frühjahrsfröste. Vom Stockausschlage erfriert der der Erle und Hainbuche am leichtesten ganz, und selbst die Mutterstöcke werden dann oft ganz dadurch getödtet, so daß sie nicht wieder ausschlagen. Auch die Eiche leidet vorzüglich in den Schälwaldungen darunter. Wir wollen die Mittel, um den Schaden durch Frost zu verhindern, besonders anführen.

Die Keimlinge der Nadelhölzer, Birke, Schwarz und Weißerle, Aspen sind gegen Frost nicht empfindlich.

A. In Bezug auf Besamungsschläge.
B. Freie Saaten.
C. Pflanzkämpe.
D. Niederwaldschläge.

A. In den Besamungsschlägen schützt man sich

a) durch Ueberschirmung mittelst der überzuhaltenden Mutter- und Schutzbäume, die an den Stellen, wo die Gefahr größer ist, auch stets dunkler sein muß —

b) durch Unterbringung des abgefallnen Samens mittelst des Eintreibens von Schweinen, Bedecken mit Erde und Laub durch die Hacke, Egge, den Harken —

c) die Erhaltung des Strauchholzes der Kräuter und Gewächse, welche Seitenschutz gewähren —

d) durch Einsprengung härterer Holzarten —

e) durch Führung des Hiebes von Süden und Westen gegen Norden und Osten, nnd Erhaltung des dichten Mantels gegen diese letztern Himmelsgegenden zu —

f) durch Dunkelhalten der Seiten, welche gegen beträchtliche Wasserflächen hinliegen, nöthigenfalls durch vorhergehende Anzucht eines Schirms von Nadelholze, welcher die Buchen- und Eichenschläge gegen den Luftzug, welcher vor ihnen herstreicht, schützt. Das Erfrieren des abgefallenen Samens findet nur statt, wenn der Keim sich schon entwickelt hat und dieser einer Temperatur unter dem Gefrierpunkt ausgesetzt wird. Bucheln und Ahornsamen gehen dadurch am öftersten für die Nachzucht verloren, die Keimspitzen der Eicheln frieren zwar auch oft ab, doch hindert dies nicht, noch gute Pflanzen daraus zu erhalten. Eine passende Erdbedeckung sichert am besten gegen die Gefahr, die bei andern als den genannten Holzarten nicht zu fürchten ist.

B. Bei freien Saaten

a) durch spätes Säen, so daß die Pflanzen erst aufgehen, wenn keine späten Nachtfröste mehr zu fürchten sind, was aber bei Holzarten, die spät verholzen oft wieder den eben so großen Nachtheil hat, daß sie im folgenden Winter wenigstens bis auf die Wurzel abfrieren, oft auch ganz durch den Frost getödtet werden.

b) durch Bedeckung der Platten und Reifen mit Laube —

c) durch starke Erdbedeckung des Samens —

d) indem man um alte Stöcke säet, die Platten oder Saatlöcher vertieft und nicht ganz wieder mit Erde ausfüllt —

e) durch Vermischung der zärtlichen Holzgattungen mit härtern, indem der Anbau dieser letztern vorausgehet, so daß sie den erstern Seitenschutz gewähren.

C. In Pflanzenkämpen können dieselben Maßregeln gewöhnlich weit vollständiger angewandt werden; außerdem treten aber noch hier hinzu

a) eine gute Wahl des Orts, wo der Kamp angelegt wird*) —

b) Bedeckung der Beete, auf welchen junge Pflanzen stehen oder aufgehen sollen, mit Nadelholzreisig, welches abgenommen werden muß, sobald die Gefahr des Erfrierens nicht mehr stattfindet. Auch Matten können dazu verwandt werden. Stroh paßt nicht dazu, indem es die Mäuse sehr anlockt. —

c) Schmauchfeuer sind ein sehr empfehlenswerthes Mittel, die Pflanzen gegen Nachtfröste zu schützen. Man häuft dazu auf den Gängen und Rainen zwischen den Beeten Torf, Rasen, nasse Späne, feuchtes Laub, Moos, Plaggen, auf, und zündet es gegen Mitternacht an, so daß es bis etwa eine Stunde nach Sonnenaufgang glimmt und den Pflanzkamp mit Rauch bedeckt, was bei der stillen Luft, bei welcher die Spätfröste in der Regel eintreten, mit ziemlicher Sicherheit erwartet werden kann. In den Weinbergen ist dieses einfache, wohlfeile Mittel längst als zuverlässig erprobt —

d) das Begießen der vom Froste berührten Pflanzen

---

*) Siehe die 2te Abtheilung, Holzkenntniß und Holzerziehung.

bei Sonnenaufgange mit ganz kaltem Wasser erhält sie oft, eben so wie die Wirkung des Frostes geschwächt wird, wenn man sie gegen die Sonnenstrahlen schützen kann.

D. Die Niederwaldschläge müssen vorzüglich durch eine zweckmäßige Hiebsführung, so daß von Süden und Westen gegen Norden und Osten gehauen wird, geschützt werden. — Am mehrsten leiden die spätgehauenen Orte, deren Ausschläge nicht ganz verholzen konnten. Man hat deshalb bei den Eichenschälwaldungen in den rauhen Gebirgsgegenden, wo der späte Safthieb nicht zu vermeiden ist, mit Erfolg die auf dem Stamme geschälten Stangen stehen lassen, und sie erst im darauf folgenden Frühjahre zeitig tief nachgehauen, um dann erst die zur Forstzucht bestimmten Ausschläge zu erhalten. — Sollten Erlenschläge erfrieren, und man kann sie gleich tief nachhauen, so daß neue Ausschläge vom alten Mutterstocke herkommen, so ist dies sehr zu empfehlen.

3) Der Schaden, welcher durch das Auffrieren der jungen Pflanzen, auch Aufziehen durch Frost genannt, entsteht, ist eben so häufig als verderblich. Er findet in folgender Art statt. In einem sehr feuchten Boden bilden sich, vorzüglich wenn er sehr locker ist, in den kleinen Zwischenräumen, Eiskrystalle, an die sich, bei fortdauernder Kälte, fortwährend die Verdünstung des Bodens ansetzt, da sie eine niedrigere Temperatur haben als dieser. Dadurch dehnen sie sich immer mehr aus und gestalten sich nach und nach zu Eissäulen und Eisklumpen oder Eiszacken die den Boden trennen und die Pflanzen emporheben, wenn sie sich unter ihren Wurzeln bilden. Dem humosen feuchten Sandboden ist zwar wegen seiner Lockerheit diese Erscheinung am mehrsten eigen, doch findet man sie auch im feuchten Lehmboden, worin sich dann die

obere gefrorne Bodenschicht abhebt und die Pflanzen mit herauszieht, welche nun umfallen und ganz ausgezogen liegen bleiben. Vorzüglich leiden die flachwurzelnden Holzgattungen, Fichten, Birken, Erlen u. s. w. darunter, weniger solche, welche, wie die Kiefer und Eiche, schon frühzeitig eine tief gehende Pfahlwurzel entwickeln. Mittel dagegen sind:

a) Die Entwässerung vom Bruchboden, so daß sich dieser setzt und fester wird; das Ablassen des sich sammelnden Wassers, wo es thunlich ist.

b) Daß man lieber pflanzt als säet und vorzüglich Ballenpflanzungen anwendet.

c) Das Vermeiden des Auflockerns des Bodens bei den Saaten der Erlen, Fichten und Birken, bei der ersten Holzgattung sogar das Zurücklassen des Wurzelfilzes, wenn die Gewächse, welche ihn bilden, für die Erle nicht verdämmend sind. Bei der Fichte und Birke ist dies freilich nicht anwendbar. Die erstere säet man auch deshalb in dichten Streifen, an Steinen und Stöcken, woselbst das Auffrieren weniger zu fürchten ist. In den Pflanzkämpen und, wo man Menschen genug hat, auch wohl in den Plattensaaten, können die aufzogenen Pflanzen, so wie es aufthauet, vorsichtig wieder mit den Händen angedrückt werden. — In den Erlenbrüchern, welche im Winter und Frühjahre gemeiniglich unter Wasser stehen, frieren die gepflanzten stärkern Stämme zuweilen in das Eis ein und werden so bei steigendem Wasser, bevor die Eisdecke schmilzt, emporgehoben. Sobald das Wasser sich etwas verlaufen hat, müssen sie wieder angetreten werden.

In Saatkämpen ist es ein vortreffliches Mittel, das Auffrieren des Bodens zu verhindern, wenn man den freien Zwischenraum zwischen den Saatrillen dicht mit Steinen belegt und so gleichsam umpflastert, daß die Pflanzen zwischen den Steinen stehen. Es schützt dies im lockren und trocknen Boden auch eben so gut gegen die Dürre. In Ermangelung der

Steine ist eine dichte Bedeckung des Bodens zwischen den Pflanzen mit Moos oder Nadeln ebenfalls schon von sehr gutem Erfolge.

Schaden durch Hitze und Dürre.

Die Wärme selbst thut den Pflanzen keinen unmittelbaren Schaden, denn bei hinreichender Feuchtigkeit ertragen alle unsere Holzgattungen jeden Grad derselben, wie er in unserm Klima zu erwarten ist. Die eine anhaltende Hitze begleitende Dürre ist es eigentlich nur, welche so große Verheerungen in den Holzsaaten anrichtet, und als der gefährlichste Feind derselben angesehen werden kann. Nur in den Saatkämpen kann man durch Gießen ihren Wirkungen vorbeugen; sonst liegen alle Schutzmaßregeln allein in dem zweckmäßigen Verfahren bei den Waldkulturen, in welcher Hinsicht das Nöthige schon bereits am andern Orte angeführt worden ist.

Schaden durch Schnee*), Duftanhang und Rohreif.

Es entstehet dieser Schaden, indem junge, oder schlank aufgeschossene Stämme, niedergebogen und zerbrochen werden, wenn der bei milder Temperatur in großen Flocken fallende Schnee sie belastet, oder der Duft sich in Menge an die obern Zweige hängt. Am gefährlichsten wird der Schneedruck, wenn der weiche Schnee nach Thauwetter an die Nadeln friert, so daß er feste Schnee- und Eisklumpen bildet, und auf diese sich

*) Thiersch hat Nachricht von einem Schneebruche im Erzgebirge im Jahre 1825 gegeben, welcher über 60000 Klaftern à 78 Kubikfuß betrug. Die Verheerungen, welche durch den Schneedruck im Winter 18$\frac{4}{4}$ in den jungen Fichtenbeständen des Harzes und Thüringer Waldes angerichtet wurden, sind unermeßlich.

wieder neue Lagen Schnee häufen, dessen Last dann die Wipfel und Zweige nicht ertragen können. Es brechen dann selbst von alten Stämmen die Wipfel und Aeste ab, und Stangenorte werden dadurch oft so beschädigt, daß ein großer Theil ihres Ertrages dadurch verloren gehet. Am mehrsten leidet die Fichte im Gebirge unter diesem Uebel, und man kann wohl den Schneebruch als dasjenige erklären, wodurch ihr Ertrag am mehrsten geschmälert wird, und was um so viel schlimmer ist als sich so wenig thun läßt, um es weniger nachtheilig zu machen. Sehr vermehrt wird der Schaden, der dadurch entstehet noch durch das Schälen des Wildes wo dies stattfindet, da die Stangen gewöhnlich an der kranken Stelle zerbrechen wenn sie durch den Schnee gebogen werden. Fichte und Kiefer sind die Hölzer, die am mehrsten darunter leiden, doch findet man auch wohl zu dichtverwachsene junge Buchen, Hainbuchen, vorzüglich Eichenbestände, selbst Birken, dadurch niedergedrückt. Das ältere Laubholz leidet nur im Gebirge, in dem seltenen Falle dadurch, wenn schon Schnee fällt; wenn das Holz noch das volle Laub hat: dagegen werden aber zu schlank erwachsenene Laßreiser oft durch Duftanhang und selbst durch den Anhang von vielem Regenwasser umgebogen.

Dieses Uebel ist den Gebirgsgegenden mehr eigen als der Ebene. Der Schneedruck macht sich vorzüglich in den Regionen der niedern Wolkenschichten bemerkbar, und der Dufthang nicht bloß hier, sondern auch in den engen Thälern, welche eine starke Ausdünstung haben. Oft sind einzelne Flecke diesem letztern besonders stark unterworfen. —

Die Schutzmittel dagegen liegen größtentheils nur in einer zweckmäßigen Erziehung der Bestände, und sind schon erwähnt, wo von dieser gehandelt wurde, so daß es genügen wird, kurz auf sie hinzuweisen.

Sie bestehen:

a) gegen Schneedruck, im räumlichen Stande des jun

gen Holzes von Jugend auf, so daß es stämmig erwachsen kann, folglich Vermeidung der dichten Vollsaaten, indem man bei dem Anbaue nicht zu dichte Pflanzung oder Plattensaat vorzieht, in der Untermischung von Laubholze, vorzüglich Birken unter das Nadelholz, in der frühzeitigen, aber sehr vorsichtigen, schwachen, jedoch oft wiederholten Durchforstung dicht stehender Orte. — Die größere Pflanzweite schützt bei den Fichten allein noch nicht gegen die nachtheiligen Folgen des zu dichten Standes, wenn man nicht zugleich auch die zu großen Pflanzenbüschel vermeidet.

Die Durchforstung muß auch, wenn sie ihre volle Wirkung äußern soll, sehr früh beginnen, und wenn dies nicht der Fall gewesen ist, sehr vorsichtig geführt werden, so daß die Gefahr des Umbiegens der Bäume durch Einstellung derselben nicht noch mehr vergrößert wird.

Einzelne werthvolle durch Schnee umgebogene Stämme, wie z. B. belaubte Eichen, kann man auch wohl durch Abklopfen des Schnee's wieder aufrichten.

b) Gegen Schaden durch Duftthang im Mittelwalde sichert, außer den bereits am andern Orte schon angegebenen Mitteln: das Ueberhalten stämmiger Laßreiser, der horstweise Stand derselben, unstreitig aber das Einstutzen, oder Aushauen des Wipfels, wenn die Stämme sehr schlank sind, am mehrsten. Da diese dies eben so gut verwachsen, wie die eingestutzten Pflanzheister, so findet kein Einwurf gegen diese sehr einfache und wenig kostbare Maßregel statt. Sie ist jedoch nur wirksam, wenn sie sogleich, wie sich der Baum biegt, oder besser vorher, gleich bei dem Hiebe des Unterholzes erfolgt. Schon längere Zeit gebogen gewesene Stämme richten sich nicht wieder auf.

Schaden durch Stürme.

Er hängt ab:

1) von der Holzgattung und ihrem Wuchse,

2) von dem Boden,

3) von der Lage eines Forstortes.

Flach wurzelnde Hölzer, wie Fichte, Aspe und Hainbuche, sind dem Windbruche weit mehr unterworfen, wie die tief wurzelnden, wie Eiche, Ulme, Kiefer. Diese letztern sind gewöhnlich dann erst der Gefahr, vom Winde umgeworfen zu werden, ausgesetzt, wenn sie keine Pfahlwurzel haben, oder diese abgefault ist. Die Fichte als Nadelholz, welches auch im Winter einen starken Windfang hat, leidet mehr als das Laubholz, dessen entlaubte Zweige zur Zeit, wo gewöhnlich die heftigsten Stürme eintreten, weniger davon ergriffen werden können. Je schlanker und länger die Bäume im dichten Stande heraufgeschossen sind, jemehr sich dabei ihre Krone entwickelt hat, je flacher sie mit ihren nicht weit ausgebreiteten Wurzeln stehen, desto mehr sind sie dadurch der Gefahr ausgesetzt, vom Winde umgeworfen zu werden. Selbst die Fichte, als die dem Windbruche am mehrsten unterworfene Holzgattung, hält die stärksten Stürme recht gut aus, wenn sie einzeln erwachsen, sich mit ihren dann tief- und weitgehenden Wurzeln sehr im Boden befestigt hat, die Kraft des Windes mehr auf die untern Zweige als die obere Krone wirkt.

Der Windbruch erfolgt bei den verschiedenen Holzarten nicht in gleicher Art, was zu beachten von großer Wichtigkeit ist, da es von großem Einflusse auf die dagegen zu ergreifenden Schutzmaßregeln ist. Bei den Fichten leiden allemal die im Schlusse erwachsenen und freigestellten Bäume am mehrsten darunter, und wenn man daher den Schluß unterbricht, so daß der Sturm die freigestellten langen Stämme ganz fassen kann, werden sie sämmtlich umgeworfen, und man verliert bei schwächern Stürmen alle Randbäume, oder bei stärkern auch wohl den ganzen Bestand. Bei der Kiefer, die sich von selbst so licht stellt, daß der Wind die einzelnen Stämme auch im geschlossenen Bestande voll in der Krone fassen kann, hat die Freistellung weit weniger Nachtheil, einmal, weil überhaupt schon der Baum besser im Boden befestigt ist, dann aber, weil er auch schon im Schlusse bei dem weit lichtern Stande mehr an die Angriffe des Sturmes gewöhnt war. Der Windbruch erstreckt sich deshalb bei dieser Holzgattung auf tiefgründigem Sand- und Lehmboden mehr auf das Herausbrechen einzelner Stämme von schlechter Wurzelbefestigung, als auf das Umwerfen ganzer freigestellter Bestände.

Der lockere, feuchte, aufgeschwemmte Boden gewährt den Bäumen weniger Halt als der feste. Bei Frost ist wenig Windbruch zu fürchten, weit mehr, wenn der Boden aufgethaut und aufgeweicht ist. Auf humosem feuchtem Sande, wo wegen flachliegenden Wasserspiegels die Pfahlwurzel nicht eindringen kann, ist die Kiefer, die auf Lehm- und tiefgründigem Sandboden den Stürmen recht gut widersteht, dem Windbruche nicht weniger ausgesetzt als die Fichte. Wenn die letztere Holzgattung sich mit ihren Wurzeln in Felsenspalten, unter großen Klippen &c. befestigen kann, wird sie leichter zerbrochen als umgestürzt. Immer ist der lockere Bruchboden, in welchem alle Hölzer nur flach wurzeln, derjenige, auf welchem der Windbruch am gefährlichsten und häufigsten ist.

Zwar werden die Hölzer in Freilagen, auf erhabenen Bergkuppen, in der Nähe der See am mehrsten von den Stürmen getroffen; doch hat dies nicht immer die Folgen, daß hier der Windbruch am häufigsten ist. Selten erhalten die vorliegenden Orte dabei einen beträchtlichen Höhenwuchs, und eben diese Angriffe durch Stürme, denen sie von Jugend auf ausgesetzt sind, machen, daß sie sich daran gewöhnen, durch den daraus entspringenden Wuchs der Gefahr widerstehen lernen.

Dagegen leiden dann aber die hinter dem Schutze des vorliegenden Waldmantels erwachsenen Orte desto mehr, wenn dieser weggenommen wird, und in dieser Hinsicht kann die den Stürmen ausgesetzte Lage zu doppelter Vorsicht auffordern, daß man ihnen nie den Schutz raubt, an den sie gewöhnt und unter dem sie erwachsen sind. Auch darf man in einem solchen, dem Windbruche ausgesetzten Orte, wenn er einmal angehauen ist, nie lange wirthschaften, weil dann der stete Windbruch gewöhnlich nicht aufhört.

Die Stürme, welche den Schaden anrichten, sind eben so wohl von verschiedener Beschaffenheit, als die Art und Weise abweichend ist, in welcher der Windbruch erfolgt.

Die stärksten sind die Wirbelwinde, Windhosen, welchen in der Regel kein Baum oder Wald widersteht, die zum Glück jedoch bei uns selten sind, und sich auch stets nur auf einen sehr kleinen Streich beschränken. Gegen sie giebt es kein Schutzmittel.

Die Gewitterstürme haben zwar eine mindere Stärke, thun jedoch aber auch oft viel Schaden und übertreffen die anhaltenden Orkane häufig an Heftigkeit. Sie haben keine bestimmte Richtung, sondern folgen dem Zuge des Gewitters, oder richtiger gehen diesem voraus, nehmen keine große Breite ein, erstrecken sich aber in der Regel über einen längern Strich als die Windhosen. Nur die Erziehung stämmigen Holzes, das Geschlossenhalten des Waldes, schützt gegen sie.

Die eigentlichen Orkane sind am häufigsten in dem Winterhalbjahre zwischen beiden Tags- und Nachtgleichen; vorzüglich sind der November und Februar gefährliche Monate. Sie nehmen häufig eine sehr große Ausdehnung ein, ohne übrigens an allen Stellen, welche sie berühren, von gleicher Stärke zu sein. Am häufigsten kommen sie in Deutschland aus Westen, Süd- und Nordwest, seltener aus Süden und Norden, am seltensten aus Osten, obwohl wir auch aus dieser Himmelsgegend in der neuern Zeit Stürme gehabt haben, die sehr großen Schaden anrichteten. Wahrscheinlich hat die Lage Europas gegen das Meer Einfluß darauf, indem gegen Westen, und Süd- und Nordwest die großen Wasserflächen des atlantischen Meeres liegen, gegen Osten das zusammenhängende Land bis Asien, auf dem sich die Stärke der Luftströmungen mehr bricht, wenn sie über dasselbe hinwegziehen.

Die Windhosen und Gewitterstürme thun in der Regel nur an einzelnen Orten Schaden; die Orkane stürzen oft ganze Waldstriche nieder, wie die Fichtenwälder des Harzes, die Kiefernforsten der Marken u. s. w. zu Ende des 18ten Jahrhunderts. Doch ist dieser Schaden, der immer nur unter die ungewöhnlichen Unglücksfälle zu rechnen ist, nicht der einzige, welchen man vom Sturme zu fürchten hat. Eben so viel Nachtheil erfolgt oft durch das Umbrechen einzelner Bäume auf Besamungsschlägen, in Durchhieben und an dem Saume angehauener hochstämmiger Orte. Hier werfen sehr häufig gar nicht so heftige Winde fortwährend Bäume um, so daß z. B. eine unvorsichtig aufgehauene Schneisse in alten Fichtenbeständen zuletzt eine breite Oeffnung wird, indem alljährlich Bäume an derselben gebrochen werden. Gegen diese einzelnen Windbrüche muß man sich eben so sehr schützen, als gegen das gänzliche Umwerfen ganzer Bestände.

Folgende Mittel sind die zweckmäßigsten gegen diesen Schaden.

a) Das Geschlossenhalten der haubaren Orte, so daß nirgends der obere Schluß der Kronen unterbrochen wird., Alle Plenterwirthschaft, alles Aufhauen von Gestellen und Schneissen, alles Aushauen einzelner Flecke in Distrikten, wo Windbruch zu fürchten ist, muß streng untersagt sein. Sogar die Stöcke des in der Durchforstung ausgehauenen trockenen oder unterdrückten Holzes dürfen in Fichten nicht gerodet werden, sobald man vielleicht dadurch die Wurzeln der stehenden Bäume verletzen könnte.

b) Orte auf Bruchboden, wo vorzüglich Windbruch zu fürchten ist, dürfen kein zu hohes Alter erreichen, wenn nicht irgend eine überwiegende Nothwendigkeit dazu vorhanden ist. Man kann annehmen, daß Fichte und Kiefer erst mit dem 60sten Jahre anfangen dem Windbruche unterworfen zu sein, und jemehr alte starke Bestände vorhanden sind, desto gefährlicher wird derselbe.

c) Bei der Erziehung der Bestände sind Wirthschaftsfiguren zu bilden, die nicht zu groß sind und über deren Abtrieb man nicht zu lange Zeit zubringt, indem man große Flächen mit ziemlich breiten Schneissen und Gestellen in kleinere Abtheilungen zertheilt, deren jede ihren eignen Mantel erhält. Es ist eine längst anerkannte Wahrheit, daß die Randbäume eines Ortes, welche sich von Jugend auf gegen den Sturm befestigt haben, seinen vorzüglichsten Schutz bilden, und daß die Gefahr des Windbruchs bei angehauenen Orten, wo der Wind die bisher im Schluß gestandenen Bäume ergreifen kann, am größten ist. In der Regel hat man darin jährlich Windbruch, so lange bis die einmal angehauene Figur ganz abgetrieben worden ist, und je länger dies dauert, desto übler ist es. Bestehet daher der Forst aus sehr großen durch nichts getrennten Bestandes- und Wirthschaftsfiguren, über deren Abnutzung man sehr lange Zeit zubringen muß, so ist die Gefahr des Windbruchs gewiß größer, als wenn viel kleinere, deren jede ihren Mantel durch festgewurzelte Randbäume hat, gebildet werden. Auch wird dadurch selbst die Gefahr der ungewöhnlichen Orkane, welche ganze Wälder niederwerfen', sehr vermindert. Die preußische Jageneintheilung dürfte hierzu sehr zu empfehlen sein; nur müssen dazu die Gestelle breiter, wenigstens 3 Ruthen breit, sein, und die Eintheilung darf nicht mit einem Male zur Ausführung kommen, indem die Gestelle durch die haubaren Bestände aufgehauen werden, sondern nur nach und nach, so wie die Orte zum Hiebe gebracht werden. Wo die Oertlichkeit die Jageneintheiluug nicht erlaubt, thut die Sonderung der natürlichen Wirthschaftsfiguren durch unbebaute Streifen ganz dieselben Dienste.

d) Wenn diese Schneissen ihre volle Wirkung thun sollen, müssen sie gleich bei der Kultur eines Ortes gebildet und am Rande wo möglich etwas weitläuftig bepflanzt werden, damit sich die Bäume von Jugend auf am Rande befestigen können. Ist dies aber früher verabsäumt worden, so müssen sie später nachgehauen werden, um sogenannte Sicherheitsstreifen*) zu bilden, Bis zu einem Alter des Holzes von 60 Jahren kann man sie unbedenklich bis zu einer Breite von 3 bis 5 Ruthen aufhauen, die sie erhalten müssen, wenn sie volle Wirkung thun sollen. Ist das Holz schon älter, so wird große Vorsicht hierbei nöthig, und man erweitert sie lieber nach und nach etwas. Zur Projectirung dieser Sicherheitsstreifen muß, nachdem die Eintheilung in Wirthschaftsfiguren erfolgt ist, der Betriebsplan entworfen werden, um übersehen zu können, in welcher Art der Hieb geführt werden wird und welche Bestände dabei so bloßgestellt werden können, haß sie Gefahr laufen, vom Sturm zu leiden. — Diese werden dann solche Stellen, wo die Schläge abbrechen, wie an den Periodengrenzen, an den Rändern der Abtheilungen, an den Seiten, an welchen die Schläge herauflaufen, in den Flanken, die vom Seitenwinde getroffen werden könnten, schon vorher durch diese holzleeren Streifen gesichert, damit die Randbäume an ihnen Zeit haben, sich mit ihren Wurzeln in der Erde zu befestigen. Die breiteren und längere Zeit offen liegenden Schneissen bauet man wohl auch wieder mit niedrigem Holze an. Daß es weit besser ist, den Beständen nach allen Himmelsgegenden Wind-

*) im Thüringerwalde auch Loßhiebe genannt.

mäntel zu verschaffen als nur nach einer hin, fällt in die Augen, wenn man bedenkt, daß aus jeder verderbliche Stürme kommen können. Auch sind sie so gut zu Ablageplätzen, Kohlstellen, Viehtriften zu brauchen, sichern zugleich gegen Feuer und sogar theilweis gegen Raupen, daß man den Verlust an Holzerzeugung nicht groß rechnen kann, der vielleicht durch sie entstehet. Nur aber für Fichtenbestände sind sie zu empfehlen; für Kiefern sind sie ohne alle Bedeutung, wovon der Grund schon oben angegeben ist.

e) Vermischte Bestände sind erfahrungsmäßig dem Windbruche weniger unterworfen als reine. Dies läßt sich auch, vorzüglich da, wo Laub- und Nadelholz vermischt ist, leicht erklären. Im Sommer bricht sich die Gewalt des Sturmes an den belaubten Bäumen, im Winter haben diese von jeher das Nadelholz gleichsam freigestellt, und dies hat sich mehr in den Wurzeln befestigt. In mehreren Gegenden des Harzes haben sich die aus Buchen und Fichten gemischten Orte beinahe allein gegen den Sturm erhalten können.

f) Da die Erfahrung lehrt, daß im feuchten und vom Wasser aufgeschwemmten Boden die Bäume am leichtesten umgebrochen werden, so wird auch in der Trockenlegung desselben, nach der Abholzung der alten Bestände, so daß er sich mehr setzen kann, ein Schutzmittel gegen den Windbruch zu suchen sein. Bei dem alten Holze den Feuchtigkeitsgrad des Bodens sehr ändern zu wollen, in welchem sie erwachsen sind, ist jedoch gewöhnlich nicht vortheilhaft für ihre Erhaltung.

g) Eine der wichtigsten Maßregeln zur Verhütung des Windbruchs bleibt aber immer unstreitig eine richtige Hiebsleitung, so daß man der Gegend, aus welcher man die Stürme zu erwarten hat, entgegenhauet, und diese nicht die durch die Schläge freigestellte hohe Holzwand von hinten, oder was oft noch schlimmer ist, von der Seite ergreifen können. Noch ängstlicher muß man aber vermeiden, hervorragende, freiliegende Kuppen der Berge, welche dem Sturme besonders ausgesetzt sind, in längerer Zeit nach und nach abholzen zu wollen, da man auf diesen selten einmal angehauene Orte erhält. Man muß die Hiebsleitung hier so ordnen, daß man die exponirtesten Punkte, wenn einmal kahler Abtrieb bestimmt ist, rasch, wo möglich in Einem Schlage, abtreibt.

Um der Sturmgegend entgegen hauen zu können, muß man diese kennen. Die gewöhnliche in den deutschen Ebenen ist bereits angeführt, da man Westen, Süd- und Nord-West unfehlbar als solche annehmen muß. Hiervon finden jedoch auch mannigfaltige Ausnahmen statt. Zuerst giebt in der Nähe der See jedesmal diese die Sturmgegend an, indem stets die stärksten Stürme von der See kommen. Selbst durch Binnenseen kann hierin eine Abänderung erfolgen, wenn diese sich in bestimmter Richtung hinziehen. Dann geben beträchtliche Gebirgszüge, welche den Stürmen einen Wall entgegensetzen, diesen eine eigene Richtung, schützen das hinter ihnen liegende Holz. Am bemerkbarsten wird aber eine eigene Sturmgegend in den langen tiefen Thalzügen, welche sich in die Gebirge einschneiden, in den Einsenkungen, welche in den Gebirgsrücken und Kämmen dem Winde einen Durchgang darbieten. In allen Thälern, welche von Süden nach Norden streichen, ist gewöhnlich Süden die Sturmgegend, in denen von Osten nach Westen die letztere Himmelsgegend. Zuweilen bilden sich selbst Zugwinde in den Oeffnungen zwischen großen Waldstrichen, welche davorliegenden Gehölzen verderblich werden. Kann man daher auch Westen und die rechts und links liegenden Punkte der Windrose im Allgemeinen als die Gegend ansehen, woher im deutschen Binnenlande die Stürme zu kommen pflegen, so entbindet dies doch immer nicht von der speciellen Untersuchung deshalb. Diese betrifft

die Richtung, in welcher bisher die Bäume umgeworfen wurden —

die Neigung, welche das alte Holz gegen die eine oder andere Himmelsgegend wahrnehmen läßt.

In allen Forsten, wo überhaupt Windbruch zu fürchten ist, und in solchen, wo dies nicht der Fall ist, hat die Sache gar kein Interesse, wird man immer noch die Spuren alter Windbrüche verfinden, die sich leicht an den Vertiefungen und Erhöhungen, welche durch das Ausreißen der Wurzeln und die Zusammenhäufungen der davon abfallenden Erde gebildet werden, erkennen lassen. Selten sind die Stöcke dieser Stämme ausgegraben, und an den Spuren, welche von ihnen zurückbleiben, läßt sich die Richtung sehr leicht und mit vollkommener Sicherheit bestimmen, in welcher der Baum niedergeworfen worden ist. Diejenige, in welche die mehrsten Bäume gefallen sind, zeigt dann die Sturmgegend an.

In den mehrsten alten Nadelholzbeständen wird man bei aufmerksamer Untersuchung wahrnehmen, daß viele, wenn auch nicht alle, dominirende Bäume sich nach der, der Sturmgegend entgegengesetzten Richtung hinneigen.

Bei den Kiefern geschieht dies am häufigsten, so daß der obere Wipfel etwas gebogen ist, und eine kleine bogenförmige Krümmung hat, weshalb man denn auch so sehr selten bei dieser Holzgattung schnurgerade Stämme findet. Bei den Fichten dagegen sind mehr die ganzen Stämme etwas geschoben, da diese in den Wurzeln leichter nachgiebt, im Stamme aber elastischer ist als die Kiefer und sie keine so abgewölbte Krone hat. Oft kann man durch diese Wahrnehmung auf den ersten Blick im alten, schlank aufgewachsenen Holze die Sturmgegend richtig bestimmen.

Die Vorschrift, der Sturmgegend entgegen zu hauen, kann jedoch nicht so verstanden werden, daß man ein Revier z. B. in Osten anhauet und die Schläge während der ganzen Umtriebszeit gegen Westen zu aneinanderreihet. Das leidet weder die Beschaffenheit der Bestände, noch würde man dabei diese für die Zukunft zweckmäßig gruppiren können und sich in der Gegenwart gegen Windbruch sichern. Sie beziehet sich vielmehr nur auf die gebildeten Schlagtouren und Wirthschaftsfiguren, in denen man stets der Sturmgegend entgegen führen muß. Das Nähere über die Bildung dieser gehört in die Lehre von der Gruppirung der Bestände und Anordnung der Schläge überhaupt.

Obzwar wohl in Fichtenforsten, und selbst in Kiefern, wo diese dem Windbruche sehr unterworfen sind, die Rücksicht, diesen zu verhüten, eine der wichtigsten ist, wonach die Hiebsleitung geordnet werden muß, so hat man es doch, vorzüglich in den Gebirgen, nicht immer in der Gewalt, der Sturmgegend gerade entgegen zu hauen. Dann gilt die Regel, daß es besser ist, dem Sturme lieber die volle Fronte des abgehauenen Ortes darzubieten, so daß er gerade darauf stößt, als die schräge, so daß er im stumpfen Winkel anprallt und daran herunter fährt. Dies Letztere ist gewöhnlich das Allerverderblichste. — Im Uebrigen ist es ganz unmöglich, fest bestimmte Regeln und Vorschriften in dieser Hinsicht zu geben, welche für alle Fälle passen. Oft muß man lange probiren, ehe man bei einem haubaren Orte, welcher noch längere Zeit erhalten werden soll, und in welchem der Windbruch anfängt bemerklich zu werden, die richtige Stellung herausbringt, in welcher er am wenigsten an seinen Rändern gefährdet ist.

h) Je größer die Gefahr des Windbruchs ist, desto weniger rathsam ist die Verjüngung durch Samenschläge, und desto mehr ist Saat und Pflanzung zu empfehlen. Dies nicht allein deshalb, weil die Samenbäume am mehrsten der Gefahr ausgesetzt sind, umgebrochen zu werden, sondern weil dadurch auch die Form der Schläge bedingt ist. Kahlschläge kann man lang und schmal führen, was die günstigste Form ist, um Windbruch zu verhüten, weil dabei die Flanken der angrenzenden

Bestände am wenigsten bloßgestellt werden. Die Samenschläge bedingen stets breitere, sich mehr dem Vierecke nähernde Schläge, öffnen deshalb dem Sturme eine weit größere Einwirkung, da die vorliegende Holzwand nur auf bestimmte Entfernung Schutz gewährt.

II. Von den Gefahren, welche aus der Beschaffenheit des Bodens für die Forsten entspringen.

Beschädigungen durch Wasser.

A. Schaden, welcher durch fließendes Wasser entsteht.

Wir müssen uns hierbei streng auf dasjenige beschränken, was innerhalb des gewöhnlichen Wirkungskreises der Forstbeamten liegt, wozu die Vorkehrungen nicht gehören, welche an den größeren Flüssen durch Wasserbauten, um Ueberschwemmungen, Dammbrüche, Abspülen der Ufer u. s. w. zu verhüten, von der eigentlichen Wasser-Bau-Polizei-Behörde getroffen werden. Noch weniger fallen dem Forstwirthe die Regulirungen der Strombetten, Durchstiche, Ziehung von großen Kanälen, Erbauung von Schleusen u. s. w. zu, was allein den Wasserbaumeistern zukommt. Nur in so fern der Forstwirth verpflichtet ist, die Wirthschaft so zu führen, daß nicht dadurch ein Nachtheil an Strömen herbeigeführt wird, in sofern ihm oft obliegt, in Abwesenheit der Wasserbaumeister, Deichgrafen u. s. w. die ersten einfachsten Vorkehrungen zur Verhütung von Unglücksfällen zu treffen, ist es nöthig, die dabei zur Sprache kommenden Gegenstände zu berühren. Außerdem gehet ihn noch dasjenige an, was zur Verhütung des Schadens durch Waldbäche, durch Abspülen von Erde an den Berghängen u. s. w. gekannt sein muß. Wir bringen dies unter folgende Abtheilungen:

1) Polizeiliche Vorschriften und Wirthschaftsmaßregeln

an großen Strömen, in sofern sie die an ihnen belegenen Forsten betreffen.

2) Vorkehrungen, um Ueberschwemmungen und Dammbrüche zu verhüten, so weit sie bei eintretender Gefahr von dem Forstbedienten angewandt werden können.

3) Regulirung der Waldbäche und Verhütung des durch sie entstehenden Schadens.

4) Verhütung des Entstehens von Erdrissen und Abspülens der Erde von den Bergen.

Zu 1. Beinahe jeder beträchtliche Strom in Deutschland hat seine eigene Damm-, Deich- und Ufer-Ordnung, deren Vorschriften der Forstwirth, welcher Wälder an den Ufern solcher Flüsse bewirthschaftet, kennen muß. Wir übergehen die Anführung derselben*), und begnügen uns, die allgemein geltenden Bestimmungen daraus anzuführen, welche nicht bloß ein örtliches Interesse haben, sondern deren nothwendige Kenntniß darin begründet ist, daß nichts geschehen darf, wodurch irgend ein Nachtheil entstehen könnte.

a) Innerhalb der Flußbetten und an den Ufern der großen Ströme darf ohne Vorwissen der Wasser-Bau-Behörde nichts geschehen, was auf den Wasserlauf Einfluß haben könnte. So dürfen keine Sandbänke bepflanzt werden, es dürfen keine Weidenheger und Gesträuche zu Wiesen umgewandelt werden u. s. w.

b) Auch das Vorland, zwischen dem Flusse und den Dämmen, stehet unter der Mitaufsicht des Wasserbaumeisters hinsichts der Abholzung, des Anbaues, des Ausgrabens von Erde u. dgl., in sofern dasselbe nur schmal ist.

c) Die abbrüchigen Ufer müssen auf zwei bis drei Ruthen Entfernung von hochstämmigem Holze, alten Stöcken

---

*) Siehe Repertorium der Forstwissenschaft (1. Abth.) S. 144.

und umbrechenden Bäumen frei gehalten werden, damit diese nicht in den Strom fallen.

d) Der Leinpfad oder Trödelweg ist stets so von Holz frei zu erhalten, daß seine Benutzung für die Schiffzieher ungehindert erfolgen kann.

e) Die Dämme dürfen nicht mit Holz angebauet werden; auf oder in denselben stehendes kann nur mit Genehmigung und nach Anweisung des Wasserbaumeisters gerodet werden. Alte Bäume sind ihnen nachtheilig, indem durch die ausfaulenden Wurzeln Höhlungen darin entstehen; Gesträuch, vorzüglich Dornen, bewirken die Ansiedelung von Mäusen, und lassen oft sehr verderblich werdende Mäuselöcher entstehen.

f) Das Befahren der Dämme, ihr Gebrauch zu Reit- und Karrenwegen, ist nur ausnahmsweise bei kaltem Wetter und wenn sie ganz fest sind und keine Gefahr für die Krone derselben zu fürchten ist, zu gestatten. Eben so ist das Behüten derselben ganz untersagt. Dagegen ist das Abgrasen derselben vortheilhaft.

g) Weidenheger zum Schutz des Ufers angelegt, dürfen niemals behütet werden.

h) Das Anlegen der Schiffe und Kähne an Flügel, Buhnen, Packwerke u. s. w. ist ganz untersagt; noch weniger aber kann das Einladen von Holz oder andern Gegenständen an denselben gestattet werden.

i) Das erforderliche Holz zu Faschinen und an anderem Wasserbaumaterial muß unweigerlich und auch ohne weitere Anweisung verabfolgt werden, sobald die Gefahr eines Dammbruchs oder eines Wasserschadens eintritt, und es zur Verhütung desselben verlangt wird.

k) Selbst die Abholzung der Weidenheger kann nur im Einverständnisse mit der Wasserbaupolizeibehörde erfolgen, wenn sie auch der Forstverwaltung untergeben sind, um stets den zu Wasserbauten etwa erforderlichen Holzbedarf sicher zu stellen. Auch kann die dazu erforderliche Erde überall und zu jeder Zeit im Forste gegraben werden.

Zu 2. Im Falle einer Wassergefahr ist der Forstwirth innerhalb der Grenze seines Waldes der natürliche Aufseher der Arbeiter, welche die Dämme schützen und erhalten, und muß deshalb die dazu nöthigen Maßregeln kennen. Die Gefahr, welche den Dämmen droht, kann stattfinden

a) indem sie überfluthen,

b) durch den Wellenschlag und das Eis beschädigt werden,

c) das Wasser durchsiekert, und sie dadurch aufgeweicht werden und bersten.

Das Ueberfluthen geschieht zuerst an den niedrigen Stellen, wo durch Ueberfahrten die Krone des Dammes eingeschnitten ist, an Treiben, wo das Vieh die Erde heruntertritt und an ähnlichen Stellen. Wenn nun das Wasser beträchtlich steigt, müssen diese durch Aufkarren von Erde erhöhet und durch vorgelegte Faschinen und Bretter hinreichend gesichert werden. Steigt das Wasser so hoch, daß ganze Strecken der Dämme überströmt werden können, so ist es nicht im mermöglich, dies zu verhüten; doch können ein unerschrockener Muth und angestrengte Thätigkeit bei hinreichenden Kräften oft auch hier noch viel thun, um Unglück zu verhindern, da man annehmen kann, daß mit dem Ueberfluthen der Dämme auch in der Regel deren theilweise Wegspülung erfolgt. Wenn auf beiden Seiten der Krone des Dammes Bretter auf die hohe Kante gesetzt, und zwischen eingeschlagenen Pfählen befestigt werden, so läßt sich zwischen ihnen rasch ein Damm von Dünger, Erde, Sand, aufführen, der dem Damme eine Erhöhung von 12 bis 14 Zoll giebt, und hinreichende Festigkeit gewährt, um dem Andringen der Wogen zu widerstehen. Gut ist es, die dazu nöthigen Bretter, oder allenfalls ganz gute und dichte Faschinen vorräthig zu halten. Die Vorsicht erfordert aber auch, stets hinreichende Kähne in Bereitschaft zu haben, um nöthigenfalls die Arbeiter damit abholen zu können, indem diese leicht in Gefahr kommen, selbst wenn sie an der Stelle, wo sie sich befinden, den Damm erhalten, da er oft vor und hinter ihnen weggerissen wird, und sie dann keinen Weg zur Rettung zu Lande mehr behalten.

Gut berasete Dämme widerstehen wohl dem Wellenschlage, und selbst dem anprallenden Eise längere Zeit; unbenarbte bedürfen eines Schutzes durch die Bedeckung mit Faschinen, welche, dicht neben einander liegend, mit quer darüber hinweggezogenen Würsten, im Nothfalle auch mit darüber gelegten Stangen befestigt werden. Dies muß jedoch geschehen, bevor das Wasser wächst. Nur lange, dichte Faschinen von glattem, nicht zu starkem Holze sind dazu brauchbar. Eben so gute Dienste als die Faschinen leisten zu diesem Zwecke die Horden, welche stets vorräthig gehalten werden können. Sie sind gewöhnlich 12 bis 15 Fuß lang und 4 bis 4½ Fuß breit. Sie werden aus ¾ Zoll starken, glatten langen Ruthen, über 21 Stück, 1½ Zoll dicke Stäbe geflochten, welche 6 Zoll länger sind, als die Breite der Horde ist, und die senkrecht in die Erde gesteckt werden, um die Ruthen so dicht als möglich dazwischen zu flechten, indem man stets zwei Ruthen zugleich faßt. An den gut verfestigten Rändern dieser Horden sind Ringe von Wieden eingeflochten, welche dazu dienen, sie zu tragen und zu bewegen, nachdem die in der Erde gesteckt gewesenen Enden der Pfähle abgeschnitten wurden, und die Horde an beiden Seiten mit Wieden verflochten und verbunden ist. Mit diesen Horden kann man den Damm sehr rasch decken, wo Wellenschlag zu fürchten ist. Am mehrsten wird allerdings der Damm durch vorliegendes hohes Strauchholz geschützt, weshalb auch das Vorland außerhalb des Dammes nicht davon entblößt werden darf.

Bemerkt man ein Abspülen des Dammes in der Tiefe,

so kann man mit diesen Materialien nicht mehrere Fuß unter dem Wasser schützen, denn sie lassen sich nicht unter demselben befestigen. Dann sind alte Segeltücher von 8 bis 16 Ellen Breite und 10 Ellen Länge, zum Schutz der Böschungen das Zweckmäßigste, was man anwenden kann. Diese werden am untern Ende mit Gewichten, die in starken Oesen hängen, versehen, welche sie im Herabrollen und Herabgleiten bis auf den Grund des Dammes ziehen, und wenn man es dann vermag, das Tuch glatt und dicht über den Damm wegzulegen, so erhält dieser einen hinreichenden Schutz gegen das Abspülen und Auswaschen der Erde. Sollten bereits Löcher im Damme entstanden sein, so müssen dieselben vorher mit Faschinen und Erde ausgefüllt werden, weshalb das Material überall in der Nähe vorräthig gehalten wird. In Ermangelung desselben kann auch Heu, Stroh, Dünger dazu verwandt werden, wenn man dies gleich durch übergelegte Tücher, Horden und Faschinen schützen kann.

Das **Durchsiekern** der Dämme kann aus verschiedenen Ursachen entstehen. Bei hohem Wasserstande, welcher lange anhält, durchdringt das Wasser zu schwache sandige Dämme und weicht sie gleichsam auf. Das durchdringende Wasser ist dann klar und hell, und wenn nur der Damm von außen gut geschützt ist, der Andrang der Fluthen nicht zu mächtig ist, das Durchsiekern nicht zunimmt, sondern gleichmäßig stark bleibt, so erhält man den Damm wohl; es ist wenigstens deshalb noch keine sehr große Gefahr, wenn die durchdringende Wassermenge nur gering ist. Zuweilen hört das Wasser von selbst wieder auf zu laufen, wenn sich durch Zusammensinken des Dammes die kleinen Röhren, die entstanden, wieder verstopfen. — Sobald das durchdringende Wasser wie ein Quell trübe hervorsprudelt, so ist dies ein Zeichen, daß es nicht bloß durchsiekert, sondern daß sich eine Höhlung gebldet hat, in welcher sich Erde losspült, und da sich ein solches Loch bei dem starken Druck des Wassers sehr rasch vergrößert, so ist dies als außerordentlich gefährlich anzusehen. Gewöhnlich sind ausgefaulte Baumwurzeln oder Kanäle, welche durch den Maulwurf gebildet sind, die Ursache dieser sich in den Dämmen bildenden Höhlungen. Dieselben müssen von der Wasserseite her verstopft werden, da eine Verstopfung an der innern Seite des Dammes wirkungslos ist, indem entweder das Material, welches man dazu anwendet, herausgeworfen wird, oder das Wasser sich einen andern Ausweg sucht und dann noch gefährlicher wird. — Dringt das Wasser nicht tief unter der Oberfläche des Stromes von außen in den Damm ein, so wird man die Stelle, wo dies geschieht, leicht an einem kleinen Wirbel erkennen. Es ist dann nicht schwer, das Loch mit der Hand aufzusuchen, mit Stroh, Heu und Dünger zu verstopfen, und durch übergelegte Faschinen, Bretter ꝛc. zu schützen. Findet man auf diese Weise die schadhafte Stelle nicht auf, so fährt man mit einem Wische am Damme im Wasser so lange herum, bis der auf der andern Seite beobachtete hervorströmende Quell sich mehr getrübt zeigt, woraus sich auf die Gegend leicht schließen läßt, wo es einströmt, und wo es durch den mit dem Wische Suchenden getrübt wurde. Ist diese Stelle gefunden, so wird sie durch die oben angeführten Tücher, welche in diesem Falle am besten getheert, und wenn sie eingesenkt sind, mit Sand überschüttet werden, mit Brettern und davor eingesenkten Faschinen geschützt. Dann kann man auch die Löcher nach der inwendigen Seite durch eingekeilte Pflöcke, darüber gelegte Bretter, mit Rasenstücken u. s. w. verstopfen, da dann die oben angeführten Nachtheile dieser Verstopfung, wegen des verminderten Andranges des Wassers nicht mehr zu fürchten sind*).

Als allgemeine Regeln für die Bewirthschaftung der in

*) Das Nähere in Wagner's Erhaltung der Dämme. Grimma 1827.

der Ueberschwemmung großer Flüsse liegenden Wälder lassen sich noch folgende geben, um den Schaden der dadurch entstehen kann möglichst zu vermindern.

a) Baumholz ist hier zweckmäßiger als Niederwald im kurzen Umtriebe, weil die Gefahr der Beschädigung stets desto größer wird, je jünger der Ort ist.

b) Wenn bei einer Ueberschwemmung Frost eintritt und sich eine Eisdecke bildet, zerbricht diese das darin eingefrorene schwache Holz, so wie das Wasser fällt und die Eisdecke sich senkt. Dadurch werden junge Bestände oft so beschädigt, daß es rathsam wird sie so rasch es thunlich ist, und nachdem das Eis geschmolzen ist, abzutreiben.

c) Die vom Eisgange beschädigten Weiden sogar müssen ebenfalls abgeholzt werden, um neuen Ausschlag zu erhalten.

d) Den Niederungen, in welche sich im Walde bei Hochwasser der Strom wirft, müssen dichte Niederwaldbestände vorgelegt werden, um den Eisgang abzuhalten und in den Strom zu weisen, da das Eis, wenn es durch einen Baumwald getrieben wird, die Rinde der Bäume abstößt.

e) Vor dem Aufgehen der Ströme müssen die Schläge geräumt sein, um das Wegschwimmen des Holzes zu verhindern. Ist dies nicht möglich, so muß dies wenigstens auf den höchsten Stellen in große Haufen gereiht und durch eingerammte Pfähle, umgeschlungene Wieden und Bastseile gegen das Wegschwimmen gesichert werden. Auch ist es gut jedes Scheit- und Stückholz mit dem Hammer zu zeichnen, um es, wenn es fortschwimmen sollte, reklamiren zu können.

g) Fehlen die natürlichen Erhöhungen zu Ablagen, so ist es gut, wenn sie künstlich aufgekarrt werden, um zugleich unterhalb der Schläge Hügel zu erhalten, auf die sich das Wild retten kann, wenn der Wald überschwemmt wird.

3) Nur bie Regulirung des Laufes kleiner Waldbäche innerhalb des Waldes ist als dem Forstmanne zukommend, zu

betrachten. Da in Bezug auf Versumpfungen das Nöthige weiter unten vorkommen wird, so ist der Gegenstand hier nur zu beachten

1) in sofern durch die Waldbäche von starkem Gefälle die Ufer beschädigt werden, und Unterwaschungen entstehen können,

2) Ueberschwemmungen und Ueberschüttungen der Aecker und Wiesen mit Schutt, bei Stauungen und starkem Anschwellen zu fürchten sind.

Um dies zu verhindern, ist

a) das alte Bette des Baches stets von allen Hindernissen, als umfallenden Bäumen, hineinstürzenden Steinen und abbrüchigen Ufern so rein zu halten, daß derselbe nie genöthigt ist, sich einen neuen Lauf zu suchen.

b) Hat der Bach bei starkem Gefälle einen sandigen Grund und führt viel Sand mit sich, welcher da, wo er ruhiger fließt, abgesetzt wird, so muß man durch auf kürzere oder längere Strecken angelegte, gewöhnlich aus Faschinen gebauete Ueberfälle oder Wehre dies Gefälle vermindern und einen ruhigen Lauf desselben dadurch bewirken.

c) Sollte der Bach dennoch sich eine neue Bahn brechen wollen, so ist dies schon in der Zeit durch vorgezogene Dämme, die gewöhnlich sehr einfach sein können, zu verhindern.

d) Abbrüchige Ufer, unterwaschene Bäume und Stöcke, sind zeitig genug abzustechen, damit sie nicht herunterstürzen. Nachdem eine hinreichende Dossirung stattgefunden hat, muß das abschüssige Ufer mit Weiden oder anderm Strauchwerke bepflanzt werden, um ihm den nöthigen Halt zu geben. Ist dasselbe so hoch und steil, daß weder eine Dossirung noch eine Bepflanzung möglich wird, so bleibt nichts übrig, als den anprallenden und sich einwühlenden Bach durch einen Damm von Faschinen abzuweisen und eine andere Richtung zu geben, oder wenigstens ein Deckwerk aus Faschinen vorzulegen.

Es wird hier der Ort sein, zu diesem Zwecke die einfachsten Begriffe von diesen Bauwerken zur Sicherung der Ufer zu geben, wenngleich sie mehr an großen Strömen als an den kleinern Waldbächen vorkommen, und deshalb auch mehr dem Wirken des Wasserbaumeisters als des Forstwirthes zufallen. —

Um das Abbrechen des Ufers an tiefen Stellen der Flüsse zu verhindern, legt man

1) einen Flügel, ein Pack- oder Deckwerk vor, worunter man einen, vor dem unterwaschenen Ufer versenkten Faschinendamm verstehet. Zur Erbauung desselben wird zuerst das über dem Wasserspiegel befindliche Ufer möglichst flach dossirt, indem man stets den Bau bei dem niedrigsten Wasserstande vornimmt. Auf dem Ufer befestigt man die ersten Faschinen mit Buhnen- oder Hakenpfählen dergestalt mit dem Sturzende, daß die Spitzen über dasselbe etwas herausragen. Mit den darauf folgenden Faschinenlagen geht man dann immer weiter gegen das Wasser vor, indem jede derselben gut mit den Würsten verfestigt wird, bis man eine auf dem Strome schwimmende, am Ufer befestigte Faschinenbrücke so weit in demselben hinausgebauet hat, als der Flügel vorgeliegt werden soll. Diese wird mit Sand und Erde überfahren, und so beschwert, daß sie sich senkt, dann von neuem mit Faschinenlagen überdeckt, bis das Ganze auf dem Grunde fest liegt. Es wird dann mit Erde überkarrt und mit Weidenruthen dicht belegt, welche leicht mit Sand bedeckt, Schößlinge treiben, wodurch dieses Bauwerk einen bleibenden Halt erhält.

2) Wo das Ufer nicht in der Tiefe unterwaschen wird, sondern bloß oben abbrüchig ist, genügt dessen Befestigung durch eine Rauhwehre. Darunter verstehet man, wenn das schräg dossirte Ufer mit geraden Weidenschüssen dicht belegt

oder bepflanzt wird, welche, leicht mit Erde überfahren, ausschlagen, und durch ihre Wurzeln und Ausschläge das fernere Abbrechen des Ufers verhindern.

3) Um den Strom abzuweisen, bauet man auf ähnliche Weise, wie dies bei den Flügeln kurz angedeutet ist, Buhnen in demselben, d. h. Faschinendämme, welche auf den Grund gesenkt werden. Sie sind entweder bestimmt, dem Strome mehr die Richtung auf das jenseitige Ufer zu geben; sie erhalten dann den Namen Streichbuhnen, und werden in einem stumpfen Winkel, etwa von einigen 40 Graden, mit dem herabstömenden Flusse angelegt; oder sie haben nur die Bestimmung, einen Damm zu bilden, hinter welchem das Wasser ruhig ist, und den Niederschlag des Sandes und Schlicks absetzt, und dann nennt man sie Schlickbuhnen, und führt sie in einem eben solchen spitzen Winkel gegen den Strom. Die Streichbuhnen werden oft sehr weit in den Fluß hineingebauet; die Schlickbuhnen dagegen nie weit vom Ufer ab, dafür aber gewöhnlich vervielfältigt, um den Niederschlag auf längere Strecken zu bewirken.

4) Um die Sandbänke in den Flüssen zu befestigen, wenn sie sich an passenden Stellen aufhäufen, bepflanzt man sie wohl bloß mit Weiden in dichter Nesterpflanzung. Mehr Wirkung leisten die Rauschen, welche zugleich eine raschere Erhöhung der Sandbänke erzeugen, da zwischen ihnen der Sand und Schlick mehr niederfällt. Man versteht darunter ziemlich im rechten Winkel mit dem Strome reihenweis, die Reihen 5 bis 8 Fuß auseinander, dicht nebeneinander aufrecht stehend eingegrabene Weidenreiser, so daß sie etwa 2 Fuß tief eingegraben werden, und 8 bis 12 Zoll hohe kleine dichte Zäune bilden. Es ist auffallend, wie diese vielen parallellaufenden kleinen dichten Zäune den Strom beruhigen, und fortwachsend dem stärksten Eisgange in kurzer Zeit einen unbesiegbaren Widerstand entgegensetzen.

Alle diese Anlagen können bei größeren, vorzüglich schiffbaren Flüssen, nur allein nach der Anweisung der Wasser-Bau-Polizei-Behörde unternommen und ausgeführt werden.

Erdrisse entstehen an Bergen von starkem Neigungswinkel, welche lockern Boden haben und an denen das zusammenströmende Wasser diesen fortspült und sich tiefe Gräben auswühlt. Gewöhnlich ist der Verlust, der für den Holzwuchs durch das Auswaschen des Grabens selbst entstehet, weniger empfindlich, als das Ueberschütten der am Fuße des Berges liegenden Grundstücke mit Schutt, Steinen u. s. w Bei einem Neigungswinkel von 10 bis 15 Graden können sich nur noch Wiesen erhalten, und jede Auflockerung des Bodens ist bei ihm zu vermeiden. Bei 25 bis 30 Grad ist es gefährlich, den Boden vom Holze zu entblößen; über 40 Grad trifft man selten bewachsene Stellen, wenn nicht einzelnes Gesträuch sich in den Felsenspalten erhält *). Die Bedeckung mit Holz, vor Allem aber ein dichter Bestand von Buschholz in kurzem Umtriebe, sichert am vollkommensten gegen das Abspülen der Erde. — Gefährlich ist es, längs steiler Berge Triften hinzulegen, indem das Vieh die Erde lostritt, und diese dann vom Wasser abgespült wird. —

Wo Erdrisse entstehen können, ist eine fortwährende Aufmerksamkeit nöthig, um ihnen gleich im Anfange zu begegnen. Bei schmelzendem Schnee, wenn der Boden weich ist, nach heftigem Regen, muß man auf alle Stellen achten, wo das Wasser am Berge zusammenfließt und sich kleine Höhlungen auswäscht. Da, wo sich der erste Anfang einer solchen Auswaschung zeigt, muß die Vorkehrung zum Abweisen des Wassers, durch Umgebung dieser Stelle mit einem sie oberhalb hufeisenförmig umfassenden Damme getroffen werden. In gleicher Art sind alle seitwärts zuströmenden Gewässer durch Ab-

*) Nach den Untersuchungen von Hausmann, Humboldt u. s. w.

dämmung wegzuweisen. Der Erdriß selbst ist, so lange er noch klein ist, mit Faschinen und Rasen auszufüllen, um das fernere Abspülen der Erde zu verhindern. Die unteren, gewöhnlich schon tiefer eingeschnittenen Stellen müssen muldenförmig dossirt werden, indem man das unterwaschene Erdreich absticht und den Graben damit ausfüllt, worauf dann das Ganze planirt und mit dichtem, sich leicht und fest bewurzelndem Gesträuch ausgepflanzt wird. Weiden, Hainbuchen, Dornen, Hartriegel, sind hierzu am besten, und Holzgattungen, welche viele Wurzelbrut treiben, allen anderen vorzuziehen. — Das Terassiren ist nur Sache des Acker- und Weinbauers, nicht die des Forstwirthes.

Sehr nachtheilig werden die Regengüsse durch das Ausspülen der Wege im Gebirge. Die Mittel dasselbe zu verhindern bestehen theils darin, daß man die gefährlichsten Stellen auspflastert, das Entstehen von tiefen Gleisen verhindert und bei starken Regengüssen Stellen, die auszuwaschen drohen, gleich mit Steinen ausfüllt. Vorzüglich kommt es aber darauf an, das in den Weg einströmende oder darin herabfließende Wasser abzuweisen, wovon in der Forstbenutzung (4te Abtheilung) das näher gehandelt wird, wo von Unterhaltung der Wege überhaupt die Rede ist. (Seite 360.)

B. Von Verhütung des Schadens, welcher durch Versumpfungen in den Forsten entsteht.

Die Ansammlungen von Wasser, eine zu große Feuchtigkeit im Boden, sind für den Holzwuchs außerordentlich verderblich. Das alte Holz, welches nicht an einen feuchten Boden gewöhnt ist, stirbt ab, das etwa von neuem wachsende erhält einen kümmerlichen Wuchs; es erzeugen sich Säuren, es entsteht unvollkommener Humus, der Windbruch wird gefährlich, und zuletzt gehen diese versumpften Stellen für den Holzwuchs ganz verloren. In Gegenden, in denen Versumpfungen zu fürchten sind, ist deshalb eine stete Aufmerksamkeit auf ihre Entstehuug zu richten, und vorzüglich muß man in nassen Jahren ein wachsames Auge darauf haben.

Die Ursachen, aus welchen sie entstehen, sind zwar im Allgemeinen immer in einem undurchlassenden Untergrunde oder in dem Mangel an Abfluß des Wassers zu suchen; doch müssen die Mittel, sie zu verhindern, oder die entstandenen abzustellen, stets den besonderen Verhältnissen angepaßt werden.

In den Ebenen befinden die Sumpfgegenden sich zuerst längs der Ufer wenig Gefäll habender Flüsse, welche wenig Schlick führen und wo sich das Flußbett nicht hat tief einschneiden können, und wo bei hohem Wasserstande die niedrigen Ufer überströmt werden. Gewöhnlich sind diese Art von Sumpfgegenden die noch am besten zu benutzenden, da in der Regel die Niederschläge aus dem austretenden Flußwasser einen nicht unfruchtbaren Boden bilden, und man findet in ihnen brauchbare Wiesen, die wenigstens durch Kultur benutzbar gemacht werden können, und selbst Erlen, Eschen und andere Hölzer, welche viele Feuchtigkeit ertragen, wachsen in ihnen oft sehr schön. Auch hier ist die Trockenlegung gewöhnlich nicht ohne Schwierigkeiten. Eindeichung der Flüsse allein hilft wenig, indem das Stauwasser doch durch den, gewöhnlich sehr lockern Boden tritt, und nur die Verkürzung des Laufs der Flüsse durch Geradelegung desselben, das Wegschaffen alles dessen, was das Wasser anstauet, der Mühlen, Wehre u. s. w., kann das Gefäll hinreichend vermehren, um einen rascheren Ablauf des Wassers zu bewirken. Alles dies liegt nicht innerhalb des Wirkungskreises eines Forstmannes, und wir lassen daher diese Art der Versumpfungen, die nur durch Flußcorrektionen beseitigt werden können, um so mehr unbeachtet, als selbst oft durch eine vollständige Trockenlegung solcher Gegenden die Fruchtbarkeit derselben eher vermindert als vermehrt wird, indem der unvollkommene Humus, welcher sich hier häufig vorfindet, nur im feuchten Zustande einen guten Holzwuchs gestattet.

Eine andere Ursache der Versumpfungen in der Ebene sind die Einsenkungen in dem oft wellenförmigen Boden, welche einen undurchlassenden Untergrund haben, und wo ein Mangel an Abfluß des sich in ihnen zusammenziehenden Wassers stattfindet. Dieselben sind in dem Maße nachtheiliger, je weniger das Wasser in den Boden einsiekern oder ablaufen kann, je tiefer die Einsenkung ist. Die kesselförmigen Vertiefungen, in denen das Wasser sich in beträchtlicher Tiefe aufsammelt, füllen sich zwar durch die darin zusammengespülten Bodentheile mit Schlamm und Moorerde, bedecken sich auch wohl mit einer, auf dieser flüssigen Morastmasse schwimmenden Decke von Moosen und Sumpfgewächsen, sie sind aber für die Holzzucht ganz unbenutzbar, sobald die sie überall umgebenden Höhen keine Entwässerung erlauben, indem die darauf wohl wachsenden Kiefern, Fichten, Erlen und Weiden, schon jung wieder absterben, bevor sie noch benutzt werden können. Sie werden in Norddeutschland mit dem Namen: Fenn bezeichnet, und als unbenutzbar für die Holzzucht betrachtet. —

Die flachern und ausgedehntern Einsenkungen, gewöhnlich mit Torf, Kienpost, Moosbeeren und andern Sumpfgewächsen bedeckt, zwischen denen einige spärlich vegetirende früh absterbende Kiefern, Birken u. s. w. stehen, können eher durch Entwässerung trocken gelegt werden. Diese beschränkt sich im Forste allein auf gewöhnliche Ziehung offner Gräben. Die in der Landwirthschaft wohl angewendeten Wurfdohlen und Siekergruben finden hier im Allgemeinen keine Anwendung, da sie theils für den Forstwirth zu kostbar sind, theils sie für die großen Flächen, mit denen dieser nur bei der Entwässerung zu thun hat, zu wirkungslos sein würden. Mit der Trockenlegung muß dann aber auch gewöhnlich noch die Wegschaffung der obern unfruchtbaren Bodenbedeckung zu neuer Kultur verbunden werden. Das einzige dabei zu Gebote stehende Mittel, wenn sie hoch ist, bleibt häufig nur das Anzünden derselben bei trocknem Wetter und Ausbrennen.

In den engen Thälern, wo sich der von den Bergen abgespülte Humus zusammenhäuft, am Fuße der Berge Quellen hervordringen, entstehen auch häufig Moräste, oft von großer Fruchtbarkeit für Hölzer, welche viel Feuchtigkeit ertragen. Diese können durch eine Regulirung des Wasserlaufs nöthigenfalls sehr leicht lohnbar werden.

Schlimmer sind die Versumpfungen in den Bergen, welche ein festes undurchlassendes Gestein haben, wo sie sich vorzüglich in den höhern Regionen zeigen, indem hier die stete Feuchtigkeit der Atmosphäre, der häufige Regen das Wachsen der Wassermoose begünstigt, welche als vorzüglich mitwirkend bei diesen Versumpfungen angesehen werden müssen. Da diese Moose sich nicht im Schatten ausbilden und erhalten können, sondern nur freie Stellen einnehmen, so sind unvorsichtige Entwaldungen und der Mangel an Wiederanbau im höhern Gebikge häufig die Veranlassungen zu diesen Versumpfungen, Missen oder Moosen, wie man sie in Süddeutschland nennt. In Gegenden, wo man die ihnen entquellenden Bäche zum Auswaschen der Erze benutzte, haben sie auch wohl den Namen Seifen. Indem das Wasser, welches in diesen Bergregionen in Menge aus der Atmosphäre den Boden befeuchtet, auf dem festen Bergkerne heruntersiekert, sammelt es sich in den hohen lebenden und abgestorbenen Moosschichten, von denen die erstern selbst viel Feuchtigkeit aus der Luft aufsaugen, und es bilden sich so selbst an den Abhängen, wie auf den Plateaus, tiefe Moore. Tiefer werden diese noch, und darum für den Holzwuchs verderblicher, wo sich muldenförmige kleine Thäler zwischen den Bergkuppen oder auf den Bergebenen bilden, aus denen oft nicht einmal das Wasser durch Ziehung von Gräben gut fortzuschaffen ist. Der Anbau mit Holze auf den entsumpften Stellen ist das beste Mittel, die Wiederkehr der Versumpfung zu verhindern.

Bestandene Forstorte so entwässern zu wollen, daß sie ganz trocken gelegt werden, ist nicht allemal rathsam. Junge Fichtenbestände, eine Holzgattung, die sehr häufig auf versumpften Stellen vorkommt, ertragen dies wohl, ältere gehen gewöhnlich ein. Der Boden setzt sich dann sehr, die Wurzeln der Bäume werden bloßgelegt, und wenn das alte Holz einmal an diesen feuchten Stand gewöhnt ist, so wird es in trocknen Jahren leicht abständig. Deshalb beschränkt man sich auch gewöhnlich mit der Entwässerung auf die Schläge und zu cultivirenden Orte, wobei dann die Entblößung von Holz das Austrocknen ohnehin begünstigt, so lange sich nicht die Wassermoose daselbst entwickeln. Oft reicht das Grabenziehen hierzu allein nicht hin, sondern man muß auch diese, so wie die sich bildende Torfschicht wegzuschaffen suchen, was am leichtesten durch das Ausbrennen an sehr trocknen Tagen geschieht, nachdem man sich gegen das Umsichgreifen des Feuers durch tiefe Gräben gesichert hat. Ueberhaupt verdienen diese nachtheiligen Sumpf- und Wassermoose im Gebirge die Aufmerksamkeit des Forstmannes im hohen Grade. So viel als möglich sind sie wegzuschaffen, was zuweilen dadurch geschehen kann, daß man den Bewohnern der Umgegend erlaubt, sie als Düngungsmaterial zu sammeln.

Jeder Entwässerung muß ein Nivellement vorausgehen, theils, um die Richtung, in welcher die Gräben dem Wasserablaufe gemäß gezogen werden sollen, zu bestimmen, theils um das Gefäll in den Gräben selbst zweckmäßig zu vertheilen. In den Brüchern selbst giebt man diesen nur geringes Gefäll, denn wenn es auch nicht nöthig ist, diesen Abzungsgräben, wie bei der Entwässerung von Wiesen, ein todtes Niveau zu geben, so gestattet doch schon die wagerechte Lage vieler Brücher selbst nicht mehr als auf 20 Ruthen Einen Zoll Abfall, was auch als vollkommen genug anzusehen ist. Auch bei den unterhalb der Sümpfe liegenden Gräben muß wenigstens das Reißen und Auswaschen des Wassers vermindert werden, und niemals führt man sie deshalb auf einen Abhang zu, sondern leitet sie mehr seitwärts, so daß niemals mehr als 3 Fuß Gefälle auf 100 Ruthen gestattet wird. Auch hierbei ist man aber genöthigt, in einem lockern Boden dies durch Ueberfälle oder Wehre von Faschinen, Steinen, Bohlen und anderem Holze zu vermindern, um nicht das Auswaschen und Aufschütten von Gruß und Schutt an Stellen, die nicht so viel Gefäll haben, herbeizuführen. Nur in dem Falle, wo sich im Frühjahre sehr viel Wasser in den Einsenkungen aufsammelt, und dessen sehr rasche Abführung verlangt wird, wie z. B. in benutzten Torfstichen, vermehrt man selbst das Gefäll der Abzugsgräben und steigt damit bis zu 2 Zoll auf 5 Ruthen. Die Aufsaugegräben brauchen gar kein Gefäll zu haben, wenn sich dies nicht von selbst ergiebt.

Durch die Sümpfe führt stets ein Hauptgraben, bestimmt, das Wasser abzuführen, in den sich die Seitengräben, welche es aufsaugen und ihm zuführen, einmünden. Sie werden rechtwinklich mit dem Hauptgraben gestochen, wenn der Sumpf sich gegen die Mitte zu senkt, mehr stumpfwinklich, nach dem Wasserlaufe, wenn die Fläche mehr wagerecht mit geringer Neigung nach dem Wasserablaufe liegt.

Die Größe der Gräben richtet sich allerdings nach der Menge des Wassers, welches sie aufnehmen sollen; doch wird selten der Hauptabzugsgraben, selbst in größeren Brüchern, breiter als oben 12 Fuß gestochen, und die Aufsaugekanäle erhalten in der Regel nur eine Breite von 5 bis 6 Fuß. Ein Graben von 12 Fuß Breite und 1 Zoll Gefälle auf 5 Ruthen, führt in einer Sekunde 6 Kubikfuß Wasser ab, in der Minute 360, und in 24 Stunden 518400 Kubikfuß, so daß er hinreicht in 10 Tagen die 2 Fuß hoch stehende Wassermasse von 100 preuß. Morgen abzuführen.

Die Böschung des Grabens muß verschieden sein, je nachdem der Boden fest oder locker ist, denn in festem Gesteine können senkrechte Wände desselben zulässig sein. In festem Lehmboden rechnet man für die obere Weite des Grabens zweimal die Tiefe + der Breite der Sohle, folglich muß ein 3 Fuß tiefer Graben mit 2 Fuß Breite der Sohle 8 Fuß obere Weite erhalten. In ganz lockerm Sand- oder Moorboden wird es besser sein, die Gräben muldenförmig zu stechen, wenn man nicht vorziehet, sie zu verschaalen oder mit Rasen und Faschinen zu terrassiren.

Das Ausstechen wird jedesmal schachtruthenweis verdungen, und man kann unter gewöhnlichen Verhältnissen annehmen, daß Ein Mann im Sandboden 2 Schachtruthen, im Lehmboden 1 dergleichen, und in sehr festem und steinigem, mit Wurzeln durchzogenem Boden, auch oft nur ½ dergleichen, zu 144 Kubikfuß auswerfen kann. Auch erschwert der sehr nasse schlammige Boden die Arbeit oft bedeutend. Zugleich muß man auch darauf Rücksicht nehmen, daß den Grabenarbeitern zur unerläßlichen Bedingung gemacht werden muß, den Auswurf wenigstens 2 Fuß weit vom Grabenborde abzubringen und dann zu planiren, damit er nicht wieder in die Gräben hineinläuft, wenn die Ränder abbrüchig werden.

Hinsichts der Menge der Seitengräben, welche gezogen werden müssen, kann man annehmen, daß ein Aufsaugungsgraben seine Kraft vollständig 8 Ruthen weit äußert, und daß daher 16 Ruthen Entfernung das Maximum der Zahl der Gräben gebe. Diess zieht man jedoch nicht stets parallel, sondern mehr so, daß man die Grundquellen aufsucht und die Gräben auf sie hinleitet. Auch wird man selbst nicht immer eine so große Zahl von Gräben stechen, wenn auch die Entwässerung etwas langsamer stattfindet.

Alle Grabenziehung und Grabenräumung fängt von unten an, und gehet dem Wasser entgegen, da man sich im umgekehrten Falle das Wasser in den Stich leiten, und die Arbeit verhindern würde. Oft werden geringe Versumpfungen schon dadurch abgestellt, daß man den Abfluß am Ende derselben herstellt, und man hat kaum nöthig, die Gräben durch sie selbst fortzuziehen. Zuweilen genügt es auch nur, die Quellen aufzusuchen, aus denen das Wasser hervordringt, und den Graben gerade auf sie hinzuleiten, um den ganzen Bruch trokken zu legen. Die Aufsuchung derselben muß deshalb auch stets jeder Grabenziehung vorausgehen.

Auch kann es der Fall sein, daß sich das Wasser von den angrenzenden Höhen nach dem Bruche hinziehet. In diesem Falle muß man es durch einen hinreichend tiefen Umfassungsgraben aufzufangen suchen und aus diesen in den Abzugsgraben leiten.

Die beste Zeit zu diesem Geschäfte ist der Spätsommer und die ersten Herbsttage, weil dann gewöhnlich der niedrigste Wasserstand ist, auch die Arbeiter nicht so leiden, als wenn schon kalte Nächte eintreten und Wasser und Morast sehr kalt wird.

Von großer Wichtigkeit ist es, die vorhandenen Gräben offen zu erhalten. Um dies zu bewirken muß man

1) für die nöthigen Brücken sorgen, damit nicht Fuhrten für Wagen und Vieh bewirken, daß Sand und Erde hineingefahren und getrieben, und dadurch der Wasserablauf verhindert wird. Auch kann kein Viehtrieb längs der Gräben hin gestattet werden.

2) Die Gräben müssen von Holz rein gehalten werden, damit nicht die Blätter hineinfallen und sie anfüllen, die Wurzeln hineinwachsen und sie verengen.

3) Die Fischer dürfen nicht Wehre und Zäune im Gra-

ben anfertigen, um Reusen dazwischen zu legen, und so den Wasserablauf zu hindern.

4) Es muß zu gehöriger Zeit die Grabenräumung erfolgen, damit nicht Gewächse ihn füllen, wenn er wenig Gefäll hat, und Schlamm und Moder sich darin anhäuft. Die Räumung, um Wassergewächse herauszuschaffen, findet am besten vor Johannis statt, bevor diese Samen gebracht haben; diejenige, wo die Graben neu ausgestochen und vom Schlamme gesäubert werden sollen, ebenfalls im Spätsommer und Anfange des Herbstes.

5) Bei sehr lockern Ufern müssen die Grabenränder mit Rasen ausgesetzt oder mit Faschinen gedeckt, im schlimmsten Falle auch wohl ausgeschaalt oder ausgemauert werden.

6) Hat man Flugsand, oder auch wohl im Winter starke Schneewehen zu fürchten, so kann es selbst nöthig werden, den Graben an den schlimmsten Stellen mit einer Decke von Schaalholz zu versehen. Wo kein starker Wasserabfluß ist, verdient es aber den Vorzug, den ganzen Graben mit groben Steinen, oder nöthigenfalls krummen Eichenästen so auszufüllen, daß sie hohl liegen und das Wasser zwischen ihnen durchsiekern kann, und über diese ein festes Rasen- oder Lehmdach zu schlagen. Dies Verfahren ist auch da zu empfehlen, wo man nicht gut das Durchtreiben des Viehes verhindern kann und Brücher ersparen will.

In ebenen Gegenden muß man sehr darauf achten, daß nicht Müller das Wasser höher anspannen, als ihnen durch den eingesetzten Mahlpfahl, Fachbaum ꝛc. angezeigt und erlaubt ist. Auch sind die Stauschleusen, welche wegen der Schiffahrt, Flößerei ꝛc. angelegt sind, zu beaufsichtigen, daß sie nicht das Wasser unerlaubter Weise aufhalten.

Ueberhaupt muß der Forstwirth die Vorschriften der Vorfluth-Ordnung kennen, sowohl um Entwässerungen ihnen gemäß anordnen, als die schon dazu getroffenen Einrichtungen aufrecht erhalten zu können. Die Hauptgrundsätze der Gesetzgebung in Vorfluthsachen werden sich wohl überall gleich bleiben, da sie sich aus der Nothwendigkeit entwickeln, indem ohne sie keine Entwässerung ausführbar sein würde. Wir können sie deshalb auch, obzwar nur aus der preußischen Gesetzgebung entnommen, als überall gültig, anführen. Es sind folgende *).

Jeder Grundbesitzer ist verpflichtet, die zur Abführung des Wassers bestimmten Gräben auf seinem Grundstücke im Stande zu halten, und kann polizeilich zur Räumung derselben angehalten werden. Befinden sich Entwässerungsgräben auf einem Gemeindegrundstücke, so muß jedem Gemeindemitgliede ein bestimmtes Stück zu räumen angewiesen werden, welches er in festzusetzender Zeit beendigt haben muß. Die Räumung geschieht jederzeit dem Wasserlaufe entgegen, so daß die unten liegenden Grundbesitzer zuerst damit beginnen müssen. Wo eine gemeinschaftliche Räumung nöthig wird, muß jedem Gemeindegliede das ihm zukommende Stück nach Verhältniß des Ackerbesitzes ꝛc. zugetheilt werden.

Niemand darf eigenmächtig irgend eine Vorkehrung treffen, wodurch das Wasser angespannt und sein Ablauf aufgehalten wird. Die Mühlen sind verpflichtet, sich bei der Anspannung nach dem ihnen von der Polizei zu setzenden Merkpfahle oder Fachbaume zu richten nnd nie das Wasser höher anzustauen, als dieser die größte Höhe der Anstauung bezeichnet. Auch muß das bei dieser Anstauung etwa austretende Wasser durch zu ziehende Dämme bis auf hinreichende Entfernung, um dies Austreten zu verhüten, eingedeicht werden, und es müssen Abzugsgräben sein, um zu stark zuströmendes Wasser abführen zu können. Neue Mühlen oder

*) Siehe das preußische Vorfluth-Edikt vom 6. Juli 1773 und 15. November 1811.

Schleusen dürfen nur mit landesherrlicher Erlaubniß angelegt werden.

Jeder Grundbesitzer kann auf seinem Grunde Gräben ziehen, und dadurch das Wasser seinem Nachbar zuweisen, sobald dieser im Stande ist, es von seinem Grunde wieder weiter zu schaffen und es davon abzuleiten.

Die Anordnungen zu Entwässerungen, die Gegenstände, welche zu den Vorfluthsachen gehören, beurtheilt die Landes-Polizeibehörde und entscheidet darüber.

Zum Schlusse muß noch bemerkt werden, daß nicht jede Entwässerung unbedingt als dem Holzwuchse günstig empfohlen werden kann. Es giebt Moorbrücher, die einen so schlechten Grund enthalten, daß eigentlich die hier wachsenden Erlen und Weiden nur durch die Feuchtigkeit ernährt werden. Legt man diese ganz trocken, so erhält man eine so unfruchtbare Stauberde, daß es vielleicht gar nicht möglich ist, darauf einen lohnenden Holzwuchs herzustellen, während man hier wenigstens vorher noch einen Ertrag von den Erlen und Weiden hatte, wenn er auch nicht groß war.

Vom Schaden durch Flugsand.

Denjenigen Sand, dessen Körner so klein sind, daß sie der Wind bewegt, nennt man Flugsand. Er wird nachtheilig durch Ueberschüttung fruchtbarer Grundstücke; es verschwindet aber auch alle Vegetation auf denjenigen Stellen, wo der Wind die Oberfläche durch Auf- und Wegwehen des Sandes stets beweglich erhält. Am gefährlichsten ist der Flugsand an den Küsten, woselbst die See ununterbrochen eine Menge von kleinem Sande an das Ufer spült, welcher sich zu hohen Sandrücken (Dünen) anhäuft, die dann vom Winde weiter in das

Land hineingetrieben werden, und alle benutzbaren Grundstücke, selbst Gebäude und ganze Ortschaften verschütten.

Aber auch selbst im Binnenlande finden sich im Meeresboden große ausgedehnte Sandstrecken vor, in denen besonders die Sandberge der Gefahr ausgesetzt sind, in weiter treibende Sandschollen umgewandelt zu werden, sobald man sie ihrer schützenden Bodendecke von Holz und anderen Gewächsen beraubt. Große Striche fruchtbaren Grundes in den Niederungen sind dadurch schon in öde Sandwüsten verwandelt worden. Da die Erhaltung und Anzucht des Holzes das beste, wo nicht das einzige Mittel ist, Flugsand unschädlich zu machen, aufzuhalten und seine Entstehung zu verhüten, so ist es für den Forstwirth an den Seeküsten, und im nördlichen und nordöstlichen Deutschlande von großer Wichtigkeit, das Verfahren bei Bindung der Sandschollen zu kennen, alles das zu wissen, was beachtet werden muß, um die Entstehung von Sandschollen zu verhüten.

Die Gefahren, welche der Flugsand dem fruchtbaren Grunde droht, fielen zuerst an den Seeküsten in das Auge, wo sie am größten sind, und wo das stete Auswaschen von Sand durch die See, sie niemals aufhören läßt. Auch wurden die ersten Maßregeln, ihnen zu begegnen, in den Dünen von Flandern und Holland ergriffen. Man kann daher sagen, daß die Lehre vom Sandbaue an den Seeküsten sich zuerst ausgebildet hat, und von dort auf denjenigen im Binnenlande übergetragen worden ist. Dies hat auf letztern einen nachtheiligen Einfluß gehabt, indem der Sandbau im Binnenlande nach ganz entgegengesetzten Ansichten geleitet werden muß, als bei der Befestigung der Dünen stattfinden. Bei diesen letzteren kann man nur davon ausgehen, den fortwährend durch die See ausgewaschenen Sand aufzufangen, und indem dies geschiehet, und er an der Stelle, wo er aufgefangen wird, sich aufhäuft, hohe Dünen oder Sandwälle zu bilden, welche das dahinter liegende Land sowohl gegen Ueberschwemmungen, als gegen den ausgewaschenen Sand schützen; denn diesen selbst im Wasser festzuhalten, ist unmöglich. Deshalb werden hier zur Befestigung des Sandes vorzüglich die kleinen Sandgewächse verwandt, welche zwar vom Sande überschüttet werden, ihn dann aber wieder mit neuen Ausschlägen und Halmen durchdringen, und so den später herangetriebenen Sand abermals auffangen und festhalten, um so nach und nach einen schützenden Wall zu bilden, hinter welchem man dann zum weitern Schutze Holz anbaut.

Ganz andere Zwecke liegen dem Sandbaue im Binnenlande zum Grunde. Hier vermeidet man das Auffangen des Sandes, um nicht neue gefährliche Anhäufungen desselben zu erzeugen, und bemüht sich vielmehr, das Wegwehen desselben zu verhindern. Auch bedarf man hier nicht erst eines schützenden Sandwalles, um dahinter Holz bauen zu können, und gegen Springfluthen, Stürme und Ueberschüttungen mit Sand gesichert zu sein, sondern man kann sogleich, bei einem leicht zu bewirkenden Schutze, auf derjenigen Stelle die Befestigung des Sandes durch Holzanbau für ewige Zeiten bewirken, von welcher die Versandung ausgeht.

Die Verwechselung dieser ganz verschiedenen Verhältnisse hat zu vielen Mißgriffen und ganz falschen Regeln für den Sandbau im Binnenlande Veranlassung gegeben, indem man immer das auf ihn anwenden wollte, was sich an der Seeküste als zweckmäßig gezeigt hatte, und was es im Binnenlande gar nicht ist. Es muß deshalb auch

1) der Sandbau an der Seeküste, oder der Dünenbau —

2) der Sandbau im Binnenlande —

jeder für sich und nach den, jedem eigenthümlichen, Ansichten behandelt werden.

1. Der Dünenbau.

An allen Küsten, welche nicht hoch und felsig sind, wäscht

die See fortwährend eine Menge feinen Sand aus, welcher zwar, so weit die Wogen ihn naß erhalten, fest und glatt ist, der aber, wenn er bei starkem Wellenschlage über den gewöhnlichen Wasserrand hinausgetrieben wird, vollkommner Flugsand wird. Dieser häuft sich zu ziemlich hohen Hügeln und Rücken an, indem ihn die Fluthen oder der Wind gegen die Grenze des Wellenschlages hintreiben. Diese Sandrücken, parallel mit der Küste laufend, aber oft von ziemlicher Breite und in wellenförmigen Erhöhungen, nennt man Dünen. Sie sind vorzüglich für niedrig gelegenes Land sehr wohlthätig, indem sie das Ueberfluthen desselben durch die bei Stürmen gegen das Land getriebenen Wellen verhindern, auch selbst Schutz gegen [nachtheilige Seewinde gewähren. Sie können jedoch auch den Anwohnern sehr verderblich werden, wenn sie unbefestigt bleiben, indem der lose Sand durch die Stürme in das Land hineingetrieben wird und Alles überschüttet. Schon an der Ostseeküste sind eine Menge Beispiele nachzuweisen, wo 60 Fuß hohe Kiefern so eingewehet sind, daß sie nur wenige Fuß hoch mit dem Wipfel hervorragen; auch ist es nicht selten, daß Wohnungen und ganze Ortschaften Gefahr laufen, mit Sand nach und nach überschüttet zu werden. Es ist deshalb von großer Wichtigkeit, diese Dünen durch Anbau mit schützenden Gewächsen zu befestigen.

So weit der gewöhnliche Wellenschlag reicht, ist kein Anbau ausführbar, sondern er beschränkt sich auf die Höhen, welche außer dem Bereiche der gewöhnlichen Fluthen liegen. Aber auch hier wird man unmittelbar am Seerande schwer Holz im losen Sande fortbringen, weil Pflanzungen wie Saaten bald durch den stets von neuem herantreibenden überschüttet werden würden. Man wählt deshalb lieber zuerst Gewächse, welche am Strande häufig wild wachsen, vorzüglich Sandrohr oder Sandroggen Arundo arenaria, und Sandhafer, Elymus arenarius, wovon man das Sandrohr dem

Sandhafer noch vorzieht, um den Sand zum Stehen zu bringen. Diese Gewächse haben das Eigenthümliche, daß sie nicht nur das Ueberschütten mit Sand recht gut ertragen, sondern sogar bedürfen, wenn sie ausdauernd sein sollen. Wo der Stock unüberschüttet fortwächst, bildet er zwar einen ziemlichen Busch, wuchert jedoch nicht um sich und gehet auch bald wieder ein, weshalb diese auch für den Sandbau im Binnenlande empfohlnen Gewächse dahin gar nicht passen, da hier das Ueberwehen mit Sand aufhört, sobald die Sandscholle gebunden ist. Auch gedeihen sie in dem trocknen Sande im Binnenlande weniger gut, als im frischen Seesande *). Hier, wo ein immer erneuertes Ueberwehen stattfindet, bilden sich an den Knoten der Stengel immer neue Wurzeln, sobald nur noch die Blattspitzen hervorragen, und diese durchdringen die ganze Oberfläche des Sandes, die sie dadurch befestiget. Indem sich auf diese Art bald die neu angewehten Schichten mit dichtem Grase überziehen, können sich wieder abermals Sandlager darin aufhäufen, und es bildet sich so ein hoher Wall, der erst dann einen Stillstand in seiner Aufhöhung erlangt, wenn der Sand ihn nicht mehr erreichen und bedecken kann. Sobald dies der Fall ist, wird es Zeit, ihn mit Holz anzubauen, wo sich dann vor ihm eine neue Düne durch den Anbau mit diesen Sandgewächsen vorlegt, so daß man oft einen ziemlich beträchtlichen Strich trifft, wo parallel laufende Dünen zu Wald geworden sind, und die See gleichsam zurückgedrängt erscheint.

Die beste Art des Anbaues dieser Sandgewächse ist un-

---

*) Der Dünensand ist überhaupt besser für den Holzwuchs, als der Sand im Binnenlande. Er ist nicht bloß stets in geringer Tiefe feucht, sondern es sind auch wohl die in ihm zurückgebliebenen Salztheile vom Seewasser, die Kalktheile, welche die Muschelschalen liefern, Ursache einer größeren Fruchtbarkeit.

streitig die des Pflanzens der auf alten Dünen, oder auf Stellen, wo man die Erhaltung derselben nicht mehr nöthig hat, ausgehobener Büsche. Sie geschiehet 3 bis 4 Fuß im Verband, in welcher Hinsicht nichts zu bemerken ist. — Man kann sich jedoch auch, um die nöthigen Pflanzen zu erziehen, leicht Pflanzkämpe an etwas geschützten Stellen anlegen, indem man die Aehren einlegt, statt zu säen, da sich der Same weder gut sammeln noch einzeln unterbringen läßt. —

Der Sandroggen wird Ende August reif und man bricht dann die Rispen desselben aus, um sie auf einem frisch umgegrabenen, eingezäunten Sandrücken mit einzulegen und schwach mit Sande zu bedecken. Die aufgehenden Pflanzen müssen hier 3 bis 5 Jahr stehen bleiben, um eine hinreichende Stärke zu erhalten, wo sie dann büschelweis, gerade wie die Fichten bei der Büschelpflanzung ausgehoben, und im Herbste oder Frühjahre ausgepflanzt werden. Auch muß die Pflanzung bald wieder nachgebessert werden, wenn sie nicht gleich vollständig gelingt. — Ganz gleich werden auch die Anpflanzungen mit dem ebenfalls im August reifenden Sandhafer gemacht, den man aber deshalb weniger schätzt, weil er sich nicht so leicht bestaudet. — Will man die Saat mit reinem Samen machen, so werden die Aehren ausgedroschen.

Zu dem Anbaue mit Holz wählt man in den Einsenkungen zwischen den Dünen oder hinter ihnen, wenn der Boden nicht hoch über dem Meeresspiegel ist, Erlen und Weiden. Auch Fichten wachsen daselbst; doch leiden sie durch die Seestürme am Höhenwuchse. Ueberhaupt ist der Sand in den Dünen weit frischer und dem Holzwuchse zuträglicher, als derjenige im Binnenlande, wenn nicht vielleicht auch die feuchte Seeluft zugleich einen Einfluß auf die Vegetation hat. — Auf der trocknern Düne ist die Kiefer die vortheilhafteste Holzgattung, und der Anbau derselben erfolgt am sichersten durch Pflanzung.

Auch bei dem Dünenbaue ist man oft genöthigt, zum Schutze der Sandgewächse 2c. Zäune vorzuziehen, damit sie sich erst bewurzeln und anwachsen können, bevor sie vom Sande überschüttet werden. Diese werden jedoch nur niedrig, höchstens 3 Fuß hoch, gemacht, und dafür nicht weitläuftig auseinander gesetzt, wenn man eine größere Strecke schützen will, indem hohe Zäune sich nicht bei den Stürmen erhalten würden.

Die beste Art des Holzanbaues ist die Pflanzung von Kiefern 4 bis 6 Jahr alt mit Ballen auf den Höhen, und von Erlen in den feuchten oder frischen Einsenkungen. Birken sind auf den Dünen nicht mit Erfolge zu ziehen.

Eine große Vorsicht erfordert die Behandlung des hinter den Dünen liegenden Holzes, welches den Schutz gegen Stürme und Versandung vollendet, den die in der Nähe der See liegenden Grundstücke und wohnenden Menschen bedürfen. Eine geordnete Plenterwirthschaft kann hier sehr zweckmäßig sein, um niemals den Schutz ganz zu verlieren; immer werden aber nur verhältnißmäßig kleine Schläge geführt werden dürfen, deren Verjüngung rasch und mit Sorgfalt erfolgen muß. Es scheint übrigens, als wenn sich der Verjüngung der Kiefer an der Seeküste durch natürlichen Samenabfall viele Hindernisse entgegensetzten, und der Anbau aus der Hand, vorzüglich Pflanzung, daselbst weit sicherer wäre. Wenigstens kann man bei der starken Vegetation der Moose, Vaccinien und ähnlicher Unkräuter in der feuchten Seeluft selten Verjüngnngen ohne Wundmachung des Bodens und Unterstützung des Samenabfalls durch Ausstreuung von Samen bewirken.

Eine vollständigere Anleitung zum Dünenbau als hier, wegen Mangel an Raum gegeben werden konnte, findet man in: v. Pannewitz Anleitung zum Anbau der Sandschollen Marienwerder 1832.

2. Der Sandbau im Binnenlande.

In bei weitem den mehrsten Fällen hat eine unvorsichtige Entblößung der Sandberge und Sandrücken von Holz und schützender Bodenbedeckung, die Veranlassung zur Entstehung von Sandschollen gegeben. Verwüstung der Wälder, Feuer, Insektenschaden, wodurch große Strecken bloßgelegt wurden, deren Anbau nicht schnell genug erfolgte, Erbauung von Windmühlen auf Sandhügeln, um welche man das Holz herum abräumte, unvorsichtiges Streurechen, die über Sandrücken ziehenden Viehtreiben, breite unbefriedigte Straßen, wodurch der lose Sand stets aufgerührt wird, liegen gebliebene sandige Aecker, das sind die gewöhnlichen Ursachen der Entstehung von Sandschollen im Binnenlande, wodurch oft die wenigen fruchtbaren Grundstücke der in Sandgegenden wohnenden Ackerbauer verloren gegangen sind. Da es besser ist, den zu fürchtenden Schaden zu verhüten, als ihn erst entstehen zu lassen, und viele Kosten aufzuwenden, damit er nicht fortwährend noch größer wird, so ist auch die Aufmerksamkeit des Forstwirthes ganz besonders darauf zu richten, daß er nicht zur Entstehung von Sandschollen Gelegenheit giebt. Dazu sind folgende Gegenstände zu beachten.

1) Auf Sandbergen und Sandrücken, welche dem Anfalle des Windes ausgesetzt sind, und die flüchtig werden könnten, ist niemals das schützende Oberholz, oder die vorliegende hohe Holzwand eher wegzunehmen, als bis neue Pflanzen den Boden hinreichend decken. Die vielleicht vorkommenden einzelnen oder horstweis stehenden Pflanzen sind selbst dann noch zu schonen, wenn ihr Wuchs auch schlecht ist, denn es kommt hier weit weniger darauf an, etwas mehr oder weniger Holz zu erziehen, als darauf, immer den Boden geschützt zu erhalten. Alles Roden von Stockholz, Ackern, oder Auflockern des Bodens ist hier nicht anwendbar. Bei nothwendigem

Anbaue aus der Hand ist stets die rasch nach dem Antriebe erfolgende Pflanzung der hier sehr unsichern Saat vorzuziehen. In Revieren, welche viel zum Flüchtigwerden geneigten Boden haben, sind kleine Schläge besser als zu große, und eine Wechselung mit denselben besser als eine rücksichtslose Aneinanderreihung.

2) Sollten durch Unglücksfälle große Striche ihren Holzbestand verlieren, so müssen zuerst so viele Schutzpunkte auf den Rücken und Spitzen der Sandhügel rasch angebaut werden, daß die Gefahr, Sandschollen zu erhalten, beseitigt wird. Wäre der Anbau nicht sogleich durchzuführen, so müssen wenigstens bis dahin, daß er erfolgt, alle Stellen, die flüchtig werden können, gleich eingeschont werden. Die dazwischen liegenden Gründe werden später immer noch in Bestand zu bringen sein; auf den Bergen wird es mit jedem Jahre schwieriger, je länger man sie liegen läßt. Daß die angebaueten Flecke von einer Größe sein müssen, daß sie sich selbst schützen, und daß auch die vorläufig liegen gebliebenen Stellen nicht so klein sein dürfen, daß sie später angebauet, verdämmt werden könnten, versteht sich von selbst. Um dies übersehen zu können, ist es gut, wenn gleich im Anfange ein die ganze Strecke umfassender Kulturplan, für die Zeit, welche der Anbau dauern soll, entworfen wird.

3) Orte wo Flugsand zu fürchten ist, müssen mit dem Streurechen verschont werden. Wege und Viehtreiben dürfen entweder gar nicht über Sandhügel weggeführt werden, oder man muß sie wenigstens zu beiden Seiten mit Zäunen oder dichtem geschütztem Holzbestande einfassen.

4) Sobald sich auf liegen gebliebenen Aeckern Spuren der Auswehung des Sandes zeigen, müssen solche Stellen mit Zäunen umgeben, mit Deckreisig belegt, und mit Kiefern angebaut werden, sollte dies auch nur in Hörsten von ganz geringem Flächeninhalte geschehen.

5) Die Behütung der Sandberge ist ganz zu untersagen, zumal da das Vieh hier ohnehin wenig Nahrung findet. Wohl ohne Ausnahme werden sich auch die schlechtesten geschützten Sandberge mit Flechten und Sandgewächsen bedeckt erhalten, wenn sie nur ganz ruhig bleiben und weder von Menschen noch Vieh betreten werden.

6) Die Windmühlen, welche auf hinreichende Entfernung freien Windstrich haben müssen, sind oft ein großes Hinderniß des Anbaues von Sandschollen, da man ihnen nicht mit dem Holze zu nahe kommen darf. Hierbei ist jedoch für den preußischen Forstmann zu bemerken, daß nur diejenigen Windmühlen, welche vor dem Mühlenedikt von 1810, welches die willkürliche Erbauung von Mühlen erlaubte, bestanden, das Recht haben, freien Windstrich fordern zu können. Die nach dieser Zeit erbaueten, können den angrenzenden Grundbesitzer nicht in der willkürlichen Benutzung seiner Grundstücke hindern.

Von dem Dünenbaue hatte man mit Unrecht den Grundsatz auch auf den Sandbau im Binennlande übergetragen: daß dem Anbaue mit Holz derjenige mit Sandgewächsen vorausgehen müsse, damit die Sandscholle erst gebunden werde, bevor man den Holzanbau versuchen könne. Dies ist ein durchaus falscher Grundsatz, denn die sogleich erfolgende Holzcultur ist auf diesen Sandschollen*) nicht schwieriger als der Anbau jener Sandgewächse, von denen man überdies sehr unpassende, wie Triticum repens, Hyppophae Rhamnoides ꝛc. in Vorschlag gebracht hat. Es wird aber auch sogar der spätere Holzanbau viel schwieriger und unsicherer, wenn man die doppelten Kosten verschwendet, und erst die Sandscholle mit diesen Sandgewächsen in Anbau bringt, als wenn man mit dem

*) Der Ausdruck Sandschelle ist wohl unrichtig, da die Hinzufügung Sand, nur die Beschaffenheit der Scholle (ein bekanntes Wort) näher bezeichnet.

Holze beginnt, da alle diese Sandrohre u. s. w. den jungen Holzpflanzen nur den Thau und die Nahrung entziehen. Daß das Holz aber überhaupt den Vorzug verdient, wird keines ausführlichen Beweises bedürfen, da nur allein von ihm ein Ertrag und ein etwaniger Ersatz der Kulturkosten, eine Verbesserung des Bodens und eine bleibende Sicherheit gegen abermaliges Flüchtigwerden des Sandes zu erwarten ist. Es könnte deshalb auch nur der Anbau jener Sandgewächse, die für den Dünenbau so wichtig und wohlthätig sind, im Binnenlande als nothwendiges Uebel angerathen werden, wenn kein solcher von Holz erlaubt ist, was allerdings wohl der Fall sein kann, wenn die Nähe alter Mühlen ihn verhindert. Aber auch dann noch dürfte in der Regel der Versuch, niedriges Gesträuch zu ziehen, zu empfehlen sein. Nur in dem einzigen Falle, wo man den herangetriebenen Sand bloß auffangen kann oder will, um die dahinter liegenden Grundstücke durch einen sich vorlegenden Schutzdamm gegen Ueberwehung zu schützen, weil man nicht im Stande ist, den Sand auf der Stelle festzuhalten, von welcher er weggewehet wird, sind diese Sandgewächse mit Vortheil eben so gut im Binnenlande wie in den Dünen anzuwenden. Wir beschränken uns auch deshalb allein auf die Untersuchung: wie man die flüchtigen Sandschollen am zweckmäßigsten durch den Anbau mit Holz bindet?

Unter allen Holzgattungen ist hier wohl unstreitig die Kiefer die empfehlenswertheste. Sie schützt durch ihre zahlreichen Nadeln, ihren raschen, in der Jugend pyramidalischen Wuchs, Winter und Sommer am schnellsten und besten, verbessert den Boden am rascheſten von allen Hölzern, die hier gedeihen könnten, nimmt noch am ersten mit diesem trocknen armen Boden vorlieb, und ist auf demselben nicht bloß am höchsten zu benutzen, sondern auch in der Zukunft am leichtesten durch sich selbst, und ohne abermaligen Kostenaufwand zu erhalten. Alle übrigen hier zu ziehenden Holzgattungen haben auf diesen dürren Sandbergen keine Ausdauer, und der kostbare Ersatz der eingehenden Stämme hört nicht auf.

Wo man vielleicht weniger auf den Nutzen siehet als darauf, dem Auge einen freundlichen Anblick zu gewähren, was in der Nähe von Städten, Gütern, Gärten u. s. w. wohl wünschenswerth sein kann, dürfte die weißblühende Akazie (Robina pseudo Acacia) wohl vor allen empfohlen werden können, wenn man nicht zu fürchten hat, daß sie von den Hasen beschädigt wird, welche die sonderbare Gewohnheit haben, die jährigen Schüsse abzubeißen, ohne sich weiter von ihnen zu nähren. Die Akazie treibt auf diesem lockern Sande mit Wurzelbrut, und läßt sich bei gehöriger Pflege und Schonung als Buschholz in kurzem Umtriebe, ziemlich lange erhalten.

Auch die Birke kann man durch Pflanzung, nicht durch Saat, auf dem Flugsande ziehen. Sie schützt aber schlecht, vorzüglich im Winter, wo sie unbelaubt ist, hat keinen Stockausschlag, und muß fortwährend wieder von neuem mit nicht unbeträchtlichen Kosten aus der Hand angebaut werden. Auch wird ihre Eigenschaft, den Boden so wenig zu verbessern, hier doppelt unangenehm. Doch ist auch sie geeignet, öden Sandgegenden ein freundlicheres und belebteres Ansehen zu geben.

Man kann noch Aspen, Schwarzpappeln und einige Weidenarten auf dem Flugsande ziehen; allein diese Hölzer haben nur, wenn dieser flach über dem Wasserspiegel liegt, einen genügenden Wuchs; auf hohen Sandbergen vegetiren sie nur eine kurze Zeit hindurch kümmerlich, und gehören deshalb durchaus nicht zu den hier mit Vortheil anzubauenden Holzgattungen.

Eine besondere Beachtung verdient es bei dem Anbaue dieser Sandschollen, ob vielleicht, wie dies häufig der Fall ist flach unter dem Flugsande Ortstein, oder ein Conglomerat von

Sand und Eisenoxyd liegt, welches als ein sehr eisenschüssiger Sandstein erscheint und den Wurzeln keinen Durchgang verstattet. Ist dies der Fall, so wird überhaupt kein großer Erfolg vom Holzanbaue zu erwarten sein, da dann der Sand außerordentlich dürr ist. Doch werden in diesem Falle die flachwurzelnden Holzgattungen, wie Birke, Aspe, Akazie, verhältnißmäßig noch besser gedeihen, als die tiefgehende Kiefer. — Die feuchten Ränder der Sandschollen an Binnengewässern, zumal wenn sie wohl von Zeit zu Zeit überschwemmt werden, sind am besten mit Erlen, Weiden und Schwarzpappeln zu bebauen.

Bei dieser Art des Sandbaues kommt es stets darauf an, das Wegwehen des Sandes zu verhindern, denn wenn man dies erreicht, so fällt das Ueberschütten der Stellen, wo er hingetrieben wird, von selbst hinweg. Wollte man dagegen die Arbeiten so leiten, daß das Auffangen des Sandes durch Zäune u. s. w. bezweckt würde, so würde man immer wieder sich von neuem anhäufende Sandberge und Sandrücken erhalten, die in der Folge schwer so zu befestigen sind, daß sie nicht vom Winde weiter getrieben werden. Daher kann man es als den leitenden Grundsatz des Sandbaues im Binnenlande betrachten: immer nur darnach zu streben, den Sand festzuhalten. In dem einzigen Falle findet eine Ausnahme statt, wo man ein Grundstück gegen das Ueberwehen schützen muß, ohne daß man im Stande wäre, die Stelle zu decken, von wo der Sand weggetrieben wird. — Es wird jedoch, wenigstens nach preußischen Gesetzen, der Eigenthümer der Sandscholle in den mehrsten Fällen genöthigt werden können, Maßregeln zu treffen, so daß dem Forttreiben des Sandes Schranken gesetzt werden.

Das Verfahren, welches bei Bindung des Flugsandes zu beobachten ist, bleibt sich nicht gleich, sondern ändert sich darnach ab, je nachdem dieselbe leichter oder schwerer ist, was theils von der Größe der Sandscholle, theils von der Form der Bodenbildung, auch wohl von der größeren oder geringeren Beweglichkeit des Sandes selbst abhängt.

Größere Sandschollen, über deren Anbau man mehrere Jahre zubringt, müssen zum Entwurfe des Plans, der Ziehung der Zäune, der Veranschlagung der Kosten u. s. w. vorher vermessen und nach einem nicht zu kleinen Maßstabe, etwa $\frac{1}{2500}$, aufgetragen werden. Der Vermessung muß die Ermittelung vorausgehen, ob etwa in derselben versandete fremde Grundstücke liegen, wenn die Lage von der Art ist, daß dies möglich sein kann, um spätern Ansprüchen zu begegnen, und von dem Besitzer die Abtretung des ihm werthlosen Grundes vor der Bindung zu bewirken, oder seine Mitwirkung dabei in Anspruch zu nehmen. Die Vermessung selbst muß außer den gewöhnlichen Gegenständen einer solchen umfassen: a) die Darstellung aller Erhöhungen und Sandrücken nach ihrem Neigungswinkel; b) die Größe der besonders zu behandelnden Sandkehlen; c) die Verschiedenheit des Untergrundes in Bezug auf die sich von selbst herstellende Benarbung, die Festigkeit oder Lockerheit desselben, die Tiefe des Sandes bei bloß überschüttetem besserm Boden; d) alle Treiben, Fahr- und Fußwege; e) den Windstrich, in welchem der Sand bisher vorzüglich fortgetrieben wurde; f) die übersichtliche Darstellung der angrenzenden Grundstücke bis auf 20 Ruthen von den Grenzen der Sandscholle ab; g) etwa versandete Grundstücke müssen so viel als möglich herausgemessen werden, wenn sie fremden Eigenthümern gehören.

Die erste Arbeit beginnt mit der Deckung und Befestigung der Sandkehlen und der Höhen der Sandrücken, welche als die Quelle zu betrachten sind, von denen die Versandung ausgeht. Von hier aus geht man mit der Bindung abwärts, jedoch nie der Richtung des Windstrichs, in welchem der Sand fortgetrieben wird, entgegen, sondern ihm folgend, damit man nicht zu fürchten hat, daß neue Sandanhäufungen entstehen. Regel ist es dabei, die Größe der Fläche, auf welche sich die Bindung erstreckt, in vollständige Uebereinstimmung mit den Hülfsmitteln zu bringen, über welche man zu gebieten hat, damit man nicht in Verlegenheit kommt, die Bindung und den Anbau nur unvollständig zu bewirken, weil die Mittel dazu für die zu groß in Betrieb genommene Fläche nicht ausreichen. Auch gehe man im folgenden Jahre nicht eher mit dem Anbaue weiter, bevor nicht derjenige der vorhergehenden als gelungen angesehen werden kann, sondern wiederhole hier, im Falle des Mißlingens die Kultur, damit man die gezogenen Zäune und das verwendete Deckungsmaterial noch nutzt. Auch erleichtert es den spätern Anbau sehr, wenn die neuen Kulturen schon durch die vorhergegangenen geschützt werden. Deshalb beginnt man mit der Bindung und dem Anbaue immer auf dem Berge und an den gefährlichsten Stellen und gehet von da aus nach den weniger gefährdeten vor. Die Ränder und nicht hoch überschüttete Stellen der Sandschollen werden sich leicht anbauen lassen, ohne daß man Zäune zu ziehen hat, wenn man nur erst die Stellen zum Stehen gebracht hat, von denen die Ueberschüttung ausgeht. Auch benarben sie sich gewöhnlich, sobald diese aufgehört hat. — Stehet die Wahl frei, wo man mit dem Anbaue beginnen will, indem die Verbreitung des Sandes nach mehreren Seiten hin stattfindet, was öfter der Fall ist, so muß da begonnen werden, wo der Schade, welcher durch die Versandung bewirkt wird, am größten ist. So ist fruchtbarer Acker eher zu schützen, als eine tief sumpfige Wiese; wo der Sand ein Wasser ausfüllt, kann man dies länger mit ansehen, als wo er einen Garten bedrohet.

Die Mittel, welche zur Befestigung des Sandes dienen, und ohne deren Anwendung man fürchten müßte, den Holzanbau mißlingen zu sehen, sind: 1) die Zäune, auch Coupirzäune genannt, da sie bestimmt sind, den Wind aufzufangen, der den Sand bewegt. Es sind dies Flechtzäune aus jeder Art von Ruthen, Durchforstungshölzern aus dichten jungen Nadelholzbeständen, welche sich dicht zusammenflechten lassen. Sie werden zwar häufig 4 bis 5 Fuß hoch gemacht, doch ist es vortheilhafter, sie nur 3 bis 3½ Fuß hoch zu ziehen, und sie dagegen dichter an einander zu rücken, da die niedrigen Zäune länger halten und weniger leicht vom Winde umgedrückt werden. Auch erspart man durch diese höhern Zäune nichts an Material, da sie Strebepfähle erhalten, und auch Zaunpfähle selbst verhältnißmäßig desto tiefer in die Erde kommen müssen, je höher der Zaun ist. Das Arbeitslohn kommt aber allerdings etwas höher zu stehen für 3 Ruthen 3 Fuß hohen Zaun, als für 2 Ruthen 4½ Fuß hohen, obgleich diese verschiedenen Längen ziemlich gleich viel Fläche schützen werden. — Wie viel dies beträgt, oder mit andern Worten, auf welche Entfernung ein Zaun von bestimmter Höhe das Wegwehen des Sandes hindert, läßt sich durchaus nicht bestimmt angeben, obwohl solche Angaben versucht worden sind. Dies hängt von der Elevation der Berge und Erhöhungen ab, auf welche und an welchen die Zäune oft zu stehen kommen, von der Beweglichkeit des Sandes, von dem Zuge, der sich in ausgewehten muldenförmigen Schluchten oder Kehlen bildet, und andern Dingen mehr. Die Erfahrung an jeder einzelnen Stelle kann nur allein dies lehren, und um sich diese zu verschaffen, zäunt man die ganze anzubauende Sandscholle, welche man mit einem Male in Betrieb nimmt, ringsum ein, und legt dann von dieser an den Grenzen laufenden Zaunlinie feste Körper, z. B. Rasenstücke, Ziegel, Torfwürfel ꝛc. von 5 zu 5 Fuß aus, um aus dem sich davor anhäufenden Sande schließen zu können, wo die Wirkung des Zaunes aufhört. Man wird diese sehr bald auf diese Weise kennen lernen, und kann dann durch die im Innern zu ziehenden Zäune den nöthigen Schutz vervollständigen. Diese äußere Umgebung der Sandscholle mit einem Zaune wird auch beinahe immer schon deshalb nöthig sein, weil man sie gegen das Betreiben mit Vieh, gegen das Durchfahren u. s. w. schützen muß.

Die innern Zäune werden entweder so gezogen, daß sie die Sandscholle überall im rechten Winkel durchkreuzen, und sie in lauter eingezäunte Vierecke theilen, oder man ordnet sie dergestalt, daß sie in Hufeisenform Front gegen den Windstrich machen. Das Erstere geschieht vorzüglich dann, wenn kein bestimmter Windstrich ermittelt werden kann, und der Schutz von 3 Seiten vollständig zu gewähren ist. Ist der Windstrich, d. h. die Richtung, in welcher sich die Sandscholle hinziehet, unzweifelhaft, so nimmt man nur die äußersten Flügelecken der Zäune halbmondförmig zurück, um dem Winde in dem Falle zu begegnen, wenn er etwas seitwärts kommt. Nur wo man die Sandkehlen nöthig hat einzuzäunen, muß man die Zäune oft näher an einander rücken als 60 bis 80 Schritt; sonst ist dies wohl in den meisten Fällen schon die geringste Entfernung, in welcher man sie auseinander ziehet. Diese bleibt sich auch auf ein und derselben Sandscholle nicht an allen Stellen gleich, sondern richtet sich darnach, je nachdem man Ursache hat, die eine mehr als die andere zu schützen. —

Die Zahl der Pfähle richtet sich nach der Beschaffenheit der Zaunruthen; doch braucht man auf die Rheinische Ruthe von 12 Fuß stets wenigstens 5 Stück, und nur in dem Falle mehr als 7, wenn das Reisholz sehr kurz ist und bei beträchtlicher Höhe viel Strebepfähle eingeflochten werden müssen. Noch weniger läßt sich etwas Bestimmtes von der Menge des Zaunreisigs sagen, welches man auf die Ruthe bedarf. Die Höhe des Zauns, die Stärke der Gebunde oder Größe der Fuder, die Beschaffenheit des Zaunreisigs, erzeugen sehr große Verschiedenheiten. Gewöhnlich rechnet man 15 Gebund, 10—12 Zoll im Durchmesser, auf die Ruthe. — Kieferne Zaunpfähle halten selten länger als 5 bis 6 Jahre. —

Nur in dem Falle würde man die Festhaltung des Sandes allein durch Zäune bewirken, wenn alles übrige Deckungsmaterial mangelt, und Zaunholz in Menge vorhanden ist. Sonst ersetzt man die Zäune bald mehr bald weniger durch Deckung, ja wo das Material dazu in hinreichender Menge vorhanden ist, kann man die Zäune auch ganz entbehren.

Das gewöhnliche Material zum Decken des Sandes ist der schwache Abraum von Kiefern, woran man gern die Kiefernzapfen läßt. Es ist in der Regel das wohlfeilste, da die Kiefer da heimisch zu sein pflegt, wo Sandschollen sind, und erfüllt zugleich den doppelten Zweck: daß es das Wegwehen des Sandes verhindert, und den jungen Kiefernpflanzen zum Schutze dient, sogar, wenn viele Zapfen daran sind, die Aussaat des Samens nur sehr dünn nöthig macht. Doch darf es nicht zu dicht ausgelegt werden, da die jungen Pflanzen sonst darunter eingehen. Auf Erfahrungen gestützt, würden wir nur höchstens 30 gewöhnliche schwache Bauernfuder auf den preußischen Morgen als zulässig halten, wenn die jungen Pflanzen, bei gleichmäßiger Vertheilung, nicht darunter leiden sollen. Dieses Reisholz wird so ausgelegt, daß die Spitzen vom Winde abwärts stehen und die abgebrochenen Enden ihm entgegen gerichtet sind, da sonst die Stürme es leicht aufheben und forttreiben. Wo man es in hinreichender Menge hat, überdeckt man die ganze besäete Sandscholle damit, und selbst schon aufgegangene junge Pflanzen ertragen eine leichte, dünne Bedeckung von frischem Reisholze recht gut, obwohl man es dann mehr zwischen als über die Pflanzreihen legt. Wo ein Mangel daran ist, begnügt man sich aber auch wohl, es nnr in parallel laufenden Streifen so zu legen, daß diese Front gegen den Windstrich machen. — Zur gleichmäßigen

Vertheilung wird es gleich fuderweis in bestimmten Entfernungen abgeladen, indem man diese nach der Größe der zu deckenden Fläche und der Zahl der Fuder schon vorher berechnet. Kiefern Unterholz ist minder gut, um die jungen Pflanzen zu überdecken, als der Abraum von alten Bäumen, da das erstere zu dicht benadelt ist, und eine für dieselben zu starke Decke bildet, sich auch dichter auf die Erde auflegt.

Außer dem Reisholze kann aber auch noch manches andere Material dazu verwendet werden, um dem Sande Schutz gegen den Wind zu verschaffen. So wird Stroh, in lange Würste gebunden, welche auf dem Boden befestigt werden, in Flandern dazu verwandt, und zuweilen geben nahe Brücher Gelegenheit, dies durch Schilf ꝛc. zu ersetzen. Auch können zuweilen Besenpfriem, Kienpost und ähnliche Gewächse dazu benutzt werden. Das streifenweise oder schachbrettförmige Belegen mit Rasen- und ausgestochenen Torfstücken, das Ueberfahren mit Schutt und Lehm in gleicher Art auf der Sandscholle vertheilt, verhindert das Forttreiben des Sandes, und giebt Gelegenheit, auf den von diesen Materialien nicht bedeckten Stellen, durch Saat oder Pflanzung Holz zu erziehen, welches man nöthigenfalls noch durch einzelne darüber gelegte Zweige schützen kann. Nur die Menge, in welcher man diese Materialien haben kann, und die größeren oder geringeren Kosten, welche ihre Anwendung verursacht, entscheidet gewöhnlich über ihren Gebrauch, und ob man das eine oder andere vorziehen soll.

Als ein Mittel, das Treiben des Sandes wenigstens eine Zeitlang zu verhindern, ist noch das Aufpflügen desselben, Furche um Furche, anzusehen, d. h. so daß immer die Breite einer Furche ungepflügt zwischen zwei gezogenen stehen bleibt, um eine eingekerbte ungleiche Oberfläche zu erhalten, welche erst ausgeglichen sein muß, bevor der Sand auf ihr treiben kann. Bei nicht sehr gefährlichen Sandschollen zeigt sich dieses Aufpflügen für das ganze Frühjahr wirksam, wo dann schon die hervorkommenden jungen Pflanzen etwas zur Befestigung des Bodens beitragen. Es muß nur stets so geschehen, daß die Furchen von Süden nach Norden laufen, wenn der Windstrich, in dem der Sand forttreibt, Westen ist, damit dieser nicht in den Furchen lang, denselben fortwehen kann. — Nur in den eigentlichen Sandkehlen ist es von weniger Wirkung; diese müssen stets, entweder durch vorgezogene Zäune oder ziemlich starke Deckung geschützt werden. —

Was den Anbau mit Holz selbst betrifft, so kann die Kiefer sowohl gesäet als gepflanzt werden; alle übrigen Holzgattungen werden nur, theils mit Wurzeln, theils als Stecklinge gepflanzt. Regel ist es dabei, stets das erste Frühjahr zu wählen, wo noch die Winterfeuchtigkeit im Boden ist, und der Sand bei dem Pflügen, Pflanzlöcher machen u. s. w. stehet. Auch können diese letztern hier nicht wie bei andern Kulturen im Voraus gestochen werden, sondern das Stechen muß unmittelbar mit dem Einsetzen der Pflanzen verbunden sein.

Auch bei der Kiefer ist jedoch die Pflanzung der Saat unstreitig vorzuziehen, vorzüglich wenn man den jungen Pflanzen, die volle lange Pfahlwurzel lassen kann. Diese erfolgt dann in Reihen, welche, etwa zwei bis drei Fuß auseinander, Front gegen den Wind machen, und in denen die Pflanzen höchstens 12 Zoll auseinander kommen. Die 3 bis 4jährigen sind hier die besten, da die ganz kleinen zu wenig gegen das Auswehen geschützt sind. Zwischen die Pflanzreihen legt man etwas Deckungsmaterial. Bei der Saat ist die Anwendung von reinem Samen derjenigen von Zapfen vorzuziehen. Auch nimmt man eine etwas stärkere Samenmenge als gewöhnlich, um eine baldige Deckung zu bewirken. — Sonst gelten dieselben Vorschriften, welche in der 2ten Abtheilung dieser Schrift über den Holzanbau gegeben sind.

Bei kleineren Sandschollen, welche keine hohe Rücken haben, wo man keine Sandkehlen zu fürchten hat, können sich die Maßregeln zur Bindung und Befestigung derselben, weit mehr beschränken. Es genügt dabei gewöhnlich, sie mit einem Zaune zu umgeben, sie Furche um Furche aufzupflügen und einzelne Streifen von Deckreisig darüber zu vertheilen, welche oft 20 bis 40 Schritte von einander entfernt sein können. In Ermangelung von Zaunholz schützt selbst ein Graben, dessen Auswurf nach innen kommt und dann dicht mit Reisholz belegt wird, damit ihn der Wind nicht forttreiben kann, oft hinreichend.

Was die Kosten der Bindung einer Sandscholle betrifft, so läßt sich darüber nichts mit Bestimmtheit angeben. Die Nähe oder Entfernung des nöthigen Materials, die Menge desselben und die der Arbeiten, welche dabei vorgenommen werden müssen, die Lohnsätze der Gegend erzeugen dabei zu große Abweichungen, um auch nur ungefähre Durchschnittssätze geben zu können. Bloß um ein Beispiel zu geben kann bemerkt werden, daß man im östlichen Deutschlande gewöhnlich folgende Anschlagsätze annimmt: Zaunpfähle zu hauen 3 bis 5 Sgr., nach der Länge und Holzgattung, anzufahren 6 bis 10 Schock auf die 2spännige Fuhre. Zaunreisig zu hauen das Schock 5 bis 7½ Sgr., ein halbes Schock auf die Fuhre. Ein Mann kann täglich 3 bis 4 Ruthen Zaun fertigen; ein Kind 1 bis 2 Morgen mit Deckreisig belegen.

Von dem Schaden, welcher im Forste durch Unkräuter entstehet, und dessen Verhütung.

In der zweiten Abtheilung dieser Schrift S. 341 u. f., ist bereits von den Nachtheilen gehandelt, welche Unkräuter in Bezug auf die Holzkultur und den Wuchs der jungen Pflanzen herbeiführen. Es bleibt uns nun noch übrig, die wichtigsten Gewächse in dieser Beziehung einzeln zu betrachten, und die Mittel anzuführen, welche angewendet werden müssen, um das Ueberhandnehmen derselben zu verhindern, die verschiedenen Rücksichten zu erwähnen, welche sie nach ihrem eigenthümlichen Verhalten erfordern.

Man begreift unter dem Ausdrucke: Forstunkräuter, im weitesten Sinne, gewöhnlich alle Gewächse, welche der Erziehung des nutzbaren Holzes nachtheilig sind. Deshalb rechnet man auch wohl die werthlosen Holzarten dazu, und selbst die unvortheilhaftern, obwohl diese eigentlich nicht dazu gehören. Wir wollen das Wort in diesem ausgedehntesten Sinne nehmen, zumal da der holzige Stengel allein nicht gut ein charakteristisches Abtheilungszeichen giebt, indem die kleinen Erdsträucher, die man doch in der Regel zu den Forstunkräutern zählt, ihn eben so gut haben als die Aspen, Haseln, Dornen u. s. w., die man unter gewissen Verhältnissen ebenfalls als ein Hinderniß der Erziehung vortheilhafterer Holzgattungen betrachten muß.

Wo die Baumhölzer im vollen Schlusse erhalten werden, gestatten die wenigsten ein Aufkommen anderer, der Holzzucht nachtheiligen Gewächse. Nur solche, welche sehr lichte Belaubung haben, oder die sich von selbst sehr einzeln stellen, befördern zuweilen das Aufwachsen solcher Pflanzen, welche eine mäßige Beschattung ertragen oder lieben. So findet man z. B. in Birkenwaldungen eine dichte Bedeckung von üppig wucherndem Wachholder, in Kiefern von Heidelbeeren, Kienpost u. s. w. Gegen diese Erscheinungen, welche in der Natur begründet sind, läßt sich nichts thun, als daß man die entstandenen nachtheiligen Pflanzen auf die wenigst kostbare Art wegschafft, wenn sie der Holzzucht nachtheilig werden. Bis dies der Fall ist, muß man sie aber im Allgemeinen für sehr wohlthätig und vortheilhaft erklären, weil sie den Boden schirmen und düngen, und dadurch den Nachtheil der Bodenverschlechterung verhindern, der bei lichter Stellung der Bäume sonst unvermeidlich wäre. In Buchen, Fichten, Weißtannen, Eichen, und andern ganz geschlossenen Holzbeständen reicht jedoch die Erhaltung des Schlusses bis zu dem Zeitpunkte, wo sich der Boden wieder mit neuen Holzpflanzen dieser Gattungen bedeckt, hin, um der Verbreitung anderer nachtheiligen Gewächse vorzubeugen.

Woher zuweilen die Unkräuter kommen, welche nach einer Entblößung des Waldbodens plötzlich den Boden üppig wuchernd überziehen? — ist noch nicht als ganz entschieden anzusehen, so oft sich auch diese Erscheinung wiederholt. Wahrscheinlich keimt entweder Same, welcher Jahre lang im Boden lag, bei der nun erfolgenden Einwirkung der Luft, des Lichts und des Thaues, oder es fangen die Wurzeln, welche unbemerkt darin vegetirten, an, zu treiben, wie uns die Aspe ein deutliches Beispiel zeigt, deren Wurzelbrut ganze Kieferschläge nach Waldfeuern überzieht, wenn gleich schon längst kein Baum dieser Gattung in der Gegend mehr vorhanden war. —

Die Gewächse, welche sich nach der Entblößung des Waldbodens von beschattendem Holze zeigen, sind nicht immer ausdauernd, ja man kann sogar als Regel annehmen, daß die ersten Pflanzen, welche ihn überziehen, nicht bleibend sind, sondern später andern Platz machen. Im ersten Sommer, nach dem im Winter erfolgten Abtriebe, bleibt der Schlag noch ziemlich wund, denn entweder treiben nur die Stöcke der ausdauernden Gewächse, welche schon in der Beschattung vorhanden waren, schwache Stengel, oder es zeigen sich geringe Anfänge der neuen Vegetation. Kann man deshalb die Erzeugung neuer Holzpflanzen unmittelbar auf den Abtrieb der alten Bestände folgen lassen, so erhalten die mehrsten, und alle in der Jugend schnellwachsenden, einen Vorsprung vor den Unkräutern, so daß diese nicht zu fürchten sind. — Im zweiten Jahre zeigen sich mehr Kräuter, Staudengewächse, Wurzelbrut von Hölzern, als Gräser und ausdauernde Gewächse. So kommt die Erdbeere in den mehrsten Gegenden regelmäßig auf den Schlägen im zweiten Jahre hervor; W gerich, Wicken, Kletten, Nesseln u. s. w. machen sich bemerklich; auch beginnt die Himbeere den Schlag mit einjährigen Trieben zu überziehen. Bald in kürzerer, bald längerer Zeit verschwinden diese Gewächse einzeln wieder; es entstehen leere Stellen auf den Schlägen, auf denen sich aber bald Gräser, Sträucher und ausdauernde Gewächse ansiedeln, und die Waldblöße dauernd überziehen. —

Der aufmerksame Forstwirth muß nicht bloß jeden einzelnen Schlag aufmerksam in seinem Verhalten beobachten, um sich nicht zu unnützen, kostbaren Kulturmaßregeln verleiten zu lassen, sondern vorzüglich auch die verschiedenen Erscheinungen der Gegend in dieser Hinsicht studiren. — Es ist sehr schwer, alle Unkräuter namentlich aufzuführen, welche in einem oder dem andern Falle zu fürchten sind, denn jede Gegend hat ihre eigenthümlichen, die nur hier gerade verderblich werden, während sie in anderen zwar vielleicht auch vorkommen, aber gar nicht zu fürchten sind. Was in der einen Gegend als das gefährlichste Unkraut auftritt, wird in der andern als botanische Seltenheit geschätzt. Der rothe Fingerhut, die Belladonna, die Wicken u. s. w. sind in den Buchen- und Fichtenwäldern des Harzes sehr gefährlich; die verschiedenen Arundo-Carex- rc. Arten, Kienpost, Wachholder u. s. w. in den Kieferforsten der Mark Brandenburg. Die Himbeere wächst so gut in den märkischen als harzer Buchenwaldungen; selten wird sie in den erstern sehr nachtheilig, wohl in der letztern Gegend. Was der Fichte verderblich ist, z. B. der wilde Sauerampfer, hat gar keinen Einfluß auf den Wuchs der Kiefer; die Sträucher, welche die Birke verdämmen, gewähren der Eiche und Buche einen wohlthätigen Schutz. Dasselbe Unkraut, welches üppig wuchernd verderblich wirkt, kann durch seinen Seitenschutz, selbst durch die Deckung des Bodens, indem es das Auffrieren u. s. w. verhindert, wohlthätig werden, wo es nur spärlich vegetirt. Vorzüglich aber wirken die mehrsten Gewächse, die den Boden dicht bedecken, sehr wohlthätig zur Erhaltung seines Humusgehalts. Von keinem kann man sagen, daß es den Boden verschlechtert, wie das wohl auch behauptet worden ist. *)

Wir können deshalb nicht so schlechthin alle die Gewächse, welche irgendwo Schaden thun, überall als nicht zu duldende und möglichst zu vernichtende Unkräuter ansprechen, sondern müssen fordern, daß der Forstwirth selbst jedesmal in seinem Reviere bestimmt, was daselbst als ein solches anzusehen ist, und in welchem Grade es sich als verderblich zeigt, um demgemäß die Maßregeln zu ergreifen, welche seine Verbreitung hindern, oder wenn diese schon erfolgt ist, es zu vernichten. In diesem letztern Falle muß er zugleich wissen, ob das Unkraut als ausdauernd anzusehen ist, oder ob man erwarten kann, daß es von selbst wieder verschwindet. Doch wollen wir einige der bekanntesten anführen, ohne deshalb irgend auf eine Vollständigkeit darin Anspruch machen zu können, da diese gar nicht zu erreichen sein dürfte, indem bei weitem noch nicht alle Unkräuter bekannt sind, von denen Schaden zu fürchten ist **). —

Als Mittel, um Holzgattungen zu vertilgen, welche als unvortheilhaft erscheinen, kann man anwenden:

---

*) Das Nähere darüber in den Krit. Blättern für Forstwissenschaft 20ster Bd. 2tes Heft in der daselbst behandelten: Düngerlehre.

**) So schätzbar auch Reum's Forstunkräuter als erste Anregung dieses Gegenstandes sind, so unvollständig und selbst unrichtig sind sie doch auch in dieser Hinsicht, wie dies auch wohl nicht anders sein konnte.

1) Den Aushieb in der späten Saftzeit in stehenden Orten, wo die hervorkommenden Ausschläge theils durch das Weidevieh, theils durch die Beschattung vernichtet werden. Bei spätem Hiebe und nach Johannis werden dieselben auch wohl durch den Frost getödtet, da sie nicht hinreichend verholzen können, schlagen, im Schatten stehend, auch wohl nur sehr schwach, oder gar nicht wieder aus. — Das Ausroden derjenigen Holzgattungen, welche Wurzelbrut treiben, entspricht dagegen dem Zwecke der Vernichtung gewöhnlich nicht, indem immer noch schwache Wurzeln zurückbleiben, welche bei der Auflockerung des Bodens desto leichter und kräftiger Ausschläge entwickeln. Eher werden sie durch länger dauernde Beschattung vertilgt.

2) Holzgattungen, welche leichten, sich weit verbreitenden Samen tragen, dürfen weder auf den Schlägen selbst, noch in deren Nähe geduldet werden.

3) Gedeihen solche nur in lichter Stellung des Holzes, wie z. B. die Birke, so kann man sie durch die dunkle zurückhalten, eben so wie umgekehrt durch die lichte, wenn ihnen Beschattung zum Bedürfnisse ist. Dagegen das Eindringen der Fichte in die Buchenschläge durch dichte und lange dauernde Beschattung verhindern zu wollen, ist wohl eine unrichtige Idee, da die Buche in derjenigen Beschattung auch nicht wachsen kann, welche das Anfliegen der Fichte verhindert.

4) Der frühe Aushieb in der Durchforstung ist das letzte Mittel, schon vorhandene unpassende Hölzer wegzuschaffen.

Unkräuter auf nassem Boden. Hierher gehören die Sumpfmose, die Binsen, die Schilf- und Riedgräser, der Kienpost, die Moosbeere und andere mehr. Sie bilden einen dichten Filz, welcher das zur Erdekommen des Samens hindert, gewähren zum größten Theile einen unvollkommnen, für den Holzwuchs nicht benutzbaren Boden, dienen zur Unterhaltung und Beförderung der zu großen Feuchtigkeit, und haben auch wohl, wie der Kienpost (Ledum palustre), das Schilf, einen so hohen Wuchs, daß sie keiner Holzpflanze das Aufkommen gestatten. Nur Entwässerung kann in der Regel zu ihrer Vernichtung mit Erfolg angewandt werden, seltner das Ausharken und Aushacken durch unentgeldliche Einräumungen an Landleute, welche diese Bodendecke als Streu- und Düngungsmaterial benutzen. Trocken gelegt kann der Boden oft mit Erfolg ausgebrannt werden, und ihre wiederholte Entstehung ist nicht zu fürchten, wenn die Entwässerungsanstalten gut unterhalten werden. — Die Nachtheile eines hohen Graswuchses in den Niederungen beseitigt man am besten durch hochstämmige Pflanzung.

Am reichsten an Unkräutern sind die Mittelgebirge. Auch der Flußboden und der fruchtbare Lehmboden in den Ebenen haben eine üppige Vegetation; doch sind hier vorzüglich die Gräser und Wicken vorherrschend. In den Gebirgen wechseln die Gewächse mehr nach dem Boden, der verschiedenen Höhe und der Exposition der Berghänge, indem die Mitternachtshänge oft ganz andere Pflanzen haben als die Südseiten. Vorzüglich nachtheilig werden mehrere Species vom Weidenröschen, Epilobium der Fingerhut, Digitalis, Tollkraut, Atropa Belladonna, Taubnessel, Lamium, Waldmeister, Asperula, Wicke, Vicia, Klette, Arctium, Huflattig, Thussilago, und viele andere mehr. Zeigen sich schädliche Unkräuter auf den Schlägen, so thut man wohl, sie, so lange sie noch in der Blüthe sind, zerstören zu lassen, um die Verbreitung ihres Samens zu hindern. Auch ist das Aushüten der Schonungen, wenn es mit der nöthigen Vorsicht geschieht, häufig anzurathen. Die jungen Buchenorte können Ende September ohne Gefahr mit Rindvieh und Schafen betrieben werden, wenn man nur darauf achtet, daß die Hütung aufhört, so wie sich zeigt, daß das Vieh nicht mehr Nahrung, die ihm behagt, findet, und wenn man dasselbe ruhig und einzeln durch die Schonung ziehen läßt.

Eben so leiden die Fichten, wenn sie noch ganz klein sind, weniger unter der Beweidung mit Rindvieh und Schafen, als ihnen oft das Gras ꝛc. nachtheilig wird. — Zwischen den Platten- und Reifensaaten ist das Ausschneiden des Grases mit der Sichel, das Ausrupfen, im Fall die Pflanzen in demselben stehen, zu empfehlen. In manchen Fällen kann man auch die Platten- und Reifensaaten wohl jäten und vom Unkraute reinigen lassen, obwohl sich dies mehr auf Pflanzkämpe beschränkt, als auf große freie Saaten ausgedehnt werden kann. Ein vortreffliches Mittel, das Unkraut in den Saatkämpen zurückzuhalten, ist das dichte Belegen des Bodens zwischen den Saatrillen mit Nadeln, Laube und Moose. Uebrigens wird die Bemerkung nicht unnütz sein, daß nicht alle Unkräuter so verderblich sind, als es auf den ersten Blick scheint. Bei weitem die mehrsten werden den jungen Pflanzen nur in der ersten Jugend nachtheilig, und auch dann noch oft nur denjenigen, die im Anfange einen sehr langsamen Wuchs haben. Den ältern Buchen-, Eichen-, Kiefern-, Ahorn-, Eschenpflanzen dienen diese Gewächse oft zum sehr wohlthätigen Schutze, in denen sie recht gut gedeihen. Sogar das sehr verrufene gemeine Haidekraut (Erica vulg.) ist für Kiefer und Eiche, wenn sie nur erst einmal zwischen ihm festen Fuß gefaßt haben, eher vortheilhaft als nachtheilig.

Der Sandboden hat wieder ganz andere Gewächse, welche dem Forstwirthe bei der Kultur hinderlich werden. Die Vaccinien-Arten, das gemeine Haidekraut, Besenpfriem, Spartium scoparium, mehrere Arundo-Arten, vorzüglich die A. arenaria, A. epigejos, Hirsengras, Milium effusum, Schmielen, Aira, vorzüglich A. canescens, Wollkraut, Verbascum, Wolfsmilch, Euphorbia, und andere Pflanzen werden bald mehr bald weniger nachtheilig. Auf lehmigem Sandboden erscheint auch oft der Wachholder als ein nur mit beträchtlichen Kosten durch Aushauen zu vertilgendes Unkraut. Hier, so wie in dem Lehmboden der Ebene, bietet oft die vorübergehende Benutzung des Bodens zu Acker ein wenig kostbares, sicheres und für die Holzkultur überhaupt wohlthätiges Mittel dar, um das Unkraut zu vertilgen. Nur in dem ganz armen Sandboden, wo man fürchten muß, daß der Boden durch Auflockerung flüchtig werden könnte, der wenige Humus sich vollends zerstören würde, ist es nicht zu empfehlen. Auch darf diese Benutzung zu Acker nicht auf lange Zeit ausgedehnt werden, da sonst die Bodenkraft zu sehr erschöpft werden würde.

Die Nachtheile zu beseitigen, welche durch die Unkräuter veranlaßt werden können, ist mehr ein Gegenstand, der in der Lehre von der Holzerziehung zu behandeln ist, als derjenige vom Forstschutze, weshalb daher auf die zweite Abtheilung dieser Anleitung zurückgewiesen werden muß.

III. Von der Beschädigung der Forsten durch Zufälle.

Hierher rechnen wir besonders die Waldfeuer, welche oft so große Verheerungen in den Wäldern anrichten, da sie wohl in den bei weitem mehrsten Fällen als zufällige Uebel anzusehen sind. Sie sind vorzüglich den Nadelhölzern gefährlich, doch können auch im trocknen Frühjahre Laubholzschonungen dadurch vernichtet werden, in denen sehr viel trockenes Gras, Himbeeren, Brombeeren und ähnliche feuerfangende abgestorbene Gewächse sich befinden, welche, indem sie verbrennen, die dazwischen stehenden Pflanzen und Stockausschläge tödten. Selbst Erlenbrücher können dadurch Schaden leiden.

Wenn es im Winter gefroren hat, und es stehet viel Schilf und Rohr darin, so kann bei trocknem Froste dies leicht von einem heftigen Feuer ergriffen werden. Es brennt dann nicht bloß bis auf das Eis ab, sondern das Feuer theilt sich auch den alten faulen Erlenstöcken (Erlenkaupen), die größtentheils aus abgestorbenem Holze bestehen, mit, so daß diese bis auf den Grund ausbrennen, wie der Verf. dieser Schrift selbst gesehen hat Doch bleibt die Gefahr für diejenigen Nadelholzbestände am größten, welche sich noch nicht vom trocknen Holze gereinigt haben, d. h. für die 15 bis 40jährigen Dickungen. In der größten Ausdehnung kommen die Waldfeuer in den großen Nadelholzwäldern vor, wo bei der sehr geringen Bevölkerung sie oft erst spät bemerkt werden, und wo dann, wo dies geschiehet, nicht Menschen genug vorhanden sind, um dem Feuer Schranken zu setzen *), und wo wegen unvollständiger Benutzung des absterbenden und auf den Schlägen liegen bleibenden Holzes, das Feuer viel leicht entzündbares Material vorfindet. In bevölkerten Landstrichen, wo die Forsten mehr von kultivirtem Lande durchschnitten sind, auch alles Saft- und Leseholz gesammelt wird, und stets bald hinreichende Menschen zum Löschen vorhanden sind, ist diese große Ausdehnung zwar nicht zu fürchten, indeß ist hier dagegen auch ein geringer Schaden weit empfindlicher.

Wir wollen die Mittel, die Verhütung der Nachtheile der Waldfeuer betreffend, eintheilen:

1) in solche, um ihre Entstehung } zu verhindern, und
2) in solche, um ihre Verbreitung } zu verhindern, und
3) in solche, um ihre Löschung zu bewirken.

A. Zu 1). Am häufigsten entstehen Waldfeuer aus Ver-

*) Siehe v. Pannewitz Forststatistik von Westpreußen.

nachlässigung der im Walde angezündeten Feuer und aus Unvorsichtigkeit. Deshalb müssen

a) die Waldarbeiter beaufsichtigt werden: daß sie nie bei trockner Witterung an Orten Feuer anzünden, von wo es sich verbreiten könnte, daß sie stets bei der Entfernung aus dem Walde das Feuer, welches sie angezündet haben, auslöschen und mit Erde bedecken.

b) Die Köhler dürfen nicht in Dickichten, auf Schlägen, wo viel trockner Abraum liegt, auf Torfgrund kohlen. Sie müssen die Windschirme in hinreichender Entfernung aufstellen, stets Stübbe und Wasser vorräthig haben, um das aus dem Meiler in den ausgezogenen Kohlen ausbrechende Feuer löschen zu können, müssen diese letztern vor der Verladung 24 Stunden liegen lassen, dürfen sich nie von der Kohlung entfernen, sollen bei der Füllung stets sich gegenseitig unterstützen, müssen alle frisch angezündeten und gährenden Meiler des Nachts mehrer Meale revidiren.

c) Das Ausbrennen der Schläge darf nur an windstillen Tagen, wenn diese vorher mit hinreichend tiefen und breiten Gräben umgeben sind, in dem Beisein von hinreichender Menschenzahl, um das Feuer beschränken zu können, geschehen.

d) Wildfeuer zum Schutze der Felder müssen von dem Holze, wo Feuer entstehen könnte, 80 bis 100 Schritt abwärts angezündet werden.

e) Das Krebsen und Fischen bei Fackeln und Kienlichte, ist in den Gewässern innerhalb der Wälder gänzlich zu untersagen.

f) Menschen, welche zufällig und ohne Aufsicht des Försters den Wald besuchen, als Reisende, Fischer, Beeren-, Schwamm-, Pilze-, Ameiseneier-Suchende u. s. w. dürfen niemals und unter keinem Vorwande Feuer im Walde anzünden; noch weniger die Hirten.

g) Das Tabackrauchen im Walde ist entweder ganz zu

untersagen, oder nur mit der Beschränkung zu erlauben, daß die Pfeife mit einem Deckel versehen sein muß.

h) Das Schießen darf nur stattfinden, wenn Haarpfropfen bei der Flinte und Lederpflaster bei der Büchse angewandt werden.

i) Wo Bienenstände im Walde sind, dürfen diese nur bei feuchtem Wetter gezeidelt werden.

k) Die Anlage von Theeröfen, Kalk- und Ziegelscheunen muß stets in hinreichender Entfernung vom Walde stattfinden.

l) Aschebrennen und Grubenköhlerei darf nur erlaubt werden, wenn der Forstbeamte die Stellen dazu angewiesen hat, und die erforderliche Aufsicht dabei führen kann.

B. Das Feuer kann aber auch aus Eigennutz, Bosheit, oder andern Leidenschaften angelegt worden sein. Dies geschieht:

a) zuerst durch Hirten, welche sich für ihr Vieh bessere Weide verschaffen wollen, indem auf den Brandstellen weit besseres Gras wächst, als auf den mit Holz bestandenen Orten. Nur ein Mittel giebt es, sich gegen diese gar nicht seltene Ruchlosigkeit zu schützen: wenn das Beweiden der abgebrannten Stellen augenblicklich bis dahin untersagt wird, daß der abgebrannte Distrikt wieder vollständig mit Holz bestanden ist, welches das Vieh nicht mehr beschädigen kann; indem dann die Hirten und Viehbesitzer nur Schaden, nicht Gewinn von einem Waldfeuer zu erwarten haben, fällt der Trieb zur Anlegung desselben von selbst hinweg.

b) In Gegenden, wo ein starker Wildstand gehalten wird, zünden die Feldbesitzer wohl die am Felde liegenden Nadelholzdickungen an, in denen sich das Wild gern steckt und von da aus auf die Felder zieht, um dasselbe zu vertreiben. Auch hier bleibt nur übrig, das Wild, welches das

Feld beschädigt, abzuschießen, wenn man das Holz erhalten will.

c) Selbst aus Rache, vorzüglich wegen Beschränkung früher bezogener Nutzungen, sind nicht selten Waldfeuer angelegt worden.

Es ist zwar nicht möglich, sich gegen die Rachsucht eines einzelnen Frevlers und Bösewichts zu schützen, welcher vielleicht gestraft worden ist; dagegen charakterisirt es aber doch eine harte und nicht zu billigende Verwaltung, wenn sie sich mit der ganzen Bevölkerung einer Gegend auf einen Fuß setzt, daß diese geneigt ist, Feuer in den Wäldern anzulegen, um sich zu rächen. Je ärmer und roher die Bewohner einer Gegend sind, desto vorsichtiger muß man hinsichts ihrer Beschränkung in Beziehung auf Waldbenutzung sein. Leben müssen die Leute, und eine Nutzung, die man mit Recht dem wohlhabenden Bauer nicht einräumt, kann man oft dem Bettler nicht versagen.

Die Entstehung und rasche Verbreitung des Feuers wird aber auch dadurch sehr begünstigt, wenn viel trocknes, leicht entzündbares Reisholz im Walde befindlich ist. Dies kann der Fall sein, wenn das schwache absterbende Holz in den Dickungen nicht benutzt wird, oder viel trockner Abraum auf den Schlägen liegen bleibt. Das erstere muß man dadurch zu verhüten suchen, daß man der ärmern Volksklasse die Abholung desselben gestattet, selbst wenn sie nicht dazu berechtigt war. Den Abraum läßt man lieber zusammenbringen und Asche daraus brennen, wenn dadurch Gefahr entstehen könnte, daß er ausgebreitet auf dem Schlage Feuer fassen könnte, und ihn niemand unentgeldlich abholen mag. Auch das Aushacken der Schläge, das Abmähen des trocknen Sandrohrs, der Farrenkräuter und ähnlicher Gewächse schützt die dazwischen stehenden jungen Pflanzen am besten gegen die Gefahr des Verbrennens.

Das absichtliche Abbrennen (Abschwenden) der Wälder, um vorübergehendes Ackerland daraus zu machen, ist nur in Schweden und Rußland üblich, und wir übergehen es daher.

Zu 2. In allen großen Nadelholzforsten müssen schon vorläufige Vorkehrungen getroffen werden, um die Verbreitung möglicherweise entstehender Waldfeuer zu verhüten. Dies geschieht durch Unterbrechung zu großer zusammenhängender Bestände von gleichem Alter, mittelst der Schneissen und Gestelle, welche von Holz leer bleiben, und die ihrer Bestimmung nach gewöhnlich den Namen Feuergestelle erhalten. Es ist allerdings wahr, daß diese Gestelle, selbst wenn sie 2 und 3 Ruthen breit sind, nicht allein große Waldfeuer beschränken, noch weniger hinreichen, das Flugfeuer abzuhalten; sie geben aber Gelegenheit, die Arbeiter darauf anzustellen, und den Zwischenraum allenfalls zu erweitern. Auch kann sie das auf dem Boden fortlaufende Feuer nicht überschreiten, wenn sie alljährlich aufgepflügt und wund erhalten werden.

In einer 25 bis 30jährigen Dickung ist schon deshalb alles Löschen unmöglich, weil man nie mit dem Durchhiebe zur Isolirung des Feuers zu Stande kommt, bevor dies die Arbeiter erreichen und vertreiben kann. — Wenn es möglich ist, Wege auf diese Gestelle zu legen, so ist es desto vortheilhafter, wo nicht, müssen sie wo möglich jährlich aufgepflügt werden, da man sich dann das Auspflügen ersparen kann.

Die Unterbrechung der Nadelholzbestände durch Laubholz würde zwar auch gute Dienste thun; selten ist dies Mittel jedoch aus andern Gründen anwendbar. Selbst aber die Wechselung zwischen jungem und altem Holze mindert die Gefahr sehr ausgedehnter Waldbrände, da das letztere weit weniger denselben ausgesetzt ist. Wo daher die Gefahr, durch Waldfeuer den Holzbestand vernichtet zu sehen, groß ist, hat die Nothwendigkeit, nicht zu große Flächen mit solchem Holze zusammenzulegen, was 15 bis 50 Jahr alt ist, da das Feuer dieser Altersklasse am gefährlichsten ist, wesentlichen Einfluß auf die Anordnung der Schläge. Im haubaren Holze läßt sich wenigstens das Feuer stets leicht löschen, tödtet auch noch nicht einmal immer den alten Bestand, wenn es bloß am Boden fortläuft; in der 30 bis 35jährigen Dickung ist gewöhnlich keine Rettung möglich.

Zu 3. Bei der Löschung der Waldfeuer kommt es vorzüglich darauf an, daß man

a) zeitig genug von der Entstehung derselben benachrichtigt wird. Deshalb muß von der Landespolizei Jedem zur Pflicht gemacht sein, Anzeige im nächsten Orte zu machen, sobald er ein Waldfeuer bemerkt, damit von dort aus die benachbarten Ortschaften davon benachrichtigt werden. Daß den Forstbedienten diese Verpflichtung vorzüglich trifft, ist wohl nicht erst zu bemerken.

b) Nur eine große Anzahl von Menschen können die Löschung eines beträchtlichen Waldfeuers eher bewirken, als es aus Mangel an Nahrung von selbst erlischt. Deshalb müssen alle Anwohner des Waldes (wie es auch im Preußischen Vorschrift ist) verpflichtet sein, bis zu eben der Entfernung zur Löschung des Waldfeuers herbeizueilen, in welcher brennenden Ortschaften Hülfe zu leisten ist, sobald sie von dem Entstehen desselben Anzeige oder Kenntniß erhalten haben. Um jedoch aber auch nicht eine Gegend unnöthigerweise zu allarmiren, muß den Ortsbehörden jedesmal Anzeige gemacht werden, wenn Schläge ausgebrannt werden sollen, oder wenn sonst etwas im Walde vorgenommen wird, was einen so bedeutenden Rauch erzeugt, daß man ein Waldfeuer vermuthen könnte.

c) Nur wenn die gehörige Ordnung und Leitung der Arbeiten bei Löschung des Feuers stattfindet, wenn die erforderlichen Werkzeuge zur Hand sind, kann man auf einen

Erfolg der Arbeiten rechnen. Da nun aber im Augenblick der Gefahr und des ersten Zusammenlaufes der Leute nicht immer Geistesruhe und Besonnenheit genug vorhanden ist, um Alles gehörig zu ordnen und zu leiten, so muß in Gegenden, wo öfter Waldfeuer vorfallen, schon vorher Alles bestimmt und geordnet sein, was sich voraus bestimmen und ordnen läßt. Dies wird sich in wenige allgemeine Vorschriften, die jedem Anwohner des Waldes bekannt sein müssen, zusammenfassen lassen.

Dem obersten Forstbeamten, welcher bei dem Waldfeuer zugegen ist, gebührt die Leitung der Anstalten zur Löschung desselben, und die untergeordneten Forstbeamten müssen von ihm die Vorschriften dazu einholen. — Die Polizeibeamten haben bloß die Aufsicht über die Arbeiter, damit bei ihnen keine Unordnung stattfindet, nicht die Anordnung der Arbeiten, welche ausgeführt werden sollen. Jeder Ortsvorsteher hat seine Gemeinde unter Aufsicht, und jedem Unterforstbedienten sind wieder gewisse Gemeinden zugewiesen, welche er im Speciellen bei den vorgeschriebenen Löschungsmaßregeln leitet.

Jeder Arbeiter muß seinen Kräften gemäß verwendet werden, und diesem gemäß auch das nöthige Arbeitszeug mitbringen. Die Holzhauer und diejenigen Leute, welche mit dem Holzfällen umzugehen wissen, räumen das Holz vor dem Feuer ab, und bringen zu dem Ende bloß Axt und Säge mit. Starke Männer, denen diese Arbeit fremd ist, müssen Spaten, Hacken, Schaufeln als Löschinstrumente bei sich führen, um Gräben zu werfen, Erde aufzuhacken nnd aufzuwerfen. Weiber können mit Harken die feuerfangende Erdbedeckung abharken, mit Schwingen Erde zur Bedeckung brennender Stöcke, umgefallener Bäume, herantragen. Gefäße zum Wassertragen sind nur dann von Nutzen, wenn Gewässer nahe genug sind, um sie benutzen zu können. Selbst Kinder sind zu brauchen, wenn sie nichtmehr zu klein und unbesonnen sind; doch hält man diese lieber in der Ferne, um über das Flugfeuer zu wachen, und es mit Büschen augenblicklich auszuschlagen, wobei ein verständiger Mann die Aufsicht über sie führt. —

So muß jeder, welcher zum Löschen kommt, nicht bloß schon im Voraus wissen, was er für Instrumente mitzubringen hat, denn Eimer sind hier gewöhnlich nicht anwendbar, da selten Wasser vorhanden ist, sondern auch gleichsam schon mit den Arbeiten bekannt sein, welche er übernehmen soll.

Diese ändern sich jedoch allerdings nach der Beschaffenheit des Feuers. Man macht einen Unterschied

1) jenachdem das Feuer bloß in der trocknen Bedeckung von Gras, Moosen, Staudengewächsen auf dem Boden fortläuft, welches man Lauffeuer nennt;

2) wenn das Holz bis in die Wipfel vom Feuer ergriffen wird, in welchem Falle junge Bestände ganz niederbrennen, alte Bäume ihre dünnen Zweige und Rinde verlieren, seltener wenn sie grün sind, ganz verzehrt werden, sondern wie kahle verkohlte Stumpfe, mit abgebrannten Astzacken stehen bleiben, wo man es Wipfelfeuer nennt;

3) wenn das Feuer in Torfschichten, trocknem unvollkommnen Humus, sich fortziehet, wo es dann Erdfeuer heißt.

Das Lauffeuer ist das wenigst nachtheilige, da es sogar oft absichtlich angezündet wird, um die Bodendecke wegzubringen. Es wird vorzüglich dann sehr verderblich, wenn es auf den Schlägen auskommt, wo viel trockner Abraum zwischen den Klaftern liegt, oder auf ganz jungen Schonungen, auf welchen die noch jungen Pflanzen zwischen hohem trocknem Grase stehen, oder wenn es bis zu leicht entzündlichen Holzbeständen fortlaufen kann. Starke Bäume werden vielleicht, wenn sie in hohem Grase, Farrenkräutern 2c. stehen, etwas an der

Rinde angekohlt; da diese jedoch ein sehr schlechter Wärmeleiter ist, so leidet nicht einmal immer das Rindenfleisch und die Basthaut darunter, und viele Bäume, welche am Fuße nach vielen Jahren die Spuren des Lauffeuers zeigen, wachsen ganz ungestört fort.

Dieser Art von Waldfeuer sucht man dadurch Schranken zu setzen, daß man die feuerfangende Bodenbedeckung abräumt, mit Erde bedeckt oder einen Graben ziehet, und den Erdauswurf nach dem Feuer zu wirft. Nach der Beschaffenheit der Bodenbedeckung wird diese, wenn es trockenes Holz ist, fortgetragen; Moose können abgeharkt werden, Gräser werden mit Hacken weggenommen, indem man die obere Rasendecke abschält und umkehrt, so daß die Erde oben hinkommt, oder einen Streifen in ähnlicher Art wie bei der breiten Reifensaat entblößt herumziehet, den Rasen aber auswärts oder abwärts vom Feuer hinwirft, damit er von diesem nicht angezündet wird. Auf den ausgebrannten Stellen müssen, so wie dieselben nur irgend zugänglich sind, die brennenden Hölzer, Stöcke, angekohlten Bäume mit Erde gelöscht werden. — Bei wenigen Menschen ist das Entgegenbrennen bei dieser Art von Feuern ein sehr zu empfehlendes und wenig Gefahr mit sich führendes Mittel, um leere Räume zu erzeugen, auf denen das Feuer keine Nahrung findet, und die es mithin nicht überschreiten kann. Man zündet zu dem Ende, nachdem man alle vorhandenen Menschen in einer Linie aufgestellt hat, auf dieser, die feuergefährliche Bodenbedeckung selbst, an, und sorgt nur dafür, daß die aufgestellte Wächterlinie verhindert, daß diese angezündeten Feuer nicht rückwärts sich verbreiten, sondern nur nach dem großen Feuer zu brennen, was nicht schwer zu erreichen ist, da diese kleinen Feuer die Arbeiter nicht durch Rauch und Hitze vertreiben, und sich leicht in gehörigen Schranken halten lassen. So wie dann diese Feuer zusammen brennen, muß das größere an dem ausgebrannten leeren Raume Halt machen.

Folgende allgemeine Regeln darf man bei diesem wie jedem andern Falle niemals unbeachtet lassen.

1) Man gehe nicht dichter an das Feuer, um zu löschen, heran, als daß man die Wahrscheinlichkeit hat, die vorzunehmenden Arbeiten beendigen zu können, bevor die Hitze und der Rauch des herannahenden Feuers die Arbeiter vertreibt. Die ängstliche Sorge, Alles retten zu wollen, macht oft, daß man nichts retten kann, weil die Anstalten dazu nie fertig werden. Um in dieser Hinsicht ein Urtheil zu erhalten, muß man das Fortschreiten des Feuers und die Zeit, die man zur Arbeit nöthig hat, beachten und ungefähr überschlagen. —

2) Man benutze so viel als möglich alle schon vorhandenen günstigen Stellen, welche der Verbreitung des Feuers Hindernisse entgegensetzen, um sie in die zu bildende Schutzlinie zu ziehen. Alte Wege, Gräben, Blößen, bilden natürliche Hülfsmittel dazu, die man nicht unbeachtet lassen darf, und denen zu gefallen man gern von der sonst wohlgewählten Richtung abgeht. — Je schwieriger die Arbeit ist, z. B. bei dem Abräumen von Holz, desto mehr muß man diese Regel beachten.

3) Auf der Seite, wo die größte Gefahr entstehen würde, wenn das Feuer sie erreicht, muß man auch die Schutzmaßregeln am mehrsten zu vervollständigen suchen. Deshalb schützt man Dickungen, Schläge, auf denen viel trockenes Holz liegt, sorgfältiger als lichte alte Holzbestände, eben so wie man da, wo Wiesen und Felder ohnehin schon der Verbreitung bald Schranken setzen, in dieser Richtung keine Arbeiten anordnet. Es ist aber nicht bloß nöthig, die Gefahr in der Nähe zu beurtheilen, sondern wegen des Flugfeuers auch, wenigstens nach der Richtung hin, wohin es der Wind treiben könnte, in ziemlicher Ferne zu beachten. Ausgestellte

Wachen mit grünen Laubholzbüschen, oder wo möglich mit naßgemachten Nadelholzzweigen versehen, müssen jeden Funken, der überfliegt, austreten und ausschlagen, wo irgend Gefahr zu fürchten ist.

4) Jedes Waldfeuer nimmt bald weniger bald mehr eine bestimmte Richtung an, die man beachten muß. Wenige Menschen reichen hin, die Ränder der Feuerstelle zu beobachten, welche das Feuer verlassen hat, und von denen es abwärts brennt; die mehrste Mannschaft muß dort arbeiten, wohin es der Wind treibt, was schon der Zug des Rauches zeigt.

Das Wipfelfeuer ist das gefährlichste und am schwersten zu löschen, desto schwerer, je dichter der Holzbestand ist, je mehr leicht entzündliche Stoffe vorhanden sind, je weniger der Holzbestand durch Wege, Schneissen, Blößen u. s. w. unterbrochen ist. Im Anfange kann das Feuer in jungen Beständen, die noch nicht über 10—15 Fuß hoch sind, gewöhnlich ausgeschlagen werden, wenn man Menschen genug hat, die mit langen Zweigen die Flamme, so wie sie die Nadeln ergreift, auspeitschen. Man muß nur darüber wachen, daß diese, die immer wieder aus dem Glimmfeuer emporschlagen, stets wieder ausgelöscht werden. In den ältern Orten, worin die Baumkronen schon zu hoch sind, um sie mit den Zweigen erreichen und das Feuer ausschlagen zu können, kommt es vorzüglich darauf an, einen leeren Raum herzustellen, den das Feuer nicht überschreiten kann, was nur durch Abräumung des Holzes zu bewirken ist. Diese muß so viel als möglich von Holzhauern, oder wenigstens von Leuten, welchen das Holzfällen nicht fremd ist, ausgeführt werden, welche zu diesem Zwecke nur mit ihrem gewöhnlichen Werkzeuge zur Löschung des Feuers kommen. Größere Stämme, welche nicht weggeschafft werden können, werden stets nach dem Feuer zu gefällt, und nur ausgeästet, wenn die Zeit es irgend erlaubt, wobei Sorge getragen werden muß, daß der Raum zwischen dem Feuer und den Holzfällern ganz frei von Menschen gehalten wird, damit nicht dieselben durch die niedergehauenen Bäume beschädigt werden, oder ihnen wohl gar die Flucht vor dem Feuer unmöglich würde. Schwache Stangen werden ebenfalls besser weggebracht, wenn dazu hinreichende Arbeiter sind, um dem Feuer jede Nahrung zu entziehen, sonst genügt das Aesten und Wegtragen der Zweige hinreichend, da nur die Nadeln leicht entzündbar sind, nicht das stärkere grüne Holz.

Außerdem muß die größte Sorgfalt auf das sich überall verbreitende Flugfeuer gewandt werden, indem Kiefer- und Fichten-Zapfen, trockne kleine Aeste u. s. w., oft 5 bis 600 Schritt weit flammend fortgetrieben werden, und selbst die Löschenden in Gefahr bringen können, indem sich neue Feuer in ihrem Rücken entzünden. Wo der Boden mit Feuer fangendem Material bedeckt ist, verbindet sich das Wipfelfeuer mit dem Lauffeuer, und gegen letzteres sind ebenfalls die oben angeführten Maßregeln anzuwenden.

Wenn man beachtet, wie lange Zeit dazu gehört, um in einem dicht bestandenen Orte einen hinreichend breiten Streifen Holz niederzuhauen rc., so wird man leicht berechnen können, daß man vom Feuer ziemlich weit abgehen muß, um nicht von der Arbeit vertrieben zu werden, bevor man sie so weit vollenden kann, daß sie einen Schutz gewährt. Da man auf diese Art doch in den mehrsten Fällen dem Feuer noch einen Strich Holz preisgeben muß, so sind vorzüglich in den Fällen, wo man wenige Menschen zum Löschen hat, und wo es zweifelhaft bleibt, ob man mit dem Abräumen zu Stande kommen würde, die Gegenfeuer in der Regel vorzuziehen, wenn man nur irgend glaubt, denselben da, wo man sie anzündet, Schranken setzen zu können, so daß sie nicht vom Feuer abwärts, sondern diesem entgegen brennen. Dies geschieht später von selbst, wenn man sich nur im Anfange schützt, indem durch das große Feuer viel Luft zersetzt wird, und demgemäß ein starkes Zuströmen derselben nach ihm hin erfolgt, wodurch das Gegenfeuer von selbst gegen dasselbe hin brennt. Je nachdem das Feuer rasch oder langsam brennt, muß man in der Richtung, wohin es sich zieht, 100 bis 200 Schritt zum Anzünden der Gegenfeuer von ihm abgehen.

Erdfeuer, welche vorzüglich bei trocknem Wetter im Torfboden entstehen, brennen nur langsam, und werden leicht durch einen Graben beschränkt, welcher entweder bis auf den Wasserspiegel oder bis auf frischen Sand- und Lehmboden durchgestochen werden muß.

Selbst wenn das Feuer in einem gewissen Raume beschränkt worden, und Alles niedergebrannt ist, muß die Feuerstelle bewacht werden, bis man ganz gesichert ist, daß keine Gefahr einer neuen Verbreitung desselben zu fürchten sein wird. Zu Wächtern werden jedoch neue Leute verwendet, um die frühern Arbeiter abzulösen.

Sollte eingeschlagenes, in der Rechnung schon eingetragenes Holz, verbrannt sein, so muß jede Abfuhre aus dem Reviere sogleich untersagt werden, und sobald nur die Feuerstelle zugänglich ist, unter Zuziehung der Kontroll- und Revisionsbehörde genau ermittelt werden, was auf der Stelle, wo das Feuer gebrannt hat, für eingeschlagenes Holz verbrannte. Dies wird sich, in so fern es nicht schon aus der Rechnung selbst sich ergiebt, an den Aschenhaufen und Kohlen, welchen die Klaftern 2c. zurücklassen, an den Ueberresten der Hölzer, welche, wenn diese noch grün sind, gewöhnlich zurückbleiben, mit ziemlicher Sicherheit feststellen lassen. Sodann tritt eine neue Zählung aller auf dem Reviere befindlichen Bestände ein, um demgemäß das verbrannte Holz vom Materialbestande abschreiben zu können. — Diese mit der größten Sorgfalt auszuführende Revision ist unerläßlich, wo beträchtliche Verluste an eingeschlagenem Holze entstanden sind, indem wohl nicht in Abrede zu stellen ist, daß gewissenlose Forstbediente — denn schlechte Menschen giebt es in jedem Stande — wohl selbst Veranlassung zur Entstehung von Waldfeuern gegeben haben, um Defekte oder Unterschleife zu verstecken. — Der an die vorgesetzte Behörde schleunigst zu erstattende Bericht des Forstbedienten, muß a) die Bezeichnung des Orts, welchen das Feuer beschädigt hat, b) die Vermuthung über die Art der Enstehung, wenn eine solche stattfindet, c) die Größe der abgebrannten Fläche und des entstandenen Schadens, so weit dies anzugeben ist, d) Bemerkungen, in wie fern die benachbarten Anwohner ihre Pflicht zum Löschen erfüllt haben, und wer sich dabei vorzüglich ausgezeichnet hat, e) Vorschläge über die Benutzung des nicht ganz verbrannten Holzes, enthalten.

Sind bloß die Nadeln der ältern Stämme so versengt, daß sie doch absterben müssen, so ist es da, wo der Borkenkäfer sich in ihnen ansiedeln könnte, nöthig, sie bald einzuschlagen.

Auch einzelne hohle Bäume werden durch den Blitz oder Menschen angezündet. Diese läßt man am besten herunterhauen, und so mit Erde bewerfen, daß das Feuer darin erstickt. Selten kann man die stehenden Stämme dadurch erhalten, daß man alle Oeffnungen zustopft, wodurch die Luft den Zutritt erhält.

Der Schutz gegen Lavinen, Erdschlüpfe, nur allein in den höhern Gebirgsgegenden nöthig, kann bloß durch vorliegende Wälder bewirkt werden, welche allerdings ebenfalls dadurch sehr leiden, und welche selbst also eigentlich nicht geschützt werden können, sondern vielmehr bloß dazu dienen, diese fürchterlichen Erscheinungen von der Zerstörung bewohnter Ortschaften, Ueberschüttungen fruchtbarer Gründe abzuhalten. Bei der Wichtigkeit dieser Bestimmung des Waldes für alle Anwohner desselben, wird in der Regel jede anderweitige Benutzung desselben untersagt; vorzüglich darf kein Vieh darin geweidet werden, um möglichst viel junges Unterholz darin heraufzuziehen. Eine vorsichtige Durchhauung zur Wegnahme des alten, absterbenden Holzes, dürfte indeß wohl zweckmäßig sein. Wir übergehen das Nähere, da diese Schrift schwerlich in Gegenden viel benutzt werden dürfte, wo Lavinen zu fürchten sind.

IV. Beschädigung der Forste durch Thiere, welche nicht zu den Hausthieren zu rechnen sind.

Beschädigung durch Wildpret.

Wir zählen zum Wildpret alle Thiere, welche Gegenstand der Jagd sind, und dem Menschen zur Nahrung dienen.

Viele derselben nähren sich von Holzpflanzen, Rinde, Knospen, dem Samen der Waldbäume, und bei einer starken Hegung dieser Thiere ist eine Erziehung von Holz oft unmöglich.

Wenn wir das Wild nach seiner Schädlichkeit klassificiren, so dürfte wohl das Elenn durch sein Schälen, und da seine Nahrung oft sich größtentheils auf Knospen, Blätter und junge Zweige beschränkt, oben an stehen. Es beschädigt mit etwaniger Ausnahme der Erle, beinahe alle Waldhölzer, und ist für diese so verderblich, daß es nur in großen Wäldern, wo das Holz nur wenig Werth hat, und wo man ihm große Distrikte ganz überlassen kann, zu erhalten ist, mit Recht in kultivirten Gegenden ganz ausgerottet werden mußte*)

In geringerem Grade ist das Rothwild verderblich; immer aber ertragen die Wälder nur einen geringen Wildstand davon, wenn sie nicht sehr darunter leiden sollen. Wie stark dieser sein kann? — läßt sich durchaus nicht bestimmen. Es

*) Hartigs Archiv 1r. Jahrgang 1s Heft S. 35 u. f.

hängt davon ab: ob das Wild auf Feldern und Wiesen anderweitige Nahrung hat*), ob der Wald servitutfrei oder mit Weide belastet ist, ob das Wild sich sehr in ihm ausbreiten kann, und Winter und Sommer viel andere Nahrung in ihm findet als das Holz, welche Holzgattungen vorzüglich in ihm vorhanden sind, ob es gefüttert wird oder nicht, ob es in den Schonungen sehr zusammendedrängt stehet, ob die Gegend sehr rauh ist und viel Schneefall hat und andere Dinge mehr. Selbst die Gewöhnung des Wildes ist sehr verschieden. So schält es in einigen Gegenden Fichten, Kiefern, selbst Eichen und Buchen sogar zu einer Zeit, wo es keinen Mangel an anderer besserer Nahrung hat, während man wieder in andern Forsten diese Untugenden nicht kennt. Das Rothwild thut zuerst durch das Verbeißen Schaden. Eichen, Haseln, Aspen, Ulmen, Eschen, Saalweiden, Hainbuchen, Linden, Kiefern, Weißtannen, leiden darunter am meisten. Es ist hier nur von den einheimischen Holzarten die Rede gewesen, da man voraussetzen kann, daß nur diese im freien Walde gefunden werden. Doch kann nicht unbemerkt bleiben, daß das Wildpret vorzüglich alle neu in einen Wald gebrachte Holzgattungen angreift, mögen es fremde oder in Deutschland einheimische sein. Eben so suchen sich Hirsche und Rehböcke vorzüglich gepflanzte Stämme zum Schlagen und Fegen aus. Aber auch andere Hölzer bleiben bei starkem Wildstande nicht verschont, und Erlen und Birken sind beinahe die einzigen, welche diesen allenfalls ertragen. Durch das Schälen wird es vorzüglich in Fichten-Stangenorten verderblich, indem die Stellen, wo es die Rinde abgeschält hat, rothfaul und brandig werden, so daß oft beträchtliche Distrikte bloß allein um dieser Beschädigung willen ganz verderben und eingeschlagen werden müssen. Ein

---

*) Es wird hier allein vom Schaden durch Wildpret im Forste gehandelt.

starker Wildstand ist daher in Fichten so wenig zu dulden wie in Eichen, deren Laub und Triebe diese Wildgattung ganz besonders liebt. In Kiefern schält sie zwar auch, besonders im Frühjahre in den jungen Dickungen, jedoch verwachsen diese es eher wieder, und der dadurch entstehende Schaden ist nicht so bedeutend. Durch Schlagen, indem die Hirsche das Bast von dem Gehörne abreiben, entsteht gewöhnlich nur an den Pflanzungen und Alleebäumen beachtungswerther Schaden, gegen den man sich nur durch Umbindung von Dornen schützen kann, da diese glatten Pflanzstämme gewöhnlich vor allem andern Holze aufgesucht werden. Die unterdrückten Stangen, Saalweidensträucher und andere weichen Hölzer, welche sie sich sonst noch aufsuchen, kann man wohl in einem gut bestandenen Forste verschmerzen. Zuletzt kann bei starkem Wildstande auf den Schlägen und Saaten, wo das Wild seinen Brunftplatz hat, oder wo es sich sonst zusammenziehet, schon durch das Scherzen, Kämpfen, Flüchtigwerden sehr beträchtlicher Schaden entstehen, indem die jungen Pflanzen alle zertreten werden. Stehen junge Pflanzen im Grase, so reißt es diese selbst unabsichtlich bei dem Aesen mit aus, denn nicht selten hat der Verf. gefunden, daß eine Menge frisch ausgezogener einjähriger Kieferpflanzen, die das Wild sonst nicht äset, ausgerissen auf dem Schlage lagen, welche es wieder hatte fallen lassen, was sich im frischen Thaue recht gut erkennen ließ.

Viele Schriftsteller haben das Damwild für noch schädlicher im Forste gehalten als das Rothwild. Der Verf., der beides in großer Menge auf den von ihm verwalteten Forsten gehabt hat, kann damit nicht übereinstimmen. Es ist weit weniger zum Schälen geneigt, und liebt überhaupt das Holz weniger als das Rothwild, obwohl es ebenfalls sehr verderblich werden kann, wo der Wildstand zu stark ist.

Im Verhältniß seiner Größe ist das Reh noch schädlicher als das Roth- und Damwildpret; Eichen, Aspen, Eschen,

Hainbuchen sind beinahe gar nicht, Kiefern und Weißtannen, selbst Fichten, sehr schwer zu schützen und zu erhalten, wo ein starker Rehstand ist. Mit Ausnahme der Erlen und Birken sind aber auch alle andern werthvollen Hölzer seiner Beschädigung ausgesetzt. Es verbeißt ziegenartig; auch thut der Rehbock durch sein Fegen in den Pflanzungen vielen Schaden; schälen thut das Reh dagegen niemals.

Der Hase wird durch das Verbeißen der jungen Buchenpflanzen, so wie auch oft der jungen Fichten, sehr verderblich, und ist vorzüglich in den Buchenschlägen durchaus nicht zu dulden. Auch Eichensaaten verbeißt er bei hohem Schnee, wenn die Spitzen heraussehen, jedoch nur wenn ihn die Noth dazu zwingt. Dann schält er noch Aspen und Weiden, aber dies nur bei Mangel an Nahrung. Für viele Holzgattungen, wie Kiefern, Birken und andere mehr, kann er als ganz unschädlich, selbst bei der größten Menge angesehen werden, und überhaupt möchten wir ihn doch wohl nur als den Buchenwaldungen und Fichtenpflanzungen gefährlich betrachten. — Er verbeißt zwar auch die Akazien sehr, von denen er eine Menge Zweige abschneidet, an denen sich keine Spur findet, daß er sich davon genährt hätte; doch ist diese Holzgattung wohl kaum als Waldbaum zu betrachten.

Das Kaninchen ist schon weit nachtheiliger, da es viele Hölzer benagt, und da dieses Thier bei so wenigem Nutzen, den es gewährt, auch für die Felder und Obstanlagen so verderblich wird, so ist wohl dessen Ausrottung, oder wenigstens Verminderung bis zur Unschädlichkeit, wünschenswerth.

Die Wirkung des Verbeißens der jungen Hölzer bleibt sich nach der Holzgattung nicht gleich. Eichen, Eschen, Ahorn, Aspen auch Ulmen erholen sich in der Regel gar nicht mehr, wenn sie zu wiederholten Malen stark verbissen werden. Auch die Hasel verliert dadurch ihren schlanken Wuchs und giebt dann keine Reifstöcke. Buche und Hainbuche, auch Kiefer und

Fichte wachsen sich dagegen wieder vollständig an, wenn sie auch einige Male verbissen werden, sobald sie später vollständigen Schutz erhalten und das Verbeißen aufhört.

Das Schwein können wir im Walde nicht für so verderblich halten, als es oft angenommen wird, da es auch wieder so vielfachen Nutzen durch das Verzehren schädlicher Thiere und das Umbrechen des Bodens gewährt, der Schaden, den es thut, beschränkt sich auf das Verzehren von Waldsämereien, was gewöhnlich nur bei den Saaten bemerklich wird, und das Ausbrechen junger Pflanzen. Dies letztere findet aber bei tiefwurzelnden Holzgattungen nur in der ersten Zeit ihres Lebens statt, denn schon z. B. eine zweijährige Kiefer und Eiche wird von ihm nur dann ausgewühlt, wenn es nach Mäusen, Insekten, Wurzeln, Schwämmen, eine tiefe Grube aufbricht, und dann kann man in vielen Fällen diesen kleinen Schaden oft gern wegen der Vertilgung dieser schädlichen Thiere vergessen. Wo es jedoch in Menge gehegt wird, kann es allerdings auch sehr verderblich werden, vorzüglich in den Eichen- und Buchenschonungen.

Von dem Geflügel wird das Auerhuhn durch das Abbeißen der Buchen- uud Fichtenknospen schädlich. Da es aber nur an wenigen Orten in solcher Menge vorkommt, daß man da, wo diese Holzgattungen einheimisch sind, einen Schaden bemerkt, so wird er nur in den Pflanzkämpen und bei kleinen Anlagen bemerkbar. — Von dem Schaden, welchen die wilden Tauben und andere Vögel durch das Auflesen des Samens thun, ist schon am andern Orte die Rede gewesen.

Uebergangen kann aber nicht werden, daß die Finken sehr auf die jungen Fichten- und Kiefersaaten fallen und die hervorkommenden Pflänzchen abbeißen, wodurch oft ein nicht unbeachtungswerther Nachtheil entsteht. Das Aushacken des Samens aus den Kieferzapfen 2c. durch Spechte, des Erlensamens durch die Zeisige, das Auflesen der Eicheln durch Häher, ist so wenig beachtenswerth, daß man es mit Stillschweigen übergehen kann. Nur in den Eichen-Saatkämpen kommt es wohl vor daß die Häher die Eicheln aus den Saatrillen aushacken und dadurch wirklichen Schaden anrichten.

Um Wildschaden im Forste zu verhüten, ist unstreitig das Abschießen des Wildes bis zur Unschädlichkeit das einfachste und sicherste Mittel. Unter Unschädlichkeit verstehen wir hier, daß durch das Wild weder die Erziehung vollkommner Bestände gehindert, noch das Holz in seinem Wuchse zurückgehalten wird. Dabei nehmen wir aber an, daß das zufällige Abbeißen, Schälen, Beschlagen, einer zum vollen Bestande entbehrlichen jungen Pflanze durchaus nicht als ein beachtungswerther Schaden angesehen werden kann. Deshalb läßt es sich auch noch recht gut mit der Erziehung guter Bestände vereinbaren, einen mäßigen Wildstand zu erhalten, und der Forstschutz verlangt die Ausrottung desselben keinesweges. Bei gehöriger Achtsamkeit, wenn man alles Wild vorzüglich an denjenigen Orten schießt, wo es Schaden thut, diese stets beunruhigt, auch das geschossene Wild auf den Schonungen aufbricht und Aufbruch — Gescheide und Schweiß — auf denselben umher breitet, kann man die gefährdeten Orte auch sehr sichern. Dabei ist bemerkenswerth, daß das Wild das stille Schleichen und Pürschen weit mehr scheuet als das Hetzen und laute Jagen, und wenn daher ein Jäger früh und spät die Schonungen umschleicht, einige Stücke schießt, selbst nachdem er sich herangeschlichen hat, nur blind unter einen Trupp feuert, so wird sich dieser bald von einem solchen Orte wegziehen. Dasselbe gilt von den Fichtenstangenorten, in denen das Wild gern am Tage steht und schält, von den Südhängen, an welchen es im Winter seine Aesung sucht, wo man es nicht dulden muß, sobald Schaden bemerkbar wird. Ueberhaupt muß es Regel sein, das Wild da fortwährend zu beunruhigen und zu verscheuchen, wo man Schaden von ihm zu fürchten hat, und es da ruhig und ungestört zu erhalten, wo dies weniger der Fall ist.

Eine wichtige Rücksicht ist noch, daß man dasselbe im Winter nicht Noth leiden lassen muß, und es gleichsam zwingt, das junge Holz anzugreifen. Fütterungen, beschränken sie sich auch nur auf Fällungen von Holz, was ohnehin zum Hiebe kommt, wenn man solches, z. B. Aspen, Eichen, Pappeln, Linden u. s. w. hat, welches zur Nahrung des Wildes dient, sichern sehr gegen Wildschaden. Auch können vielleicht mit Haidekraut bewachsene Distrikte der Weide entzogen werden, welche das Wild dann gern aufsucht.

In allen Forsten, welche einen starken Wildstand haben muß man möglichst suchen späte Nachbesserungen zu vermeiden, denn die kleinen Pflanzen, welche zwischen größeren Hörsten stehen, in denen sich das Wild schon stecken kann, leiden immer am meisten. Man muß vielmehr darauf halten, gleichförmige, recht voll bestandene Kulturen mit einem Male herzustellen. Darum rechtfertigt sich in einem solchen Falle eine etwas stärkere Samenmenge; Vollsaaten und Samenschläge sind besser als Platten- und Stecklöcher-Saaten, und die Saat ist in der Regel der Pflanzung vorzuziehen, wenn man nicht so starke Pflanzen nehmen kann daß sie dem Wilde, was Schaden thut, schon entwachsen sind. Einzelne werthvolle Stämme von Eichen, Ahornen, Eschen, an denen die Hirsche so gern schlagen, sichert man am besten durch das Umbinden einiger Dornen. Bemerkt man, daß einzelne Rehböcke hierdurch wesentlichen Schaden in Pflanzungen thun, so müssen sie abgeschossen werden.

Am gefährlichsten wird das Wild innerhalb der Einzäunungen, in eingefriedigten Wildbahnen, und wenn man, um nicht noch empfindlichern Wildschaden in den Feldern zu haben, genöthigt ist, es durch Zäune vom Auswechseln abzuhalten. Da in diesem Falle gewöhnlich auch ein starker Wildstand vorhanden ist, so bleibt dann zur Erhaltung desjenigen Holzes, welches dem Angriffe des Wildes ausgesetzt ist, nichts übrig als Einzäunungen der Schonungen, bis sie dem Wilde entwachsen sind. Man hat die Schutzzäune, auch wohl Lohdengatter genannt, in sehr verschiedener Art, stets genügen aber schwache Wehrzäune, wenn sie nur dicht genug sind, so daß das Wild, welches man abhalten will, nicht durchkriechen kann, indem theils hier das Wild nicht so viel Kraft anwendet, um überzufallen oder durchzubrechen, als am Felde, oder wo es sich eingesperrt fühlt, theils auch nicht gleich Schaden zu fürchten ist, wenn auch einmal einige Stücke in die Schonungen kommen, wenn diese nur bald abgeschossen oder herausgejagt werden.

In den Niederwäldern und überall, wo man nur ein Paar Jahre das Wild abhalten will, sind die beweglichen Lohdengatter, welche man an mehreren Orten wiederholt benutzen kann, die zweckmäßigsten. — Sie bestehen aus Spließzäunen, welche 16 bis 24 Fuß lang und 5 bis 7 Fuß hoch sind, welche, an starke Pfähle befestigt, an einandergesetzt werden. Weniger fest und dauerhaft sind die Hordenzäune, in gleicher Art aus aufrecht stehenden 1 bis 1½ Zoll starken Flechtstäben geflochten. Die dauerhaftesten und wohlfeilsten sind die Gatter aus schwachen geschnittenen oder gespaltenen Lattstangen, wo man diese aus dem Durchforstungsholze nehmen kann. Sie werden ganz in ähnlicher Art wie die Schafhorden gefertigt, nur daß sie höher sind. Für einen nicht zu starken Wildstand in großen Forsten genügt ober schon eine Höhe von 5 Fuß vollkommen.

Die festen Zäune, welche längere Zeit stehen sollen, werden gefertigt:

a) aus Lattstangen, welche an eingegrabene Säulen angenagelt, oder in eingemeisselte Löcher eingeschoben werden. Soll der Zaun gegen Rehe schützen, so darf die Entfernung der untern Stangen nicht mehr als 5 bis 6 Zoll betragen; auch müssen sie fest sein, so daß sie sich nicht heben und auseinander schieben lassen, indem sonst die Rehe leicht durchkriechen und dann todtgeschossen werden müssen, weil sie sehr schwer hinauszujagen sind. 2 Zoll starke Stangen schützen gegen Rothwild und Rehe genugsam; gegen Sauen müssen sie dagegen stärker sein. Die obern Stangen werden bis 20 Zoll im Lichten weit auseinander gezogen, denn bei 4 Fuß Höhe kann kein Thier mehr dazwischen durchspringen. Die Dauer eines solchen Zaunes kann man auf 15 bis 20 Jahre annehmen.

b) Ein wohlfeilerer, besser noch schützender Zaun wird aus auffrechtstehenden, starken Flechtruthen gefertigt, dessen Dauer man wohl, je nachdem die Holzgattung ist, welche man dazu nimmt, auf 10 bis 15 Jahre rechnen kann. Es werden dazu von 10 zu 10 Fuß Entfernung Säulen eingegraben, welche 5 Fuß über der Erde sind. An diese werden 3 Stangen in gleich weiter Entfernung von einander befestigt, und zwischen diese die Flechtruthen von 1½ bis 2 Zoll Stärke aufrecht stehend eingeschoben. Man nimmt dazu am liebsten die erste Durchforstung aus 20 — 25jährigen Nadelhölzern, und läßt die ganze Spitze an denselben, wodurch der Zaun eine solche Höhe erhält, daß er gegen das Ueberfallen jeder Art von Wild vollkommen schützt. Wenn er von Jahr zu Jahr nachgesehen wird, so können ihn selbst Hasen nicht durchdringen, und das wohlfeile Material empfiehlt diese Art von Zäunen ganz besonders.

Die Kosten der Ziehung weichen ab nach der Höhe des Tage- und Fuhrlohnes, nach der Entfernung, in welcher das Holz herbeigeschafft werden muß u. s. w. Doch wird man, wenn diese letztere nicht groß ist, im nördlichen Deutschland die Ruthe Lattenzaun, wenn die Stangen ungeschnitten verwendet werden, so wie eine gleiche Länge Ruthenzaun wohl für 5 bis 6 Sgr. anfertigen können. Beachtet man, daß man am Holze nur wenig verliert, wenn man es nachher, nachdem es die Schonung 6 bis 8 Jahre geschützt hat, noch zu Brennholz wieder einschlägt, so werden sich folglich 220 Morgen oder ein preußischer Jagen im Viereck liegend, mit einem Kostenaufwande von 130 bis 160 Rthlr. einzäumen und schützen lassen. Es scheint aber immer besser, noch 17 bis 20 Sgr. für den Morgen zum Schutze aufzuwenden, als die Schonungen durch Wild verbeißen zu lassen, wo man aus einem oder dem andern Grunde einen starken Wildstand einmal nicht vermeiden kann oder will.

Gegen Geflügel schützt bei ganz jungen Saaten das Belegen der Saatplätze mit Reißholz, das Schießen, und gegen die kleinen Vögel, als Finken ꝛc. das Aufhängen von ausgestopften Sperlingsfalken in schwebender Stellung, an einer schräg eingesteckten Stange, so daß es aussieht, als schwebte er über dem Saatplatze, wenn ihn die Luft bewegt.

Das Auergeflügel, was oft durch das Verbeißen der Fichtenpflanzkämpe im Winter so verderblich wird, kann nur dadurch davon abgehalten werden, daß man es todt schießt.

Die zuweilen in Menge einfallenden Buchfinken können durch Verzehrung der Buchmast nachtheilig werden, die sie im Winter selbst im Schnee hervorscharreu. Man kann sie in mondhellen Nächten in Menge erlegen, da sie ihr Nachtlager dicht gedrängt auf einzelnen astreichen Buchen suchen, wenn mehrere Schützen zugleich mit Vogeldunst, so wie es dunkel geworden ist, unter sie schießen, da sie sich dann ganz nahe kommen lassen. Ihren Aufenthalt verrathen sie Abends bei dem Einfallen.

Schutz gegen Schaden durch Mäuse, Eichhörnchen und alle Vierfüßler, welche nicht zum Wilde gerechnet werden.

Die Mäuse werden nachtheilig:

a) durch Abnagen der Rinde und des Holzes, wodurch sie vorzüglich Buchen und Hainbuchen beschädigen, aber im Nothfalle auch andere Hölzer, selbst die Kiefer, angreifen. Der Schaden, den sie dadurch anrichten, ist oft außerordentlich groß, und es giebt Fälle, wo sie ausgedehnte junge Schonungen ganz vernichten, indem sie zolldicke junge Buchenstämme ganz durchnagen. Für die Buche giebt es in dem Alter von 5 bis 15 Jahren keine größere Gefahr, als die der Beschädigung durch Mäuse.

b) Sie lesen den Saamen, vorzüglich auf Eichen- und Buchensaaten auf, nähren sich auch wohl von den hervorkommenden Wurzeln und Keimen. Bei Sprengmast verzehren sie diese zuweilen ganz, und lassen keine Pflanzen davon aufkommen.

c) Sie bilden in den Saatplätzen Gänge, theils unter der Erde, theils in der Oberfläche derselben, und zerstören dadurch die ganz jungen Pflanzen, indem sie diejenigen, deren Wurzeln sie nicht abbeißen, aufwühlen und zum Vertrocknen bringen. Vorzüglich ist dieser Nachtheil bei den platzweisen Fichtensaaten sehr empfindlich.

Ein allgemeines Mittel zur Vertilgung dre Mäuse ist das Schonen der Thiere, die sich von ihnen nähren. Es kann nichts Tadelnswertheres gedacht werden, als wenn in Gegenden, wo Schaden durch Mäuse zu fürchten ist, alle Katzen, Füchse, Dächse, Iltis, Igel, Mäuseaare, Eulen, von unverständigen Jägern getödtet und ausgerottet werden, so wie sich nur irgend Gelegenheit zeigt, sich derselben bemächtigen zu können. Von den Katzen, Füchsen und Iltis muß man zwar einräumen, daß sie der kleinen Jagd ohne Ausnahme, und selbst dem Rehstande und Auerwilde sehr verderblich werden; aber der Schaden, welcher dadurch entsteht, ist nicht zu vergleichen mit dem Nutzen, der durch die Vertilgung der Mäuse, von denen sich eigentlich die genannten Thiere vorzugsweise nähren, gewonnen wird. Für Rothwild, Damwild und Sauen sind aber selbst Füchse wenig gefährlich, noch viel weniger Katzen und Iltisse. Gar nicht zu entschuldigen ist die Tödtung der Eulen und Bussarde u. s. w., welche höchstens zufällig einen jungen Hasen ergreifen, und als ganz ausschließlich von Mäusen lebend angesehen werden können. Wenigstens sollte man von den Jägern, welche als solche die Jagd schützen wollen, fordern können, daß sie die schädlichen Raubvögel, als Sperber und Edelfalken u. s. w. von dem nützlichen Weiher und Bussarden nach ihrer Oekonomie zu kennen und zu unterscheiden im Stande sind. *). Wenn wir die Bechsteinschen Benennungen (obwohl nicht ganz richtig) anwenden, so sind nur folgende Raubvögel unter die schädlichen zu rechnen: Falco Aquila (Bechstein) F. Albicilla, F. Ossi fragus, F. Gyrofalco F. palumbarius F. peregrinus, F. Lanarius, F Nisus, bedingt, F. Tinnunculus. Der allerdings schädliche F. Islandus kommt selten vor. Von den Eulen ist nur der Uhu wenig schädlich, und selbst bei diesem dürfte der Nutzen den Schaden überwiegen, wenn er im Innern des Waldes lebt.

Diese Thire, wenn sie auch selbst sorgfältig geschont werden, sind allerdings nicht im Stande, unter allen Umständen eine solche Vermehrung der Mäuse zu hindern, daß niemals Schaden durch diese entstehen könnte. Die Erscheinung derselben in ungewöhnlicher Menge hat viel Aehnlichkeit mit derjenigen der Insekten. Noch uns unbekannte Ursachen bewirken eine schnelle Vermehrung derselben, ebenso wie sie wieder

---

*) Wir empfehlen dazu: Bechstein, Musterung aller bisher von dem Jäger für schädlich gehaltenen Thiere. Gotha, Ettinger: 25 sgr.

verschwinden, ohne daß man im Stande wäre anzugeben, wo-her diese Vertilgung einer so zahlreichen Menge entsteht. Hat die Vermehrung einmal überhand genommen, so sind die Thiere, welche sich von Mäusen nähren, viel zu schwach, die Folgen da-von zu verhindern. Aber sie sind im Stande in bei weitem den mehrsten Fällen, durch Verringerung der Stammältern, der zu großen Vermehrung derselben selbst vorzubeugen, und jeder Fuchs, der im Jahre 500 Mäuse verzehrt, verhindert vielleicht für vier Jahre später die Erscheinung von vielen Tausenden.

Die Maus ziehet sich vorzüglich in die mit Gras be-wachsenen Schonungen und ruhigen Orte. Theils findet sie hier mehr Nahrung, theils ist sie hier geschützt gegen die Nach-stellungen der Eulen und Raubvögel, gegen welche sie durch Gräser, Gehölz u. s. w. bedeckt und beschirmt wird. Ver-meiden kann man dies durch Ausgrasen, wenn die Verhältnisse dies gestatten. Von weit größerer Wirkung ist aber die Aus-hütung, indem das Zusammentreten der Gänge, welche sich diese Thiere in der Oberfläche der Erde bilden, noch mehr aber das Aufwühlen ihrer Zufluchtsorte durch Schweine, ihnen un-angenehm ist, und sie solche Orte, welche in dieser Art stark beunruhigt werden, zu meiden scheinen. Man bemerkt dies deutlich in der Nähe der Viehstände, auf den Orten, wo die Schweine stark brechen, daß dieselben stets von den Mäusen gemieden werden. Die Beweidung des Waldes ist daher in dieser Hinsicht gewiß wohlthätig, und unbeweidete Distrikte leiden stets mehr von den Mäusen als die beweideten. Die Wirkung des Behütens ist jedoch nur beschränkt. Sie er-streckt sich nur darauf, daß sie die Mäuse verhindert, sich zu-sammen zu ziehen, an Orten, wo sie besondern Schutz finden. Sie kann niemals in der Ausdehnung erwartet werden, daß man glauben dürfte, man wolle dadurch die Mäuse, wo sie einmal vorhanden sind, aus einem großen Walde ganz hinaus-treiben oder vertilgen. Das Letztere könnte wohl ohnehin nur auf Schweine bezogen werden, welche die Mäuse allerdings auswühlen und verzehren. Allein so wenig die Richtigkeit dieser Thatsachen zu bestreiten ist, so wenig läßt sich wenigstens von den zahmen Schweinen erweisen, daß sie den Mäusen besonders nachgingen. Eine aufmerksame Beobachtung einer durch Mäuse beinahe ganz vernichteten Buchenschonung von mehr als 1000 Morgen hat dem Verf. gezeigt, daß die eingetriebenen Schweine wohl den Eicheln, Bucheln, Wurzeln und Schwämmen nachgingen, keinesweges aber die Mäuse besonders aufsuchten, und in die dicken Pflanzenhörste, worin dieselben sich besonders aufhielten, gar nicht zu bringen waren, so daß die Heerden, da sie ganz unstreitbar durch ihr Wühlen und das Ausbrechen von jungen Pflanzen mehr Schaden als Nutzen thaten, wieder herausgenommen werden mußten. Das wilde Schwein scheint aber allerdings den Mäusen mehr nachzugehen. Man kann daher den Satz wohl so stellen: Es ist anzurathen, die Saatplätze ꝛc. tüchtig behüten und umwühlen zu lassen, um die Mäuse zu vertreiben, man verhindert ihr Zusammenziehen durch Ausgrasung und Aushütung, aber man darf nicht erwarten, ihnen durch Eintreiben irgend einer Viehgattung wesentlichen Abbruch zu thun, und den Schaden verhindern zu wollen, wenn einmal die Mäuse sich in großer Menge in einer Schonung eingenistet haben. —

Die Maus *) ziehet im Sommer und Herbste sehr nach dem Felde, und kehrt gegen den Winter nach dem Wald zurück, wo sie mehr Schutz findet. Daher sind auch gewöhnlich die in der Nähe des Feldes liegenden Forstorte der Beschädigung durch sie am mehrsten ausgesetzt. Zweckmäßig ist

---

*) Wir beziehen uns hier stets auf Mus silvaticus, obwohl vielleicht auch die Spitzmaus (Sorex) nicht als unschädlich betrachtet werden mag, wenn sie Mangel an der ihr eigentlich angewiesenen Nahrung hat.

es deshalb, längs der Felder einen drei Fuß tiefen Graben mit geringer oder gar keiner Dossirung im Sommer vorzuziehen, und diesen auf der Sohle mit eingegrabenen Töpfen, halb voll Wasser so zu versehen, daß die Maus dem Topfe nicht ausweichen kann, wenn diese Thiere auf dem Felde zahlreich sind und man eine Schonung in der Nähe zu schützen hat. Saatplätze, Pflanzkämpe, von denen die Mäuse vorher durch das Wühlen der Schweine vertrieben worden sind, können im Walde auf eben diese Weise gesichert werden. Doch muß man eine stete Aufmerksamkeit auf Erhaltung des Grabens, Reinigung der Fangtöpfe ꝛc. verwenden können, wenn die Maßregel von Erfolg sein soll, was im großen Forsthaushalte selten möglich ist. —

Das Vergiften durch Arsenik, in Mehlkugeln u. s. w., dürfte höchstens in kleinen Pflanzkämpen ausführbar sein; das Ausräuchern durch Schwefel ist ganz unpraktisch. — Ueberhaupt sind die Mittel, welche wir anwenden können, um diesen Schaden zu verhüten, durchaus noch nicht ausreichend, um selbst mit der größten Sorgfalt und in der größten Ausdehnung angewendet, eine vollkommene Sicherstellung dagegen zu gewähren.

Benagte Pflanzen gehen ein, wenn sie ringsum bis unter die Wurzelknoten in die Erde hinein, und mit Verletzung des Splintes befressen sind. Ist die Beschädigung nur theilweis erfolgt, so bildet sich an den Rändern der beschädigten Stelle eine Rindenwulst und der Schaden ist nach einigen Jahren nicht mehr zu bemerken, indem er überwächst. Wird die Rinde im Herbste oder im Anfange des Winters über den Wurzelknoten so abgenagt, daß das bloßgelegte Holz vertrocknet, noch ehe der Saft im Frühjahre darin aufsteigen kann, so bilden sich unterhalb der beschälten Stelle Knospen und neue Ausschläge und das Abschneiden der Pflanzen ist dann nicht nöthig. Erfolgt das Benagen der jungen Buchen aber erst gegen das Frühjahr, so tritt der Saft im Stamme herauf, welken während des Sommers ab und sterben dann im Herbste gänzlich ab. Dies kann nur durch das Abschneiden der Pflanzen ehe noch die Saftcirculation beginnt, verhindert werden, was im zweifelhaften Falle immer anzurathen ist. Ist die Pflanze bis uuter den Wurzelknoten benagt, so ist sie unrettbar verloren. Wie sich von selbst versteht, kann sich dies nur auf Laubholz beziehen. denn bei dem Nadelholze, welches aber zum Glücke nur selten und theilweis von den Mäusen beschädigt wird *), findet gar kein Mittel statt, um ihm zu Hülfe zu kommen.

Das Verzehren der Eicheln und Bucheln in den Saaten und Saatkämpen kann nur dadurch verhindert werden, daß man da, wo es zu fürchten ist, die Frühjahrssaat statt der Herbstsaat wählt.

Das Eichhörnchen ist in Lerchenwaldungen durch Abbeißen und schälen der Wipfel und Zweige zuweilen sehr nachtheilig. Das Tödten desselben durch Schießgewehre, bleibt das einzige anwendbare Mittel dagegen. Auch in Buchenwaldungen kann es dadurch nachtheilig werden, daß es bei den keimenden Bucheln die Saamenlappen abbeißt, und dadurch vorzüglich in Saatkämpen und Saaten oft große Verherungen anrichtet. Weniger beachtungswerth ist wohl in der Regel der Schaden, den es dadurch thut, daß es sich im Winter vorzugsweise nur von dem Samen der Kiefern und Fichten ernährt.

Sehr verderblich würde der Biber durch Schälen und selbst das Abnagen starker Bäume — vorzüglich Aspen und Weiden — werden, wenn er noch in Menge vorhanden wäre. So ist er aber so selten, daß es wohl nicht nöthig sein wird, Mittel zu seiner vollständigen Ausrottung anzugeben.

---

*) Der Verf. hat auch Kiefern in gleicher Art wie die Buchen von Mäusen benagt gesehen.

Der Maulwurf thut zuweilen auf Saatplätzen und in Saatkämpen Schaden. Die Mittel zu seiner Vertilgung sind bekannt, und werden von jedem Garten- und Wiesenbesitzer angewandt.

Von dem Schaden durch Insekten.

Mehr als andere Thiere, ja mehr als alle die bisher angeführten Gefahren der Forsten, sind die Insekten zu fürchten, denen wir deshalb auch unsere ganze Aufmerksamkeit widmen müssen. Da dies jedoch nur allein in praktischer Beziehung geschehen kann, so kann auch hier nur die Rede von den Forst-Insekten sein, d. h. von denjenigen, welche in irgend einer wesentlichen Berührung mit dem praktischen Forsthaushalte stehen.

Die Klage über den Schaden, welcher durch diese Thiere in den Forsten angerichtet wird, hören wir erst seit noch nicht 80 Jahren, und fortwährend treten neue Insekten hinzu, welche man als sehr schädlich ansehen muß. Es könnte auf den ersten Blick deshalb scheinen, als wäre diese Landplage den früheren Zeiten ganz unbekannt geblieben, und als hätten sich nun erst im vorigen Jahrhunderte die Insekten in so großer Menge gezeigt, daß ihre Verheerungen bemerkbar werden. Das wäre jedoch ein Irrthum. Schon in der Vorzeit, so lange wir überhaupt etwas von dem Zustande der Wälder wissen, haben die großen Nadelholz-Waldungen durch sie gelitten, und wenn wir dies nur selten bemerkt finden, so liegt dies darin, daß nur sehr große auffallende Verheerungen überhaupt beachtet, oft auch gar nicht einmal die Insekten als Ursache des absterbenden Holzes erkannt wurden. Wenn jetzt zehn Morgen durch sie getödtet werden, so beschäftigt dies, wenn es durch ein noch nicht genau bekanntes Insekt geschiehet, alle

Forstmänner, welche schriftlichen Mittheilungen eine Aufmerksamkeit widmen. Sonst nahm kaum der nächste Vorgesetzte des Försters Kenntniß davon. Dennoch finden wir, daß im 16ten und 17ten Jahrhunderte der Harz, die Mark Brandenburg zum großen Theile ihre Nadelholz-Bestände durch Insekten verloren haben, und auch in andern Waldgegenden deuten die Chroniken auf beträchtlichen Schaden durch sie hin. Es ist folglich dieses keine neue Erscheinung.

Eine andere Frage würde diejenige sein: ob die Gefahr nicht in der neuern Zeit größer geworden ist, oder ob wir sie nur mehr als sonst bemerken? Mehrere Umstände könnten darauf hindeuten daß wirklich die Gefahr wächst. Sie trifft vorzüglich die Nadelhölzer, und zwar am häufigsten, wenn sie in großen geschlossenen Massen, unvermischt mit Laubholz, zusammen liegen. Dies läßt sich auch leicht erklären, indem der Schaden gleich vorhanden ist, sobald nur durch Zufall die einzeln überall verbreiteten Insekten sich mehr auf einer Stelle zusammenziehen, weil bei unvermischten Beständen häufig die Fortpflanzung unterbrochen wird, wenn z. B. Raupen auf Bäume kriechen, welche ihnen keine passende Nahrung geben, wie dies der Verf. selbst beobachtet hat. Die reinen Nadelholzbestände haben sich aber in dem letzten Jahrhunderte auf Kosten des Laubholzes sehr ausgedehnt, und werden sich auch immer mehr ausbreiten, da das Nadelholz vorzüglich den armen Boden einnimmt, auf den die Wälder immer mehr und mehr zurückgedrängt werden, auch dasselbe besser die Bedürfnisse der Menschen befriedigt als das Laubholz. — Ferner scheinen die Insekten, wenigstens die Raupen ganz bestimmt, die trocknen Gegenden mehr zu lieben als die feuchten; denn selten wird man Kieferbestände auf feuchtem, selbst sehr frischem Boden eher angegriffen sehen, als bis der Mangel an Nahrung dazu zwingt; niemals entwickelt sich hier der Raupenfraß zuerst.

Daß aber durch die beträchtlichen Entwässerungen, die vielen Lichtungen, die Wälder sehr viel trockner geworden sind als früher, wird kaum einem Zweifel unterworfen werden können. Selbst auch manche Thiere, welchen die Insekten zur Nahrung dienen, haben sich wohl vermindert. Von den Vögeln würde sich dies wohl kaum für Deutschland erweisen lassen, denn sie erfahren hier jetzt wenigstens weit weniger Nachstellungen als sonst, da viele derselben gar nicht mehr gefangen und zur Speise benutzt werden, welche früher Gegenstand des Fanges und der Jagdbenutzung waren. Dagegen haben sich aber Füchse, Marder, Iltis, wilde Schweine vorzüglich, sehr vermindert, welche Thiere sich alle mehr oder minder von Insekten nähren, wenn ihnen andere Nahrung mangelt.

Mögte nun aber die Gefahr auch nicht größer geworden sein, so ist wenigstens der Verlust des Holzes, welches durch Insekten getödtet wird, weit empfindlicher als sonst, denn wir können es weniger leicht entbehren als die Vorzeit. Schon darum allein wird es nöthig, diesen Gegenstand immer schärfer in das Auge zu fassen.

Maßregeln zur Vertilgung der Insekten, zur Verhinderung ihrer Vermehrung bis zu einem Grade, wo sie dem Walde schädlich werden, können nur aus der genauen Kenntniß ihrer Oekonomie, ihres Lebens und ihrer Fortpflanzung entwickelt werden. *) Noch ist dies nur von sehr wenigen, und nur von den, vorzüglich wegen ihres Schadens in die Augen fallenden, hinreichend bekannt. Dies liegt darin, daß die Leute, welche im Walde lebten und die Insekten hätten beobachten

*) In dieser Beziehung, und um sich damit bekannt zu machen empfehlen wir besonders die Forst-Insekten 3 Bände 4. mit Kupfern von Ratzeburg, und wem dieses Werk zu kostbar sein sollte, den Auszug daraus unter dem Titel, die Waldverderber von Ratzeburg Berlin 1842. Auf diese Bücher müssen wir uns auch hinsichts der speciellen Beschreibung der Forst Insekten beziehen.

können, nicht Naturforscher waren, und diese wieder in der Stube genug gethan zu haben glaubten, wenn sie alle einzelnen Species in ein System einreiheten. So lange die Wissenschaft und die Praxis sich nicht die Hand reichen, kann keine recht vorwärts schreiten. Hoffentlich wird sich dies ändern, da unsere jungen Forstmänner jetzt diesem Zweige ihrer Studien mehr Aufmerksamkeit widmen. Ein anderer Grund, warum wir in der Forstinsektologie in der That noch sehr weit zurück sind, war die Unbestimmtheit der Namen der Insekten, die so groß war, daß man oft nicht einmal weiß, von welchem Insekte eigentlich die Rede ist, wenn man hin und wieder Bemerkungen über sein Verhalten im Walde aufgezeichnet findet. Die verschiedenen Species, vorzüglich unter den Käfern, Blattwespen u. s. w. sind oft in ihrem Aeußern nur wenig verschieden, und können sehr leicht verwechselt werden, während sie doch eine ganz abweichende Oekonomie haben, und von ganz verschiedenen Gewächsen leben. Dies hat sich jedoch in der neuern Zeit sehr gebessert, indem der Herr Professer Ratzeburg und mit ihm mehrere andere Entomologen die Kenntniß der Forst-Insekten sehr rasch gefördert haben.

Nur diejenigen Insekten können in den Wäldern beträchtlichen Schaden anrichten, welche gesellig leben; wenn sie sich vereinzelt zerstreuen, bemerken wir sie oft kaum. Darum sind die Raupen der Nachtschmetterlinge gewöhnlich schädlicher als die der Tagfalter, weil ersteren dieses gesellige Leben eigenthümlich ist. Sphinx pinastri verbraucht so viel Nadeln als Bombyx pini, aber ersterer lebt weniger gesellig als letzterer, und ist deshalb selten gefährlich. Dazu kommt auch, daß die letzteren weit mehr Gefahren ausgesetzt sind als die ersteren, denn eine Menge Vögel machen Jagd auf die Tagschmetterlinge; den Nachtschmetterlingen stellen bloß Eulen, Fledermäuse, Ziegenmelker (Caprimulgus) und solche Thiere nach, welche in der Dämmerung und des Nachts ihre Nahrung suchen. Dies kann als ein Wink betrachtet werden, den uns die Natur giebt, welchen Thieren wir vorzüglich die Aufmerksamkeit zu ihrer Erhaltung widmen müssen, wenn entschieden ist, welche Art von Insekten uns vorzüglich nachtheilig wird. Je weniger sich ferner ein Thier in den verschiedenen Zuständen seines Lebens gegen die Nachstellungen seiner Feinde zu sichern vermag, desto leichter wird ihm seine Vermehrung. Die behaarten Raupen, die Kieferspinner, die Nonne rc. können nur von wenigen Thieren (z. B Kukuk) genossen werden, denn die spröden, mit Widerhaken versehenen Haare erfordern einen ganz eigenen Bau des Schlundes und der Verdauungswerkzeuge, wenn diese Raupen genießbar sein sollen. Deshalb schon ist der Kieferspinner gefährlicher als die Forleule. — Es wird dies nur beispielsweise angeführt, um darauf aufmerksam zu machen, wie wichtig es auch in praktischer Beziehung ist, die ganze Oekonomie dieser Insekten genau kennen zu lernen, da der Raum dieser Schrift es nicht gestattet, speciell darauf einzugehen. Es kann hier nur von den Sicherungsmaßregeln die Rede sein, die im Walde angewandt werden können, um zu verhindern, daß nicht Schaden durch die Insekten im Walde angerichtet wird Daß dazu jeder Forstmann das Insekt, von dem die Rede ist, kennen muß, verstehet sich von selbst.

Die Forstinsekten werden den Wäldern auf sehr verschiedene Art nachtheilig. Sie tödten erwachsene alte Bäume und vernichten so ganze große Waldstriche. Dies trifft vorzüglich die Nadelhölzer, da diese theils die Blätter schwerer wieder ersetzen, theils die schädlichsten Käfer und Raupen besonders auf sie angewiesen zu sein scheinen. Doch hat man auch Beispiele, daß Eichen eingegangen sind, die wiederholt von der Processionsraupe abgefressen wurden. Sie beschädigen und tödten aber auch junge Pflanzen, selbst Stockausschläge, und Laubholz wie Nadelholz leidet gleichmäßig in der Jugend unter dem Insektenschaden Mehrere durchbohren das Holz, die

Rinde, nicht bloß das todte, sondern selbst auch wohl in einigen, obwohl seltenen Fällen, das lebende. Das Laubholz ist dieser Art der Beschädigung weit mehr unterworfen als das Nadelholz, letzteres vorzüglich dann ziemlich sicher, wenn es sehr vom Harze durchdrungen ist. Sie bringen das Holz in einen krankhaften Zustand, vermindern seinen Zuwachs, wenn sie nur theilweise die Blätter verzehren und beschädigen, oder sich diese leicht wieder ersetzen. Zuletzt verhindern auch noch viele die Fruchterzeugung, theils durch Fressen der Blätter, theils durch unmittelbare Beschädigung der Früchte.

Es kann der Tendenz dieser Schrift gemäß nur die Rede davon sein, die Mittel zu bezeichnen, wodurch einem Insektenschaden überhaupt, oder durch welche er, wenn er entstanden ist, weniger nachtheilig gemacht werden kann. Darum werden hier auch nur diejenigen Insekten angeführt, welche das Holz wirklich schon in einer solchen Ausdehnung beschädigt haben, daß dadurch eine Verminderung des Ertrages des Waldes entstanden ist. Solche, die nur unbedeutende Beschädigungen verursachen, sind absichtlich hier übergangen, eben so wie das rein Naturwissenschaftliche unbeachtet bleibt, hinsichts dessen wir auf die angeführten Schriften verweisen müssen. Dagegen soll auf die zwar von einigen Forstmännern empfohlnen aber erfolglosen Vertilgungsmittel aufmerksam gemacht werden, da ihre Anwendung theils einen unnützen Kostenaufwand verursacht, theils diejenige von zweckmäßigern und wirksamern verhindert.

Als zweckmäßiges Vertilgungsmittel kann zuerst die Schonung derjenigen Thiere empfohlen werden, die sich von den Insekten nähren, in so fern sie dem Menschen nicht auf andere Weise noch nachtheiliger als hierdurch nützlich werden.

Im Allgemeinen gehören dahin die mehresten Vögel, welche bald das vollkommene Insekt, bald Larve und Puppe, bald das Ei aufsuchen und sich davon nähren. Diese nützlichen Thiere, welche uns selbst in der größten Menge selten schädlich werden, welche die Natur beleben und die harmlosesten lieblichsten Gesellschafter der Menschen im öden Walde sind, sollten mehr in Schutz genommen werden als es geschiehet. Wenn wir sehr wenige ausnehmen, welche als Speise geschätzt werden, wie z. B. die Kramtsvögel, Lerchen, die noch dazu mehr als Zugvögel angesehen werden können, so rechtfertigt das Wegfangen der unschuldigen kleinen Sänger, das Schießen der Häher, Dohlen, Krähen, Eulen u. s. w. durchaus nichts, es kann nur als eine rohe, des Menschen unwürdige Mordlust betrachtet werden. Ihr Tod bringt uns keinen Nutzen, nur Schaden; ohne alle Veranlassung werden oft Gegenden durch Vogelheerde, Leimruthen, Sprenkel, von diesen nützlichen Thieren, welche sie belebten, entvölkert. Es ist bekannt, wie sehr Staare, Sperlinge und Meisen zur Vertilgung der Raupen, Krähen zu der der Maikäferlarven wirksam sind. Aber auch beinahe alle andern Singvögel, so wie Dohlen, Neuntödter u. s. w. leben größtentheils von Insekten. Auch andere vierfüßige Thiere tragen sehr zur Vertilgung der Insekten bei. Dachse verzehren Puppen und Larven, Füchse und Marder leben, wie der Verfasser Gelegenheit hatte, sich zu überzeugen, ebenfalls oft von ihnen; Igel, Eichhörnchen, Wiesel, Iltis, Fledermaus, Spitzmaus, alle diese Thiere stellen mehr oder weniger den Insekten nach. Im Fall eines oder das andere sich besonders nachtheilig zeigt, kann man es deshalb nicht schonen. Niemand würde den Vorschlag machen wollen, viel wilde Schweine im Walde und Felde hegen zu wollen, um die Insekten zu vertilgen, obgleich gerade dies Thier darin am nützlichsten von allen ist, denn den Schaden, welchen es anderweitig thut, ist viel größer als der Nutzen, den man je von ihm erwarten könnte. Es soll nur durch die Bemerkung, daß die angeführten Thiere uns oft sehr nützlich werden können, darauf aufmerksam gemacht werden, wie unsinnig es ist —

wir möchten in der That sagen gottlos — einen ewigen Vertilgungskrieg gegen alle lebende Wesen im Walde zu führen. Und doch geschiehet dies nur zu oft, vorzüglich durch die Jägerlehrlinge, die Knaben, welche Vieh hüten, Beeren sammeln und durch die Vogelfänger jeder Art. Kein Thier darf sich sehen lassen, wenn es nicht Gelegenheit zur Uebung der Schießfertigkeit oder sogar wohl zur Thierquälerei geben soll, und die Zahl der ganz zwecklos getödteten Thieren ist gewiß in vielen Forsten sehr groß. Hoffentlich wird sich mit der fortschreitenden Kultur diese Mordlust immer mehr vermindern, und der Mensch wird nicht allein bei der steigenden Bevölkerung auf der von vielen anderen lebenden Wesen entvölkerten Erde zurückbleiben wollen. Pflicht des Verwalters und Schützers der Wälder ist es aber, zuerst die darin lebenden nützlichen Thiere in Schutz zu nehmen.

Man hat die Wichtigkeit der Vögel und Vierfüßler, hinsichts des Verhütens von Insektenschaden, in Abrede stellen wollen, indem die Menge der von ihnen Getödteten im Verhältniß derjenigen, welche den Schaden anrichten, viel zu gering sei, als daß dies von Bedeutung sein könne. Das ist jedoch offenbar eine ganz einseitige und falsche Ansicht. Nicht der schon vorhandene Insektenschaden soll durch sie abgestellt, sondern die Entstehung desselben soll verhütet werden. In der ganzen Natur besteht ein Gleichgewicht, indem alle Thiere einander so in den Schranken halten, daß niemals eine Klasse die andere ganz ausrotten, aber auch keine sich so überwiegend vermehren kann, daß sie z. B. eine Pflanzengattung von der sie lebt, vernichten könnte. Nur wenn der Mensch dies Gleichgewicht stört, kann ein dauerndes Mißverhältniß entstehen. Wenn der Wald von Thieren belebt ist, welche unermüdlich nach Nahrung umherspähen, so kann es gar zu keiner ungewöhnlichen Vermehrung der Insekten kommen. Mit jedem Paare Raupeneier, welches 1831 verzehrt wird, ist vielleicht der Entstehung von Millionen im Jahre 1838 vorgebeugt, denn wo die Stammeltern fehlen, kann keine Nachkommenschaft sein. Nach dieser Ansicht muß man die Schonung der Insekten vertilgenden Thiere betrachten, und dann ist selbst Eines wichtig, wenn man die ungeheure Vermehrung dieser Geschöpfe betrachtet, von denen oft ein Weibchen mehr als 100 Eier legt. Das einfachste Rechenexempel wird ergeben, wie vielen Nachkommen ein Pärchen in kurzer Zeit das Leben geben kann.

Die Insekten, wenigstens die Raupen, haben außerder noch die gefährlichsten Feinde unter andern Kerfen. Eine Menge Schlupf-, Zehr-, Mord-Wespen, Raubfliegen sind angewiesen, ihre Fortpflanzung in dem Körper der Larven, Puppen und Schmetterlinge zu bewirken, indem sie ihre Eier auf der Larve ablegen, diese sich darin entwickeln und dadurch das Insekt zerstört wird, welches bestimmt..ist, diesen Ichneumonen u. s. w. zum Aufenthalte und zur Nahrung zu dienen. Außerdem sind noch Raub- und Laufkäfer stets beschäftigt, Raupen aufzusuchen und zu tödten; selbst die Ameisen verfolgen diese, so daß z. B. ein Ameisenhaufen, an einem Baume liegend, diesen vollkommen gegen Raupenfraß sichert.

Schon frühzeitig bemerkte man, daß diese nützlichen Insekten von großer Wichtigkeit sind, und daß sie zur Vertilgung der Waldraupen, wenn diese einmal in Menge vorhanden sind, vielleicht noch mehr leisten als Vögel und Vierfüßler. Vorzüglich fiel die Thätigkeit der Ichneumonen ꝛc. bei Vertilgung der Raupen in das Auge. Unbekannt mit dem Leben dieser zahlreichen Gattung, deren Species von der Natur sehr verschiedenartige Körper zu ihrer Fortpflanzung angewiesen erhalten haben, glaubte man, daß es nur auf die Vermehrung derselben überhaupt — ohne Rücksicht auf die Species — ankäme, und schlug dazu die Verscharrung von Kadavern des gefallenen Viehes im Walde vor, in denen allerdings sich auch Ichneumonen u. s. w. erzeugen, nur nicht diejenigen, welche den Raupen gefährlich sind *). Später ist man auf die richtigere Idee gekommen, die Erhaltung und Vermehrung dieser Insekten durch Erhaltung der Raupen selbst, in einem Zustande, worin sie keinen Schaden thun können, zu sichern.

Die Schlußfolge, worauf dieser Vorschlag begründet wurde, ist dem Wesentlichen nach folgende:

Wenn die Raupen überhand genommen haben, so daß sie beträchtlichen Schaden im Forste thun, so werden sie stets nur durch diese Ichneumonen (wir wollen diese als Repräsentanten der sehr zahlreichen, ähnlichen, Raupen tödtenden Insekten betrachten) vernichtet, indem, wenn diese Gelegenheit zur Fortpflanzung und Entwickelung finden, diese noch viel rascher und reißender erfolgt, als die der Raupen selbst, und die der letztern überholt. Im Anfange vermehren sich die Raupen ungehindert, weil es an Ichneumonen fehlt, die sie tödten; es gehören einige Jahre dazu, bevor sich die wenigen Ichneumonen so vermehren können, daß sie über die Raupen Herr werden. So wie dies aber einmal der Fall ist, vernichten sie alle Raupen in einer solchen Ausdehnung, daß ihnen nicht einmal mehr der nöthige Stamm bleibt, um ihr eigenes Geschlecht erhalten und fortpflanzen zu können, wozu durchaus Raupen nöthig sind. Eine nothwendige Folge davon ist, daß nun auch die große Menge vorhandener Ichneumonen, ohne sich fortpflanzen zu können, aussterben muß, und dadurch erhalten die wenigen übrig gebliebenen Raupen Gelegenheit, sich wieder zu vermehren, indem ihre Feinde fehlen, bis der Culminationspunkt ihrer Vermehrung dadurch abermals erreicht worden ist, daß diejenige der Ichneumonen sie eingeholt

*) Ratzeburg in den Ichneumonen der Forstinsekten, Berlin 1844, hat zum ersten Male die interessante Oeconomie dieser Schmarotzer vollständig dargestellt.

und überflügelt hat. So findet ein beinahe regelmäßiger Cyklus der Raupenvermehrung, begünstigt durch Mangel an Ichneumonen und Vertilgung der Raupen durch diese statt. Es kommt folglich nur darauf an, die Verminderung der Ichneumonen zu verhindern, dieselben stets in solcher Menge zu erhalten, daß sie im Stande sind, jedem Ueberhandnehmen der Raupen Schranken zu setzen. Dies kann geschehen, indem man Raupen zu ihrer Fortpflanzung erhält, erzieht und aussetzt, und auf diese Art diese begünstigt, mit andern Worten Raupenkolonien im Forste anlegt, wo dadurch kein Schaden entstehen kann, um die Erhaltung der Ichneumonen dadurch zu sichern, damit dieselben Gelegenheit finden, ihre Eier abzulegen u. s. w.

Auf den ersten Blick wird schon das Unrichtige und Unlogische, auf welchem diese ganze Schlußfolge beruhet, in das Auge fallen.

Erstlich wissen wir noch gar nicht, was mit einen Male die überhand genommenen Raupen tödtet. Die Ichneumonen sind es ganz bestimmt nicht allein, denn diese fallen bei den Kadavern der Raupen sehr deutlich in das Auge, und keinesweges läßt sich erweisen, daß alle gestorbenen Raupen, Puppen und Schmetterlinge, die sich nicht fortpflanzen konnten, Eier, die leer sind, durch Ichneumonen angestochen wären. So wie man gewiß nicht bestreiten kann, daß die Witterung einen Einfluß auf die ungewöhnliche Vermehrung der Insekten hat, so wird man auch nicht in Abrede stellen können, daß sie zu ihrer Verminderung und Tödtung wirksam sein kann. Ungünstiges Wetter in den Perioden der Häutung, der Schwärm- und Begattungszeit wirkt in dieser Hinsicht erweislich, wenn auch das Insekt zu andern Zeiten, wie gern zugegeben wird, ganz unempfindlich gegen die Witterung ist. — Es ist ein anerkannter Erfahrungssatz, daß die Raupen bei naßkaltem Wetter nicht fressen, und tritt ein solches längere Zeit anhaltend vor dem Einspinnen ein, so können sie den Spinnsaft nicht bereiten und sterben unverpuppt, wenn es Spinner sind, wie schon aus der Naturgeschichte des Seidenwurms bekannt ist. — Dies nur als Beispiel, daß sich der Einfluß des Wetters nicht abläugnen läßt.

Warum suchen denn aber ferner die umherschwärmenden, überall verbreiteten Milliarden von Ichneumonen nicht das letzte Raupenpaar auf, um sich fortzupflanzen, und vertilgen so dies ganze Geschlecht für immer? — denn Stammeltern der Raupen müssen doch bleiben, wenn sich diese von neuem vermehren sollen! Würde dies ihnen nicht leichter sein als das Aufsuchen der Raupenkolonien? — Woher kommt es, daß die übrig bleibenden Ichneumonen — denn auch, daß nicht alle aussterben, muß doch wohl vorausgesetzt werden — nicht gleich im Anfange die sich wieder vermehrenden Raupen aufsuchen, und diese ruhig sich vermehren lassen, wenn einmal der Satz richtig ist, daß die Vermehrung der Ichneumonen noch rascher ist als die der Raupe? — Und wie dann die Raupen in den Raupenkolonien erhalten, wenn wirklich die Millionen Ichneumonen, die sonst keine Gelegenheit mehr zur Fortpflanzung finden, außer in ihnen, sich auf sie hinstürzen? Entweder die Ichneumonen suchen sie nicht auf, und dann helfen sie nichts, oder sie suchen sie auf und dann tödten sie die Kolonie so gut als die Milliarden im Walde. Will man etwa in hermetisch verschlossenen Zimmern gesunde Raupen in hinreichender Menge ziehen, um jedes Jahr neue Schaaren davon in den Kolonien aussetzen zu können, und würde man nicht schon bei dem Einsammeln derjenigen Raupen, welche den Stamm liefern sollen, ihre Feinde mit hineinbringen? —

Wir übergehen eine Menge anderer Widersprüche, welche in dieser sonderbaren Idee liegen, und die so wenig Kenntniß der Natur der Insekten verräth, daß es wunderbar ist, wie sie so viel Raum hat gewinnen können. — Noch steht uns kein Mittel zu Gebote, diese für uns allerdings sehr wichtigen Insekten willkürlich zu vermehren, und nur allein die Regel läßt sich aus den in dieser Hinsicht gethanen Vorschlägen entnehmen, daß man die gesammelten Schmetterlinge, Puppen und Raupen, womöglich auf eine solche Art aufbewahren muß, daß zwar kein Schaden mehr von ihnen geschehen kann, daß aber die in ihnen schon vorhandenen Ichneumonen u. s. w. sich volllommen entwickeln und ausschlüpfen können. Dagegen dürfte es wohl zu empfehlen sein, die von den verschiedenen Schmarotzern angestochnen und kranken Raupen, Puppen und Eier gar nicht zu sammeln, und nur die gesunden auszulesen, wenn es nur möglich wäre, die Sammler so zu unterrichten, daß sie gesunde und kranke unterscheiden könnten, und so viel Aufmerksamkeit aufzuwenden, als selbst für den Kenner erforderlich ist, um im Stande zu sein, diese Unterscheidung zu machen. Da dies aber nicht möglich ist, so muß man auch diese Idee als unausführbar betrachten und eine künstliche Vermehrung der Ichneumonen zur Raupenvertilgung als eine Unmöglichkeit ansehen. Das Einzige, was man etwa thun kann ist, daß man die Raupen so aufbewahrt, daß sie keinen Schaden thun, die Ichneumonen sich aber aus ihnen entwickeln können. Bei der Afterraupe ist zu bemerken, daß man selten eine Spur in der Afterraupe selbst findet, sondern vielmehr nur in der Puppe, wo sie allerdings oft sehr häufig sind.

Wenn man eine Wirkung von den anwendbaren Mitteln zur Vertilgung der Waldinsekten erwarten will, so müssen sie allgemein und zu einer Zeit angewendet werden, wo sich dieselben noch nicht in einem Maße vermehrt haben, daß menschliche Kräfte nicht mehr hinreichen, ihnen wesentlichen Abbruch zu thun. Wenn der Nachbar ungehindert die Insekten sich vermehren läßt, so wird es wenig helfen, wenn der angrenzende Waldbesitzer sie in seinem Walde auch ganz vertilgt, denn sie werden sich immer wieder von der Grenze aus weiter verbreiten. Bei den Gartenraupen ist dies schon längst anerkannt; die Polizei nöthigt alle Gartenbesitzer, ihre Bäume zu reinigen, damit nicht der Nachlässige zum Nachtheile des Fleißigen seine Bäume abfressen lasse. In Bezug auf Waldinsekten ist dies noch weniger — nicht sowohl erkannt — als eigentlich nicht in die Gesetzgebung übergegangen. Vielleicht deshalb, weil man zweifelhaft ist, ob man dem Besitzer der Wälder stets eine Arbeit zumuthen könne, die oft seine Kräfte übersteigt. Allein das kann keine Rechtfertigung des Mangels einer gesetzlichen Bestimmung in dieser Hinsicht geben. Unstreitig ist der Insektenschaden als eine Landes-Calamität zu betrachten, und jeder Bewohner des Landes würde es schmerzlich empfinden, wenn diese Verheerungen in dem Maaße um sich greifen, daß eine Gegend, welche bloß Nadelholz hat, ihre Holzbestände zum größten Theile verliert. Es ist deshalb auch wohl Pflicht des Staats, für Mittel zu sorgen, diesem Uebel Einhalt zu thun, Pflicht der Staatsbürger, einander dabei zu unterstützen, denn eben darin liegt die Ursache der Bildung der bürgerlichen Gesellschaft, daß der Einzelne zu schwach ist, um allen Hindernissen seines Wohlbefindens, allen Störungen seiner Sicherheit zu begegnen, alle Zwecke zu erreichen. Man gab die Unabhängigkeit des isolirten Lebens auf, unterwarf sich den Beschränkungen des Zusammenlebens, verpflichtete sich zu gegenseitiger Unterstützung, um den gemeinsamen Zweck besser und vollkommner erreichen zu können. So wie jeder verpflichtet ist, in Feuer- und Wassersnoth Hülfe zu leisten, so wie zur Vertilgung der Heuschrecken ganze Gegenden aufgeboten werden, wenn der Einzelne seinen Acker nicht mehr schützen kann, so wird auch der Waldbesitzer die Unterstützung seiner Mitbürger in Anspruch nehmen können, wenn seine Kräfte zur Vertilgung der Waldinsekten nicht mehr zureichen, so wird Niemand ihre Entwickelung dulden dürfen, selbst wenn er keine Neigung hat, seinen Wald zu sichern.

Die nächste Verpflichtung zur Mitwirkung bei der Raupenvertilgung haben unfehlbar diejenigen, die einen Antheil an der Holznutzung haben, die Holzberechtigten, da sie so gut unter der Verwüstung des Waldes leiden als der Eigenthümer. Reichen aber die Kräfte beider nicht aus, diese zu verhindern, so werden sie auch von allen denen eine Unterstützung zur Erhaltung des Waldes zu fordern berechtigt sein, die unter dessen Verwüstung leiden würden.

Wir haben sehr einfache Mittel zur Vertilgung sehr vieler höchst gefährlicher Insekten, aber ihre Anwendung ist nur von bemerkbarem Nutzen, so lange dieselben noch nicht überhand genommen haben. Wenn sich dieselben schon auf Flächen von 20 und mehrern Tausend Morgen so verbreitet haben, daß auf jedem Baume Hunderte und noch mehr leben, wo wollte man die Menschen hernehmen, um sie zu sammeln, zu tödten u. s. w.! Als sich der Borkenkäfer auf 8—10 Quadratmeilen im Harze verbreitet hatte, als in den Marken eine vielleicht noch größere Fläche mit Raupen bedeckt war, da wäre es allen in diesen Gegenden wohnenden Menschen nicht möglich gewesen, dem Uebel Einhalt zu thun. Ein Aufwand aller zu verwendenden Kräfte wäre dann nur Verschwendung derselben gewesen, um so mehr, als die Erfahrung lehrt, daß, wenn einmal die Insekten sich bis zu einer so ungeheuern Menge vermehrt haben, sie gewöhnlich von selbst wieder verschwinden, ohne daß man mit Bestimmtheit angeben könnte, was sie vertilgt. Vielleicht liegt es darin, daß sich nach einer ungewöhnlich starken Vermehrung die Zeugungskraft erschöpft. Wenigstens bemerkt man, daß, wenn ein Raupenfraß seinen Culminationspunkt erreicht hat, immer eine Menge Insekten vor der vollständigen Entwickelung sterben und wenigstens dann nur taube Eier ablegen, und die Raupen so mit einem Male verschwinden.

Zu welcher Zeit dieser Zeitpunkt eintritt und wie lange ein Raupenfraß, sich fortwährend ausdehnend, dauern kann, läßt sich aber freilich nicht bestimmen. Man hat Beispiele, daß der Kiefernspinner sechs Jahre lang in einem und demselben Forste ununterbrochen in ungeheurer Menge gefressen hat. Daß die Witterung von keinem so großen Einflusse auf das Erscheinen und Verschwinden der Raupen sein kann, scheint daraus hervorzugehen, daß diese sich doch in dem nordöstlichen Theile der Preußischen Monarchie so ziemlich gleich ist, und doch zu jeder Zeit in verschiedenen Gegenden Raupen in großer Zahl erscheinen und in andern wieder verschwinden.

Doch kann man es beinahe als Regel aufstellen: daß, wenn man sieht, die gewöhnlichen Mittel reichen nicht mehr aus, den Insektenverheerungen Schranken zu setzen, die Natur zu Hülfe kommt, und daß, wenn der Schaden einmal sich in großer Ausdehnung zeigt, man vorsichtig mit dem Aufwande von Geld und Kraft sein muß, daß vielmehr das ganze Bestreben darauf zu richten ist, ihm zuvorzukommen, und die ungewöhnliche Vermehrung der Insekten im Keime zu ersticken. Gerade diese Regel wird aber häufig unbeachtet gelassen. Um wenig Raupen ꝛc. kümmert man sich nicht, sobald sie die Bäume nur nicht kahl fressen, legt man die Hände ruhig in den Schooß, und denkt erst daran, zu retten und zu schützen, wenn beides nicht mehr möglich ist. Nicht selten hört man die sonderbare Bemerkung: daß es sich nicht der Mühe verlohne, nach Insekten zu suchen, weil nur wenig vorhanden wären. Man bedenkt dabei nicht, daß, wenn ein Pärchen heute vernichtet wird, vielleicht die Stammältern von Millionen getödtet werden. Die Aufmerksamkeit auf diese schädlichen Thiere darf nie nachlassen, und so wie sich nur die geringsten Spuren davon zeigen, muß man alle irgend zu Gebote stehenden, von Nutzen seienden Mittel anwenden, um sie zu vertilgen. Diese sind verschieden nach der Entwickelung der Oekonomie des Insekts, und wir wollen daher nun zum Einzelnen übergehen, indem wir diejenigen Insekten nach ihrer Lebensart und den Mitteln zu ihrer Vertilgung speciell betrachten, von welchen bekannt geworden ist, daß sie Schaden gethan haben.

Schädliche Käfer.

I. Borkenkäfer.

1. Der schädlichste und auch der bekannteste unter den zahlreichen Käfern, welche die Basthaut der Bäume zernagen und dadurch sie tödten, ist der Fichtenborkenkäfer (Bostrichus typographus). Er kommt nur in der Fichte oder Rothtanne vor, hat aber in den Beständen dieser Holzgattung überall, wo sie herrschend ist, ungeheure Verwüstungen angerichtet. Wo die Fichte einzeln und zwischen andere Hölzer in geringer Menge eingesprengt vorkommt, findet man ihn in der Regel nicht.

Dies liegt wohl darin, daß er sich da, wo er in sehr geringer Menge vorhanden ist, nur in krankem absterbendem Holze vermehren kann, oder wenigstens nur in krankhaften Stellen eines grünen Baumes, und daher zu seiner Fortpflanzung und Erhaltung stets dies kranke Holz vorhanden sein muß, was nur der Fall sein wird, wo die Fichten in größerer Menge vorkommen. Findet sich viel krankes, zu seiner Vermehrung geeignetes Holz vor, so erfolgt diese sehr rasch, während Käfer, die dies nicht finden, sterben, ohne ihre Eier ablegen zu können, indem sie, wenn sie gesunde Bäume anbohren, schon durch das hervorquellende Harz erstickt werden. Darum ist eine ungewöhnliche Vermehrung der Borkenkäfer auch stets Folge der Stürme, wodurch viel Holz umgebrochen oder angebrochen und in einen krankhaften Zustand versetzt wird, oder der trocknen Jahre, in denen viel Holz abstirbt, gewesen, wenn dies nicht zu rechter Zeit eingeschlagen wurde. Sind nun einmal erst Borkenkäfer in großer Menge vorhanden, und finden sie kein krankes, zum Brutplatze geeignetes Holz mehr, so bohren sie auch gesundes Holz an und durchnagen die Basthaut, um ihre Eier darin abzulegen. Die ersten, welche dies versuchen, gehen dabei ebenfalls zu Grunde, wenn aber diese Angriffe sich immerfort wiederholen, so werden natürlich auch die gesundesten Bäume in einen Zustand versetzt, worin sie geeignet sind, die Brut aufzunehmen und zu ernähren. Einzelne Käfer können allerdings weder eine Fichte tödten noch in einer gesunden sich fortpflanzen, so viele Hunderttausende, die sich rasch entwickeln, wenn man viel krankes Holz im Walde stehen, oder umgebrochenes und eingeschlagenes liegen läßt, können es aber sehr wohl. Das scheint die ganz einfache und naturgemäße Entscheidung des lange geführten Streites zu sein, ob der Borkenkäfer gesundes Holz angreifen und tödten, oder ob er nur in krankem leben könne?

Die ganzen Vorbeugungsmaßregeln, um eine Vermehrung des Borkenkäfers bis zu dem Maße zu verhindern, daß er gesunde Bäume krank machen und tödten kann, bestehen also darin, daß man seine Brutplätze zeitig genug zerstört, bevor er darin sich zum vollkommnen Insekt entwickeln kann. Dies ist immer die Safthaut der Rinde kranker, eingehender oder gefällter Bäume, in welchen die Säfte in Fäulniß übergehen, in die der Käfer sich einbohrt, um darin die Eier abzulegen, aus denen dann die Larven hervorkommen, die sich von der Basthaut nähren, bis sie sich verpuppen und als vollkommne Insekten ausfliegen, um eine neue Generation zu erzeugen, was innerhalb 12 bis 13 Wochen geschieht, so daß man in einem Jahre auf zwei Generationen rechnen kann. Bedenkt man dabei, daß der Käfer bis zu 60 Eier ablegt, so kann man die ungeheure Vermehrung derselben, in wenig Jahren, wenn sie dazu geeignete Stellen finden, leicht berechnen.

Die Vorbeugungsmittel sind:

a) Daß man kein gefälltes Holz in der Rinde im Frühjahre und Sommer im Walde liegen läßt, sondern es schält, wenn es nicht aufgearbeitet werden kann. Das bloße streifenweise Schälen schützt dabei nicht immer.

b) Nur wenn das Klafterholz so klar gespalten ist, daß es schnell und vollständig austrocknen kann, ist man sicher daß sich in seiner Rinde kein Borkenkäfer mehr fortpflanzen kann.

c) Die Rinde der etwas hoch gehauenen stehenbleibenden Stöcke muß ebenfalls abgeschält werden, da der Käfer hier sonst einen vortrefflichen Brutplatz findet.

d) Im Frühjahre, wie nochmals im Sommer, müssen alle Bestände von 40 Jahren und darüber genau revidirt werden, ob sich krankes und absterbendes Holz darin findet, das dann alsbald geschält und gefällt werden muß.

e) Alle Windbrüche, Schneebrüche und Duftbruch, muß zeitig aufgeräumt, aus dem Walde gebracht oder geschält werden.

f) Vom Winde geschobene Bäume, solche deren Wurzeln beschädigt oder die stark geschneidelt worden, müssen scharf im Auge bemerkt werden, um sie bald zu fällen, wenn man findet, daß der Borkenkäfer sie aufsucht, um sich darin einzubohren. Das erkennt man an dem unten am Fuße des Stammes liegenden Wurmmehle noch besser als an den Wurmlöchern, obwohl diese ein scharfes Auge auch bemerkt. Zuweilen verderben auch die Spechtmeise und andere Spechte das Insekt, die sich davon nähren und es aufsuchen.

g) Vermuthet man viel Borkenkäfer, so fällt man hin und wieder in der Schwärmzeit von April bis Juni einige unterdrückte Stämme in den Beständen, wo er sich vorzüglich zeigt (sogenannte Fangbäume) und läßt sie so lange in der Rinde liegen, bis der Käfer seine Eier darin gelegt hat, wo sie dann geschält werden.

h) Das Abschälen genügt allein um Eier, Larven und selbst Puppen zu tödten. Enthält die Rinde aber schon ausgekommene Käfer, die man an ihrer hellen Farbe erkennt, so ist es rathsam, sie mit solcher Vorsicht zu verbrennen, daß dadurch kein Waldfeuer entstehen kann.

Die Erscheinung des Borkenkäfers erfolgt nicht periodisch, wie die der Raupen, scheint auch unabhängig von der Witterung zu sein, und stets in Folge von vielem Holze stattzufinden, worin sich derselbe vermehren kann. Hierin liegt also die doppelte Aufforderung für den Forstmann, dies wegzuschaffen, da dadurch einer Wurmtrockniß mit Sicherheit vorgebeugt werden kann.

2. Der sechszähnige Fichten-Borkenkäfer, (Bostrichus chalcographus) ist der gewöhnliche Begleiter des eben abgehandelten Borkenkäfers, und wenn er auch wohl nicht allein im Stande ist, Fichtenbestände zu tödten, so trägt er doch wesentlich dazu bei, sie zum Absterben zu bringen, wenn der gemeine Borkenkäfer sie angreift. Er hält sich vorzüglich in den Aesten der Fichte auf und zerstört die Basthaut derselben, weshalb auch die Nadeln der jungen Zweige, an denen er stark verbreitet ist, besonders rasch absterben. Doch greift er auch das schwächere Stangenholz sehr an, und kann ihm leicht gefährlich werden, wenn viel Duft- und Schneebruch darin liegen bleibt. Da sich dies schwache Holz, in dem er vorzüglich frißt, obwohl er auch dem gemeinen Borkenkäfer in starken Bäumen begleitet, nicht gut schälen läßt, so kann es nöthig werden, es aus dem Walde herauszuschaffen, und erforderlichenfalls auf feuersichern Stellen zu verbrennen.

3. Bostrichus bidens, der zweizähnige Borkenkäfer, lebt und frißt in Kiefern, vorzüglich in schwachem Knüppelholze und den liegengebliebenen Aesten eingeschlagener Kiefern. Dem älteren Holze kann er nicht nachtheilig werden, doch greift er die jungen Pflanzen an, kann sich auch in absterbenden jungen Stämmen von 6 bis 8 Jahren vermehren, und hat oft schon, vorzüglich in trocknen Jahren in Gemeinschaft mit Bostrichus Laricis und mehreren Rüsselkäfern, sehr großen Schaden in den

jungen Kieferschonungen angerichtet. Wenn man kein Klafterholz auf den Schlägen stehen läßt, sie vollständig vom Abraum reinigt, und selbst die vielleicht in Folge des Frostes, der Maikäferlarven absterbenden Pflanzen zeitig ausziehen und verbrennen läßt, so kann man diesem Schaden am sichersten vorbeugen.

4. Der vielzähnige Borkenkäfer, Bostrichus Laricis, lebt keinesweges auf Lerchen, wie sein Name anzeigt, sondern ebenfalls in Kiefern, Auch in Fichten und Weißtannen. Das so eben von dem Bostrichus bidens Gesagte ist auch auf ihn anwendbar.

5. Der große Kiefernborkenkäfer Bostrichus stenographus, lebt nur in Kiefern und greift vorzüglich nur gefälltes Holz an, so daß man ihn wenigstens nicht für sehr schädlich halten kann, wie dies früher Bechstein that. Sollte er es werden, so kann man ganz dieselben Mittel gegen ihn anwenden wie gegen den Fichtenborkenkäfer.

6. Der krummzähnige Tannenborkenkäfer Bostrichus curvidens, lebt in Weißtannen, greift immer zuerst den Wipfel an und geht dann im Stamme herunter. Er fällt zwar selbst Stangen an, ist aber nicht sehr zu fürchten, wenn man das angegriffene Holz bald fällt und schält.

7. Der Nutzholzborkenkäfer, Bostrichus lineatus, wird dadurch schädlich daß er sich in das gefällte Holz eingräbt, sich hierin Gänge frißt und es dadurch beschädigt. Um dies zu verhindern fällt man das Holz erst kurz vor oder in der Saftzeit, da er es dann nicht mehr angreift.

Diese hier angeführten und noch einige andere weniger wichtige Borkenkäfer sind mit unbewaffneten Augen oft schwer und nur von einem geübten Insektenkenner zu unterscheiden. Dagegen sind sie sehr leicht an der Art und Weise der Bildung ihrer Gänge und ihres Fraßes in der Rinde zu erkennen, was in dem größern Ratzeburgschen Werke sehr gut abgebildet ist. Eine kleine Sammlung ausgefressener Rindenstücke, die sich da, wo diese Käfer vorkommen, leicht anlegen läßt, dient am besten zu ihrer richtigen Bestimmung.

Die Erscheinung, der Fraß und das Schwärmen dieser Käfer ist nicht so an eine bestimmte Jahreszeit gebunden wie bei den Raupen, und der Forstmann muß daher, wo Schaden von ihnen zu fürchten ist, sie vom ersten Frühjahr bis im späten Herbst hienein im Auge behalten und darauf achten, ob er eine ungewöhnliche Vermehrung derselben bemerkt.

II. Bastkäfer, Hylesinus.

1) Der Kiefernzweig-Bastkäfer. H. piniperda. Der Käfer legt seine Eier im zeitigen Frühjahre im frisch gefällten Kiefernholze, besonders auch im Klafterholze ab, so lange er solches findet. In Ermangelung desselben, und wenn er in Menge vorhanden ist, gehet er wohl auch schwache und mittelstarke Kiefern an und tödtet sie vollends. Man findet ihn deshalb vorzüglich in der Nähe von Ablagen, auf welchen ungeschältes Kiefernholz aufgestellt oder abgelagert wird. Der unter der Rinde auskommende Käfer, bohrt sich dann in die jungen Triebe der Kiefern ein, wo er die Markröhre ausfrißt und das Herunterbrechen der Zweigspitzen bewirkt, die dann oft den Boden in großer Menge bedecken. Hierdurch verhindert er die regelmäßige Zweigbildung und stört den regelmäßigen Wuchs der Bäume, so daß diese, wenn die Beschädigung sich oft wiederholt ganz verkrüppeln und zuletzt wohl auch eingehen. Das Mittel, diesen Schaden zu verhüten, besteht ebenfalls nur darin, das man kein Holz in der Nähe junger Bestände stehen oder liegen läßt, worin er sich entwickeln kann. Allenfalls kann man im März, April, Mai, Fangbäume von schwachen Kiefern auslegen, in welche er sich einbohrt, und die man schälen kann, wenn er seine Eier darin abgelegt hat.

2) Der Eschen-Bastkäfer Hylesinus Fraxini, beschädigt

wohl die Eschen häufig, tödtet sie jedoch selten ganz, so daß sich der Einschlag der befallenen Bäume nicht rechtfertigt.

III. Rüsselkäfer. Curculio.

Von diesem sehr zahlreichen Geschlechte thun mehrere Species sehr bedeutenden Schaden. Einer der schädlichsten ist unfehlbar

1) der große braune Rüsselkäfer Curculio Pini, der in allen Nadelholzforsten Deutschlands sehr verbreitet ist, indem er nur im Nadelholze seine Eier ablegen und sich vermehren kann, obwohl er auch Laubholz angreift. Vorzüglich wählt er die auf den Schlägen stehen gebliebenen Stöcke, von denen er besonders die der Kiefer und Fichte liebt, worin die Brut auskommt und sich auf den Schonungen verbreitet, wo sie dann die jungen Pflanzen bis zu ein Viertel Zoll Durchmesser stark, unten am Stamme benagen, und dadurch oft ganz tödten. Das Roden der Stöcke und Wegschaffen des gerodeten Stockholzes ist desbalb eines der empfehlenswerthesten Mittel, den ausgedehnten Schaden zu verhindern, den dieses verderbliche Insekt oft in den Nadelholzculturen anrichtet. Dann legt man auf den Schonungen, wo er sich häufig zeigt, auch Reisigbündel aus, unter denen er Schutz vor der Mittagshitze, auch wohl des Nachts vor der Kälte sucht, wo man ihn dann auflesen kann, wenn man dieselben aufhebt, oder sie über untergelegten Tüchern ausschüttelt und ausklopft. Auch ausgelegte Stücke Holz mit der Rinde, Fangbäume oder Fangkloben, veranlassen ihn, sich unter ihrer Rindenseite zu sammeln und daselbst Schutz zu suchen.

Das Umgeben und Durchschneiden der Schonungen mit Gräben, die senkrechte Wände haben und auf deren Sohle Fanglöcher ausgestochen sind, ist ebenfals als ein wirksames Vertilgungsmittel zu empfehlen, da diese Käfer in dieselben hineinlaufen und aus ihnen leicht gesammelt werden können. Das

Absuchen der beschädigten Pflanzen ist dagegen von keinem Erfolge, da man selten einen Rüsselkäfer daran entdecken wird. Mai, Juni, Juli und August sind die Monate, in denen diese Vertilgungsmittel anzuwenden sind.

2) Der dem vorigen sehr ähnliche kleine braune Rüsselkäfer C. notatus ist nur kleiner und etwas heller, jedoch noch schädlicher als C. Pini indem er nicht bloß wie dieser die Rinde mit seinem Rüssel durchsticht, sondern auch am liebsten seine Eier an 4 bis 8jährigen Kiefern ablegt. Die aus diesen ausgekommenen Larven zerfressen dann die Basthaut, und zerstören dadurch die Pflanze. Dieselben Vertilgungsmittel, die gegen den vorigen Rüsselkäfer vorgeschlagen, sind auch gegen diesen anwendbar, und außerdem kann man auch noch die kränkelnden Pflanzen, in denen er seine Eier abgelegt hat, ausreißen und verbrennen.

Hylesinus ater thut an jungen Kiefern, Hylesinus canicularius an jungen Fichten dadurch oft bedeutenden Schaden, daß sich beide sehr nahe verwandten Käfer in 4 bis 8jährige Pflanzen einbohren und sie dadurch tödten. Vertilgungs- oder auch Vorbeugungsmittel sind noch nicht bekannt, um ihn verhüten zu können.

IV. Der Maikäfer, Melolontha.

Von allen in den Forsten Schaden anrichtenden Insekten dürften leicht die Maikäfer die allergefährlichsten sein. Derjenige, den die Käfer durch Abfressen der Blätter thun, ist nicht von Bedeutung, wohl aber sind die Verheerungen, welche die 4 Jahre in der Erde fressenden Larven durch das Abnagen der Wurzeln der jungen Holzpflanzen, und selbst noch älterer 20 bis 30jähriger Stämme herbeiführen, sehr groß. Viele tausend Morgen gut bestandener Schonungen werden oft von ihnen in einem Jahre vernichtet, eben so wie dies Insekt auch für Garten, Aecker und Wiesen gleich verderblich ist, da die gefräßigen Larven sich von den Wurzeln, beinahe aller Gewächse nähren. Alle Vertilgungsmittel, die man gegen sie in Vorschlag gebracht hat, schützen aber noch nicht gegen den Schaden, den dieses Insekt anrichtet, und deshalb eben kann man es als eines der allergefährlichsten bezeichnen.

Die Larven aller Melolonthen nähren sich in der Erde von Pflanzenwurzeln, und sie sind daher alle schädlich. Nur sind es gewöhnlich die von M. vulgaris und M. Hippocastani, die den größten Schaden thun, da sie am häufigsten und größten sind, denn die des M. Fullo ist weit seltner. Doch ist auch wohl die Larve von M. solstitialis bei dem Fraße in den Kieferforsten mit behülflich. Da die Mittel, die man zur Vertilgung dieser Käfer anwenden kann, bei diesen 3 Species sich gleich bleiben, so hat man in dieser Beziehung nicht nöthig, sie zu sondern.

Das wirksamste Mittel dürfte das Auflesen der Käfer, so wie sie erscheinen und ehe sie noch ihre Eier abgelegt haben, sein. Man kann das eintretende Flugjahr schon im Voraus wissen, theils, weil es in regelmäßigen Zwischenräumen wiederkehrt, theils kann man es nach der Größe der ausgewachsenen Larven, die sich schon im Herbste verwandeln, und im Spätherbste und Winter sich oft schon als Käfer bemerkbar machen, wissen. Da die Käfer sich bald begatten und dann ihre Eier ablegen, so kommt es darauf an, sie gleich bei ihrem ersten Erscheinen abzuschütteln und abzulesen. Dies wird auf den Schonungen dadurch sehr erleichtert, wenn man darauf einzeln nicht zu hohe Birken, Eichen, Buchen, Hain-Buchen, Aspen kann stehen lassen, auf welchen sie sich sammeln, da M. vulgaris und Hippocastani sich nur von Laubholz nähren, wogegen M. solstitialis auch die jungen hervorkommenden Maitriebe benagt. Rauhe kalte Tage, wo der Käfer träge und erstarrt ist, sind dazu den warmen, an denen er sehr beweglich ist und leicht fortfliegt, sehr vorzuziehen. Die

Käfer können in Töpfen gesammelt werden, in denen sie sich mit den Füßen in einander verwirren, so daß sie nicht entfliegen können, müssen dann aber auf einen Haufen geworfen, und mit einer starken Stampfe ganz zerquetscht werden. Das Sammeln und Bezahlen nach einem bestimmten Maaße, hat zwar den Vortheil, daß man keinen Aufseher dabei braucht, dagegen aber auch wieder die Nachtheile, daß die Käfer nicht rein aufgelesen werden, indem die Leute immer nur dahin gehen, wo die mehrsten sind, und sie auch selten rein auflesen. Da es nun aber vorzüglich darauf ankommt, die Schonungen und deren nächste Umgebungen vorzüglich davon zu säubern, so dürfte das Sammeln der Maikäfer unter gehöriger Aufsicht gegen Tagelohn vorzuziehen sein.

Nach vielfachen Behauptungen sollen dieselben ungern auf Feldern ablegen, die mit Halmfrüchten bestanden sind. Es dürfte sich wohl der Mühe verlohnen, da, wo man die Ackercultur mit der Holzsaat verbinden kann, den Versuch zu machen, ob dieses richtig ist, und die Culturplätze im Flugjahre mit Roggen und Hafer zu besäen.

Gegen die Larven ist wenig zu thun, wenn sie einmal in der Erde sind. In den Saat- und Pflanzbeeten kann man sie allenfals ausgraben, wenn man an den welkenden und absterbenden Pflanzen bemerkt, daß sie an ihren Wurzeln nagen. Man verhütet dadurch wenigstens weitere Schaden. Das Eintreiben von Schweinen nutzt nur im Sommer, wenn sie in der Oberfläche liegen und fressen, denn im Spätherbste und Winter gehen sie viel zu tief in die Erde, um von ihnen erreicht werden zu können. Wenn man einen Culturplatz im späten Frühjahre oder Sommer, tief umpflügen lassen kann, so wird es möglich, eine große Menge Larven aufzulesen, die bald sterben, wenn man sie auf festen Boden in die Sonne wirft. Die Maulwürfe verfolgen die Larven eifrig, thun nur leider durch ihr Wühlen auch wieder anderweitig viel Schaden. Am mehrsten leiden immer die Stecklöcher- und Plattensaaten, in denen die Maikäfer sich von einer Platte zur andern graben, so wie die Pflanzungen junger Stämme. Starke Vollsaaten behalten weit eher noch eine hinreichende Menge unbeschädigter Pflanzen, um noch einen genügenden Bestand zu bilden. Befressene Laubhölzer, bei denen die Wurzeln neue Ausschläge bilden, erheben sich später oft wieder ganz, wenn sie auch eine Zeit hindurch kümmern. Bei den Nadelhölzern ist dies nicht der Fall, und sie sterben stark beschädigt, oft erst nach Jahren vollständig ab, da sie die verlorenen Pflanzen nicht in dieser Art wieder ersetzen können.

V. Blattkäfer, Chrysomela.

1. Von den auf den Pappeln lebenden Blattkäfern wird vorzüglich Chrysomela Tremulae, die vorzugsweise auf der jungen Aspen-Wurzelbrut lebt, dadurch schädlich, daß sie die Blätter der neu hervorbrechenden Wurzelbrut skelettirt und diese dadurch zum Eingehen bringt. Es giebt kein Mittel gegen sie, als das Ablesen der Käfer, ehe im Mai und Juni die Larven anfangen zu fressen.

2. Chrysomela Alni wird zuweilen, vorzüglich als Larve, den Erlensaaten nachtheilig. Auch bei diesem Insekt kennt man kein Mittel, als die Käfer im Mai und Juni abzulesen.

3. Die Spanische Fliege Lytta vesicatoria kann durch Abfressen der Blätter wohl jungen Eschenanlagen nachtheilig werden. Bei dem Abschütteln und Auflesen muß man Handschuhe anwenden, da die starke Berührung dieses giftigen Insekts leicht schmerzhafte Folgen haben kann.

Gegen die Menge Käfer, die sich in das Holz einbohren und dadurch Bäume beschädigen oder Nutzholz zerstören, kennen wir noch kein zuverlässiges Mittel, weshalb wir sie hier mit Stillschweigen übergehen.

Von deu im Walde Schaden anrichtenden Raupen.

Von nicht geringerm Umfange, als die Beschädigungen des Holzes durch Käfer, ist diejenige, welche dasselbe durch Raupen erfährt.

An der Spitze dieser verderblichen Insekten steht unfehlbar der große Kiefernspinner, Phalaena Bombyx (Gastropacha, Ochsenheimer) Pini. Er ist theils am häufigsten erschienen, widersteht den meisten Gefahren am besten, und ist sehr unempfindlich gegen Witterung, dabei auch von beträchtlicher Größe und so gefräßig, dabei so kräftig, um beträchtliche Strecken durchwandern zu können, daß keine so große Anzahl, wie bei andern kleineren Larven, dazu gehört, um große Striche zu verheeren. Bei der ausgezeichneten Gestalt des Insekts in jeder Epoche seines Lebens, ist dasselbe wohl jedem Forstmanne, welcher einigermaßen auf Bildung Anspruch macht, so genau bekannt, daß er nicht verwechselt werden kann, und auch über seine Oekonomie herrscht, bei seinem häufigen Erscheinen, und da es von guten Forschern häufig beobachtet worden ist, keine Ungewißheit mehr. Deshalb sind auch die daraus entwickelten Maßregeln zu seiner Vertilgung mit einer größeren Sicherheit anzugeben, als bei vielen andern, ebenfalls schädlichen Insekten, wenn gleich sie nicht immer ausreichen, um stets Schaden zu verhüten.

Der Schmetterling des Kiefernspinners erscheint im Juni, Juli, bis Anfang August, früher, wenn eine warme lange anhaltende Witterung im Spätherbste und ein zeitiges Frühjahr war, später, wenn das Gegentheil statt fand.

Er zeigt sich an warmen windstillen Abenden in den 40 bis 60jährigen Stangenhölzern, im haubaren Holze, zuerst auf magerm Boden, und wird am leichtesten auf kleinen Waldblößen, umgeben von hohem Holze, entdeckt. Am Tage sitzt er im Ueberwinde an der Rinde der Bäume, und vorzüglich wo einzelne starke Kiefern in Dickichten und Stangenhölzern stehen, kann man ihn am ersten an diesen entdecken. Ein gutes Mittel, sich vom Vorhandensein desselben zu überzeugen, ist: in der Dämmerung hellodernde Feuer auf Wegen oder kleinen Waldblößen anzuzünden, und bis Mitternacht zu unterhalten, weil er, durch den hellen Schein desselben angelockt, dasselbe umschwärmt, sich dann auch gewöhnlich in der Nähe desselben an die Bäume setzt, wo man ihn dann des Morgens gegen Sonnenaufgang finden und tödten kann. Sonst sind diese Leuchtfeuer von keinem Nutzen, indem die Schmetterlinge keinesweges hineinfliegen, wie man vielfach behauptet hat.

Im Anfange seines Lebens ist der Nachtfalter ziemlich lebhaft, sitzt am Tage ziemlich hoch am Baume, und sucht immer der ihm nahenden, von ihm bemerkten Gefahr durch rasches Davonflattern zu entgehen. Später wird vorzüglich das Weibchen träge und ist sehr leicht zu tödten, fliegt auch trächtig nie weit, wenn es aufgestört wird, und sitzt gewöhnlich tiefer am Stamme, selten über 20 bis 25 Fuß hoch. Einen Einfluß auf die Lebendigkeit haben auch Tageszeit und Witterung. Am trägsten ist der Schmetterling des Morgens bei Sonnenaufgang, wo auch der niedrigste Temperaturgrad ist, und zu dieser Zeit kann man ihm den mehrsten Abbruch thun. Dann ermattet er bei kalten, regnichten Tagen eben so wie er bei sehr windigen ungern sich vom Stamme entfernt. Ein anhaltendes naßkaltes stürmisches Wetter in der Schwärmzeit vertilgt deshalb auch gewöhnlich diese Thiere, wenn es ungünstig und anhaltend genug ist, ihre Begattung zu verhindern, was schon oft der Fall war. — Darauf läßt sich auch der Streit: ob die Witterung einen Einfluß auf die Vermehrung dieser Insekten habe, und ob ein Raupenfraß gewöhnlich warmen trocknen Sommern folge? — zurückführen. Die Witterung während der Zeit, wo das Insekt als Puppe vorhanden ist, wo es als Larve in der Erde liegt, hat gar keinen Einfluß auf dasselbe. Sogar wenn es als Raupe frißt, scheint nur allein die Epoche der Häutungen, noch mehr aber die des Einspinnens, es empfindlich gegen Regen oder Kälte zu machen. Treten aber diese in einem Maße kurz vor der Verpuppung ein, so daß die Raupe nicht fressen, und nicht den nöthigen Spinnsaft bereiten kann, so wird sie von dieser Verwandlungsperiode überrascht, ohne den nöthigen Bedingungen derselben Genüge leisten zu können, und man wird stets eine große Menge dieser Insekten getödtet finden, ohne daß zu bemerken wäre, daß Schlupf- und Zehrwespen die Ursache ihres Todes gewesen wären.

Eben so scheint es, daß ein besonders kränklicher Zustand in der Epoche der verschiedenen Häutungen eintritt, und dann ungünstiges Wetter wohl auf sie einzuwirken vermag. Nicht die Witterung im Allgemeinen hat deshalb wohl einen Einfluß auf Vermehrung oder Verminderung der Raupen, sondern diejenigen gerade in der Zeit, wo das Insekt gegen ihren Einfluß Empfindlichkeit zeigt.

Was die Vertilgung des Schmetterlings des Kiefernspinners betrifft, so wird es schwer sein durch diese einem Raupenfraße zuvorzukommen, indem das Weibchen häufig schon seine Eier abgelegt hat, ehe man es tödten kann. Demungeachtet muß man, sobald sich irgend der Schmetterling in Menge zeigt, auch hier nicht vernachlässigen, was irgend geschehen kann, zu thun, um der Vermehrung dieser schädlichen Thiere vorzubeugen. Sobald als sie bemerkt werden, müssen Leute, die man das Männchen vom Weibchen zu unterscheiden gelehrt hat, die Orte des Morgens, sobald es hell wird, durchsuchen, wo man Schmetterlinge gefunden hat. Man versieht sie mit einem Handkorbe, in welchen die Schmetterlinge, nachdem ihnen der Kopf eingedrückt ist, geworfen werden, oder mit einem Netze bedeckt ist, wenn man sie lebendig haben will. Außerdem sind sie mit einer 16 bis 18 Fuß langen Bohnenstange bewaffnet, in welcher am dicken Ende eine im rechten Winkel gekrümmte alte Messerklinge, oder ähnliches Eisen in einer Art als Haken befestigt ist, daß damit Schmetterlinge, die hoch sitzen, getödtet, oder auch wohl Eier abgekratzt werden können, was voraussetzt, daß das Eisen mehr einer Hacke, als einem Haken gleicht. Da der Schmetterling bei seiner lichten Farbe und beträchtlichen Größe auf der dunklen Kieferrinde leicht in das Auge fällt, so können oft viele davon gesammelt und getödtet werden. Vorzüglich ist dieses Vertilgungsmittel dann zu empfehlen, wenn dieselben aus benachbarten Waldungen, wo sie in Menge sind, überfliegen, und sich an den Rändern der, vielleicht durch Felder von den bereits angesteckten Forsten geschiedenen Holzgründe, zahlreich vorfinden. In einem solchen Falle ist überhaupt die Grenze des zunächst angesteckten Reviers auf das schärfste in das Auge zu fassen, und vorzüglich, wenn der Wind aus diesem hersteht, täglich nachzusehen, ob Schmetterlinge durch ihn herangetrieben werden. —

Auch auf die gestorbenen Schmetterlinge muß man noch achten, indem aus ihnen die herannahende Gefahr sich zu erkennen giebt. Sie liegen gewöhnlich am Fuße der Bäume, an denen sie gestorben sind, und ihre Kadaver sind bis in den October hinein kenntlich. Findet man sie in Menge, so ist die Gefahr eines künftigen Raupenfraßes sehr dringend. Die bei sorgfältiger Untersuchung eines Baumes bis zu einer Höhe von 8 bis 10 Fuß allerdings wohl zu bemerkenden Eier, sitzen so fest, sind so schwer zu zerstören, daß deshalb selbst dann, wenn man sie findet, das Abkratzen und Sammeln, oder das Zerquetschen derselben, mit nicht geringen Schwierigkeiten verbunden ist. Ueberdies sind sie häufig in die Ritzen der Rinde geklebt, befinden sich auch wohl in einer Höhe am Stamme, daß sie weder zu bemerken noch zu zerstören sind, und es ist deshalb davon wenig Erfolg zu erwarten, wenigstens kein solcher, welcher mit den Kosten, welche die Zerstörung und Sammlung der Eier verursachen würde, in irgend einem Verhältniß stände. Nur in dem Einen Falle mag man sie schon versuchen: wenn aus einem benachbarten Reviere, wo schon Raupenfraß herrscht, die Schmetterlinge in so großer Menge an die Holzränder des diesseitigen anfliegen, daß man voraus siehet, man wird die Bestände, worin sie ihre Eier ablegen, doch nicht erhalten. Dann mag das ganze Holz herunter gehauen, rasch geschält werden, und nachdem alles Benutzbare weggeschafft, der Distrikt mit einem Graben umzogen worden ist, die Rinde und das Reißholz verbrannt werden, um im folgenden Frühjahre den Ort umzuackern und ihn von neuem mit Kiefern zu besäen. Uebrigens erreicht man selbst dadurch nichts weiter, als was sich auch noch dann erreichen läßt, wenn die Raupen schon ausgekrochen sind und fressen; denn man kann ebenfalls noch dies Mittel, um der weitern Verbreitung des Uebels Einhalt zu thun, anwenden.

Gewöhnlich von Mitte Juli bis Mitte August kriechen die Raupen aus und fangen auch alsbald an zu fressen. Bei ihrer Kleinheit im Anfange, wo sie nur wenig Nahrung bedürfen, bemerkt man sie zuerst kaum, und nur, wenn sie in übergroßer Menge vorhanden sind, und einen guten Herbst haben, so daß sie bis in den October hinein fressen können, entnadeln sie noch die Bäume ganz. Gewöhnlich durchfressen sie dieselben, jedoch nur in einer Art, daß die Belaubung lichter als gewöhnlich erscheint. Hierauf hat der Forstwirth seine ganz besondere Aufmerksamkeit zu richten, denn diese Durchsichtigkeit der Wipfel, dieses krankhafte Ansehen der Bäume, welches sie erhalten, indem die Nadeln im Innern abgefressen werden und nur die an den äußern Zweigspitzen bleiben, ist immer das erste Kennzeichen des eingetretenen Raupenfraßes. Bemerkt man einen solchen Baum, so muß man innerhalb der Schirmfläche desselben nach dem Raupenkothe umherspähen, der leicht ein Verräther der Raupen wird. Auch selbst, wenn die Raupe nur noch einzeln vorkommt, verräth sie derselbe zu der Zeit, wo sie ziemlich ausgewachsen ist und der Koth daher eine ziemliche Größe hat, immer am ersten, und der aufmerksame Forstmann wird daher auf Stellen, wo er leicht bemerkbar ist, nach ihm spähen. Ist zufällig ein Ameisenhaufen in der Nähe, so wird man denselben am ersten darauf bemerken, da ihn hier die Ameisen zusammentragen, weshalb man auch die Ameisenhaufen immer, vorzüglich im Frühjahre, wenn die Raupe frißt, nachsiehet, um ihre Spuren zu entdecken. Daß man nicht zugeben darf, daß diese nützlichen Thiere durch Aufsuchen der Larven und Puppen zu Nachtigallenfutter rc. vertilgt werden, ist wohl kaum anzuführen nöthig, da schon beinahe überall dies gesetzlich verboten ist. Ist die Vermuthung des Vorhandenseins der Raupe dadurch begründet worden, so läßt man noch, um volle Gewißheit zu bekommen, einige der lichtesten Bäume fällen, und durchsucht das Reisholz und die Stelle, wohin der Wipfel gefallen ist, genau, um das Insekt selbst zu entdecken. Bei einer schon etwas stärkeren Vermehrung der Raupen wird man schon selbst aus der Ferne dies Lichtwerden der Wipfel und den Mangel der fehlenden und gefressenen Nadeln bemerken. Die einzelnen Bäume wie der ganze Wald verlieren ihr lebhaftes Grün, die überall durchschimmernde graue und gelbe Rinde giebt ihm ein mattes, graues Ansehen, und von ferne gesehen, scheint sich ein grauer Duft über den ganzen Forst verbreitet zu haben. Ist die Menge der Raupen schon im Herbste so groß, daß ihr Fraß in dieser Art bemerkbar wird, so kann man mit Sicherheit darauf rechnen, daß der Distrikt, in welchem sie sich befinden, im folgenden Frühjahre vernichtet werden wird, wenn man ihn nicht durch Vertilgung der Raupen rettet.

So lange dieselben im Herbste klein sind, und die Bäume

auf denen sie auskamen, noch nicht verlassen, kann man wenig thun, um sie zu vermindern oder zu vernichten. Sobald sie jedoch nach den ersten kalten Nächten, Ende September oder im Oktober, anfangen ihre Winterlager zu suchen, können sie durch Kinder oder durch Frauenspersonen an den Stämmen, wo sie noch eine Zeit lang verweilen, am Fuße der Bäume, auf dem Boden umherkriechend, aufgesucht und getödtet werden. Gut ist es, wenn die Leute dabei Handschuhe anziehen, indem, wie bei allen rauhen Raupen, die mit Widerhaken versehenen Haare der Larve in die Haut dringen und abbrechen, und auf diese Weise leicht Geschwulst erregen.

So lange die Raupe im Winterlager liegt, ist eigentlich der Zeitpunkt, wo man ihr Abbruch thun muß. Sie sucht dies selten über drei bis vier Fuß vom Stamme ab, indem sie sich so tief unter das Moos, die Nadeln oder andere Erdbedeckung verkriecht, daß sie in der alleroberſten Dammerde sich ihr Lager wählen kann. Hier liegt sie rund zusammengerollt, und hat sich in der Erde selbst eine kleine Vertiefung ausgewühlt. Wenn man die obere Moos- und Nadelschicht so weit vorsichtig abhebt, wozu man am besten kleine Handharken, von etwa 6—8 Zoll Länge und 5—6 Zinken machen läßt, welche einen Stiel von zwei Fuß Länge haben und mit einer Hand geführt werden können, so daß die obere Dammerdenschicht 3 Fuß weit vom Stamme ab bloß gelegt wird, so wird man jede Raupe des Kiefernspinners auflesen können. Diese Arbeit kann von der Zeit an, wo dies Thier das Winterlager gesucht hat, so lange fortgesetzt werden, als das Wetter es erlaubt, d. h. bis Frost und Schnee eintritt, und beginnt im Frühjahre, sobald es vollkommen aufgethaut ist; wird auch fortgesetzt, bis die Raupen nach eingetretener warmer Witterung, gewöhnlich im April, wieder auf die Bäume steigen, um ihren Fraß fortzusetzen. Auf dieser Wanderung selbst ist ihnen gewöhnlich nicht viel zu thun, denn wenn recht warme Tage eintreten, so verlassen sie ihre Winterlager so plötzlich, daß sie oft innerhalb eines einzigen Tages aus demselben bis in den Wipfel des Baumes kriechen. Die beste Zeit zum Suchen ist das zeitige Frühjahr, und wenn man Menschen genug hat, so daß ein Distrikt vollkommen abgesucht werden kann, so ist gar keine Frage, daß man im Stande ist jedem Schaden durch dieses Mittel vollkommen vorzubeugen.

Man hat auch das Streurechen vorgeschlagen, um, indem man mit dem Harken die Streu ausrecht, die Raupen zugleich auf eine bequemere Art mit hinwegzunehmen, als dies durch das Aufsuchen geschiehet. Das ist aber durchaus unwirksam und eher schädlich als vortheilhaft. Die Raupe, welche rund zusammengekrümmt im Kreise, gewöhnlich von der Größe eines preußischen Silbergroschens, und oft noch kleiner, in der Erde liegt, wird von dem Harken gar nicht gefaßt und hinweggenommen, vielmehr wird sie nur mit darübergezogener Erde bedeckt, wenn ja die Streusammler die Bodenbedeckung so nahe am Stamme wegnehmen und wegnehmen können, als sie sich an demselben einlegt, was gewöhnlich nicht der Fall ist. Auch selbst bloßgelegt, wühlt sich die Raupe wieder tiefer ein, wenn sie nicht bald gesammelt wird, und so ist dann gerade in denjenigen Orten, in denen durch das Streurechen die obere Bodenbedeckung weggenommen worden ist, unter welcher sie gern überwintert, das Sammeln am aller schwierigsten, weil sie dadurch genöthigt wird, sich in den Sand oder die Erde zu wühlen, unter die Wurzeln zu kriechen, wo man sie weit schwerer entdeckt als unter dem Moose. Man sollte deshalb, selbst wo das Streurechen erlaubt ist, es wenigstens so lange in den mit Raupen befallenen Orten verbieten, bis diese aufgesammelt worden sind. —

Eben so unwirksam als das Streurechen, ist zur Vertilgung der Raupe des Kiefernspinners, so wie aller behaarten Raupen, das Eintreiben von Schweinen. Ob sie durch wilde

Schweine, im Fall diese Noth leiden, verzehrt wird, ist noch zweifelhaft, obgleich auch nicht wahrscheinlich, da die Haare dieses Insekts abbrechen und sich in dem Schlunde festsetzen, so daß nur sehr wenige Thiere, z. B. der Kukuk und die Dohlen, sie vermöge des Baues ihres Schlundes verzehren können. Zahme Schweine mögen sich durchaus nicht von ihnen nähren, und das Eintreiben derselben wird vielmehr dadurch nachtheilig, daß sie nicht bloß die Raupe verwühlen, so daß man sie nicht mehr gut aufsuchen kann, sondern auch eine Menge nützlicher Käfer und Käferlarven verzehren, wovon die erstern zur Vertilgung der Raupen beitragen. Daß aber allerdings das Eintreiben der Schweine ein vortreffliches Mittel ist, um die Forleule zu vertilgen, wird weiter unten angeführt werden; hier ist bloß die Rede von der Vertilgung der Kiefernspinner. —

Das vorgeschlagene Bestreichen oder Umrändern der Kiefern mit Theer, um zu verhindern, daß sie diese nicht besteigen können, wenn sie aus ihrem Winterlager kommen, ist durchaus unpraktisch, da der Theer schnell auftrocknet, und dann nichts mehr hilft, die Raupe auch lange hungern und warten kann, bis dies erfolgt ist, so würde man leicht jede Kiefer und jede Stange 8 bis 10 Mal überstreichen müssen, wenn das Mittel wirklich helfen sollte. Wie unausführbar das in großen Forsten ist, wird hier nicht weiter auseinandergesetzt zu werden brauchen. Eben so wenig hat die vorgeschlagene starke Durchforstung den geringsten Einfluß auf die Verhinderung eines Raupenfraßes, und wird eher nachtheilig als vortheilhaft, wenn ein solcher eintritt, indem dann die Raupen, hinsichts ihrer Ernährung, allein auf die dominirenden Stämme angewiesen sind.

Sobald die Raupe die Bäume bestiegen hat, ist wenig zu ihrer Vertilgung zu thun*). Zwar hat man in Vorschlag

---

*) Wir übergehen hier absichtlich die unsinnigen, in Vorschlag ge-

gebracht, bei eintretendem Hagelwetter und plötzlichen Stürmen, wodurch sie herabgeworfen wird, die Orte mit dichtgedrängten Viehheerden betreiben und sie so zertreten zu lassen; allein dies ist ganz unpraktisch. Es wird auf diese Weise allerdings zuweilen ein großer Theil der Raupen herabgeworfen, allein schon nach einigen Stunden sind sie gewöhnlich wieder auf den Bäumen, und wer hätte wohl gleich Viehheerden bei der Hand, da man solche Zufälle nicht voraus wissen kann. Sicherer würde es immer noch sein, die Raupen dann durch Menschen zertreten und zerquetschen zu lassen.

Wenn der Raupenfraß ganz schwaches nnd junges Holz trifft, so kann man allenfalls wohl durch Ablesen und Schütteln dasselbe von Raupen reinigen. Dies ist jedoch ein seltner Fall, denn diese Insekten greifen das 5- bis 20jährige Holz erst an, wenn sie in älterem keine Nahrung mehr finden. Wird übrigens das junge Holz so gefressen, daß sein Eingehen ganz entschieden wäre, so ist das Einfachste, es anzuzünden und die Raupen zu verbrennen, da das stärkere, noch nutzbare Holz, doch nicht mit verbrennt. Schon in 35- bis 40jährigem Stangenholze ist von dem Schütteln wenig Erfolg mehr zu erwarten, und nur, wenn sich die Raupeu zufällig in einem kleinen Distrikte sehr zusammengezogen haben, wenn man über verhältnißmäßig viel Menschen gebieten kann, ist das Abschütteln ausführbar. Man bedarf 10—15 Mann, um in einem Tage einen Morgen schwaches Stangenholz einigermaßen abklopfen zu lassen, und wo würde man die Arbeiter hernehmen, um Distrikte von mehreren hundert Morgen zu säubern.

Soll dies Mittel angewendet werden, so ist folgendes Verfahren dabei das zweckmäßigste: die Arbeiter müssen sich ein Tuch überbinden, welches Kopf und Nacken bedeckt, um

---

brachten Mittel: des Bestreichens der Bäume mit Mercurialsalbe, des Räucherns, Schießens, Spritzens u. s. w.

zu verhindern, daß bei dem Klopfen ihnen nicht die Raupen im Nacken zwischen die Kleider fallen. Ein Knabe oder eine Frauensperson wird mit einer Keule oder Stampfe bewaffnet, um gleich die abgeklopften Raupen auf der Erde zerquetschen zu können, und ein Mann mit einer Axt oder einem hölzernen Schlägel, der, um die Bäume nicht zu beschädigen, allenfalls mit Lappen umwickelt werden kann, schlägt die Stangen plötzlich mit 3 oder 4 starken Schlägen an, wenn sie zu stark sind, um durch bloßes Schütteln genugsam bewegt zu werden, so daß die Raupen herunter fallen. Dies Anklopfen hat eine weit stärkere Wirkung, als das Schütteln, wie dann schon allen Raupensammlern bekannt sein wird, daß eine plötzliche unvorhergesehene Erschütterung die Raupen viel eher herunterbringt, als wenn sie einmal gewarnt, bei dem fortgesetzten Schütteln sich anklammern können. Die allerdings dadurch entstehende Beschädigung der Rinde und Basthaut, hat durchaus keinen nachtheiligen Einfluß auf das Leben des Baumes, da die Kiefer eine solche Verletzung sehr gut verträgt und im jungen Holze schnell überwächst. Am leichtesten wird die Raupe durch das Klopfen herabgebracht in den frühen Morgenstunden, bei Sonnenaufgang, an kalten rauhen Tagen, wo sie nicht frißt, sondern halberstarrt sich nur mit den Hinterfüßen anklammert. Hat sie ihre volle Kraft, und wird sie erst dnrch vorhergegangene schwache Erschütterung des Baumes von der ihr drohenden Gefahr benachrichtigt, so hält sie sich so fest, daß es nicht leicht ist, sie herabzuwerfen. Ueberhaupt wird es schwer sein, schon 30jähriges Holz von gutem Wuchse auf diese Art ganz von der Raupe des Kiefernspinners, der Nonne und der Larven der Blattwespen zu reinigen, wogegen die Larve der Forleule leichter abzuschütteln ist. — In großen Forsten ist dies Mittel aber überhaupt als in der Regel unanwendbar zu betrachten. —

So wie die Raupen in einer solchen Menge vorhanden

sind, daß man nur vermuthen kann, es wäre möglich, daß sie das Holz in dem angesteckten Distrikte ganz entnadeln könnten, muß derselbe sogleich mit Raupengräben umzogen und soviel als möglich durchschnitten werden. So lange die Raupe hinreichende Nadeln zur Ernährung findet, verläßt sie den Baum, auf welchem sie lebt, entweder gar nicht, oder kriecht höchstens auf einen benachbarten, und wandert eine geringe Strecke kurz vor dem Einspinnen umher. Sind daher nur wenig Raupen in einem Orte, so bleiben die Raupengräben ganz wirkungslos, und sind eine ganz unnütze Ausgabe. So wie aber die Nahrung anfängt zu fehlen, hat vorzüglich diese Raupe, so wie auch die Nonne, die Fähigkeit, ziemlich weit zu wandern, und sich neue, noch nicht entnadelte Bäume aufzusuchen. Deshalb muß man erst den ganzen angesteckten Distrikt mit einem Raupengraben, den sie nicht überschreiten können, umgeben, um ihn zu isoliren und das daran grenzende Holz gegen das Ueberkriechen zu schützen, überdies aber auch noch, wo sich irgend Gelegenheit zeigt, den Ort vielfach mit gleichen Gräben durchschneiden, um die darin herumkriechenden Raupen zu fangen.

Es genügt allerdings, wenn diese Gräben 12 Zoll tief und 8 bis 10 Zoll breit gestochen werden, denn die Raupe kann sie dabei nicht überschreiten, und wenn im Sande die Grabenufer senkrecht, im Lehmboden etwas unterstochen und oben überhängend, gestochen werden, so wird sie den Graben nicht leicht verlassen können; im losen Sandboden, so lange der Grabenbord stehet, ist es ihr sogar unmöglich, aus demselben herauszukriechen. Wo jedoch die Menge der Raupen sehr groß ist, und man zu fürchten hat, daß ein so kleiner Graben bald voll laufen könnte, so daß die nachfolgenden über die, welche ihn gefüllt haben, hinweg wandern, da macht man wenigstens den äußeren Umfassungsgraben bei 12—15 Zoll Breite 18—24 Zoll tief. Zu mehrerer Sicherheit sticht man noch auf der Sohle desselben Fanglöcher ein, d. h. man sticht Löcher mit senkrechten Wänden, von der Breite der Sohle, 10—12 Zoll tief, alle 10, 20, 30 Fuß, aus, in welche die Raupen fallen, wenn sie auf der Sohle des Grabens hinwandern. Der Auswurf des Grabens kommt stets auf die äußere Seite des umzogenen Distrikts, damit er nicht die auf den Graben zu wandernden Raupen vom Hineinkriechen abhält. Nirgends darf im Graben selbst ein Ort sein, an welchem dieselben Gelegenheit fänden, herauszukriechen. Deshalb müssen alle Wurzeln rein und scharf herausgestochen werden, und selbst in den Graben fallende Hölzchen, welche den Raupen zur Leiter dienen können, an welcher sie herauskriechen, muß man von Zeit zu Zeit auffsammeln lassen. Eben so darf kein Eintreiben von Vieh oder Ueberfahren der Gräben, wodurch die Wände derselben eingedrückt werden, stattfinden. — Zur Ziehung der Gräben im Innern des mit Raupen befallenen Distrikts, wählt man so viel als möglich die von Holz entblößten Stellen, und folgt den alten Wegen und Gestellen, so wie den Blößen, welche sich hindurchziehen. Auch die Straßen und befahrnen Wege können an der Seite mit Raupengräben eingefaßt werden. — In dieselben laufen gewöhnlich auch eine große Menge von Lauf- und Raubkäfern ein, welche sich von den Raupen nähren und sich deshalb in diesen Distrikten zusammenziehen. Diese müssen entweder gesammelt und herausgeworfen werden, um diese thätigen Raupenfeinde nicht zu verlieren, oder man stellt auch alle 3 bis 4 Ruthen ein schräg liegendes Stöckchen in den Graben, sobald die Raupen matt genug sind, um dasselbe nicht ebenfalls benutzen zu können, um ihnen auf diese Art Gelegenheit zu geben herauszuklettern.

In denjenigen Forsten, wo sich viel unterdrücktes Kiefern-Unterholz findet, kann man die Raupen gewöhnlich auf diesem am ersten bemerken, und auch leicht sammeln, da alle Raupenarten, und noch mehr die Afterraupen, es vorzugsweise zu lieben scheinen, und sich sogar häufig auf ihm zuerst bemerkbar machen. Es sind deshalb diese unter den alten Bäumen stehenden, unterdrückten Kiefern, auch stets besonders scharf in das Auge zu fassen.

Im Fall Distrikte im Herbste sich schon so stark mit Raupen befallen gezeigt haben, daß ihre Rettung nicht mehr zu erwarten ist, wenn man dieselben nicht aufsuchen und vertilgen kann, und wenn zu ihrem Sammeln die Kräfte fehlen, wird es rathsam sein, den Holzschlag im Winter in diese Orte zu legen, allen Abraum, der nicht benutzt werden kann, nachdem das Holz herausgeschafft worden ist, im Schlage zu verbrennen, das Stockholz zu roden, und den ganzen Distrikt wo möglich sogleich umhacken oder umpflügen zu lassen, um ihn neu mit Holz zu besäen, nachdem er mit einem hinreichend schützenden Graben umzogen worden ist.

Man hat zur Vertilgung der im Winterlager sich befindenden Raupen die Anwendung des Lauffeuers vorgeschlagen, welches im hohen Holze die Bodendecke verzehren kann, ohne daß es den Bäumen sehr nachtheilig wird. — Es mag Fälle geben, wo der Kiefernspinner, und auch die Puppen der Forleule des Kiefernspinners und der Afterraupen, wenn sie sehr flach dicht unter der Moosschicht liegen, mit Erfolg dadurch vernichtet werden können, gewiß gehört dies aber nur zu den aller seltensten Ausnahmen. Auch ist wohl die Bodendecke nur selten von der Art, daß sie ohne Gefahr für das stehende Holz verbrannt werden könnte, und dennoch ein so tiefes Eindringen des Feuers erwarten ließ, daß die darunter liegende Raupe vom Feuer erreicht würde. Auch hat diese gewöhnlich ihr Winterlager schon verlassen ehe der Boden so tief trocken geworden ist, daß das Feuer bis zu diesen hindringen kann. In den wenigsten Fällen wird dies Mittel deshalb anwendbar sein.

Ende Juni und im Juli verspinnen sich die Raupen,

und die Kokons derselben finden sich vorzüglich am Stamme in den Ritzen der Rinde, am Unterholze, doch auch an den abgefressenen Zweigen befestigt. Bei ihrer auffallenden Farbe und der beträchtlichen Größe sind sie sehr leicht zu bemerken, und ihre Sammlung muß mit der möglichsten Sorgfalt erfolgen. Die am Stamme befindlichen können mittelst des schon beschriebenen Hakens zum Sammeln und Tödten der Schmetterlinge, leicht abgekratzt werden, eben so diejenigen, welche in den Zweigen des Unterholzes versponnen sind. Die in den Wipfeln der größten Bäume befindlichen sind zwar nur durch das Fällen der Bäume, oder Abbrechen und Abhauen der Zweige zu bekommen; aber auch dies muß geschehen, sobald man sie bemerkt. Wendet man in dieser Zeit viel Sorgfalt an, um diese Insekten zu vertilgen, so kann man diesen Zweck vielleicht am ersten durch das Sammeln der Kokons erreichen.

Viele der aufgesammelten oder gefangenen Raupen, Schmetterlinge und Kokons haben Schlupf=, Zehr=, Mordwespen und Raubfliegen bei sich, gewöhnlich desto mehr, jemehr der Raupenfraß schon eine gewisse Ausdehnung erreicht hat. Tödtet man die Raupen u. s. w., indem man sie vergräbt, verbrennt, zerquetscht, so vernichtet man diese ihre Feinde, die so wohlthätig zu ihrer Vertilgung wirken, zugleich mit ihnen. Sehr wünschenswerth ist es deshalb, wenn man Alles, was man von Raupen, Schmetterlingen und Kokons gesammelt hat, auf eine Art lebend aufbewahren kann, wodurch zwar verhindert wird, daß diese sich nicht mehr auf eine nachtheilige Art im Walde verbreiten und in ihm fortpflanzen können, zugleich sie aber doch so zu erhalten sucht, daß die in ihnen befindlichen Ichneumonen u. s. w. ungehindert sich zu entwickeln im Stande sind. — Bei den Raupen geschiehet dies sehr einfach, wenn man die gesammelten auf Stellen bringt, die durch Gräben umgeben sind, welche sie vollkommen festhalten, und sie auf diesen allenfalls mit Kiefernzweigen füttert, so daß sie sich so weit ausbilden können, als zur Entwickelung der Ichneumonen nöthig ist. Die in die Gräben und Fanglöcher gelaufenen, sterben gewöhnlich früher als dies der Fall ist, wenn man nicht Gelegenheit hat, sie darin zu ernähren, was sich nicht gut ausführen läßt. Doch läßt man sie wenigstens offen darin liegen, und tödtet sie nicht durch Zerquetschen oder Vergraben, wenn man überzeugt ist, daß sie aus ihrem Gefängnisse nicht entweichen können.

Alle Mittel, welche man zur Vertilgung dieses gefährlichen Insekts anwenden kann, helfen in großen Kieferforsten nur dann, wenn sie angewendet werden, bevor sich dasselbe sehr vermehren und über sehr große Strecken verbreiten kann. Sie sind allerdings aber auch wohl nur dann überhaupt einer Anwendung fähig, wenn die Fläche, auf welcher dieselbe erfolgen soll, mit den Kräften, welche dazu zu Gebote stehen, in einem einigermaßen passenden Verhältnisse vorhanden sind. In wenig bevölkerten Gegenden, wo die Raupen auf vielen Tausend Morgen Kiefernforst einzeln zerstreut sind, und sich unter günstigen Verhältnissen vermehren, läßt sich eben so wenig viel thun als es möglich ist, 8 bis 10000 Morgen mit einer unzählbaren Menge derselben bedeckt, zu retten, selbst wo es an Menschen nicht fehlt.

Zum Glück zeigt sich in bei weiten den mehrsten Fällen im Anfange das Insekt mehr auf kleinen Distrikten zusammengedrängt, von wo aus es sich dann weiter, vorzüglich durch das Schwärmen der Schmetterlinge verbreitet.

Gewöhnlich sind es die 60 bis 120jährigen Bestände auf trocknem Boden, diejenigen, in welchen sich viel Unterholz befindet, in welchen man den Kiefernspinner am ersten bemerkt. Am seltensten ist er auf sehr feuchten Boden, in jungen Orten unter 20 Jahren, oder in Beständen, welche stark mit Laubholz gemischt sind. In den kleinen Feldhölzern, oder selbst am Rande der Forsten, zeigt er sich auch seltner zuerst, als weiter im Innern des Waldes.

Ununterbrochen muß die Aufmerksamkeit des Forstmannes desto sorgfältiger auf die Vermehrung aller schädlichen Insekten gerichtet sein, jemehr bekannt ist, daß sie schon öfter nachtheilig wurden; desto mehr, je gefährlicher sie sich gezeigt haben.

Jede Spur von Schmetterlingen, mögen sie lebend oder todt sein, jeder an der Rinde bemerkte Kokon, mag ein Insekt darin sein oder nur die leere Hülle bemerkt werden, muß zu weitern Nachforschungen ermuntern. Das Zusammenziehen von Thieren, welche sich von den zu fürchtenden Insekten nähren, eine ungewöhnliche Menge der Kuckucks, der Nachtschwalben, (Caprimulgus) von Dohlen, Fledermäusen, von Meisen, zur Zeit wo die Eier vorhanden sind, von Raub- und Laufkäfern u. s. w. muß schon von selbst auf die Vermuthung hinleiten, daß diese Thiere hier ihre Nahrung finden. Das Aufwühlen des Bodens dicht am Stamme der Kiefern durch Schweine, giebt zu erkennen, daß hier Insekten gefunden werden, welche ihnen zur Nahrung dienen, wie die Puppe des Sphinx pinastri, und der Ph. Noctua Piniperda, das Zuströmen der Staare, Drosseln, Häher u. s. w., welche dieser letztern Raupe, so wie allen andern nackten Kiefernraupen und Afterraupen sehr nachstellen, lassen diese vermuthen. — Keine dieser ungewöhnlichen Erscheinungen muß dem Auge der im Forste sich aufhaltenden Forstbeamten entgehen und weitere Nachforschungen veranlassen. Jeden Herbst, jedes Frühjahr, auch wenn man noch nichts bemerkt hat, muß am Fuße der Stämme in Orten, wo Insekten sich entwickeln könnten, nach ihnen gesucht werden. Alles kommt zuletzt darauf an, eine Vermehrung der schädlichen Insekten zeitig genug zu bemerken, um die nöthigen Maßregeln dagegen ergreifen zu können. Vorhanden sind sie freilich immer, denn kein Geschlecht stirbt aus; aber so lange sie so selten sind, daß es oft schwer wird, auch nur einzelne Exemplare davon aufzufinden, wäre es eine zu tadelnde Verschwendung von Kraft und Geld, nach diesen einzelnen ganz unschädlichen Raupen mit vielen Menschen umherspähen zu wollen. Die Vertilgung muß erst beginnen, wenn man eine stärkere Vermehrung als gewöhnlich bemerkt. So wie diese sich aber auch nur im geringsten zeigt, ist es grade am wichtigsten, Vorkehrungen dagegen zu treffen und es nicht erst dahin kommen zu lassen, daß die menschlichen Kräfte nicht mehr dazu ausreichen. Es ist nichts, was thörichter sein könnte, als wenn Forstbediente glauben, es lohne sich noch nicht der Mühe, Leute darnach auszuschicken, wenn ein Mensch in Einem Tage vielleicht nur 50 bis 60 Raupen findet, wenn sie glauben, man müsse warten, bis sie sich metzenweise sammeln lassen. Man muß nur die ungeheure Vermehrung dieser Thiere beachten, wenn ein weiblicher Schmetterling 100 bis 200 Eier legt, aus welchen im günstigen Falle für den künftigen Sommer vielleicht wieder 50 bis 100 Weibchen erzeugt werden, die sich in gleicher Art vermehren, so wird man sich leicht berechnen können, daß im Jahre 1845 mit einer Handvoll Raupen, viele Fuder für das Jahr 1850 vernichtet werden können. Nur im Anfange und im Keime ist das Uebel zu ersticken, niemals mehr, wenn es schon seine volle Ausdehnung erreicht hat. Dann ist um so weniger Etwas zu thun, als die Erfahrung lehrt, daß wenn die Raupen, wenn sie sich einmal so vermehrt haben, daß, ganze große Distrikte durch sie getödtet werden, gewöhnlich von selbst bald wieder verschwinden. Die einzigen Maßregeln, die im Großen dann anwendbar sind, beziehen sich immer mehr auf die Verhinderung einer weitern Verbreitung des Uebels in andere Forstorte durch Gräbenziehen rc., als auf Rettung des einmal befallenen Holzes. Mehr zu thun als lesen, schütteln, Schmetterlinge aufsuchen zu wollen, würde dann ungeheure Kosten machen und doch von keinem wesentlichen Erfolge sein, das angegriffene Holz nicht retten und den Raupenfraß nicht früher beendigen, als er von selbst aufhört. Vorbeugen kann man ihm aber gewiß in den mehrsten Fällen, wenn man alle Mittel zur passenden Zeit kräftig anwendet.

Vieles von dem, was in Bezug auf die Vertilgung des Kieferspinners gesagt ist, gilt auch für diejenige der übrigen Kieferraupen und Afterraupen, und in so fern diese nicht abweichende Maßregeln bedingen, wollen wir bloß auf die bereits umständlich entwickelten und nachgewiesenen hindeuten, ohne das Gesagte nochmals zu wiederholen, vielmehr nur das Besondere und Verschiedene bei den übrigen Insekten anführen.

Die Nonne, Phalaena Monacha, hat in der neuern Zeit sich in einer ganz ungewöhnlichen Menge gezeigt. Früher kannte man nur einen ganz großen Raupenfraß im Voigtlande von ihr, später erschien sie mehr, mit dem Kiefernspinner gemischt. Ihre Oekonomie ist erst seit der neuesten Zeit, wo sie in so großer Verbreitung fraß, vollständig bekannt geworden. Sie lebt nicht allein auf der Kiefer, und ist für diese sogar weit weniger gefährlich als für die Fichte, die in der Regel eingehet, wenn sie auch nur theilweis von ihr befressen wird. Außerdem frißt sie aber auch noch das Laub der mehrsten Laubhölzer, und scheint sogar das der Buche und Hainbuche den Nadeln der Kiefer noch vorzuziehen. Für die Kiefer ist sie nicht so gefährlich als der Spinner, indem sich diese sehr oft wieder erholt, was darin liegt, daß sie von unten herauf frißt und mehr die alten Nadeln der untern Zweige verzehrt, die äußersten Zweigspitzen und den Wipfel in der Regel verschont. Man muß daher auch mit dem Einschlage des von den Nonnen befressenen Kiefernholzes sehr vorsichtig sein, wogegen man annehmen kann, daß die Fichten, welche zum größten Theil von ihr entnadelt sind, wohl immer eingehen werden.

Ihre Erscheinung verräth sich am ersten dadurch, daß die jungen Räupchen, wenn sie in den ersten schönen Frühlingstagen auskriechen und die Bäume besteigen, zuerst nur die Nadeln oben durchnagen, ohne die Spitzen derselben zu verzehren, da ihnen diese zu hart zu sein scheinen. Diese fallen dann herab und bedecken den Boden oft so, daß man sie leicht bemerkt und das Fressen der Nonne an ihnen erkennen kann. Ist Buchen=, Hainbuchen=, Eichen= oder anderes Unterholz vorhanden, so nagt sie aus den Blättern ganze Stücke oder Lappen heraus. Dieser charakteristische Fraß verräth sie am ersten, da die kleinen Räupchen schwer zu entdecken sind. Auch die weißen, sehr in die Augen fallenden Schmetterlinge, welche in der Schwärmezeit gewöhnlich an den Bäumen sitzen, oder nachher todt am Boden liegen, verrathen sie leicht. Wenn die Raupen halbwüchsig sind, spinnen sie bei schönem stillen Wetter oft lange Fäden und schweben daran frei in der Luft, wobei sie leicht zu entdecken und zu erkennen sind. Wo Unterholz ist, fressen sie gewöhnlich zuerst auf diesen, da sie gerade die trocknen Nadeln am unterdrückten Holze am mehrsten zu lieben scheinen.

Von den zur Vertilgung vorgeschlagenen Mitteln hat sich zuerst das Absuchen der Eier als unpraktisch und wenig Werth habend gezeigt, so daß man gegen dessen Anwendung im Allgemeinen warnen muß. Allerdings sind in der letzten Zeit des Nonnenfraßes in den Provinzen Pommern, Brandenburg, Schlesien und Sachsen zuletzt die Eier so wohlfeil gesammelt worden, daß für ein Loth, welches 20,000 Stück enthielt, nur 3 bis 4 Sgr. gezahlt wurden, und es scheint daher das Eiersuchen ein eben so sicheres, als wohlfeiles Vertilgungsmittel zu sein. Das ist es aber keinesweges, denn es kann überhaupt erst angewandt werden, wenn die Nonne schon in einer außerordentlichen Menge vorhanden ist. Wenn dies aber der Fall, bleiben von den tief in den Rindenritzen versteckten Eiern, eben bei den sorgfältigsten Absuchen noch gewiß so viel übrig, daß die daraus auskommenden Raupen hinrei=

chen, um den ganzen Wald abzufressen, was die Erfahrung genügsam gezeigt hat. So lange der Raupenfraß aber noch im Entstehen ist, wird und kann Niemand Eier suchen und wenn man 10 Thlr für das Loth geben wollte, obwohl die Vertilgung dieser Insekten dann gerade am wichtigsten ist. Diese Rechenexempel, welche mit der Vertilgung der Eier gemacht werden, indem man die gesammelten Centner multiplicirte, haben den Preusischen Forst-Kassen unnütz verausgabtes Geld genug gekostet, wobei der einzige Trost bleibt, daß es die ärmste Volksklasse erhalten hat.

Das sicherste Mittel zur Vertilgung der Nonnenraupe bis zu einem Maaße, daß sie die Bäume nicht mehr tödten, ist wohl das Aufsuchen und Tödten der sogenannten Raupenspiegel. Mitte April oder Anfang Mai kriechen die kleinen schwarzen aus dem in den Rindenritzen klumpweise zusammenliegenden Eiern aus, und legen sich auf der Rinde in schwarze Flecken auf einen Haufen zusammen, die man mit dem Ausdrucke „Raupenspiegel" bezeichnet hat. Diese Haufen enthalten bald mehr, bald weniger Raupen, von 20 und 25 bis 3 und 400, je nachdem die Menge der an einer Stelle abgelegten Eier größer ist. In diesen Haufen bleiben die Raupen bald länger, bald kürzere Zeit nach dem Auskriechen beisammenliegen, was von der Witterung abhängt. Bei sehr schönem warmen Wetter liegen sie wohl nur 2 Tage zusammen, und zerstreuen sich dann, bei rauhen kalten wohl 5 bis 6. Diese Raupenhaufen, welche dem geübten Arbeiter schon von weitem in das Auge fallen, können mit einem Lappen sehr leicht am Baume zerrieben und zerquetscht werden. So hoch man reichen kann, geschieht dies mit der Hand; zur Tödtung der höher am Baume sitzenden bedient man sich einer Stange, an deren Spitze ein Moosbündel, umwunden mit einem Lappen von grober Leinwand befestigt ist, um einen zum Zerreiben brauchbaren Ballen zu bilden. Die Raupen kriechen niemals zu ein und derselben Zeit aus. An der Mittagsseite geschieht dies früher als an der Mitternachtsseite, und oben am Baume eher, als tief unten am Fuße desselben. Die tief in den Rindenritzen sitzenden erscheinen später als die flach liegenden. Deshalb muß das Durchsuchen der angesteckten Orte mehrere Male in kurzen Zwischenräumen, in wenig Tagen hintereinander, erfolgen, bis man keine auskommenden Raupen mehr bemerkt.

Auch durch dieses Vertilgungsmittel wird man niemals alle Raupen tödten können, es werden immer noch genug übrig bleiben. Es ist aber überhaupt eine ganz falsche Meinung, wenn man bei irgend einem Forstinsekte glaubt, daß es durch irgend eine dagegen zu ergreifende Maaßregel ausgerottet werden könnte. Der Zweck kann immer nur sein, es bis dahin zu vermindern, daß es entweder gar keinen Schaden mehr thun kann, oder doch wenigstens dieser nicht mehr von Bedeutung ist. Dies kann man aber durch die Tödtung der Raupenspiegel, wenn sie gehörig durchgeführt wird, vollkommen erreichen.

Auch die Puppen, welche an der Rinde der Bäume und in den Zweigen des Unterholzes mit wenig Fäden befestigt sind, kann man wohl sammeln lassen, doch gehört ein geübtes Auge dazu, sie rasch zu entdecken. Alle übrigen vorgeschlagenen Vertilgungsmittel dürften von geringerem Erfolge sein. Sehr viel von den stark befressenen Kiefernbeständen, haben sich nach dem letzten Fraße der Nonnen wieder erholt, und viele Forstmänner haben die Ansicht, daß sie eigentlich nur in Fichten sehr schädlich sei, und man sie in Kiefern ungehindert fressen lassen könne. Das ist jedoch wohl eine irrige Ansicht. Wenn sie allerdings wohl, selbst wo sie in sehr großer Menge vorhanden ist, selten Kieferbestände so rasch und mit einem Male tödten wird, wie der Kieferspinner, so versetzt sie doch dann so viel Bäume in einen solchen krankhaften Zustand, daß sie später noch absterben, und stark gefressene Orte gewöhnlich so lückenhaft werden, daß sie nach einigen Jahren auch noch eingeschlagen werden müßten. Selbst ein bedeutender Kostenaufwand, verursacht durch die Vertilgung dieses Insekts, rechtfertigt sich daher vollkommen.

Die Forleule*), Phalaena Noctua piniperda, ist sehr häufig mit dem Kiefernspanner**) und den Afterraupen verschiedener Art verwechselt worden, da alle diese Larven Aehnlichkeit genug in Farbe und Bau haben, um bei einer oberflächlichen Untersuchung durch Leute, welche überhaupt unbekannt mit der Insektologie sind, für ein und dieselbe Art gehalten zu werden. Gewöhnlich wurden diese Raupen und Afterraupen von den ältern Forstmännern mit dem allgemeinen, freilich sehr unbestimmten Namen: kleine grüne Kiefernraupe, bezeichnet.

Die Forleule ist ein sehr gefährliches Insekt, welches in der neuern Zeit sehr große Verheerungen angerichtet hat. Sie zeigt sich gewöhnlich zuerst in 40- bis 50jährigen Stangenhölzern auf trocknem Boden und von schlechtem Wuchse, weshalb sie auch gewöhnlich die durch Streurechen sehr zurückgebrachten Distrikte am ersten angreift. Doch lebt sie auch wieder mehr zusammengedrängt, als die mehrsten andern Raupenarten, und man kann deshalb oft Herr derselben werden. Indessen hat der Verf. ihre ungeheuer rasch fortschreitende Entwickelung auch zu gleicher Zeit auf mehr als 30,000 Morgen Gelegenheit gehabt zu beobachten.

Gegen den im April erscheinenden kleinen Schmetterling, welcher von Unaufmerksamen mit manchen großen Motten im Fluge verwechselt werden kann, giebt es kein Mittel, welches zu seiner Vertilgung mit Erfolg angewendet werden könnte.

---

*) Gleich mit Noctua flamea. Fabr. Bombyx spreta. Fabr.

**) Phal. Geometra piniaria.

Kaum daß er von dem unaufmerksamen Forstmanne bemerkt wird, indem er am Tage oft versteckt in Klaftern, unter der Rinde abgestorbener Bäume oder Stöcke, im Heidelbeerkraute u. s. w. zubringt. Nur an warmen, windstillen Abenden bemerkt man ihn häufig schwärmend. Am leichtesten findet man ihn auf dem Kiefern-Unterholze, auf welchem er vorzüglich gern seine Eier ablegt.

Die sehr kleine, vor der ersten Häutung mehr gelbliche, als grüne Raupe, ist im Anfange ebenfalls sehr schwer zu entdecken. Nur dadurch verräth sie sich häufig, daß sie die Nadeln der eben erst hervorgebrochenen Maitriebe abnagt, an denen sie oft in großer Menge, selbst in 15- bis 20jährigen Orten, getroffen wird.

Gewöhnlich bringen diese Raupen ihr ganzes Leben auf ein und demselben Baume zu, und nur die Noth veranlaßt sie, ihn zu verlassen und sich andere Nahrung zu suchen. Sie sind jedoch schlechte Wänderer, indem sie selbst nicht ein aufgefahrenes Wagengeleise in einem sandigem Wege zu überschreiten vermögen, und bald ermatten. Sie kriechen deshalb auch, ohne den Instinkt zu besitzen und zu wissen, daß sie vielleicht keine passende Nahrung finden, auf jeden Baum, welcher ihnen aufstößt, hinauf, sei es Birke, Eiche, Buche ꝛc. und fangen an zu fressen, sterben jedoch dann bald, da sie nur von der Kiefer sich ernähren können, auf welcher sie Nadeln, junge Triebe, grüne Kieferzapfen ohne Unterschied verzehren, wenn es ihnen an Nahrung gebricht. Diese Erfahrung läßt allerdings auf das schon sehr frühzeitig empfohlene Schutzmittel: alle Kieferschonungen mit einem Gürtel von Laubholz — gewöhnlich Birken — zu umgeben, achten, indem bei dem Ueberkriechen dieser Raupen aus einem Orte in den andern, es wohl sein kann, daß eine Menge auf die Birken kriechen, dort die Blattstiele durchnagen und den Baum entblättern, aber auch daselbst ihren Tod finden. Gegen das Ueberfliegen der Schmetterlinge erhält man durch diese Umgebung oder Vermischung mit Laubholz natürlich kein Sicherungsmittel.

Die Larve selbst ist gegen die Witterung sehr empfindlich und frißt an kalten nassen Tagen nicht. Man trifft sie dann zuweilen, daß sie sich wie ein Bienenschwarm in großen Klumpen um den Stamm des Baumes legen, und dicht zusammengedrängt mehrere Tage ohne Nahrung zubringen. Gewöhnlich wird ihnen das verderblich. Abwechselnder Regen bei warmer Witterung ist ihnen noch nachtheiliger, sie bekommen den Durchfall und gehen davon ein. An kalten und selbst nur frischen Morgen, sitzen sie bei Sonnenaufgang wenig fest auf den Bäumen, und lassen sich selbst durch eine mäßige Erschütterung der nicht zu starken Stangenhölzer herabwerfen. Sie haben weit mehr Feinde als die behaarten Raupen, denn eine große Menge Singevögel, Krähen, Dohlen, Eulen, selbst Gänse, Enten, Puten und Hühner, nähren sich von ihnen. Für Schweine ist die Larve wie Puppe ein angenehmer Fraß. Aber auch Füchse, Dachse, Marder, Iltis, Wiesel, Eichhorn, nähren sich im Winter von den Puppen und scharren sie aus, wie man im Schnee sehr deutlich bemerken kann. Das Wühlen der Schweine dicht um den Stamm herum, das Ausscharren der Puppen im Schnee durch die genannten Thiere ist gewöhnlich auch das erste Kennzeichen, was die ungewöhnliche Vermehrung dieser Insekten verräth. Hagel, Platzregen und Stürme werfen sie zwar in Menge von den Bäumen; jedoch dauert es selten lange bis sie dieselben wieder bestiegen haben.

Die Vertilgungsmittel, welche in Bezug auf dieses Insekt empfohlen werden können, sind hauptsächlich:

1) Das Eintreiben von Schweinen vom Juli und August an, wo sie von den Bäumen herunter kommt, um sich in der Erde zu verpuppen, bis zu der Zeit, wo der Schmetterling

ausfliegt (April). Nur bei Plattfroste, wo das Schwein gar nicht brechen kann, ist das Eintreiben desselben von keinem Erfolge, denn sonst sucht es die Puppen selbst im Winter bei Schnee auf. Wo man zahlreiche Heerden von Schweinen zur Verwendung hat, schützt das Eintreiben derselben gewöhnlich vollkommen. Es bietet dieses Insekt, sobald die Schweine nur hinreichend Wasser haben, diesen auch zu jeder Zeit eine sehr gedeihliche Nahrung dar, und wenn es in großer Menge vorhanden ist, kann es sie sogar reichlich und gut allein ernähren.

2) Das Abschütteln und Ablesen der Raupen von jungem Holze. Es ist dies leichter ausführbar, als bei dem Kiefernspinner und der Nonne, da die Forleule weniger fest sitzt, auch häufiger auf schwachem Holze vorkommt.

3) Das Sammeln und selbst das Ausrechen der Raupen zu der Zeit, wo sie von den Bäumen herunterkriechen, um sich in der Erde zu verpuppen, so lange sie noch auf und in der Oberfläche des Bodens liegen, und bevor sie sich vollständig verwandelt haben. Wenn die Raupe die Zeit ihrer Verpuppung herannahen fühlt, begiebt sie sich vom Baume herab, und bringt längere Zeit am Fuße desselben, entweder an der Rinde, oder auf dem Boden, theils noch als Raupe in einem schon halb erstarrten Zustande zu. Wenn der Verpuppungs-Prozeß beginnt, zieht sich die Larve zusammen, die grünliche Farbe verwandelt sich in eine mehr weißliche, und indem sie sich im Anfange nur unter Oberfläche der Bodenbedeckung hält, ist sie bis Ende August entweder sehr leicht aufzulesen, oder selbst häufig durch das Streurechen wegzunehmen, wenn man das Moos oder die Nadelstreu mit Harken, welche eiserne Zinken haben, bis dicht an den Stamm zusammenkratzt. Später gräbt sich die kleine, ziemlich lebendige Puppe, sehr tief in die Erde, und liegt daselbst gegen alles Streurechen und Aufsuchen vollkommen gesichert, da es nicht leicht ist, sie in der Erde

aufzuscharren und zu entdecken, der Harken aber durchaus nicht faßt.

4) Raupengräben thun zu ihrer Vertilgung sehr gute Dienste, wenn sie hinreichend dicht und nicht zu entfernt von einander gezogen werden, da diese Raupe nicht weit wandert, doch nur im Falle, wenn das Holz ganz entnadelt wird.

5) Die ganz abgefressenen Orte müssen im Herbst, nach der Abholzung gerodet und gehörig umgepflügt werden, wodurch die Puppen mit Erde überdeckt werden und dem Schmetterlinge das Ausfliegen unmöglich gemacht wird. —

6) Die im Herbste und Winter sich in den Orten zusammenziehenden, schon erwähnten Thiere, welche sich von den Puppen nähren, dürfen nicht beunruhigt werden, und selbst diejenigen, welche für schädlich gelten, als Füchse, Marder rc. schont man darin, wenn man bemerkt, daß sie sich von denselben nähren.

Die Kiefern Spannraupe oder der Kiefernspanner Ph. Geometra piniaria, hat zwar noch nicht solche Verheerungen angerichtet, wie der Kiefernspinner und die Forleule, gehört aber ebenfalls zu den sehr gefährlichen Kieferraupen. Er wird gewöhnlich zuerst dadurch verrathen, daß die Thiere, welche sich von der Puppe nähren, und welche ganz dieselben sind, wie bei der Forleule, diese innerhalb der Schirmfläche der Bäume aufsuchen, auf denen er fraß. Doch kann man auch den Schmetterling im Mai und Juni leicht an seinem Fluge erkennen, indem er sich um die Wipfel der Kiefern sammelt und diese fortwährend mit einem stets auf- und niedertauchenden Fluge, der ihm ganz eigenthümlich ist, umschwärmt. Der stärkste Fraß ist bis im August und September bis im Oktober hinein, da die Raupe gewöhnlich erst bei den ersten Nachtfrösten von den Bäumen herabkommt, um sich zu verpuppen. In dieser Zeit verräth ihn der in Menge herabfallende Raupenkoth. Auch lassen sich im Winter wohl die

Puppen, die im Moose und der obern Dammerdenschicht liegen, entdecken. Es läßt sich die Raupe ziemlich leicht abschütteln und tödten, das beste Vertilgungsmittel ist aber ohnstreitig das starke Eintreiben von Schweinen, während die Puppe in der Erde liegt, da diese sie sehr gern fressen.

Unter den Raupen, welche im Laubholze Schaden thun, gehört die Processionsraupe Ph. Bombyx processionea, zu den gefährlichsten. Sie wird nicht bloß dadurch schädlich, daß sie die Eichen, auf denen sie ausschließlich lebt, abfrißt, sondern auch durch die ausfallenden giftigen Haare, wodurch sehr gefährliche Entzündungen für Menschen und Vieh erzeugt werden. Es dürfen daher auch die Distrikte, in denen sie stark frißt, nicht beweidet oder begraset werden, man darf keine Beeren darin sammeln lassen, und alle Arbeiter, welche bei ihrer Vertilgung oder sonst im Walde beschäftigt werden, müssen Gesicht und Hände gegen die Berührung dieser Haare zu schützen suchen. Die Vertilgung der Processionsraupe wird durch das Ablesen oder Abkratzen der Verpuppungsballen im Monat Juli und August bewirkt, in denen sie zusammensitzt, und die verbrannt werden.

Auf den Eichen, die von allen Waldbäumen dem Raupenfraße am mehrsten unterworfen sind, fressen noch der Kahneichenwickler Ph. Tortrix viridana, der Goldafter Ph. Bomb. chrysorrea, und thun nicht bloß durch Vernichtung der Mast, sondern auch dadurch viel Schaden, daß sie die Bäume im Zuwachse zurückbringen und, wenn der Fraß mehrere Jahre hinter einander sich wiederholt, im einen krankhaften Zustand versetzen. Mittel, die im Großen im Walde gegen sie ergriffen werden können, sind nicht bekannt. Dasselbe gilt von Ph. Bomb. pudibunda, die zuweilen die Buchen auf schlechtem Boden entlaubt.

Dagegen zeigen sich zuweilen Raupen in den einjährigen Buchenschlägen, welche den jungen Trieb, der zwischen den

Samenlappen hervorkommt, abfressen, und dadurch großen Schaden anrichten können. Gewöhnlich ist dies Ph. Geometra brumata und Ph. Geom. defoliaria, welche durch Kinder abgelesen werden können. Die sonst für schädlich gehaltene Ph. Noctua Quadra ist dies nicht. —

Der Kiefernwickler Ph. Tortrix Buoliana beschädigt oft den Maitrieb der Kiefern und erzeugt dadurch einen krüppelhaften Wuchs. Man kann ihm nur durch Ausbrechen der Knospen und jungen Triebe, die sich als beschädigt durch das Umbeugen erkennen lassen, Abbruch thun, indem man die darin befindlichen Raupen oder Puppen tödtet.

Die Blattwespen, Tenthredo, ist ein zahlreiches Geschlecht.

Als die schädlichste davon hat sich die Gespinnst-Kiefern-Blattwespe Tenth. (Lyda) pratensis gezeigt, die schon bedeutende Verheerungen in den Kiefernwäldern angerichtet hat. Die Larve frißt im Juli vorzüglich bemerkbar, sitzt aber so fest, daß man sie durch Schütteln und Anprellen nicht leicht herunterwerfen kann. Wo Unterholz ist, hält sie sich gern auf, wo man sie dann ablesen, oder auch die Zweige ausästen oder mit ihnen auch verbrennen kann, da sie sich in ihrem Gespinnste zusammenziehet. Das beste Mittel zu ihrer Vertilgung dürfte das starke Betreiben der befallenen Orte mit Schweinen vom August ab bis zum Frühjahre sein, da sich diese gern von der in der Erde liegenden Larven nähren.

Die weit häufigere gemeine Kiefern-Blattwespe P. Pini, tödtet wohl selten Kiefernbestände ganz, und man muß deshalb vorsichtig mit dem Einschlage des von ihr befressenen Holzes sein. Sie sucht vorzüglich das jüngere Holz auf armen Boden auf, und verräth sich am mehrsten dadurch, daß sie im Anfange nur das Fleisch der Nadeln frißt, und die Mittelrippe fadenförmig stehen läßt, die dann bald roth und trocken wird. Auch bemerkt man die zuerst kleinen Afterraupen leicht, indem sie in gedrängten Klumpen zusammensitzen und sich erst später über den ganzen Baum verbreiten. Hier kann man sie leicht abschneiden und sammeln, wenn sie, wie dies gewöhnlich geschiehet, auf Strauch- oder Unterholze vorkommen. Bei genauer Untersuchung wird man auch an den Nadeln die eingesägten Ränder erkennen können, worin die Wespe schon meist Anfang April und dann nochmals im Juli und August ihre Eier ablegt, und woraus im Mai und August und September die Larven hervorkommen. Wenn das Holz wenig Werth hat, oder die Gefahr drohend ist, thut man am besten die Zweige, woran die Eier abgelegt sind, auszuästen, und zu verbrennen, oder auch das ganze Holz abzubuschen. Vom Stangenholze läßt sich die Larve durch starkes Anprellen herunterwerfen. Im Juni und Juli, so wie im October und November erfolgt die Verpuppung, die in einem Jahre zwei Generationen fressen. Bei der ersten spinnen sich die Larven gewöhnlich zwischen den Nadeln der Zweige ein, an denen sie gefressen haben, und wenn sie in einer solchen Menge bemerkt werden, daß ihr Schaden zu fürchten ist, thut man wohl, die Zweige, in denen sie sitzen, auszuhauen und zu verbrennen. Die Herbstgeneration verpuppt sich dagegen immer in der Erde. Will man sie in dem Verpuppungszustande zu vermindern suchen, so bleibt nichts übrig, als die Tönchen auflesen zu lassen, da sie weder bei dem Streurechen mit weggenommen, noch von den Schweinen gefressen werden.

Raupengräben sind weder bei den Spann- noch Afterraupen von irgend einem Nutzen, da beide nicht weit auf der Erde herumkriechen. Wäre ein Bestand im Herbste so stark gefressen, daß man ihn einschlagen müßte, so würde es rathsam sein, ihn zu roden und tief umgraben, oder umpflügen zu lassen, um die Puppen so hoch mit Erde zu bedecken, daß die Fliege nicht auskommen kann.

Der in den ältern Lehrbüchern und Forst Insektologien

als sehr schädlich aufgeführte Kiefern-Dämmerungsfalter, Sphinx Pinastri, dürfte dieser wohl nicht sein, da er nicht gesellig, sondern mehr vereinzelt lebt. Auch läßt sich noch kein durch ihn entstandener Raupenfraß nachweisen. Wo man veranlaßt ist, Maßregeln zu seiner Vertilgung zu ergreifen, würde diese am besten durch das Aufsuchen der großen, leicht erkennbaren Puppen in ihrem Winterlager geschehen. Dieses ist ganz so wie das des Kiefernspinners, mit dem die Puppe auch gewöhnlich zusammen gefunden wird, unter dem Schirme der Zweige, auf denen die Larve gefressen hat.

Außer diesen hier aufgeführten schädlichen Forstinsekten giebt es noch eine große Menge theils Holz-, theils Blätter fressende und Blüthen beschädigende, welche bald den jungen Pflanzen, bald den ältern Bäumen nachtheilig werden. Sie sind jedoch hier absichtlich mit Stillschweigen übergangen worden, weil in dieser Schrift nur die Maßregeln angegeben werden sollen, die im Walde angewandt werden können, um Insektenschaden zu verhüten, und in dieser Beziehung wenig oder gar nichts von den nicht erwähnten Kiefer-Faltern zu sagen ist. Es muß deshalb hinsichts ihrer auf die eigentlichen Lehrbücher der Forst-Insektenkunde verwiesen werden. Dagegen verdient aber noch Erwähnung die Maulwurfsgrille Gryllus Gryllotalpa. Sie nagt die Wurzeln ganz junger Pflanzen ab, lockert auch den Boden durch ihre zahlreichen Gänge auf, so daß die Keimlinge vertrocknen, und wird dadurch den Saaten im Walde und den Saatbeeten in den Forstgärten oft sehr schädlich. Nur in den letztern wird man Mittel ergreifen können, sie zu vertilgen. Die wirksamsten sind:

1. Daß man gewöhnliche Blumentöpfe da, wo sie ihre Gänge haben, so eingräbt, daß sie in diese hinneinlaufen, wenn sie in den Gängen fortwandern. Da sie aus diesen nicht wieder herauskommen können, brauchen dieselben nicht einmal nachgesehen zu werden.

2. Nach einem Regen kann man an den frisch aufgeworfenen Gängen leicht erkennen, wo die Maulwurfsgrille sich aufhält. Wenn man diese Gänge verfolgt und aufscharrt, so findet man das Thier häufig in ihnen sitzen,

3. Es kann aber auch sein, daß am Ende eines solchen Ganges ein senkrechtes Loch in die Erde gehet, welches oft die Tiefe von 12 bis 18 Zoll hat. Hier ist dann der eigentliche Aufenthaltsort des Thieres, weshalb man es vorsichtig auch in diesem aufsuchen muß. Im Juni, Juli und August, findet man hier auch oft seine, in einem Klumpen abgelegten Eier, die mit einem zusammengeleimten Sand-, oder Erdklumpen umgeben sind, so daß man sie mit diesem zusammen herausnehmen kann. Dies Aufsuchen der Eier ist das empfehlenswertheste Mittel, um in den Forstgärten der Verheerung dieses schädlichen Thieres Schranken zu setzen. Es erwerben sich die Arbeiter durch einige Uebung leicht eine solche Fertigkeit im Aufsuchen dieser Brutplätze, daß ihnen zuletzt selten einer entgehet. Selbst wenn die jungen Maulwurfsgrillen schon ausgekommen sind, halten sie sich noch eine Zeitlang in der Höhlung oder dem Neste auf, worin die Eier abgelegt waren, und man kann sie mit dem Erdklumpen, der sie umgiebt, herausnehmen.

Auch andere Grillen (Heuschrecken) thun auf jungen Kiefernschonungen, durch das Abfressen der jungen Pflanzen, häufig Schaden. Mittel zu ihrer Vertilgung sind:

1. Daß man da, wo die Eier im Herbste in Menge abgelegt sind, den Boden vor Eintritt des Winters so umgräbt, oder umpflügt, daß sie oben aufzuliegen kommen, da sie dann durch den Frost und die Winterfeuchtigkeit zerstört werden.

2. Im Frühjahre sitzen die frisch ausgeschlüpften Larven, bis sie die zweite Häutung überstanden haben, in dicht gedrängten Haufen beisammen und verrathen sich leicht durch ihre dunkle Farbe. Man kann sie dann aufsuchen, zertreten und

zerquetschen, oder mit darüber geworfener, festgetretener Erde ersticken.

3. Sobald die Larven und Puppen erwachsen sind, und sich durch Sprünge fortbewegen, kann man sie in Gräben treiben, die man quer durch die befallenen Orte ziehet, indem man eine dichte Reihe Kinder, mit Zweigen bewaffnet, als Treiber braucht, und die Gräben dann wieder zuwirft, wenn viele dieser Thiere hineingetrieben worden sind.

Von der Behandlung des von den Insekten beschädigten Holzes.

Ein sehr wichtiger Gegenstand bei eingetretenem Insektenschaden ist es

1) zu wissen, welches Holz eingeschlagen werden muß, oder welches noch stehen bleiben kann, weil man vielleicht auf seine Wiederherstellung rechnen darf; —

2) wie das eingeschlagene oder getödtete Holz behandelt werden muß, um es gegen das Verderben zu sichern und seine Brauchbarkeit nicht verringern zu lassen.

Zu 1. Alles Holz, von Borkenkäfern befallen, muß unbedingt eingeschlagen werden, selbst wenn der Käfer nur theilweis den Baum angegriffen hätte und das Eingehen desselben noch nicht so unbedingt entschieden wäre. Es ist dies schon deshalb nöthig, weil nur dadurch der Vermehrung der Insekten vorgebeugt werden kann, überdies aber auch auf einen solchen Baum doch nicht mehr hinsichts seiner längern Erhaltung zu rechnen ist. — Eben so kann man auch mit dem Einschlagen des von Raupen gefressenen Holzes nicht zögern, sobald dies ein Mittel sein soll, die weitere Verbreitung und Vermehrung der Insekten zu hindern. Das von den Raupen ganz oder theilweis von Nadeln entblößte Holz, muß dagegen nach andern Rücksichten behandelt werden. —

Sobald die Nadeln zu einer Zeit, wo die Spitzknospen noch nicht vollkommen entwickelt sind, z. B. im Mai, Anfang Juni, ganz abgefressen werden, so ist das Eingehen des Holzes als entschieden anzusehen. Der Einschlag muß dann so rasch als möglich stattfinden, um dasselbe nicht verderben zu lassen.

Jedes Abfressen der Nadeln im Herbste, zu einer Zeit, wo die Spitzknospen schon vollkommen ausgebildet sind, gestattet mehr die Hoffnung des Wiederausschlags, desto mehr, je später der Raupenfraß erfolgt, indem das beschädigte Holz im Winter den Verlust der Nadeln weniger empfindet, und im Frühjahre aus den schon vor der erlittenen Beschädigung ausgebildet gewesenen Knospen, neue Triebe und Nadeln hervorkommen.

Diejenigen Raupen, welche die Nadeln ganz rein bis in die Scheide hinein wegfressen, was bei großer Anzahl der Kiefernspinner und die Nonne stets thun, tödten die Bäume weit sicherer, als die Raupen und Afterraupen, welche immer noch einen kleinen Stumpfen der Nadeln stehen lassen, wie dies der Forleule und den Blattwespen eigen ist. Auch diese stehen gebliebenen Nadelstumpfen dienen dazu, das Leben des Baumes noch zu erhalten, bis sich durch neue Triebe diese wieder ersetzen können. Die Nonne wird den Kiefern dadurch weniger schädlich, da sie gewöhnlich noch die letzten Maitriebe unversehrt läßt.

Alle alten Bäume, welche ihre Nadeln ganz oder auch nur zum größten Theile durch die Raupen verloren haben, gehen gewöhnlich ein; weit eher erholt sich Stangenholz oder noch jüngeres wieder.

Selbst der Boden macht darin einen Unterschied. Sehr

armer, trockner läßt weniger darauf rechnen, daß das Holz wieder grün wird, als frischer, kräftiger.

Eben so bleibt die nachfolgende Witterung nicht ohne Einfluß, indem bei sehr trocknem Wetter das Absterben des Holzes sicherer erfolgt, als bei feuchtem und fruchtbarem.

Altes, sehr von Raupen beschädigtes Holz bleibt lange im Zuwachse zurück, bis es nach und nach seine volle Benadelung wieder erreicht hat. Bei den jungen Hölzern, bei denen die Abwölbung der Krone noch nicht erfolgt ist, stirbt gewöhnlich der eigentliche Wipfeltrieb ab, und es erfolgt dadurch eine wesentliche Störung des Höhenwuchses, so daß man noch nach vielen Jahren die Spuren der Raupenbeschädigung erkennen kann. Auch wird das Holz dadurch stets mehr oder weniger in einen krankhaften Zustand versetzt, und wenn es sich auch selbst wieder zu erholen scheint, so wird man noch vielleicht 10 oder 12 Jahre nachher eine unverhältnißmäßige Menge von absterbendem Holze darin finden. Eben so hat man in solchen Beständen, die stark von Raupen durchfressen sind, nicht eher ein Samenjahr zu erwarten, als bis sich alle Nadeln wieder vollständig ersetzt haben. Selten halten auch solche einmal beschädigte Orte sich recht geschlossen, und sind von keinem guten Wuchs. Man kann daher gewiß mit Grund die allgemeine Regel geben:

Wenn das von Raupen sehr beschädigte Holz benutzbar ist und es können die Distrikte, wo es stehet, zu den gewöhnlichen Jahresschlägen gezogen werden, so bleibt es immer rathsam, sie einzuschlagen. Zum Ueberhalten und Fortwachsen bestimmt man sie nur, wenn der Raupenfraß mehr beträgt, als der ein- oder zweifache Jahresschlag, oder das Holz, welches er betroffen hat, noch nicht benutzbar ist.

Schon hierin liegt, daß man Stangenhölzer weit eher uneingeschlagen läßt, um den Versuch zu machen, ob sie sich wieder erholen werden, als ausgewachsene Baumhölzer. Es kommt aber auch noch dazu, daß man fürchten muß, im Fall diese Erwartung fehlschlägt und das Holz abstirbt, in starken Bäumen vielleicht viel Nutzholz auf dem Stamme verderben zu sehen, während man durch das Stehenlassen des Stangenholzes in der Regel keine Gefahr weiter zu fürchten hat, als daß das Brennholz, zu welchem es allein verwendet werden kann, etwas schlechter wird. Die Regel: den Versuch des Stehenlassens desto weniger zu wagen, je mehr dabei verloren gehen kann — ist aber wohl sehr einfach.

Zuweilen kommt es nur darauf an, die augenblickliche Ueberfüllung des Marktes zu verhindern, bei ausgedehntem Raupenfraße für den Augenblick so wenig als möglich einzuschlagen, auch wohl wenigstens etwas Holz zur Wiederbesamung der Distrikte, die nicht gleich aus der Hand angebauet werden können, zu erhalten. Dann muß der Hieb so geleitet werden, daß

a) zuerst, und im Anfange allein, diejenigen Bäume herausgenommen werden, die Nutzholz geben, welches verderben und verloren gehen könnte, wenn man sie zu lange auf dem Stamme stehen ließe;

b) dergestalt fortwährend und gleichsam nur plenterweise diejenigen Brennholz-Stämme ausgesucht und eingeschlagen werden, deren Eingehen als ganz entschieden anzusehen ist;

c) daß Orte, welche so licht dadurch werden, daß sie nicht mehr mit Vortheil stehen bleiben können, sondern verjüngt werden müssen, erst ganz abgeräumt werden, wenn man sie einschonen, und entweder aus der Hand anbauen kann, oder wenn sie von selbst mit jungen Pflanzen angeflogen sind.

Dies Verfahren hat mehrfache Uebelstände. Man vereinzelt dadurch die eingeschlagenen Bestände sehr, es ist ein schwieriges Geschäft, jeden einzelnen Stamm nach diesen Bestimmungen zum Einschlagen auswählen zu müssen, was der Verwalter des Reviers gewöhnlich nicht allein kann, und wobei ihm Hülfsarbeiter, welche zuverlässig sind, beigegeben werden müssen; der Einschlag dauert oft 6—8 Jahre ununterbrochen in einem Orte fort. Allein man erreicht auch dadurch den großen Vortheil, das zum Einschlagen kommende Holzquantum auf mehrere Jahre zu vertheilen, die Distrikte, welche vielleicht nicht gleich wieder angebauet werden können, wenigstens etwas durch die, eine Zeit lang sich noch haltenden, wieder begrünten Bäume gegen die Einwirkung der Luft und Sonne beschützt zu sehen, und die Zerstörung ihres Humus zu verhindern, jeden Zweifel über den zweckmäßigen oder unzeitigen Einschlag beseitigen zu können. Auch wird man bei diesem Verfahren beinahe stets im Stande sein, sich die Erhaltung der nöthigen Samenbäume zu sichern, welche zwar erst nach mehreren Jahren, wenn der Baum sich wieder genugsam belaubt hat, Samen tragen, die aber vorzüglich da für große, durch die Raupen verwüsteten Flächen sehr wichtig sind, wo die Mittel zum ausgedehnten Anbaue aus der Hand mangeln.

Die Kennzeichen, woran man mit Gewißheit sehen kann, ob ein Baum eingehen wird oder ob noch Hoffnung ist, daß er sich wieder erholen kann, sind folgende, außer den schon angeführten der verschiedenen Art und Zeit seiner Entnadelung:

Sein Absterben ist als entschieden anzusehen, wenn alle Zweigspitzen bis auf die dreijährigen Triebe anfangen welk zu werden und eine braune Basthaut zu bekommen. Das Eingehen des Baumes erfolgt in der Regel von oben nach unten, und vorzüglich bei dem im Mai und Juni gefressenen Bäumen verwelkt zuerst der frische Maitrieb im Wipfel und dann an den Seitenästen. Dies kann der Baum noch überstehen; niemals aber ist auf seine Wiederherstellung zu rechnen, wenn der Tod auch die älteren Triebe der Seitenzweige ergreift, wogegen der Wipfel allein bei solchen Hölzern, deren Krone sich noch nicht abgewölbt hat, ziemlich weit herunter abstirbt, ohne daß gerade deshalb auch das Absterben des ganzen Baumes als entschieden anzusehen wäre.

Indem die Wurzeln dem Stamme fortwährend Säfte zuführen, welche wegen der fehlenden Nadeln nicht mehr verarbeitet werden können, entstehet in demselben eine Saftanhäufung, welche vorzüglich im Splinte sehr auffallend ist. Der Saft spritzt hervor, so wie man mit der Axt, nachdem er entblößt worden ist, darauf schlägt. Sobald dieser Saft in Gährung und Fäulniß übergeht, was sich schon an dem Geruche und selbst Geschmacke erkennen läßt (ob sicherer durch Lackmuspapier, bleibt nach neueren Versuchen sehr zweifelhaft), ist der Baum nicht mehr zu retten. Auch ohne weitere Untersuchung zeigen dies gewöhnlich schon die verschiedenen Arten von Borkenkäfer, welche anfangen, sich in die Rinde einzubohren; es entstehen braune Stockflecke in der Basthaut, der Splint bekommt bläuliche Flecke, zuerst so groß wie ganz kleine Nadelknöpfe, die dann aber immer größer werden, bis denn endlich die Rinde abfällt, nachdem die Borkenkäfer die ganze Basthaut durchnagt haben.

Wenn man das Nutzholz erhalten und die Brauchbarkeit des Holzes überhaupt nicht sehr vermindert sehen will, so muß man niemals diesen letzten Zeitpunkt erwarten. So wie sich Borkenkäfer anfangen einzubohren, so wie Stockflecke in der Basthaut oder im Splinte entstehen, so wie die Seitenzweige des Baumes bis zum dritten und vierten Jahrestriebe herab welk und absterbend sind, muß der Stamm heruntergehauen werden.

Zu 2. Es ist ein sehr alter Erfahrungssatz, daß das durch Borkenkäfer oder Raupen getödtete Holz an Brenngüte und Dauer verliert, dabei dem Angriffe der Bohrkäfer sehr ausgesetzt ist, und selbst, wenn es nicht harzreich ist, blau und stockfleckig wird. Die Ursache liegt wohl darin, daß die dem

Baume fortwährend durch die Wurzeln zugeführten Säfte, welche sich darin aufhäufen, in Gährung und Fäulniß übergehen, und dadurch zugleich der Holzfaser das Verderben mittheilen. Den Beweis für die Richtigkeit dieser Theorie erhält man schon dadurch, daß das Verderben des Holzes stets vom Splinte aus, worin sich der Saft vorzüglich anhäuft, nach dem Kern zu gehet, daß auch bei solchem harzreichen Kerne der Kiefer, worin gar keine, oder wenigstens keine sehr bedeutende Saftcirkulation mehr stattfindet, kein Einfluß auf die Güte des Holzes bemerkt wird, selbst wenn dasselbe von Raupen getödtet, auf dem Stamme abstirbt.

Wenn man daher Sorge trägt, die Säfte des Holzes herauszuschaffen, bevor sie in Gährung oder Fäulniß übergehen können, so fällt auch die Ursache weg, aus welcher das durch Raupen oder Borkenkäfer getödtete Holz von geringerer Güte ist, als gesund eingeschlagenes, und es kann zu rechter Zeit gehauen, vollkommen von eben der Güte und Beschaffenheit sein, als in voller Gesundheit geschlagenes. Dies kann entweder durch Austrocknen, Verdunstung des Saftes geschehen, oder durch Auslaugen.

Bei dem Einschlage des Stammholzes muß dies alsbald geschält, bewaldrechtet oder beschlagen werden und frei auf Unterlagen gebracht, an der Sonne liegen, um gehörig austrocknen zu können. Besser ist es allerdings, wenn man Gelegenheit hat, es, sobald als es gefällt worden ist, in das Wasser zu werfen, um es dort auslaugen zu lassen.

Auch das Brennholz muß in möglichst kleine Stücke gespalten werden; selbst die Stangenhölzer, welche sonst wohl als Knüppelhölzer ungespalten bleiben, verderben ganz, wenn sie nicht zertheilt werden, um austrocknen zu können. Bevor das Holz in Klaftern gesetzt wird, muß es noch einige Tage gespalten auf sonnigen Stellen liegen bleiben; die Klaftern selbst aber müssen auf luftigen, sonnigen Stellen einzeln, oder in weit auseinander stehenden Reihen, auf Unterlagen gesetzt werden. Erst wenn sie ganz ausgetrocknet sind, kann man sie zusammenrücken und auf die Ablagen bringen. Alles, was das Austrocknen befördert, dient zur Erhaltung des Holzes; Alles, was dies verhindert, beschleunigt weit rascher sein Verderben, als bei gesund eingeschlagenem Holze.

Hat man Gelegenheit, Holz zu verkohlen, so wird stets dasjenige dazu ausgewählt, was schon gelitten hat, weil die Erfahrung lehrt, daß bei der Verkohlung die Verminderung der Güte des stockigen Holzes weit weniger bemerkt wird, als bei der Verbrennung im offenen Feuer. —

Zum Schlusse wollen wir noch eine ganz kurze und gedrängte Uebersicht derjenigen Arbeiten u. s. w. geben, wie sie in Bezug auf Insektenvertilgung in jedem Monate vorkommen.

Januar.

Bei Frost und Schnee kann nichts vorgenommen werden. Wenn offnes Wetter ist, muß die Streu ausgeharkt werden, im Fall dieses Mittel zur Vertilgung der im Moose und in der obern Erdbedeckung überwinternden Insekten angewandt werden kann; das Eintreiben der Schweine, wo es überhaupt von Erfolg ist, wird so lange fortgesetzt, als sie wühlen können; selbst können an warmen Tagen noch Larven des Kiefernspinners, Puppen der Blattwespen u. s. w. gesucht werden. Will man die Eier des Nonnenschmetterlings suchen lassen, so kann dies während des ganzen Herbstes und Winters geschehen. Bei Schnee muß man auf das Herausscharren der Puppen durch die Thiere, die sich davon nähren, achten. Werden diese geschossen, so ist es gut, wenn der Magen derselben untersucht wird, um zu sehen, ob sie Puppen oder Larven schädlicher Insekten in Menge gefressen haben, was man, z. B. bei den wilden Schweinen, recht gut erkennen kann.

Februar.

Wie im Januar, nur daß gegen das Ende dieses Monats, gewöhnlich schon bei besserer Witterung, alle diese Maßregeln mit mehr Erfolg und mehr Eifer betrieben werden können und müssen. Wo Distrikte wegen Raupenfraß ganz eingeschlagen, gerodet und umgepflügt werden sollen, muß, wo möglich, in diesem Monate die Rodung beendigt werden.

März.

Der wichtigste Monat zum Aufsuchen des Kiefernspinners, Sphinx pinastri, der Kokons der Blattwespen. Der Einschlag in Fichten muß beendigt, das eingeschlagene Stammholz geschält oder aus dem Walde herausgeschafft werden. So wie man eine sehr große Menge von Raupen oder Käfern bemerkt, gegen welche Gräben anwendbar sind, kann man mit dem Ziehen derselben beginnen. Auf das Hervorkommen des Kiefernspinners, das Schwärmen der Forleule, hat man bei gutem Wetter schon Ende des Monats, noch mehr aber im kommenden, zu achten. Auch die Nonne kann bei sehr schönem Wetter vielleicht schon in den letzten Tagen auskriechen, obwohl dies zu den Ausnahmen gehört, da sie gewöhnlich erst im April und Anfang Mai erscheint. Das Eintreiben der Schweine kann mit Ende dieses Monats, oder in der Mitte des folgenden, bei gutem Wetter aufhören.

April.

Theilweis wie im März. Der Kiefernspinner, frißt auf den Bäumen, und auf seinen Koth ist zu achten; das Unterholz ist zu untersuchen, ob sich Blattwespen darauf sammeln, um ihre Eier aufzulegen, in welchem Falle er Mitte Mai auszuhauen und zu verbrennen ist. In die Gräben werden viele Kiefern-Rüsselkäfer (Curculio Pini) einlaufen, welche getödtet werden können. Ziehung derselben, wo diese Insekten bemerkt werden.

Mai.

Alle Raupengräben müssen beendigt sein. Die Forleule zeigt sich an dem Unterholze und an den Maitrieben, und kann durch Aushauen desselben, selbst durch Schütteln, vertilgt werden. Das Aufsuchen der Spiegel der Nonne ist mit Ernst zu betreiben, es ist nach den Blattwespen zu suchen, und auf den jetzt stark herabfallenden Koth des Spinners zu achten. Ende Mai zeigen schon die herabfallenden Spitzen der Kiefernadeln, die Löcher in den Blättern der Buche, Eiche, Hainbuche, das Fressen der Nonne an. Die vom Kiefernwickler beschädigten Maitriebe müssen ausgebrochen werden. Das im Forste liegende Fichtenholz ist zu schälen; nach Wurmfichten muß gesucht werden; nöthigenfalls sind Fangbäume zu fällen.

Juni.

Schon werden sich Kokons des Kiefernspinners zeigen, welche gesucht werden müssen; die Forleule kommt von den Bäumen, und die Thiere, welche sich von der Larve nähren, können mit Erfolg eingetrieben werden; die Afterraupen zeigen sich bei früher warmer Witterung klumpenweis am Unterholze und den Maitrieben, obwohl noch sehr klein; eben so fällt die Raupe des Kiefern-Dämmrungsfalters sehr in die Augen. Auf die Borkenkäfer muß man ein wachsames Auge haben. Eben so auf Lyda pratensis. Der Kiefernspanner umschwärmt die Wipfel der Kiefern. Die Rüsselkäfer sind geschäftig in den Schonungen, und man muß sich ihrer durch Auslegen von Fangbäumen und Fangbüscheln zu bemächtigen suchen. Getödtetes Holz muß rasch gefällt und geschält u. s. w. werden.

Juli.

Fortsetzung der Arbeiten des Juni. Aufmerksamkeit auf die Schmetterlinge des Spinners u. s. w. der Nonne. Aufsuchen, Ausrechen der sich verpuppenden Forleule. Die Blattwespen werden bemerkbarer. Geometra piniaria zeigt sich in den Maitrieben. Die Nonne, die noch im Juni gefressen haben sollte, verpuppt sich, und die Puppen können gesucht werden. Auch die weiblichen Schmetterlinge derselben sind in diesem Monate zu suchen. Die Blattwespen haben sich in den Zweigen verpuppt. Das nicht zu rettende Holz muß auf das schleunigste eingeschlagen werden.

August.

Die Orte, wo der Kiefernspinner seine Eier abgelegt hat, sind mit neuen Raupengräben zu umziehen, oder die alten zu erneuern. Eintrieb der Schweine, wo sich die Forleule verpuppt hat. Fällung u. s. w. des Holzes, wo sich Blattwespen und Kiefernspinner zeigen. Der Spanner fängt an stärker zu fressen und wird bemerklich, von der Nonne sind noch Spätlinge als Schmetterlinge vorhanden, der Spinner kriecht aus dem Ei und beginnt seinen Herbstfraß, den man bald an dem, wenn auch kleinen Kothe entdecken kann.

September.

Treten Ende des Monats Nachtfröste ein, so werden die noch fressenden Raupen und Afterraupen matt und können leicht abgeschüttelt werden. Auch ist es oft möglich, den Spinner bei dem Herabkriechen zu tödten, was jedoch in der Regel erst im folgenden Monate, und sogar oft noch im November erfolgt. Der Dämmrungsfalter verpuppt sich, die Nonne kann im Ei gesucht werden. Fortgesetzten Eintrieb der Schweine gegen die Forleule und gegen die Blattwespen, welche als Larven in der Erde überwintern.

Oktober.

Wie September, doch kann man Ende des Monats schon anfangen, den Spinner zu suchen. Das Ziehen der Raupengräben hört auf, dagegen wird alles Holz eingeschlagen, was im Herbste unrettbar erscheint; das Suchen der Kokons der Blattwespen beginnt.

November.

Wie Ende Oktober.

December.

Wie die Arbeiten des Januars.

Zweite Abtheilung.

Forstpolizeilehre *).

Forstpolizeilehre ist die Theorie der Forstgesetzgebung, um die Beschädigung der Forsten durch Menschen oder die von ihnen abhängigen Hausthiere zu verhüten. Wir wollen ihr hier noch eine größere Ausdehnung geben, indem wir zugleich die Anwendung der Forstpolizeigesetze mit umfassen, und die speciellen Maßregeln hinzufügen, welche der Forstbediente zu ergreifen hat, um im Sinne derselben allen Beschädigungen des Forstes durch Menschen zuvorzukommen, oder wenn sie erfolgt sind, deren Bestrafung und Ersatz des entstandenen Schadens zu bewirken. Es soll folglich der theoretische Theil der Forstpolizeilehre stets mit dem praktischen, der Anwendung der Forstpolizeigesetze, verbunden werden. —

Jeder Staat in Europa, wie in Deutschland, hat seine

*) Diese Abtheilung ist mehr allgemein wissenschaftlich gehalten, um die Theorie der Forstpolizeigesetzgebung zu begründen. Eine mehr praktische Behandlung des Gegenstandes, findet der Leser in Pfeil's Forstpolizeigesetzen Deutschlands, Berlin bei Veit und Comp. 1834, worin die abweichenden Bestimmnngen der verschiedenen Gesetzgebungen, hinsichts der einzelnen Gegenstände zusammengestellt sind, worauf wir den Leser verweisen müssen.

eigene Forstpolizeigesetzgebung, welche oft von sehr abweichenden Grundsätzen ausgeht Dies kann gar nicht anders sein, denn eine Menge Dinge wirken darauf ein, welche sich eben so verschiedenartig gestalten, als sie verschiedene Ansichten dessen, was die Erhaltung des Waldes fordert, herbeiführen. Bei einer sehr geringen Bevölkerung, in sehr waldreichen Gegenden, giebt es entweder gar keine Verbote der willkürlichen Benutzung und Behandlung des Waldes, oder diese erstrecken sich nur auf die Verwüstung desselben im Großen, wie z. B. das Abbrennen, das Aushauen des benutzbaren Holzes u. s. w. So war es in den ältesten und älteren Zeiten in Deutschland, so ist es noch jetzt in den waldreichsten Gegenden von Schweden, Norwegen, Rußland. Je mehr sich das Holz vermindert, je stärker die Bevölkerung, je zahlreicher der Viehstand, je ausgedehnter der Ackerbau wird, desto mehr Schutz muß man für die Forsten fordern. Deshalb werden sich auch die Ansichten, von welchen man bei der Forstpolizeigesetzgebung ausgeht, ändern, so wie sich der Kulturzustand der Länder ändert. — Eine andere Einwirkung zeigen die politischen Verhältnisse der Länder. Wo die Leibeigenschaft herrscht, wo der Bauer nur für seinen Herrn arbeitet, wo er seine Abgaben nicht aufbringen, wo man seine Leistungen nicht fordern könnte, wenn man ihm nicht die Benutzung des Waldes gestattet, wird niemals eine strenge Forstpolizei eingeführt werden können. Von dem deutschen Laßbauer konnte, von den polnischen und russischen Leibeigenen und Kronbauern kann man nicht eine solche Schonung des Waldes fordern, man muß ihnen eine ausgedehnte Benutzung desselben gestatten, als der unabhängige freie Grundbesitzer in Anspruch nehmen kann. Alle Servituten, jede Vermischung der Rechte zur Benutzung des Waldes, jede Theilung des Einkommens aus demselben zwischen verschiedenen Eigenthümern, wird stets eine unvollständige, nachsichtige Forstpolizeigesetzgebung herbeiführen müssen. Nur wo der Wald und alle seine Erträge einem und demselben Eigenthümer gehören, wo gleichsam kein anderer Mensch ihn betreten darf, als dieser allein, läßt sich der Forstschutz gegen Menschen vollständig durch die Gesetze bewirken.

Eben so sind die Wohlhabenheit oder Armuth eines Landes von wesentlichem Einflusse. Wie wird man in einer sehr armen Gegend, wo die Bewohner zum Theil Gefahr laufen würden zu erfrieren, wenn sie nicht Holz stehlen, wo keine oder ungenügende Armenunterstützung stattfindet, die Entwendung von Holz hart ahnden können? Es mag ein politisches Vergehen des hülflosen Arbeiters sein, welcher, um die Kartoffeln zu kochen, denn Brod kann er oft nicht bezahlen, um die Stube nothdürftig zu heizen, eine Karre voll Holz aus dem Walde entwendet, ein moralisches unter diesen Umständen gewiß nicht, am allerwenigsten bei der Volksmeinung über die Strafbarkeit der Holzdiebstähle. Wer mag von dem Armen den Stoicismus der Tugend fordern, Frau und Kinder lieber frieren und hungern zu lassen, als eine Bürde geringes Holz zu entwenden, wozu er nicht berechtigt ist? — In England mag man den Holzdieb hängen, wo man einen Schilling täglich zum Ankaufe von Fleisch, Weißbrod und Steinkohlen an den Armen giebt, welcher keine Arbeit hat, die ihn nährt; in Deutschland wäre eine sehr harte Strafe für denselben Barbarei, wenn man sich nicht darum kümmern will, wie der Arme im Winter seine traurige Existenz fristet. Auch bleibt es selbst nicht ohne Einfluß, ob der Forstgrund größtentheils Staatsforst ist, oder ob er nur Privateigenthümern gehört. In den Staatsforsten wird man niemals die strenge Polizei so herstellen können, wie in den Privatforsten, weil das Volk sich stets mehr scheut, das Privateigenthum anzugreifen, als das Eigenthum des Staats, auch die Regierung nachsichtiger sein muß, als es der Privateigenthümer zu sein nöthig hat.

Man kann selbst den Einfluß nicht bestreiten, welchen

der Grad der allgemeinen Volksbildung auf die Forststrafgesetze äußert. Wo dieser sehr gering ist, wo kaum noch ein Begriff hinsichts des Unmoralischen und Unrechtes der Entwendung von Holz vorhanden ist, wo selbst diese sich achtbare Menschen zu schulden kommen lassen, da kann man weniger streng sein als da, wo schon eine große Demoralisation vorausgesetzt werden muß, wenn Jemand sich desselben Vergehens schuldig macht.

Einen anderweitigen Einfluß zeigt die Ansicht, welche die Regierung überhaupt vom Regieren hat. Einige wollen durch dasselbe die Unterthanen zum Wohlstande und zum Glücke führen, greifen mehr oder weniger in alle wirthschaftliche Verhältnisse desselben ein, achten auch wohl die früheren Gewohnheiten, Rechte, Verbindungen nicht, um rücksichtslos dasjenige zu verfolgen, was sie für gut und wohlthätig für das Volk halten. Andere mögen weniger regieren, lassen die Unterthanen mehr unter sich abmachen, achten das Herkommen, die Sitten und Gewohnheiten, die Rechte der Einzelnen ängstlicher. In Frankreich ist die Forstpolizeigesetzgebung stets sehr streng, der Forstschutz in dieser Hinsicht stets vollkommner gewesen, weil die Regierung dieses Landes von jeher despotisch gewesen ist, gleichviel, ob unter unbeschränkten oder constitutionellen Königen, ob unter dem Kaiser oder der Republik, denn es macht keinen Unterschied, ob der König, der Kaiser, der Wohlfahrtsausschuß, der Präfekt, der Conventskommissair, der Maire u. s. w. tyrannisirt. Nie sind hier die Rechte eines Einzelnen in der Forstgesetzgebung mit Bezug auf die Oertlichkeit u. s. w. geordnet worden, da man bei dem Centralisirungs-Systeme, wo man stets nur von Paris aus das Ganze übersieht, auch nur die Bedürfnisse des Landes im Allgemeinen beachten zu dürfen glaubte. — In Deutschland ist das immer anders gewesen; zwar verschieden in den großen und in den kleinen Ländern, da in ersteren die Regierung sich weniger um Alles kümmern kann, als in letzteren, aber doch überall ist man stets milder, rücksichtsvoller, das Recht mehr achtend, verfahren, als in Frankreich. Auch scheint der Deutsche eher eine milde Regierung zu vertragen, als der Franzose, der nur den verehrt und gehorcht, der ihn züchtigt und opfert. —

Wir könnten noch eine Menge Dinge anführen, welche auf die Forstpolizeigesetzgebung einwirken, wie die Art und Weise der Ackerkultur, der Viehzucht, selbst der Holzerziehung u. s. w. Wir glauben aber dargethan zu haben, daß es keine allgemeinen, überall in ganz Europa anwendbaren Grundsätze für dieselbe giebt, und daß diese durchaus aus den Verhältnissen und Eigenthümlichkeiten jedes Landes und jedes Volkes entwickelt werden müssen, wenn sie passend sein sollen. Wir beschränken uns deshalb auch auf die Verhältnisse Deutschlands, ohne jedoch einen deutschen Staat ausschließlich vor Augen zu haben. Um jedoch die Theorie zugleich aus der Praxis zu rechtfertigen, sollen in dem Nachtrage die wichtigsten Forstpolizeigesetze, vorzüglich des preußischen Staats, über die einzelnen Gegenstände nachgewiesen werden. So viel als möglich wollen wir die allgemeine Grundlage der Forstpolizeigesetzgebung so darzustellen suchen, daß überall das Zweckmäßige für die abweichenden Verhältnisse daraus entwickelt werden kann. Wir müssen aber auch selbst darauf Verzicht thun, ein für ganz Deutschland oder auch nur für ganz Preußen passendes Forstpolizeigesetz bis an das Einzelne ausgeführt, vorzulegen, denn jedes deutsche Land, jede preußische Provinz wird ihre Eigenthümlichkeiten haben, welche Beachtung verdienen, und für welche die Forstpolizeigesetzgebung berechnet werden muß.

I. Beschützung der Forsten gegen Verwüstung und eine ihrem Ertrage nachtheilige Behandlung durch den Eigenthümer derselben*).

Der Regierung stehet ganz unbestreitbar das Recht zu, auch dem Eigenthümer die Verwüstung des Waldes, und selbst die unwirthschaftliche Behandlung desselben zum Nachtheile der Gesellschaft, zu untersagen, sobald für diese irgend eine Gefahr daraus entstehen kann. Wo der Einzelne dadurch verletzt wird, kann schon dieser nach den Grundsätzen des Privatrechts Einspruch dagegen thun; wo das Allgemeine leidet, repräsentirt dies die Regierung. Sie ist verpflichtet, Sorge zu tragen, daß alles dasjenige abgewendet und verhütet werde, wovon man fürchten kann, daß es der Gesellschaft verderblich werden könnte, und keiner hat das Recht Etwas zu thun, was keiner weitern und andern Begründung bedarf: zu thun was sie glaubt, daß zur Erhaltung der Forsten nothwendig geschehen muß, denn ohne Forsten oder ohne Holz würde unsere Existenz aufhören. Wie weit sie darin gehen kann und darf, muß sie sorgfältig erwägen, denn jede Beschränkung der freien Benutzung des Eigenthums kann immer nur als nothwendiges Uebel betrachtet werden, welches man nie weiter ausdehnen muß, als durchaus nöthig ist, um ein noch größeres Uebel zu verhüten. Klima, Boden, Kulturzustand des Landes und des Volkes, Art des Eigenthums, können so wesentliche Abweichungen hierin erzeugen, daß wir selbst für Deutschland nur die allgemeine Regel aufzustellen wagen können, ohne deshalb

*) Es können nur hier die allgemeinen Grundsätze, welche zu befolgen sind, angeführt werden. Ihre Rechtfertigung und Begründung ist bereits in den Grundsätzen der Forstwirthschaft, 1r Band, Züllichau 1822. S. 340 bis 468 ausgeführt, auf welche hier verwiesen wird.

die Ausnahmen für einzelne Fälle ausschließen zu wollen, welche eine Abweichung von dieser Regel rechtfertigen.

1) Ausrodung des Waldes. Sobald die Ausrodung des Waldes zu dem Zwecke vorgenommen wird, um dem Boden bei einer andern Benutzung, wie als Holzgrund, einen höhern Ertrag abzugewinnen, Menschen Gelegenheit zu geben, sich darauf ernähren zu können, gleichviel ob durch Getreidebau, Graserzeugung oder auf eine andere Art, so kann der Regierung kein Widerspruchsrecht dagegen eingeräumt werden. Man muß von der Ansicht ausgehen, daß der Eigenthümer am besten im Stande ist, zu beurtheilen, bei welcher Art von Benutzung der Boden am mehrsten einträgt, und daß diejenige, bei welcher dies der Fall ist, nicht bloß die vortheilhafteste für den Einzelnen, sondern auch für das Gesammteinkommen der Nation ist. Zeigt sich die Holzerziehung auf einem Grundstücke noch unvortheilhaft hinsichts des Einkommens, welches sie verspricht, so ist dies auch ein Zeichen, daß dieselbe noch nicht so dringendes Bedürfniß ist, als die Hervorbringung anderer Gegenstände, bei welcher der Boden besser rentirt. — Daß sich das jedoch nicht auf Privatrechte, welche einem Dritten, auf einem Walde ruhend, zustehen, beziehen kann, bedarf keiner Auseinandersetzung. — Auch erstreckt sich dieser Grundsatz nur auf Forsten, welche freies Privateigenthum sind. Sobald der Wald Gemeinden, Kirchen, milden Stiftungen, oder überhaupt moralischen Personen zugehört, sobald es Lehnswaldungen sind, oder die Regierung sich aus irgend einem Grunde eine Oberaufsicht über das Vermögen des Waldeigenthümers, in so fern es im Grundeigenthume bestehet, vorbehalten hat, so soll zwar niemals es verhindert werden, diesem Grundbesitze einen höhern Ertrag abzugewinnen, aber die Regierung kann sich mit Recht vorbehalten, ihre Einwilligung zur Waldrodung erst dann zu ertheilen, wenn sie wirklich die Ueberzeugung gewonnen hat, daß eine nachhaltige Vermehrung

des Einkommens durch die Veränderung der Benutzungsart des Bodens, mit Sicherheit erlangt werden wird, auch für die Gemeinde, Stiftung u. s. w. selbst kein anderweitiger Nachtheil daraus erwächst.

Die Furcht, daß Holzmangel entstehen könne, kann niemals ein Grund sein, die Waldausrodung untersagen zu wollen. Wo der Wald ein dringenderes Bedürfniß ist als Kulturland, wird ihn Niemand ausroden wollen, denn dann wird er auch mehr Ertrag geben als dieses. Es kann beinahe überall der nicht als solcher benutzbare Grund so viel Holz produciren, daß wir mit Zuhülfenahme der Ersatzmittel des Brenn- und Bauholzes den für den Ackerbau nachhaltig zu benutzenden Grund unbedenklich diesen überlassen können.

Dagegen wird mit Recht eine Rodung des Waldes da untersagt werden können, wo der Boden seine ganze Produktionsfähigkeit verlieren könnte, wie an steilen flachgründigen Hängen, auf ganz armen Sandboden, wo Flugsand entstehen kann, oder der ohne Wald seine Erzeugungskraft ganz verliert.

Aus klimatischen Rücksichten scheint es sich dagegen nicht zu rechtfertigen, Waldrodungen verbieten zu wollen, da wir noch zu wenig Bekanntes über die Einwirkung des Waldes auf das Klima wissen, als daß man darauf gesetzliche Vorschriften begründen könnte.

Gegen bloße Vertauschung des Ackers mit dem Walde, so daß z. B. eben so viel schlechter Acker mit Holz angebaut wird, als besserer Grund vom Walde entnommen und zu Acker umgewandelt wird, kann gar kein vernünftiger Einwand erdacht werden. Es verbieten wollen, hieße absichtlich jede Erhöhung der Bodenkultur verhindern, und kaum sollte man glauben, daß eine Regierung sich solche strafbare Eingriffe in die Rechte des Volkes und des einzelnen Grundbesitzers erlauben würde.

Wenn man glaubt, den Einzelnen in der vortheilhaften Benutzung seines Grundes zum Wohle des Staates beschränken zu müssen, so ist es auch der Gerechtigkeit gemäß, ihn dafür zu entschädigen und ihn nicht allein das Opfer zuzumuthen, was der Erhaltung der Gesellschaft gebracht werden muß. Es wird deshalb sich eher rechtfertigen, den Privatforstbesitzer zu nöthigen den Wald, der nicht gerodet werden darf, dem Staate gegen volle Entschädigung zu überlassen, als ihn zwingen zu wollen, ohne diese auf einen daraus zu beziehenden Gewinn zu verzichten.

2) Anordnung der Wirthschaftsgrundsätze. Da es durchaus keine Betriebsart, keine Holzgattung, keinen Umtrieb u. s. w. giebt, von denen man überall behaupten könnte, das eines oder das andere als unbedingt vortheilhaft oder nachtheilig sei, so läßt sich von Staatswegen durchaus auch nichts in dieser Hinsicht vorschreiben. Den Eigenthümern der Privatforsten kann nur überlassen werden, diejenige Wirthschaftsordnung zu befolgen, welche ihnen als die vortheilhafteste erscheint. In den Gemeinde-, Instituts- und gemeinschaftlichen Forsten wird dagegen ebenfalls die Regierung verlangen können, die Kontrolle einer zweckmäßigen Wirthschaftsordnung durch damit beauftragte Beamte zu führen, um sich zu überzeugen, daß das Vermögen der Kommunen, Stiftungen 2c. zweckmäßig verwaltet wird, daß die gemeinschaftlich benutzten Waldungen, z. B. Markwaldungen, die Lehnswaldungen, wo die Miteigenthümer oft nicht im Stande sind, ihre Rechte selbst wahrzunehmen, in einem guten Zustande erhalten werden. Es ist dies hinsichts der letztern Wälder um so mehr zu fordern, wenn der Fiscus Miteigenthümer ist, und wo dann gewöhnlich von jeher die Beaufsichtigung der Verwaltung ihm zustand. Durchaus nicht zu billigen ist es aber, wenn den Gemeindemitgliedern bei den Kommunalforsten jede Mitwirkung bei der Verwaltung entzogen wird, wenn die Re-

gierung sich diese allein anmaßet, und den Gemeinden jede Stimme dabei raubt. Nicht bloß, daß sie sich dadurch eine ganz unnütze Last von Verantwortlichkeit auflädet, sie tödtet auch dadurch nur die Liebe zum gemeinsamen Eigenthume bei den Gemeinden, den Bürgersinn, ohne irgend Etwas dabei zu gewinnen. Man kann verlangen, daß die Gemeinden eine Wirthschaftsordnung unter Kontrolle des Staats einführen, daß sie diese so lange befolgen, bis sie sich hinsichts einer zweckmäßigen Abweichung davon rechtfertigen können, aber man muß ihnen nicht die Stimme über die vortheilhafteste Art einer nachhaltigen Benutzung rauben, sie nicht außer Stand setzen selbst Gutes dabei zu wirken, wohlthätig für das gemeinsame Beste zu werden. Kirchen- und Instituts-Waldungen werden dagegen unfehlbar wohl unter Kontrolle der Verwalter des übrigen Kirchen- 2c. Vermögens, am besten durch Staats-Forstbediente verwaltet.

3) Verbot der Walddevastation. Wenn man auch den Privat-Forsteigenthümern es überläßt, in welcher Art sie ihren Boden am vortheilhaftesten benutzen wollen, wenn man nur bedingt, daß er überhaupt benutzt werde, so ist doch noch eine andere Frage die: ob nicht die Regierung verlangen kann, daß, wenn einmal Grund zur Erziehung von Holz bestimmt ist, und wenn einmal die eine oder die andere Benutzungsart beabsichtigt wird, wenigstens auch der Wald darnach in einem wirthschaftlichen Zustande erhalten wird; oder auch mit andern Worten, ob nicht wenigstens in jedem Falle einer Walddevastation vorgebeugt werden muß, wenn man auch darauf verzichtet, über die Benutzungsart des Bodens von Seiten der Regierung zu bestimmen. Auch dies scheint in Bezug auf bloße Privatwälder, wenigstens in den mehrsten Fällen unzulässig, und eine durch nichts zu rechtfertigende Beschränkung der Freiheit der Benutzung des Eigenthums. Die Bewohner eines Landes bedürfen eben so gut Getreide, Vieh u. s. w. zu

ihrer Erhaltung, als Holz. Demungeachtet kümmert die Regierung sich nicht darum, ob Jemand seinen Acker wüste liegen läßt oder nicht, ob ein Landgut verwüstet oder zum höchsten Ertrage gebracht wird, obgleich eben so lange Zeit dazu gehört, ein ganz devastirtes Landgut wieder in den Stand zu setzen, als einen leeren Forstgrund wieder mit schnell wachsendem Buschholze, oder jungem Kieferholze zu Reisholz in Anbau zu bringen. Man gehet dabei in der Gesetzgebung von dem Grundsatze aus: daß der eigene Vortheil des Eigenthümers dahin wirken werde, daß er dafür sorgt, daß sein Grundeigenthum nicht ertraglos wird, und daß, wenn ein leichtsinniger und verschwenderischer Grundbesitzer dies nicht beachtet, das Grundeigenthum sich bei ihm nicht erhalten kann, sondern in andere Hände kommen wird, die ihm einen höhern Ertrag abzugewinnen wissen. Keine andere Ansicht läßt sich hinsichts des Waldes aufstellen, sobald das Holz so viel Werth hat, daß seine Erhaltung wie sein Anbau sich belohnt, und ist dies nicht der Fall, so würde es sich kaum rechtfertigen lassen, den Grundeigenthümer zwingen zu wollen, mit Verlust Holz zu erhalten und anzubauen. Nur wenn das Wohl der Gesellschaft es erfordert, kann der Einzelne zu ihren Gunsten gezwungen werden, Aufopferungen zu machen. Es ist ganz dasselbe, eine Verfügung erlassen, daß Weizen mit Verlust erbauet werden soll, weil sonst der im Lande gebauete nicht zureiche, als zwingen zu wollen, um starkes Bauholz vorräthig zu halten, einen Holzanbau mit Verlust vorzunehmen, weil sonst dies Holz anderweitig angekauft werden müsse. Man kann im Allgemeinen eben so wohl annehmen, daß Jeder seinen Grund am vortheilhaftesten zu benutzen suchen wird, als daß derselbe zuletzt nur in den Händen sich erhalten wird, die ihm den vollen Ertrag abzugewinnen wissen.

Erst wenn nachgewiesen werden kann, daß das Holz, welches eine Gegend bedarf, nicht mehr herbeigeschafft, oder ersetzt werden kann, daß deshalb für dieselbe die Nichtbefriedigung des Bedürfnisses wahrscheinlich oder gewiß werden muß, werden sich die Waldbesitzer alle den Anordnungen unterwerfen müssen, welche nöthig sind, um dieser Gefahr vorzubeugen. So lange aber die Regierung noch aus den Staatsforsten die Befriedigung des Bedarfs an starkem Holze sicher stellen kann, so lange keine Gefahr des Holzmangels irgend einer Art eintritt, ist kein rechtlicher Grund vorhanden, die Beschränkung der Freiheit des Eigenthums eintreten zu lassen, und einen Grundbesitzer zum Holzanbau zu zwingen, wenn er keine Neigung dazu hat, ihm die Disposition über seinen Wald und Holz zu rauben.

Wenn man sich daher auch im Allgemeinen gegen die Bevormundung der Privatforstwirthschaft des Staates aussprechen muß, so läßt sich doch dagegen auch gern zugeben, daß diese Theorie nicht überall in der Praxis maßgebend für die Regierung sein kann. Der Mangel an Staatsforsten und Holzersatzmitteln, oder an Holzzufuhr, die Erfahrungen, die man hinsichtlich der Benutzung des Privatforstgrundes gemacht hat, die Vertheilung desselben unter arme oder reiche Besitzer, die Leichtigkeit oder Schwierigkeit des Wiederanbaues verwüsteter Waldflächen, die Sitten und Gewohnheiten einer Gegend und die Grundsätze der frühern Forstpolizeigesetzgebung, an welche man bereits gewöhnt ist, alles dies und noch eine Menge anderer Dinge, welche Einfluß auf diese haben, lassen wohl mit Recht den Grundsatz aufstellen: daß eine solche gar nicht nach einer allgemeinen Theorie geordnet werden kann, sondern daß man überall diejenigen forstpolizeilichen Vorschriften erlassen muß, welche nach den Verhältnissen und Bedürfnissen des Landes sich als nöthig und zweckmäßig rechtfertigen lassen.

Dagegen werden aber überall die privatrechtlichen Verhältnisse sorgfältig zu ordnen sein, aus denen sich eine Verpflichtung zur Erhaltung des Holzbestandes entwickelt. Rechte der Pfandgläubiger, der Servitutberechtigten, der angrenzenden Nachbarn hinsichts des Schutzes gegen Flugsand 2c. erlauben eine willkürliche Entblößung des Grundes vom Holze sehr häufig nicht, und die Vorschriften zur Erhaltung des Waldes von dieser Ansicht aus, müssen scharf und bestimmt ausgedrückt sein.

Auch giebt es ganz unleugbare Fälle, wo die Landespolizei stets befugt und sogar verpflichtet ist, über die Erhaltung des Waldes zu wachen, indem die Erfahrung lehrt, daß keinesweges der eigene Vortheil der Besitzer die nöthige Sicherheit in dieser Hinsicht gewährt. So bei den Bannwäldern im Gebirge, welche bestimmt sind Ortschaften Schutz gegen Lavinen und Erdschlüpfe zu gewähren, bei den Wäldern an den Seeküsten, welche gegen Versandungen schützen, überhaupt da, wo Flugsand Gefahr droht. Es wird sich selbst vollkommen rechtfertigen lassen, die oft einmal verwüstet, nicht wieder hergestellt werden können, nicht der willkürlichen Behandlung ihrer Eigenthümer überlassen werden.

Das läßt sich jedoch wohl im Allgemeinen darthun, daß die Erschwerung der Rodung der Privatforsten in Deutschland sich in keinem Falle rechtfertigt. Daß in vielen Gegenden des westlichen und südlichen Deutschlands die Bevölkerung so groß ist, daß eine Vermehrung des Kulturlandes um sie zu ernähren und ihr Arbeit zu verschaffen, dringendes Bedürfniß ist, wird sich eben so wenig in Abrede stellen lassen, als die Thatsache klar vor Augen liegt, daß hier mehr Wald ist, als zur Befriedigung des Bedürfnisses an Holz irgend nöthig ist. Das Erstere zeigen die Auswanderungen wegen Mangel an Kulturlande, die zu kleine Fläche desselben zur Ernährung seiner Bebauer, der unverhältnißmäßig hohe Preis im Verhältniß der reinen Rente die es giebt, die Unmöglichkeit für viele Familien sich Grundeigenthum zu erwerben und darauf zu ernähren, woher das Hindrängen zu den Fabriken sich allein erklären läßt. Die zu große Waldfläche ergiebt sich schon allein aus ihrem Verhältnisse zur Gesammtfläche, da in mehreren süddeutschen Ländrrn bis zu einem Drittheile dieser mit Wald bedeckt ist, während doch erfahrungsmäßig selbst in einem kältern Klima ein Fünftheil genügt, um darauf so viel Holz erziehen zu können, als nöthig ist, jedes Bedürfniß zu befriedigen. Aber auch ohne die Größe der Holz producirenden Fläche zu kennen, würde man schon darauf schließen können, daß sie mehr beträgt, als diese Länder bedürfen, wenn man darauf achtet, daß sie noch bei weitem noch nicht so viel hervorbringt, als darauf gewonnen werden könnte und demnach Holz genug vorhanden ist, um auch andern Ländern den Bedarf davon zu liefern, als eine große Menge ganz unnütz zu verschwenden, und die reichlich vorhandenen Holzersatzmittel ganz unbenutzt zu lassen.

Bei diesen vor Augen liegenden Erscheinungen ist die Forderung wohl eben so einfach als natürlich daß, bevor man viele Tausende arbeitsfähiger und arbeitslustiger Deutschen in die ungesundesten Gegenden fremder Welttheile sendet, sie dem Elende in Amerika und Afrika preis giebt, man in Deutschland selbst den Boden aufsuchen sollte, worauf sie sich ernähren können. Und wie viel tausend Morgen Brücher giebt es noch in unserm Vaterlande, die durch Entwässerung in das fruchtbarste Kulturland umgewandelt werden könnten, wie viel vortrefflicher Waldgrund, der jetzt sehr geringen Ertrag giebt und urbar gemacht, eine zahlreiche Bevölkerung ernähren könnte, scheint nur auf fleißige Hände zu warten, die ihn bebauen.

Um ihn unbesorgt in Kulturland verwandeln zu können ist nichts nöthig, als eine Vervollkommnung der Transportmittel, um aus den Gegenden, wo der absolute Holzboden in großen Flächen zusammenliegt und darum Holz in Ueberfluß erzeugt werden muß, es in diejenigen bringen zu können, wo der Boden für die Holzerzeugung zu gut ist.

Nicht in der Vermehrung der Fabrikfclaven zur Herstellung von Produkten für einen auswärtigen Handel, der jeden Augenblick aufhören kann und die ganze Masse arbeitsloser Bettler der öffentlichen Wohlthätigkeit zuweiset, ist das Hülfsmittel gegen fortschreitenden Pauperismus zu suchen. Gerade diese unnatürliche Steigerung der Gewerbsthätigkeit, welche die nimmersatten Fabrikanten verlangen, die nichts berechnen, als die Procente, die ihr Betriebskapital bei jedesmaligem Umsatze bringt, wird diesem Schranken setzen. Sie dient nur dazu, ihm eine ungeheure Ausdehnung zu geben und das Uebel unheilbar zu machen. Ein gefahrloseres und dauerhafteres Mittel, der steigenden Bevölkerung Mittel zur Ernährung zu verschaffen ist, daß man ihr den Boden zur Bebauung giebt, das die daran gewandte Arbeit als Kulturland lohnt. Bevor man aber dazu die Staatsforsten verkleinert, ist es wohl einfacher und natürgemäßer, daß man dem Eigenthümer am Forstgrunde gestattet dieselben als Kulturland zu benutzen, wenn er dies für vortheilhaft hält. Diese strichweise Vermehrung desselben ist weit vortheilhafter, als ausgedehnte Rodungen und Anlegung ganzer Kolonien, was zu bekannt ist, um hier erst ausführlicher bewiesen zu werden.

Hierauf mögte das Augenmerk derer, welche Kolonien für Deutschland in fremden Welttheilen gründen wollen, so wie aller derjenigen, die sich für das Wohl der arbeitenden Volksklassen interessiren, vorzüglich zu richten sein.

II. Vom Schutze des Waldes gegen Beeinträchtigung der Grenzen und Entwendung von Waldprodukten.

A. Von Sicherung der Grenzen.

Nicht bloß alle zu einem Walde gehörigen Grundstücke müssen mit unzweifelhaften, deutlich zu erkennenden Grenzmalen und Grenzlinien umgeben sein, welche das verschiedene Eigenthum bestimmt theilen, sondern auch im Walde selbst ist es nöthig, daß die Grenzen verschiedener Gerechtsame kenntlich und bestimmt angegeben werden. Um eine Verwirrung der Grenzlinien zu vermeiden, ist es jedoch nöthig, daß die Grenzzeichen verschiedenartig für die Bezeichnung des Eigenthums von Grund und Boden, so wie für Servitut-, Jagd- rc. Grenzen gewählt werden. Niemand kann einseitig eine Grenze ordnen, Grenzmale einsetzen oder erneuern, Grenzlinien aufhauen oder irgend Etwas in Bezug auf Grenzbezeichnung vornehmen. Es müssen vielmehr alle dispositionsfähige Interessenten, welche irgend ein Interesse dabei haben, zugezogen werden, um die Grenze gemeinchaftlich und in Uebereinstimmung zu ordnen. Ist dieselbe zugleich Landesgrenze, so kann dies nur nach vorhergegangener Benachrichtigung an die dabei in Berührung kommenden Regierungen und deren Genehmigung und Theilnahme erfolgen. Außerdem genügt es, wenn die Partheien sich in dieser Hinsicht einigen, und die Verhandlung darüber durch die Gerichtsbehörde aufgenommen wird. Der Revierverwalter kann für sich selbst jedoch in Grenzsachen nichts thun, sondern muß die nähern Instruktionen deshalb von der ihm vorgesetzten Behörde einholen.

Zur Bezeichnung der Grenzen müssen Grenzmale gewählt werden, welche

a) leicht erkennbar und nicht mit ähnlichen Zeichen zu verwechseln sind;

b) von denen nicht zu fürchten ist, daß sie ihre Lage ändern könnten, wie z. B. bei Wegen und Bächen;

c) welche nicht leicht verdunkelt, verrückt oder unkenntlich gemacht werden können.

Die in den ältern Zeiten gewöhnliche Benutzung der Bäume (Mal-, Grenzbäume) entspricht diesen Forderungen wenigstens bei jungen Stämmen nicht, da ein eingehauenes Zeichen, gewöhnlich ein Kreuz, leicht auch an andern Stämmen angebracht werden kann, sie der Entwendung ausgesetzt sind, und sie im Alter wieder oft ganz unpassend für die Holzzucht, unbenutzt stehen bleiben müssen. Zweckmäßiger werden diese Grenzbäume zwischen den Nachbarn getheilt und durch andere Grenzmale ersetzt.

Diese können bestehen

a) in behauenen Steinen, welche aber nicht bloß so geformt und bezeichnet sein müssen, daß keine Verwechselung stattfinden kann, sondern die auch gegen Versetzung durch tiefes Eingraben zu schützen sind:

b) in Grenzhügeln (Kubitzen), welche in Preußen an den äußern Grenzen vorschriftsmäßig 8 Fuß im Durchmesser bei 5 bis 6 Fuß Höhe haben, und mit einem $1\frac{1}{2}$ bis 2 Fuß breiten Graben umgeben sein müssen. Bei Behügelung der Servitut-, Jagd- und aller innern Grenzen, werden sie nur 5 bis 6 Fuß im Durchmesser und 3 bis 4 Fuß hoch aufgeworfen, überall aber mit Rasen belegt;

c) in Säulen und Pfählen von Eichenholz, welche die Steine ersetzen, wo diese mangeln;

d) in Gräben;

e) in Wegen, Bächen, Rainen, in so fern dieselben von einer Beschaffenheit sind, daß keine Veränderung ihrer Lage oder ihres Laufes und ihrer Richtung zu fürchten ist. In der Regel wird dann als eigentliche Grenzlinie die Mitte des Weges, Baches oder Raines betrachtet.

Bei allen künstlichen Grenzmalen werden zu ihrer sichern Wiederauffindung, und um Verwechselung zu verhüten, unverwesliche Gegenstände unter dieselben eingegraben, gewöhnlich Glas, Kohlen, Schlacken, Ziegelstücke, Porzellanscherben, immer aber nur solche Gegenstände, die nicht im Walde zufällig vorhanden sind. Im Grenzprotokolle muß die Beschaffenheit derselben vermerkt werden.

Die Grenzlinie zwischen zwei Grenzpunkten wird stets als eine ganz gerade angenommen; deshalb muß entweder an jedem Winkel derselben ein Grenzmal gesetzt werden, oder wenn dies die Krümmung der Linie nicht erlaubte, muß sie von Mal zu Mal durch einen Graben bemerkt werden. Gerade Linien über 30 Ruthen lang müssen noch überdies durch auf dieselben gelegte Grenzmarken, welche gewöhnlich den Namen „Läufer" erhalten, da sie keinen Winkel bezeichnen und deshalb auch besonders geformt sind, von einer Entfernung zur andern bezeichnet werden. Die Grenzlinie selbst ist stets so offen zu halten, in Preußen zwei Fuß Breite, daß man von einem Grenzmale zum andern sehen kann, wozu diese dicht genug liegen müssen. Bildet ein Graben die Grenze, so ist er so zu ziehen, daß eben so wie bei der Aufhauung, die eigentliche Grenzlinie genau in die Mitte desselben fällt. — Alle Kosten der Grenzbeziehung tragen die Grenznachbaren gemeinschaftlich, oder nach Verhältniß der Länge der Grenzlinie an ihren Grundstücken.

Welche Grenzmale man als die zweckmäßigsten zu wählen hat, hängt von mancherlei Umständen ab. Die Grenzsteine, wo sie zu haben sind, verdienen schon darum vor allen andern Grenzmerkmalen den Vorzug, weil sie am dauerhaftesten sind, am bestimmtesten durch Form, eingehauene Buchstaben und laufende Nummer zu bezeichnen sind, und daher am leichtesten erkannt werden können. Wo man solche aus einer dauerhaften Steinart fertigen lassen kann, sollte man sich auch niemals anderer Grenzmale bedienen. Säulen ist man genöthigt zu wählen, wo Versandungen zu fürchten sind, wo Viehtriften, Straßen, Wasser, von den Bergen abgeschwemmte Erde weder die Erhaltung der Hügel, noch das Sichtbarbleiben niedrigerer Steine erwarten lassen, oder das Material zu diesen mangelt. Gräben sind die zweckmäßigste Bezeichnung der Grenze der im Walde liegenden Aecker und Wiesen, weil sie das Abpflügen und Uebergrasen am besten verhindern, selbst das Feld gegen Ueberwachsen mit Holz schützen. Auch verbindet man durch sie die eigentlichen Grenzmale, wo eine Verdunkelung derselben zu fürchten ist. Hügel sind nur zu empfehlen, wo ein fester, sich gut benarbender Boden ist, und wo man nicht zu fürchten hat, daß das Vieh sie zerstört, oder daß sie an Straßen niedergefahren werden. Die schlechtesten Grenzmarken sind unstreitig reißende Gewässer, deren Ufer oft abgebrochen wird, oder welche wohl gar ihren Lauf ändern, leicht zu verlegende Fußsteige, Karren- und bloße Waldwege. In jedem Falle muß man das Wiederauffinden der Grenze durch eine dazu vorgenommene Vermessung derselben sichern, und sie auch wohl noch durch besondere Merkmale bezeichnen, wenn man Wege und Gewässer unter diesen Umständen als Grenzlinie wählen muß. Dagegen sind Kanäle, Bäche in engen Thälern, feste, nicht zu verlegende Wege, sehr passend dazu.

Eine durch künstliche Merkmale gebildete Grenzlinie muß jedesmal von einem fest bestimmten, leicht wieder aufzufindenden Punkte so anfangen, daß hier das Grenzmal Nr. 1. stehet. Man kann dazu den Punkt wählen, wo mehrere Grenzen zusammenstoßen und die Grenze über eine feste Straße 2c. zieht, in der Nähe eines Gebäudes, ausgezeichneten festen und dauerhaften Gegenstandes 2c. Alle andern Grenzmale werden von da aus mit der laufenden Nummer fortgeführt, bei Steinen, indem diese zugleich darauf eingehauen, bei Säulen darauf eingeschnitten ist, bei Hügeln aber nur, indem man dieselbe bloß in das Grenzvermessungsregister und Grenzprotokoll einträgt. Jeder Distrikt, oder jeder Abschnitt erhält dabei seine besondere Nummerreihe.

Wenn die Grenzpunkte in Uebereinstimmung der Partheien fest bestimmt und bezeichnet sind, muß die Vermessung der Grenzlinie erfolgen, um eine Grenzkarte davon aufzunehmen, welche entweder für sich aufgetragen und gezeichnet, oder auch gleich so mit der Forstkarte verbunden wird, daß die Grenzvermessung besonders an den Konturen der Forst vermerkt wird. Das Erstere ist vorzuziehen, zumal da eigentlich die Grenzkarte als Dokument im Originale zu der Registratur der Gerichtsbehörde abgegeben werden muß, welche Grenzverhandlung aufnimmt, auch die gerichtliche Recognition darauf protokollirt werden muß. Ueberdies ist für die Grenzkarten oft ein größerer Maßstab, vielleicht von $\frac{1}{2000}$ bis $\frac{1}{2500}$ zweckmäßig, als dieser zu den Forstkarten gebraucht wird. — Zu der Grenzkarte wird durch den Geometer das Grenzvermessungsregister gefertigt, welcher in tabellarischer Form, a) die Benennung des begrenzten Forstortes; b) die laufenden Nummer der Grenzmarke mit ihrer Beschaffenheit; c) den Winkel (nach der Boussole und dem Astrolabio) so wie die Entfernung, in welcher die Grenzmale nach der Nummerfolge von einander liegen; d) die Grenznachbarn und e) etwanige Bemerkungen enthält. Zur Vollziehung der Grenzberichtigung begeben sich alle dispositionsfähigen Interessenten und deren Bevollmächtigte, oder in Ermangelung der vollen Dispositionsfähigkeit zugleich deren Vormünder oder Curatoren, in dem von der Gerichtsbehörde angesetzten Termine an Ort und Stelle. Entweder werden unter Mitwirkung dieser letztern die Steine ꝛc. eingesetzt, und die Grenzlinie wird geometrisch aufgenommen, oder zweckmäßiger dies ist schon geschehen, und es erfolgt bloß ein gerichtlicher Bezug der Grenze, nach dessen Vollendung durch das Gericht eine Verhandlung aufgenommen wird, worin alle

Partheien die Richtigkeit der Grenze anerkennen, und wobei zugleich auf der Original-Grenzvermessungskarte die Agnition derselben durch das Gericht vermerkt wird. Die Original-Urkunden verbleiben dann bei dem Gerichte, welches nur beglaubigte Abschriften ausfertigt und den Theilnehmern aushändigt. Werden in der Folge Grenzmale schadhaft oder unkenntlich, so können sie gemeinschaftlich in Gegenwart aller Interessenten aufgefrischt werden, und es ist keine neue gerichtliche Verhandlung nöthig, wenn nichts geändert wird, und alle Grenzmarken ganz dieselben bleiben.

Die Forstschutzbeamten sind verpflichtet, die Grenzen und alle Grenzmale des Jahres mehrere Male zu revidiren, um sich von der Richtigkeit derselben zu überzeugen, und auch die Verwaltungsbeamten müssen solche Revisionen von Zeit zu Zeit vornehmen, und über den Befund berichten. Bemerkte Ueberschreitungen der Grenze durch Abpflügen oder Einmähen müssen auf der Stelle gerügt und wieder in Ordnung gebracht werden.

Bei der Kostbarkeit und Langsamkeit der Grenzprocesse, welche stets viele Lokal-Untersuchungen und Termine herbeiführen, und in der Regel nicht bloß Kleinigkeiten betreffen, sondern auch häufig schwer zu entscheiden sind, wird mit Recht überall so viel als möglich auf eine gütliche Einigung dabei gedrungen. Nur wo die Sache klar ist, oder wo es sich um Gegenstände von Wichtigkeit handelt, läßt man es gewöhnlich zur gerichtlichen Entscheidung kommen, wenn der Gegner unbillige Forderungen macht.

Wo Grenzbäume umbrochen oder eingeschlagen werden müssen, ist der Stock auszugraben und mit Zuziehung aller Betheiligten ein neues Grenzmal im Mittelpunkt desselben zu setzen. Gewöhnlich wird das Holz derselben zu gleichen Theilen getheilt, oder für gemeinschaftliche Rechnung verkauft. Doch findet man auch wohl die Observanz, daß derjenige den Stamm ganz behält, auf dessen Grunde er liegt, wenn er vom Winde umgebrochen ist.

Im Nachtrage sind die preußischen Gesetze, welche im Wesentlichen mit dem Gesagten übereinstimmen, in so fern sie Bezug auf die Sicherung der Grenzen haben, nachgewiesen.

B. Von der Sicherung gegen Entwendung der Waldprodukte.

Von der Entwendung des Holzes. Wenn man mit Erfolg gegen die für die Forsten so höchst verderblichen Holzdiebereien ankämpfen will, muß man die Ursachen aufsuchen, aus denen es entspringt, daß das Holz, welches doch ein Eigenthum ist, so wie jedes andere Gut, in Deutschland bei weitem häufiger gestohlen wird als Feldfrüchte, Gras, Fische, Wild oder ähnliche Dinge, welche eben so unbewacht gelassen werden müssen als der Wald, und die sich anscheinend unter keinem andern Verhältnisse vorfinden, als das Holz. Nur wenn man die Quellen abgräbt, kann man Versumpfungen abstellen, ihr bloßes Verstopfen hilft eben so wenig, als das Erlassen von Strafgesetzen gegen den Holzdiebstahl, wenn man das nicht hinwegräumt, was ihn hervorbringt. Diese Ursachen sind zu suchen

1) in der Noth. Verhungern läßt man in Deutschland wohl Niemanden, entweder die Gemeinde, oder der Staat oder einzelne Mildthätige reichen die nöthigste Nahrung und Kleidung zur Stillung des Hungers und zur Deckung der Blöße. Aber Noth an Feuermaterial leiden in strengen Wintern oft Tausende, und kaum nimmt Jemand Rücksicht auf den fürchterlichen Zustand des Frierens und Erstarrens, ehe

nicht das Erfrieren eintritt. Dies veranlaßt dann Holzentwendungen, denen gar kein Gesetz, keine Aufsicht steuern kann, wenn der Noth der Armen nicht abgeholfen wird, denn Gefängniß kann sie nicht schrecken, da sie sich darin wohler befinden, als in ihren Wohnungen, Geldstrafen sind nicht von ihnen einzuziehen, und Strafarbeiten verrichten sie nur, wenn man sie dabei ernährt, was mehr kostet, als ihre Arbeit werth ist. So lehrt denn auch die Erfahrung, daß die Holzdieberei in der Nähe großer Städte, wo immer viele Arme sich vorfinden, in Fabrikgegenden, wo ebenfalls gewöhnlich die Noth sehr groß ist, in Gegenden, wo viele arme Berg- und Hüttenleute wohnen, mit einem Worte, überall, wo eine Menge Menschen zusammengehäuft sind, welchen es an Gelegenheit mangelt, die dringendsten Bedürfnisse des Lebens zu befriedigen, die Holzdieberei am größten ist, und niemals wird man sie in sehr wohlhabenden Landstrichen von Bedeutung finden. Bevor man die Leute durch strenge Strafen in Ordnung halten will, sollte man sie lieber in den Stand setzen, daß sie der Versuchung zu Holzentwendungen widerstehen können, und nicht durch Noth dazu getrieben werden. Dies kann geschehen:

a) Durch unentgeldliche oder sehr wohlfeile Verabreichung von geringem Holze, Reißholze, Stockholze, Astholze an die wirklich Bedürftigen. Will man das Schlagerlohn nicht verlieren, so kann man entweder den Empfängern das auf den Schlägen liegen gebliebene und ungefertigte Holz anweisen, oder denselben dafür Arbeiten im Forste, die sie verrichten können, als Samenlieferungen, Gräbenstechen, Wegebesserung, Kulturarbeiten, auflegen, welche sie freiwillig weit eher und besser verrichten werden, als Strafarbeit für entwandtes Holz.

b) Die Einräumung des Rechts von Raff- und Leseholz ist zwar anscheinend weniger kostbar; allein theils kann dies nur da stattfinden, wo nicht schon andere Berechtigte im Besitze des Rechts sind, das im Forste vorfallende Leseholz fordern zu können, theils wird man, sobald man mehr Theilnehmer an demselben auf den Wald anweiset, als derselbe befriedigen kann, nur Veranlassung zu Entwendungen geben. Wo jedoch noch Holz im Walde unbenutzt bleibt, ist diese Einräumung allerdings zu empfehlen und es läßt sich um so weniger rechtfertigen, das Sammeln des Raff- und Leseholzes, wo solches im Walde vorhanden ist, den Armen zu untersagen, als es für diesen gar kein oder doch nur ein sehr geringer Vortheil ist, wenn es darin zurückbleibt; da es in der Regel keinen vollkommnen Humus bietet.

c) Das letzte Mittel ist die unmittelbare Verpflichtung der Gemeinde, jeden Armen, welcher seine Bedürfnisse nicht befriedigen kann, auf Gemeindekosten zu unterstützen. Es ist dies die gefährliche englische Armentaxe in beschränkterer Art, die, wenn man sie auf arbeitsfähige Familien ausdehnen will, gar nicht voraus berechnen läßt, zu welcher Last für die Gemeinde sie anwachsen kann, und mit Recht nimmt man in Deutschland Anstand, sie in der Ausdehnung einzuführen, wie sie die Ungleichheit des Vermögensbesitzers in England veranlaßt hat. Es dürfte vielmehr die Benutzung des in der Erde zurückgebliebenen Holzes, des geringern Reisholzes, vorläufig das beste und wohlfeilste Mittel zur Unterstützung dieser Bedürftigen sein, wobei sie Gelegenheit haben, noch Arbeit anzuwenden, und sich so wenigstens theilweis zu verdienen, was sie bedürfen.

Die Forderung an den Forstfiskus oder die Privatforstbesitzer stellen zu wollen, die angrenzenden Bewohner der Gegend unentgeldlich mit eingeschlagenem und verkäuflichem Holze zu versehen, würde schon darum eine unzulässige sein, weil dann gerade nur die Armen, die zufällig in der Nähe der Wälder wohnen, diese Begünstigung erhielten. Die Einwohner größerer Städte und holzleerer Gegenden, die sie alt am nöthigsten bedürfen, würden aber davon ausgeschlossen sein. Es kann daher, wie überhaupt die ganze Armenunterstützung, auch die Versorgung mit dem nöthigen Brennholze, nur als Communalangelegenheit behandelt werden.

2) Eine zweite Ursache der Holzentwendungen ist die Hoffnung ungestraft zu bleiben. Unvollkommne Beaufsichtigung des Waldes durch nachlässige oder unfähige Forstbeamten, wegen zu großer Ausdehnung der Schutzbezirke zeigt bald die nachtheilige Einwirkung auf die Gewöhnung zur Holzdieberei, eben so wie ein thätiger Mann häufig eingerissene Unordnung abzustellen im Stande ist. Wenn die Ordnung einmal hergestellt ist, so gehört wenig dazu, um sie zu erhalten; die Anwohner des Waldes aber dazu zu gewöhnen, muß man zuweilen keine Aufopferung scheuen, und die Aufsicht wenigstens für einige Zeit verdoppeln und verdreifachen, wenn es sich nöthig zeigt. In der That ist die Holzentwendung, wie die Enthaltung von derselben, oft nur als Gewohnheitssache zu betrachten, und es scheuet sich jeder von der guten Gewohnheit ab, und zur schlechten überzugehen, wenn man nur einmal zur ersten durch vollständige Aufsicht gezwungen hat.

Der Forstbeamte allein, dem in den wenigsten Ländern eine Mitwirkung bei der Bestrafung der Frevler zustehet, auch wohl nicht zustehen darf, kann den Forst nicht schützen, sondern es ist dazu auch die ernste Unterstützung von Seiten der Gerichte nöthig, über deren Mangel nur zu oft geklagt wird. Die Thatsache läßt sich wohl nicht füglich läugnen, und es dürfte auch wohl nicht schwer sein, dieselbe hinsichts der Ursachen die sie herbeiführen, zu erklären. Nur zu oft werden die Richter mit einer Menge Bagatellsachen behelligt, zu deren Bestrafung aufgefordert, die nach der moralischen Ueberzeugung derselben kaum eine Strafe verdienen, oder wenigstens eine Menge Milderungsgründe für sich haben. Das Betreten verbotener Wege, das Sammeln von werthlosem Holze durch Nichtberechtigte, das Abbrechen eines grünen Astes bei Gelegenheit des erlaubten Sammelns trockner Aeste, das Nichtinnehalten eines Holztages, und tausend andere ähnliche Dinge, füllen oft die Frevellisten und Bußregister in langen Spalten und erwecken in dem Richter um so mehr das Gefühl, daß die Forstbedienten hart und unbillig zu sein scheinen, als gewöhnlich die Strafe arme Leute, oder Berechtigte, die ihr Recht etwas zu weit ausgedehnt haben, trifft. Hierzu kommt, daß der Richter verpflichtet ist, die Bestrafung in vielen Fällen zu verfügen, ohne daß der Beweis des Vergehens anders als durch die Behauptung des Forstbeamten geführt werden kann, die oft sehr heftig bestritten wird, daß die Execution der Strafe theilweis kaum ausführbar ist, theilweis Menschen, denen man nicht geradezu Unmoralität zur Last legen kann, sehr in ihrem Nahrungszustande zurückzubringen drohet. Auch sind diese in so großer Zahl vorkommenden Forstfrevel gewöhnlich die allerunbedeutendsten Gegenstände, welche bei den Gerichten verhandelt werden, und die deshalb bei einer Anhäufung von Geschäften am ersten zurückgelegt werden. Dazu kommt endlich noch, daß selbst die Richter sich nicht allemal von dem falschen Vorurtheile frei zu halten wissen, als sei die Holzentwendung vorzüglich aus den Staatsforsten, wenn sie nur geringes Holz trifft und wenn sie nur zur Befriedigung des Bedarfs stattfindet, nicht etwas sehr Unmoralisches oder Tadelnswerthes.

Weit entfernt, diese in der Wirklichkeit nur zu vielfach vorkommenden Entschuldigungsgründe zu nachsichtiger oder auch nachlässiger Richter gelten lassen zu wollen, muß man aber doch auch dahin streben, selbst den Schein der Richtigkeit derselben zu vermeiden. Wenn man verhindert, daß nicht Noth die Anwohner des Waldes zur Holzentwendung zwingt, wenn man dafür sorgt, daß sie alle ihre Bedürfnisse auf eine rechtliche und mögliche Art und Weise aus ihm befriedigen können, wenn sowohl die obere Behörde nur die wirklich für den Wald nachtheiligen Handlungen untersagt und keine übermäßige Strenge verlangt, als auch die Revierverwalter und Schutzbeamten zwar ihre Pflicht streng erfüllen, aber doch auch gerecht, gewissenhaft, und soweit es ihnen zustehet, billig sind, so werden gewiß auch die mehrsten Richter geneigter sein, wirklich strafbare Vergehen mit Ernst und Nachdruck zu ahnden.

Eine unerläßliche Bedingung ist aber auch noch dabei, daß nicht bloß die Strafe, welche zuerkannt ist, mit dem Vergehen in einem richtigen Verhältnisse stehet, sondern auch in jeder Hinsicht ausführbar ist.

Es ist vielfach darüber gesprochen und geschrieben, ob die Holzentwendung als Diebstahl behandelt und bestraft werden solle, oder, wie es in Deutschland beinahe überall der Fall ist, als bloßes Polizeivergehen. Die Vertheidiger der ersten Meinung behaupten: daß es ganz gleich sei, ob Jemand für zwei Thaler Feldfrüchte oder Sachen aus einem Hause, oder für zwei Thaler Holz entwende, und daß deshalb beide Vergehen auch gleich gestraft werden müßten. Dies ist jedoch offenbar eine unrichtige Ansicht. So wenig eine Tödtung im Duelle gleich hart bestraft werden kann, wie ein Mord aus überlegter Rache, eben so wenig kann die Entwendung eines Baums von gleichem Werthe eben so hart geahndet werden, wie der Diebstahl von Gelde durch Erbrechung eines Schreibtisches. Die Unmoralität beider Handlungen ist außerordentlich verschieden. Die Holzentwendung wird in sehr vielen Gegenden gar nicht für ein moralisches, sondern höchstens nur für ein politisches oder polizeiliches Vergehen gehalten, und kein Gesetzgeber würde diese Volksmeinung so unbeachtet lassen dürfen, daß er dieselbe mit einer infamirenden Strafe gleich dem Diebstahle belegen könnte. Dadurch würde er zuletzt die Holzdiebe noch zu gemeinen Dieben machen. Dazu kommt, daß es oft sehr schwer ist zu entscheiden, wo die Entwendung von Holz nur eine Ueberschreitung der Befugnisse, vielleicht sogar eine unabsichtliche, gewesen ist, wo entschuldigende Noth dazu die Veranlassung war. Selbst die Rücksicht, daß viele Beschränkungen in der Benutzung des Waldes erst in der neuern Zeit entstanden sind, daß die Anwohner desselben früher häufig ihren Bedarf weit rücksichtsloser und vollständiger daraus entnehmen konnten, daß manche ihrer Ansprüche ziemlich gewaltsam durch die fiscalische Gesetzgebung niedergeschlagen worden sind, kann nicht ganz unbeachtet bleiben.

Diejenigen, welche die Holzentwendung als gemeinen Diebstahl behandelt und bestraft wissen wollen, beachten aber auch nicht, welche Folgen dies unfehlbar für den Wald haben würde. Unstreitig würde dann auch Kriminal-Untersuchung bei jeder Holzentwendung eintreten, und der volle juristische Beweis des Vergehens gefordert werden müssen; oder wollte man etwa fordern, daß ein ansässiger Bauer bloß auf die einfache Versicherung eines nicht immer den besten moralischen Ruf habenden Forstschutzbeamten, zum Zuchthaus verurtheilt werden, seine bürgerliche Ehre und Rechte verlieren soll? — Wer mögte in einem Staate leben, wo dies in die Hände jedes für den Forstschutz angestellten Menschen gegeben wäre! Wie viel Holzentwendungen würden wohl bestraft werden können, wenn der volle Beweis durch Zeugen rc. geführt werden müßte, um die Bestrafung zu erhalten. In Preußen ist in gewissen Fällen, z. B. bei Entwendung von eingeschlagenem Holze von den Ablagen, dann auch bei Wilddiebereien, Kriminal-Untersuchung und Behandlung des Vergehens als Verbrechen verordnet. Nur sehr selten ist es hier möglich, selbst bei der größten Sorgfalt des Richters, das Vergehen bestimmt zu erweisen, und Bestrafung zu bewirken, denn der Forstbediente, welcher den Wilddieb im Walde, den Holzdieb auf der

Ablage trifft, hat keine Zeugen, und die Verbrechen bleiben ganz unbestraft, weil es nicht möglich ist, den nöthigen vollen Beweis zu führen. Auch Holzdiebe, welche wiederholt betroffen werden und aus den Holzentwendungen ein Gewerbe machen, können zur Kriminal-Untersuchung gezogen werden; allein in der Regel muß man dies unbeachtet lassen und nur allein auf polizeiliche Bestrafung klagen, wobei der Holzentwender auf das alleinige Zeugniß des Denuncianten bestraft wird, weil man voraussehen kann, daß derselbe sonst ganz unbestraft bleiben würde, indem der volle Beweis mangelt.

Und beachten wohl diejenigen, welche so strenge Bestrafung fordern, daß es eben so unausführbar ist, ganze Gemeinden in das Zuchthaus zu schicken, als unmöglich, daß ein Justizamt monatlich 30 bis 40 Kriminal-Untersuchungen einleite und durchführe! — Entweder der Holzdiebstahl ist sehr ausgedehnt, oder er ist es nicht. Im erstern Falle sind gewöhnlich so viele Menschen dabei betheiligt, daß schon deshalb die strenge Bestrafung ihre Grenzen haben muß, eben so wie man bei Empörungen ganzer Orte und Provinzen nie das Gesetz in voller Strenge ausüben lassen kann, und Gnade für Recht ergehen zu lassen gezwungen ist. Im zweiten Falle ist gar keine Veranlassung zu so übergroßer Strenge. Niemals muß der Gesetzgeber Strafen verfügen, welche zuletzt nicht ausführbar sind, und gegen das Gefühl und die Meinung des Volkes verstoßen. So wie in England offenbare Verbrecher vom Geschwornengerichte für unschuldig erklärt wurden, weil man die Strafen für das Verbrechen zu hart hielt, so würden auch bald alle Holzdiebe freigesprochen und für unschuldig erklärt werden, wenn man den Galgen darauf setzte *).

---

*) Die Erfahrung hinsichts der Unanwendbarkeit und Nutzlosigkeit der zu harten Strafen ist eben so, wie die fortschreitende Humanität und Milderung der Barbarei Grund gewesen, daß die barbarischen Strafen der

Dies hindert jedoch nicht die Strafen nach der größern Unmoralität des Vergehens zu steigern. Entwendungen, welche sich nicht auf den dringendsten Bedarf erstrecken, wo aus der Holzdieberei ein Gewerbe gemacht wird, wenn dem Forste ein sehr bedeutender Nachtheil durch dieselbe erwächst, indem werthvolle Gegenstände entwendet werden, gewaltsame Holzdiebstähle, Widersetzlichkeit gegen die Forstbeamten, oder andere erschwerende Umstände erhöhen in allen deutschen Staaten die Strafe, welche oft bis zur mehrjährigen Zuchthausstrafe gesteigert wird. Immer muß aber dann der Forstbeamte, welcher glaubt, daß eine solche Strafe in Antrag gebracht werden kann, sich mit dem vollen Beweise der Richtigkeit des Vergehens versehen. —

Die Strafe für gewöhnliche Holzentwendungen, welche nur als Polizeivergehen behandelt werden, bestehen in Geld, indem nicht bloß Ersatz für den entwendeten Gegenstand und dessen Werth geleistet werden muß, sondern auch eine Conventionalstrafe zu entrichten ist, welche im Verhältnisse mit dem Werthe der entwendeten Sachen stehet. Nur wo kein Werth angegeben werden kann, wird gewöhnlich ein bestimmter Strafsatz für Gegenstände festgesetzt, aus deren Entwendung dem Forste kein besonderer Nachtheil erwächst. Ist dies Letztere in einer Art der Fall, daß der angerichtete Schaden gar nicht im Verhältnisse mit dem gegenwärtigen Werthe stehet, so fällt das Vergehen gewöhnlich in die Kategorie der Frevel, für welche in der Regel besondere Strafbestimmungen stattfinden. So z. B. wird überall das Abschneiden und Beschädigen junger Pflanz-

---

Vorzeit, mit deren Holzdiebstahl und Holzbeschädigung verschwunden sind. Man lese in Stissers Forstgeschichte den Dreieichen-Wildbann, Ludwigs Weißthum, und frage sich selbst, ob das Nabelausschneiden und Umwinden des Baumes mit dem Eingeweide des Frevlers, der ihn geschält hatte, noch jetzt in einem Gesetze vorzuschreiben wäre. Das Zuchthaus mit Willkommen und Abschied für einen Schubkarren Zackenholz, ist es eben so wenig.

stämme an Wegen, deren Werth jetzt sehr gering sein kann, besonders und immer härter gestraft, als das Entwenden einer gleichen Menge Buschholz.

Eine solche Sonderung der Vergehen nach ihrer größern oder geringern Strafbarkeit, d. h. Unmoralität, Bosheit und dem entstandenen Schaden ist allerdings unerläßlich, aber auf der andern Seite muß der Gesetzgeber sich auch sehr hüten, einen zu complicirten Straftarif anzunehmen, weil dieser zu viele anderweitige Nachtheile, Inconsequenzen herbeiführt und häufig ganz unausführbar wird. Für den Richter wie für den Forstschutzbeamten und selbst auch für den Frevler, muß die Forststrafgesetzgebung stets sehr einfach und übersichtlich sein; für den Richter, weil die Menge der Vergehen, welche oft zur Rüge kommen, gewöhnlich keine weitläuftige Untersuchung, vorzüglich bei Bagatellsachen, zulassen, und die Gerichte schon gewöhnlich mit Arbeit überhäuft sind. Es muß daher möglichst dahin gewirkt werden, daß ihm die Mehrzahl der Sachen klar und bestimmt hinsichts der Entscheidung der Gesetze vorliegen, um durch ein kurzes Resolut abgemacht zu werden; für den Schutzbeamten, weil darunter noch eine Menge ziemlich ungebildeter Menschen sind, welche die oft haarscharfe Unterscheidung des größern oder geringern Nachtheils einer Handlung, nicht machen können, um ihnen so wenig als möglich Willkür bei ihren Bestimmungen und Angaben zu gestatten und die verwaltenden Beamten in den Stand zu setzen, deren Richtigkeit stets prüfen zu können. Für den Revierverwalter und die obern Forstbehörden, um sich nicht in einer Menge Weitläuftigkeiten und Spitzfindigkeiten zu verwickeln, welche das Forstbußgeschäft noch mehr in Unordnung bringen, als es ohnehin schon oft ist; für den Frevler, weil man von ihm nicht verlangen kann, daß er einen sehr complicirten Forststraftarif im Kopfe haben soll, und ihn also in die Lage setzt, seine Strafbarkeit ganz unwissentlich zu vermehren, wenn er eine Handlung begehet, welche der Forstwirth für schädlicher hält, als die andern, wovon aber der Frevler selbst vielleicht gar keinen Begriff hat. — Einige Beispiele werden die Richtigkeit dieser Andeutungen leicht darthun können.

Wenn bei dem Entwenden von Besenreis nur die Seitenzweige abgeschnitten werden, so geschiehet dadurch weit weniger Schaden, als wenn der Wipfel der jungen Birke weggenommen wird. Soll nun für Besenreis aus Wipfeln bestehend, ein besonderer Strafsatz angenommen werden? — Wer kann in einem Gebunde desselben bestimmen, wie viel dieser Zweige aus dem Wipfel oder von den Seitenzweigen sind? — Wie ist der Beweis deshalb zu führen? —

Eine Samenlohde zur Erziehung eines Baumes bestimmt, hat einen höhern Werth für den Forstwirth, als ein Stockausschlag, eine unterdrückte im Schlusse stehende Stange einen geringern, als eine dominirende. Wenn ein Frevler mit einem Fuder gehauener Stangen auf dem Wege betroffen wird, soll nun der Forstwirth ermitteln, wie viel von diesen Stangen, denen der Wipfel schon weggenommen ist, unterdrückt oder frei standen, was davon Samenlohde oder Stockausschlag war — und kann er es wohl? —

Es liegt uns ein Forststraftarif vor *), den Schadenersatz in sich begreifend, wonach der 12, 8, 6, 3, 2, 1fache Werth u. s. w. des entwendeten Holzes als Strafe gezahlt werden soll, jenachdem das entwendete Holz einzeln oder geschlossen gestanden hat, jenachdem es einen halben Zoll unteren Durchmesser mehr oder weniger enthält, und wonach beinahe für jeden einzelnen Zoll eine besondere Strafe eintreten würde. Gesetzt ein Frevler wird mit einem Fuder entwendeten Holzes getroffen, soll nun der Förster alle einzelnen Reiser desselben

*) v. Wedekind neue Jahrbücher.

untersuchen, messen, besichtigen, und jede einzeln nach der Bestimmung dieses Forststraftarifs taxiren?

Es wird in die Augen fallen, daß es in der Praxis ganz unausführbar sein würde, alle diese Unterschiede in der Bestrafung geltend zu machen, welche auf den im Forste angerichteten größern Schaden beruhen, da dieser nicht immer nachzuweisen ist, selbst gar nicht einmal oft auch nur vermuthungsweise angegeben werden kann. Es kann nur ein Unterschied gemacht werden, welcher auch überall stattfindet, zwischen Entwendung und Frevel. Als Entwendung wird Alles bestraft, was die Aneignung eines Gegenstandes aus dem Walde zur Absicht hat, dessen Geldwerth sich bestimmen läßt, wenn dadurch kein außerordentlicher Nachtheil für den Waldbesitzer entstand. Die Strafe wird dabei mit der Wiederholung des Vergehens, oder bei erschwerenden Umständen, gesteigert, indem sie z. B. in dem 3- bis 8fachen Ersatz des Werthes des Gegenstandes bestehet. Frevel sind alle verbotene Handlungen im Walde und Beschädigungen des Holzes, bei denen sich derjenige, welcher sich des Vergehens schuldig macht, entweder gar nichts aneignet, dessen Werth sich nach Gelde bestimmen läßt, oder wo der angerichtete Schaden in gar keinem Verhältnisse mit dem Gegenstande stehet, welchen der Frevler an sich nahm. Sie fangen mit dem einfachsten Sammeln von ganz werthlosen Gegenständen, dem Betreten der Schonungen u. s. w. an, und hören mit dem Anzünden ber Wälder auf, können daher sehr verschiedenartige Klassen von Vergehen bis zum Verbrechen in sich fassen. Demungeachtet sind sie sehr leicht in bestimmte Abtheilungen zu bringen, und für jede ist ein bestimmter Straffatz festzusetzen. So z. B.

Einfache Uebertretung forstpolizeilicher Vorschriften, ohne daß dabei ein für den Forst entstandener Nachtheil erweislich ist. —

Aneignung werthloser Gegenstände durch unberechtigte Personen. —

Beschädigung einzelner Holzpflanzen und Bäume;

a) ohne daß dieselben eingehen,

b) wodurch deren Eingehen bewirkt wird.

Beschädigung ganzer Forstorte in gleicher Art u. s. w.

Für sehr viele Frevel und Verbrechen, z. B. Grenzverrückungen oder Grenzbeeinträchtigung; Feueranlegen oder Unvorsichtigkeit bei dem Feueranmachen im Walde, Schälen, Klopfen, Ringeln der Bäume u. s. w., bestehen ohnehin schon in allen deutschen Ländern eine Menge Vorschriften hinsichts ihrer Bestrafung, und es ist nur nöthig, diese dem Geiste der Strafgesetzgebung im Allgemeinen anzupassen, um dem Bedürfnisse hinsichts der Sicherung der Forsten vollkommen zu genügen.

Alle Holzentwendungen, welche polizeilich behandelt werden, ziehen nur Geldstrafen nach sich. Im Falle des Unvermögens der Bestraften können diese zu Forst-Strafarbeiten angehalten werden, wobei ihnen nöthigenfalls der nothdürftige Unterhalt gereicht werden muß, und wodurch sie nach festbestimmten Lohnsätzen die Strafe abarbeiten. — Im Fall auch diese Forst-Strafarbeiten nicht geleistet werden, kann eine verhältnißmäßige Gefängnißstrafe eintreten. — Vergehen, welche eine peinliche Untersuchung nach sich ziehen, werden nach Vorschrift der Kriminalgesetze, und in der Regel mit Leibesstrafen geahndet.*) Es ist keine Veranlassung dazu vorhanden, die

*) Zur Bestrafung des Holzdiebstahls sind beinahe in allen deutschen Staaten eine Menge Gesetze erlassen, von denen zum Theil besondere Sammlungen angelegt sind. So z. B. für Preußen in dem Holzdiebstahlsgesetz vom 7. Juni 1821 von Hahn. 2. Aufl. Breslau Adlerholz 1836. Für das Großherzogthum Hessen: Handbuch der Gesetze 2c. für das Forststrafwesen. Diese gesetzlichen Vorschriften muß jeder Forstbediente für den Staat kennen, worin er angestellt ist.

Forstfrevler ihrem gewöhnlichen Richter zu entziehen. Noch viel weniger aber würde es zweckmäßig erscheinen, den Forstbeamten einige Mitwirkung bei der Fällung des Urtheils zu gestatten. Sie treten hier nur als Parthei und Vertreter des Interesses der Forsten auf, müssen als solche befugt sein, dem Richter auf die größere oder geringere Strafbarkeit des Vergehens, auf den größern oder geringern Schaden, der dadurch dem Forste erwachsen ist, aufmerksam zu machen; der Beurtheilung des Richters muß es aber überlassen bleiben, in wie fern den Anträgen der Forstbeamten Folge zu geben ist oder nicht. Glauben die letztern daß derselbe dem Gesetze nicht gemäß gehandelt hat, so kann die Sache durch die obere Forstbehörde den Obergerichten zur Beurtheilung und Revision vorgelegt werden. — Die Anstellung ausschließlicher Forstrichter, in der neuern Zeit vorgeschlagen, ist zu verwerfen; theils weil deren Gerichtssprengel zu groß werden würde, und dies die Rechtspflege schwierig und für alle Theile knstbar macht, theils weil leicht ein nicht unbegründetes Vorurtheil gegen die Unpartheilichkeit eines bloß für die Forsten angestellten, wahrscheinlich aus den Forststrafen besoldeten Richters, entstehen könnte. Für diese Anstellung spricht kein einziger Grund. Allerdings wäre es aber wohl oft wünschenswerth, daß von Seiten der die Aufsicht führenden obern Justizbehörden das Forststrafwesen sorgfältiger controlirt würde, als es wohl geschiehet, um Eigenmächtigkeiten oder Nachlässigkeit bei Abmachung der Forstfrevel von Seiten der Unterrichter zu verhüten.

Um den an den Grenzen der verschiedenen Länder so häufig vorfallenden Holzdiebereien Schranken zu setzen, ist es nöthig, daß die Regierungen Conventionen über die Bestrafung derselben abschließen, und sich gegenseitig das Recht einräumen, daß Forstfrevler auf das fremde Gebiet durch die betreffenden Forstbeamten verfolgt werden können.

Noch muß einer Maßregel gedacht werden, welche zuweilen ergriffen worden ist, um überhand genommenen Holzentwendungen zu steuern, und welche auch wohl als gewöhnliche in Vorschlag gebracht worden ist. Diese bestehet darin, die ganze Gemeinde für die in ihrem Weichbilde oder von ihren Mitgliedern begangenen Holzentwendungen verantwortlich zu machen, wenn man entweder den Frevler nicht entdecken, oder ihn nicht zur Strafe ziehen kann. Ein solches Gesetz ist offenbar der Gerechtigkeit durchaus entgegen, und kann höchstens eine Rechtfertigung darin finden, wenn in unruhigen Zeiten die gewöhnlichen Gesetze nicht mehr ausreichen, notorisch ganze Gemeinden sich bei Holzdiebereien unterstützen, und wenn die Erhaltung der öffentlichen Ordnung zu Ausnahmegesetzen und zu gewaltsamen Maßregeln zwingt. Die Holzdiebe kehren sich an kein Weichbild, und will man eine Gemeinde für die Holzdieberei in dem ihrigen verantwortlich machen, so kann sie leicht ganz unschuldig den Schaden tragen müssen, den andere Gemeinden anrichten. Eben so kann kein Gemeindeglied das andere verhindern Holz zu entwenden. Ein Aufruhr kann nur entstehen, wenn viele daran Theil nehmen, und hierbei kann man allenfalls ganze Gemeinden verantwortlich machen, da die Mehrzahl verpflichtet ist, die Minderzahl der Aufrührer in Ordnung zn halten. Holz entwendet aber ein Frevler des Nachts vielleicht ganz allein, ohne daß die Bewohner des Orts im Stande sind ihn daran zu verhindern.

Da bei der Bestimmung des Schadenersatzes an den beschädigten Waldbesitzer, so wie zu derjenigen der damit im Verhältniß stehenden Strafe, stets eine Werthsangabe des entwendeten Gegenstandes erforderlich ist, so müssen die dazu nöthigen Bestimmungen so gegeben werden, daß keine Willkür und keine Ungewißheit dabei stattfinden kann. Im Allgemeinen ist die Forsttaxe bei allen verkäuflichen Gegenständen zu Grunde zu legen. Da jedoch auch eine Menge Dinge entwendet werden können, welche gar nicht verkauft werden, und die deshalb auch nicht in der Taxe aufgenommen worden sind, so muß auch für diese ein Preis oder Werth festgesetzt werden. So würde z. B. zu bestimmen sein, wie hoch eine Bürde, ein Korb, eine Karre voll trockenes Leseholz, ein Fuder Waldstreu, eine Bürde Gras, ein Scheffel Eicheln oder Bucheln, eine Metze Haselnüsse u. s. w. ein für allemal im Preise angesetzt werden sollen, wenn diese Gegenstände entwendet werden. — Die Bestimmungen deshalb muß sowohl der Richter als der Forstschutzbeamte besitzen, und sie müssen so einfach als faßlich sein, daß selbst der Frevler sich schon im voraus berechnen kann, was er für ein Vergehen zu zahlen haben wird, daß aber in jedem Falle der selbst ungebildete Forstschutzbeamte nie in Zweifel sein kann, welchen Werthsersatz er anzunehmen hat. — Alle diese Bestimmungen können sich nur allein darauf gründen, welchen Werth der Gegenstand in der Gegenwart hat, niemals darauf, welchen er einst in der Zukunft haben könnte. Wäre dieser letztere unverhältnißmäßig groß gegen den der Gegenwart, so fällt das Vergehen stets in die Kategorie der Frevel, für welche besondere Strafen bestimmt sind.

Im Anhange ist die preußische Gesetzgebung in Bezug auf Holzdiebstahl und Beschädigung des Holzes nachgewiesen. Die hier aufgeführten Gesetze haben aber wohl allerdings nicht mehr überall volle Gültigkeit, da viele durch neuere Bestimmungen wenigstens indirekt aufgehoben worden sind. Es ist auch die Nothwendigkeit einer Revision dieses Theils der Gesetzgebung längst erkannt worden, und ein neues Forstpolizeigesetz für Preußen, welches den größten Theil der Forststrafgesetzgebung umfaßt, ist in kurzer Zeit zu erwarten.

Es wird hier der Ort sein, zugleich Etwas über die Pfändung der Holzdiebe und Forstfrevler zu sagen. Man versteht darunter die eigenmächtige Besitznahme einer fremden Sache in der Absicht, sich den Ersatz des zugefügten Schadens zu versichern, oder künftigen Schadenszufügungen und Beeinträchtigung seines Rechtes abzuwenden (Allg. Landr. Th. I. Tit. XIV. Abschnitt IV.). Im Forste erfolgt dieselbe auch wohl, um den abgepfändeten Gegenstand zur Beweisführung des begangenen Frevels zu benutzen.

Wenn man den Zweck der Pfändung scharf in das Auge faßt, so wird sich daraus schon von selbst ergeben, unter welchen Bedingungen sie überhaupt stattfinden darf. Bekannten, ansässigen, sicheren Grundbesitzern, bei denen man des Ersatzes des angerichteten Schadens gewiß ist, welche auch ohne eine Beweisführung bestraft werden, indem die Versicherung des Forstbeamten hinsichts der Richtigkeit der Thatsache dazu genügt, kann keine Sache abgepfändet werden, da der Zweck, zu welchem die Pfändung überhaupt nur als erlaubt angesehen werden kann, gar nicht vorhanden ist. Dagegen bei Menschen, welche man nicht kennt, bei solchen, welche sich der Strafe leicht entziehen könnten, wo überhaupt die Sicherheit des Schadenersatzes mangelt, würde die Pfändung rechtlich erfolgen können. Auch ist sie als erlaubt anzusehen, wenn sich die Pfändung auf eine Sache erstreckt, welche dazu benutzt werden kann oder soll, den zu fürchtenden Schaden anzurichten. So kann man keinen Mantel abpfänden, wenn man einen Menschen bei Abhauung von Holz trifft, der sich der Bestrafung nicht entziehen kann, wohl aber die Axt, die Säge, womit er nach der Entfernung der Forstbedienten fortfahren kann, Schaden zu thun. Soll die abgepfändete Sache zur Beweisführung dienen, daß der Frevler wirklich im Forste betroffen worden ist, so muß sie von einer Beschaffenheit sein daß man nachweisen kann, der Frevler ist wirklich im Besitz derselben gewesen. So kann kein Geld abgepfändet werden, weil dasselbe weder kenntlich ist noch erwiesen werden kann, wie viel oder wenig dem Frevler abgepfändet worden ist, wohl aber irgend ein entbehrlicher Gegenstand, von dem mehrere Menschen wissen können, daß der Frevler Besitzer desselben ist.

Bei der Pfändung darf weder Gewalt angewandt werden, noch sind auch nur Drohungen, z. B. des Schießens, Hetzens mit Hunden und dgl. zulässig. Sie ist nur auf frischer That und innerhalb der Amts- oder Gerichtsgrenze, worin der Forst liegt, zulässig. Die abgepfändeten Gegenstände müssen sogleich bei dem nächsten Gerichte deponirt werden, dessen Beurtheilung es überlassen bleibt, ob die Sache im Deposito bleiben oder zurückgegeben werden soll. Posten und Couriere dürfen gar nicht gepfändet werden, sondern wenn sie sich eines Vergehens im Forste schuldig gemacht haben, ist der Thäter im nächsten Postamte zu ermitteln, und bei diesem Anzeige zur Bestrafung desselben zu machen.

Ueber den Gebrauch der Waffen gegen Holzdiebe, Wilddiebe und Frevler sind in Preußen bestimmte Vorschriften erlassen, deren Sinn im Allgemeinen folgender ist.

Nur solche Forstbeamte, die ausdrücklich dazu autorisirt worden sind, dürfen überhaupt gegen Holzdiebe Gebrauch von ihren Waffen, und besonders von Feuerwaffen, machen. Lehrlingen, Jägerburschen, die nur vorübergehend bei dem Forstschutze beschäftigt werden, Privatförstern, die zu jeder Zeit entlassen werden können, ist dies ganz untersagt. Aber auch denen, welchen der Waffengebrauch gestattet ist, sind dabei eine Menge strenger Vorschriften gegeben, um Mißbrauch zu verhüten. So ist er nur bei thätlicher, dem Forstbedienten Gefahr drohender Widersetzlichkeit, bei Angriffen durch mehrere Frevler und da erlaubt, wo schon mehr oder weniger wirkliche Nothwehr eintritt. Auf fliehende Holzdiebe darf durchaus nicht geschossen werden, und der Forstbediente muß stets darthun können, daß er zu seiner Vertheidigung von der Waffe Gebrauch machen mußte. Auch darf dies nur geschehen, wenn er durch seine Uniform, oder in die Augen fallende Kennzeichen, sich so kenntlich gemacht hat, daß er als Forstschutzbeamter erkannt werden muß. Ist ein Holzdieb durch einen Forstbeamten verletzt, oder gar getödtet worden, so muß dieser bei dem competenten Gerichte augenblicklich Anzeige machen, damit von diesem die Feststellung des Thatbestandes und die erforderliche Untersuchung eingeleitet werden kann. — Jeder mit dem Forstschutze beauftragte Beamte muß die in dieser Beziehung erlassenen Gesetze ganz genau kennen, die im Anhange für Preußen nachgewiesen worden sind.

In den mehrsten Ländern wird dem Forstbedienten für jedes zur Rüge gebrachte und bestrafte Forstvergehen eine Belohnung gezahlt, welche den Namen Pfandgeld, Strafantheil rc. erhält. Dies ist unstatthaft, sobald das Wort und die Versicherung des Forstbeamten als Denuncianten hinreicht, um selbst dann die Verurtheilung des Angeklagten herbeizuführen, wenn dieser die Richtigkeit der Anzeige bestreitet. Dies kann dann nur nach der Ansicht geschehen, daß der Kläger als Zeuge auftritt, wo dann aber dieser wohl von seinem Zeugnisse wenigstens keinen Vortheil haben darf. Einem Zeugen jedesmal noch einen Antheil des Strafgeldes zu versprechen, wenn er zugleich als Kläger aufgetreten ist, und die Richtigkeit seiner Klage durch sein Zeugniß darthut, ist ganz unstatthaft. Das Wenigste was der Richter dabei verlangen kann, ist wohl: daß der Zeuge, auf dessen Zeugniß der Angeklagte verurtheilt wird, keinen persönlichen Vortheil dabei hat. — Deshalb ist auch im Preußischen das Zahlen von Pfandgeld gänzlich abgestellt, und der Forstbeamte darf keinen Gewinn aus seiner Anzeige ziehen, wenn er volle Glaubwürdigkeit haben soll. Auch haben die Forstschutzbeamten, wenn ein Theil ihrer Einnahme im Pfandgelde bestehet, eher Veranlassung die Holzdieberei zu erhalten als auszurotten, um diese Quelle ihres Einkommens nicht zu verstopfen.

Einer Ursache der Holzentwendungen müssen wir noch

gedenken, welcher dieselben oft vorzugsweise zugeschrieben werden müssen, die aber ganz außerhalb des Wirkungskreises der Forstbedienten liegt, und von ihnen nicht hinweggeräumt werden kann. Es ist dies der im Volke so allgemein verbreitete Glaube, daß die Holzentwendung weder etwas sehr Strafbares noch Unmoralisches sei. Manches vereint sich, ihn zu entschuldigen, nichts aber kann ihn rechtfertigen, und es wird Sache der höhern Staatsbehörden wie der Lehrer des Volkes sein, ihn hinwegzuschaffen, und das Strafbare der Holzdieberei so überzeugend darzustellen, daß der moralische Mensch davor zurückschreckt, da ohnedis die Abstellung dieser Vergehen sehr schwer sein wird. Entschuldigt wird allerdings der Glaube, daß eine Holzentwendung ein geringeres Vergehen sei, als jeder andere Diebstahl, dadurch, daß es, bis noch nicht vor gar langer Zeit, der ärmern Volksklasse beinahe überall frei stand, ihr Bedürfniß unentgeldlich zu befriedigen; daß es auch in der That wohl keine Unmoralität ist, wenn der Arme nur solche Dinge aus dem Walde nimmt, welche sonst vielleicht ganz ungenutzt daselbst verfaulen würden, z. B. geringes Leseholz, Kiefern- und Fichtenzapfen u. dgl., selbst wenn er keine Berechtigung dazu besitzt; daß der ungebildete Haufe das Holz oft in Menge ohne irgend ein Zuthun des Eigenthümers, erwachsen sieht, und ebenso als jedem Menschen gehörende Gabe der Natur betrachtet, wie das Wasser; daß die Gesetze selbst es als ein bloßes politisches Vergehen mit großer Milde zu behandeln gezwungen sind.

Demungeachtet setzt diese geringe Achtung des fremden Eigenthums immer ein sehr unausgebildetes moralisches Gefühl voraus, und all diese Entschuldigungsgründe können nur dem rohen Bauer, bei welchem überhaupt nur sehr dunkle Begriffe von Recht und Unrecht vorhanden sind, zu gute kommen. Man wird auch stets finden, daß die Holzdieberei immer sich in einem gleichbleibenden Verhältnisse mit der Armuth und

Roheit des Volkes bleibt. Sie ist da eben so selten, wo die Gegend wohlhabend, als wo der Schulunterricht gut ist, und die Holzdiebe sind stets desto zahlreicher, je mehr es Menschen in einer Gegend giebt, welche nicht lesen und nicht schreiben können. So wie wir überhaupt auf einen Punkt gelangt sind, wo nur allein der sorgfältige Unterricht des Volkes unsere politische Ruhe, das Fortschreiten im äußern Wohlbefinden, erhalten und befördern, die Zunahme der Unmoralität und Verbrechen verhindern kann, so müssen auch die Holzdiebereien mehr durch Schullehrer und Prediger verhindert werden, indem sie das moralische Gefühl für Recht und Unrecht ausbilden, dem Volksglauben, als wären sie kein Vergehen, entgegen wirken, als durch Strafen und Aufseher. —

Die gefährlichsten Holzdiebe sind immer diejenigen, welche mit dem entwendeten Holze einen Handel treiben, was vorzüglich sich auf die kleinen Nutzhölzer erstreckt, zuweilen auch bei der Nähe der Städte auf Brennholz. Besen, Baumpfähle, Peitschen- und Spazierstöcke, Harken, Quirle und eine Menge Dinge, welche in der Haushaltung auf dem Lande und in der Stadt gebraucht werden, bilden einen nicht unbedeutenden Handel in der Nähe der Wälder nach den Städten und holzleeren Gegenden hin, welcher gewöhnlich durch Menschen betrieben wird, die das Holz dazu entwenden. Zuweilen sind sie, wenn sie einmal diesen Erwerbszweig gewählt haben, in der That beinahe dazu gezwungen, indem diese Kleinigkeiten entweder gar nicht, oder doch nicht in so kleinen Partieen, wie sie nur allein von diesen gewöhnlich sehr armen Leuten bezahlt werden könnten, verkauft werden. Das dazu nöthige Holz kann auf den Schlägen, von unterdrückten Stämmen häufig auf eine Art gegeben werden, wodurch an dem Einkommen aus dem Forste wenig oder nichts verloren geht, selbst wenn es unentgeldlich verabfolgt würde; es wird aber gewöhnlich im Verhältniß seines Brennholz-Werths gern noch ziemlich hoch bezahlt, wenn es nur zu jeder Zeit, und in Quaneitäten, wie es gebraucht wird, verkauft werden kann. Dies anzuordnen, den Arbeitern, welche sich mit der Verfertigung dieser Gegenstände beschäftigen, den Landleuten, welche sie bedürfen, daß dazu erforderliche Holz auf eine bequeme und dem Forste nicht nachtheilige Art zu gewähren, ist Sache der Forstbeamten. Auf den Geldertrag kann es dabei nicht ankommen, nur darauf, den dadurch entstehenden Schaden zu verhüten, welcher zu befürchten ist, wenn dies Holz ohne Anweisung aus dem Forste entnommen wird; es ist sogar oft Vortheil dabei, es lieber ganz unentgeldlich von werthlosem Holze zu geben, als es von unentbehrlichen Pflanzen und jungen Stämmen stehlen zu lassen.

Zugleich müssen aber auch von der allgemeinen Polizei diese Gewerbe und Gegenstände unter eine strenge Beaufsichtigung genommen werden. Viele Dinge dürften vielleicht ganz zu fertigen und zu verkaufen untersagt werden, wie z. B. die Quirle, welche aus den Wipfeln junger Nadelholz-Stämme geschnitten werden, und welche man weit zweckmäßiger aus gespaltenen Hölzern macht. Alle diese Holzarbeiter dürfen nur ein solches Gewerbe treiben, wenn sie sich über den Erwerb des dazu erforderlichen Hölzes auf rechtliche Art ausweisen; den Colporteurs darf ein Handel mit diesen Gegenständen nur erlaubt sein, wenn sie die nöthigen Atteste der Forstbehörden besitzen, und die Polizei- und Accisebeamten, die Gensd'armen u. s. w. müssen verpflichtet werden, darüber zu wachen, daß die in dieser Hinsicht zu erlassenden Vorschriften nicht übertreten werden. — Eben so erfordert auch das durch die Bauern in die Städte verfahrene Holz eine strenge Kontrolle. —

Sehr ausgedehnte Holzberechtigungen sind auch häufig eine Quelle der Dieberei, vorzüglich aber dann, wenn die Grenze der Berechtigung nicht genau bestimmt ist, und daher von Seiten der Berechtigten ein fortdauerndes Streben stattfindet, dieselbe auszudehnen. Sie geben sehr leicht Gelegenheit, Entwendungen zu begehen und zu verstecken, so daß die Forstschutzbeamten nicht im Stande sind, den Frevler zu überführen. Wo z. B. die Berechtigten befugt sind, den ganzen Tag überall mit dem Wagen im Forste herumzufahren, alle trockenen Stämme abzuhauen, alle Aeste bis zur Stärke von Scheit- oder Klobenholz auf den Schlägen aufzuladen, grüne Windbrüche zu zerhauen und mitzunehmen — wie kann da der Forstbeamte verhüten, daß nicht mit der dürren auch eine grüne Stange abgehauen, und zwischen das dürre Holz hineingeladen und versteckt wird, wie kann er wissen, ob grüne Aeste allemal von einem schon gefällt gewesenen oder von einem auf dem Samenschlage stehenbleibenden Baume sind, wie mag er beurtheilen, ob das grüne Stück Holz von einem Windbruche oder einem umgehauenen Stamme ist? Unschädlich sind deshalb nur solche Holzungsgerechtsame, welche sich bloß auf Holz von einer Beschaffenheit erstrecken, die gleich zu erkennen giebt, daß der Berechtigte wirklich dies Holz zu fordern hatte, und die dabei auf eine Art hinsichts der Gewinnung und Sammlung des Holzes beschränkt sind, so daß ihre Kontrolle möglich wird. Auf jeden Fall aber müssen die Grenzen aller dieser Berechtigungen ganz genau bestimmt sein, so daß nicht unter dem Vorwande einer befugten, oder dem Rechte nach zweifelhaften Ausdehnung, Holzentwendungen stattfinden können. — Das Raff- und Leseholz ist eigentlich wohl dasjenige, welches man ohne eine Gefahr einer gefährlichen Ausdehnung einräumen kann, wenn auch damit nicht behauptet werden soll, daß man keine andere Holzberechtigungen dulden dürfte, worüber das Nähere nachgewiesen werden soll, wo von den Servituten gehandelt werden wird.

In Bezug auf die Verpflichtung der Forstbeamten, die vorfallenden Holzentwendungen so zu entdecken, daß der Frevler zur Bestrafung angezeigt werden kann, wird Folgendes zu bemerken sein:

Auch der höhere Forstbeamte, welcher nicht verpflichtet ist, unmittelbar für den Forstschutz zu sorgen, muß doch seine Untergebenen darin streng beaufsichtigen, auch dafür sorgen, daß sie nöthigenfalls unterstützt werden, wenn sie allein zuweilen den Wald nicht genugsam zu schützen vermögen. Durch eine öftere Revision aller Theile des Forstes, muß man sich überzeugen, ob Holz entwendet ist, oder ob Ordnung herrscht. Nicht immer ist aber der Schutzbeamte verantwortlich zu machen, wenn beträchtliche Entwendungen statt gefunden haben; man kann von ihm nur verlangen, daß er dieselben bald entdeckt und anzeigt. Um ihn in dieser Hinsicht kontrolliren zu können, muß er einen Frevelhammer, in der Art eines kleinen Waldhammers (Malbarte) erhalten, mit welchem er sogleich jeden Stock vom entwendeten Holze bezeichnet; auch darf ihm keine Entwendung länger als 24 Stunden unbekannt bleiben. Wenn er daher auch nicht immer im Stande ist darüber Auskunft zu geben, wer das Holz entwendet hat, von welchem man die Spuren der Entwendung im Walde vorfindet, so muß er doch stets schon, ehe man einen Forstort genau revidirt, angeben können, was darin für Diebereien vorgefallen sind, zu welcher Zeit und unter welchen Umständen dies geschehen ist, und die Stöcke der gestohlenen Stangen und Bäume müssen bereits sämmtlich mit dem Frevelhammer bezeichnet sein.

Zu den Forstschutzbeamten selbst dürfen nur moralische, nüchterne, rüstige und unverdrossene Menschen genommen werden, welche übrigens nicht bloß einer wissenschaftlichen Bildung nicht bedürfen, sondern bei denen diese sogar dadurch nachtheilig wird, daß Leuten, welche diese besitzen, selten wohl diese für einen gebildeten Mann nicht angenehme Stellung zusagt, und daß dieselben ihre Verpflichtungen nur ungern und nicht mit der Kraft und dem Eifer erfüllen, wie ein tüchtiger Waldsoldat. — Der Forschutzbeamte kann zwar nicht stets, am Sonntage wie am Wochentage, am Tage wie in der Nacht im Walde sein, aber er muß wenigstens dafür sorgen, daß die Holzdiebe niemals gewiß sein können, ungestört ihr Wesen im Walde treiben zu dürfen. — An den Sonn- und Festtagen, bei sehr schlechtem Wetter, an Tagen, wo Jahrmärkte, Kirchweihfeste, Forst-Gerichtstage u. s. w. die Abwesenheit des Forstbeamten vermuthen lassen, bedarf der Wald des Schutzes gewöhnlich am mehrsten. Deshalb ist auch die Anordnung zu treffen, daß da, wo mehrere Schutzbeamte mit ihren Bezirken an einander grenzen, diese sich so gegenseitig unterstützen, daß, wenn der Eine den seinigen nicht beaufsichtigen kann, der Andere ihn darin mit vertritt und so umgekehrt. Wo der Förster allein ist, muß wenigstens dafür gesorgt werden, daß ein Bursche oder ein sicherer Holzhauer die Aufsicht übernimmt, wenn er sich entfernt.

Giebt es in einer Gegend bekannte und berüchtigte Holzdiebe, so muß der Schutzbeamte diese ganz besonders scharf in das Auge fassen, vertraute Leute zu gewinnen suchen, welche dieselben in ihren Häusern bewachen und dem Förster Nachricht geben, wenn sie Holz verkauft, in die benachbarten Orte oder in ihre Wohnungen gebracht haben. Das Signalement dieser, oft für den Forst sehr gefährlichen Menschen, muß ihm so genau bekannt sein, daß er schon ihre Spur an dem Schuhwerke, am Gange, an den Rädern und Fährten der Pferde und Ochsen u. s. w. kennt, wenn er sie im Walde findet, was wenigstens für den geübten Jäger, welcher ein scharfes Auge darin erhält, nicht so schwer ist, als es anfangs scheint, wenigstens da nicht, wo der Boden weich ist und alle Eindrücke annimmt. Wo keine Landstraßen oder stark benutzte Komunikationswege durch den Wald führen, müssen des Abends, wenn sich Alles daraus entfernt hat, an Orten, wo es nicht in das Auge fällt, die Fahrgeleise zugetreten, die Fußsteige mit einem hinter sich her geschleppten Strauche etwas übergekehrt werden, damit man des Morgens, wenn der Tag anbricht sehen kann, ob jemand den Wald mit einem Wagen, Karren, oder zu Fuße besucht hat. Dazu muß man aber auch streng auf die allgemeine Polizeiregel halten, daß Niemand nach Sonnenuntergang im Walde bleiben oder ihn vor Sonnenaufgang besuchen darf, wenn ihn nicht Geschäfte dazu berechtigen.

Des Abends spät oder des Morgens vor Tage, bei stillem Wetter, ist anzurathen, daß sich der Förster an Orte stellt, wo er jedes Geräusch des Hauens, Sägens, des Fahrens von Wagen bemerken kann. Zuweilen giebt es solche Warten, von wo aus man beinahe den ganzen Forst überhören kann; diese geben dann in der Nacht den zweckmäßigsten Posten ab.

Am schwersten zu schützen sind oft die Reviere, welche durch Flüsse getrennt werden, die beim Eisgange und hohem Wasser nicht zu passiren sind, wenn der Schutzbezirk auf beiden Seiten liegt. Hier muß wenigstens für die Zeit, wo die Kommunikation unterbrochen ist, noch ein Nebenaufseher angestellt werden. —

Auch ist der Schutzbeamte verpflichtet, dafür Sorge zu tragen, daß nicht durch Unordnungen im Reviere die Holzdieberei von ihm selbst veranlaßt wird. Wo viel gefälltes Holz lange herumliegen bleibt, angerissene und eingefallene Klaftern überall herumstehen, Windbrüche lange nicht aufgearbeitet werden, trockenes Holz nicht eingeschlagen wird, Nutzhölzer nicht zusammengerückt werden, da finden viele Menschen, welche in den Wald kommen, gleichsam in dieser Unordnung eine Veranlassung, Holz zu entwenden, weil sie glauben daß es bei derselben leicht unbemerkt geschehen könne.

Man würde ein Buch schreiben können, und doch den Gegenstand nicht erschöpfen, wenn man alle die Kniffe und

Ränke der Holzdiebe, wodurch sie den Forstbedienten zu täuschen suchen, die Gelegenheiten, die sie zu Entwendungen benutzen, wie sie das gestohlene Holz verbergen u. s. w., anführen wollte. Es wird genug sein, zu bemerken, daß der Forstbeamte alles dies kennen zu lernen suchen, und der List mit List, der Wachsamkeit der Holzdiebe mit noch größerer Thätigkeit und Aufmerksamkeit zu begegnen suchen muß. Lange Zeit gehört dazu, ehe er so local- und menschenkundig wird, daß er schon gleich ahnet, wer eine entdeckte Entwendung begangen hat, und wie er den Thäter überführen kann. Deshalb muß aber auch ohne dringliche Veranlassung nicht leicht ein Schutzbeamter versetzt und auf ein ihm fremdes Terrain gebracht werden. Diese Veranlassung kann in der Regel nur darin liegen, wenn man vermuthen muß, daß Befreundung, Verwandschaft, Verpflichtungen irgend einer Art, ihn bewegen können, gegen Leute nachsichtig zu sein, welche das Interesse des Forstes beinträchtigen.

Zur Unterstützung der eigentlichen angestellten Schutzbeamten müßen auch die regelmäßig im Walde beschäftigten Arbeiter gebraucht werden können; nicht bloß, indem sie ihm allenfalls bei gewaltsamen Angriffen auf den Wald und bei Zusammenrottirungen und Widersetzlichkelten Hülfe leisten, sondern auch, indem sie dem Forstbeamten Anzeige von allen, im Forste vorfallenden Unordnungen machen. Dazu gehört zuerst, daß man nur ganz zuverlässige rechtliche Leute zu stets im Walde beschäftigten Arbeitern wählt, und um dies zu können, sie so gut bezahlt, daß man die Auswahl darunter hat. So wenig man sich gegen einen Hausdieb sichern kann, eben so wenig kann man einen Arbeiter der früh und spät im Walde beschäftigt ist, der vielfach Gelegenheit hat, zu erfahren, wo der Forstbeamte sich zu einer gewissen Zeit aufhalten wird, genau kontrolliren. Deshalb allein schon muß man nur zuverläßige Leute zu bleibenden Arbeitern wählen, wogegen man allerdings bei vorübergehenden Beschäftigungen, als Kulturen, Wegebesserungen u. d. gl. nicht so ängstlich dabei sein kann. Diese Leute müssen dann aber auch ferner durch irgend Etwas an das Interesse des Forstes geknüpft sein, um sich allenfalls Anfeindungen ihrer Nachbarn auszusetzen, wenn es darauf ankommt, ihn zu schützen. Dies kann durch die Sicherheit, einen guten Lohn bei der Beschäftigung darin zu erhalten, geschehen, dadurch, daß man ihnen stets Arbeit giebt, und sie solchergestalt unabhängig von den Bauern und andern Gemeindemitgliedern erhält, indem man ihnen einen bis zwei Morgen temporelles Rodland zum Kartoffelbaue giebt, oder durch ähnliche, von der obern Forstbehörde gebilligte Begünstigungen, welche dem Forste nicht nachtheilig werden. Es verstehet sich dabei von selbst, daß diese Unterstützung aufhört, und augenblickliche Entlassung aus der Arbeit die Folge ist, wenn sie entweder einer eignen Unredlichkeit überführt werden, oder auch nur eine fremde verschwiegen und begünstigt haben.

Man hat, um sich in dieser Hinsicht der Mitwirkung der Holzhauer dem Forstschutze ganz zu versichern und alle Unredlichkeiten derselben selbst zu verhindern, in vielen Revieren die Methode eingeführt, dieselben zu vereiden und nur geschworene Holzarbeiter beschäftigt. Dies ist jedoch nicht zu empfehlen, und hat sich eher nachtheilig als vortheilhaft gezeigt. Der Eid ist überhaupt bei dem gemeinen Manne häufig nicht mehr etwas so Heiliges, daß er sich dadurch sehr gebunden fühlte, am wenigsten aber eine solche Art von Diensteid. Man wird aber durch denselben in der Entlassung der Arbeiter zu sehr behindert, indem Verdachtsgründe nicht sogleich geltend gemacht werden dürfen, da man den Menschen dadurch für meineidig erklären würde; diese Leute erhalten durch die Vereidung gleichsam ein Monopol der Arbeit, und fordern dann höhern Lohn; sie pochen bei jeder Gelegenheit auf ihren Amtseid und betrachten sich wie angestellte Beamte, mit einem Worte, es werden dadurch eine Menge Inconvenienzen herbeigeführt, ohne einen einzigen wirklichen Vortheil zu gewinnen. Eine weit bessere Bürgschaft erhält man dadurch, daß man nur bekannte rechtliche Leute zu Arbeitern nimmt, und sie um ihres eigenen Interesses willen nöthigt, dasjenige des Forstes wahrzunehmen.

Bei der Rüstigkeit und Thätigkeit, welche man von dem Schutzbeamten fordern muß, kommt es sehr häufig, daß alte Männer nicht mehr ganz im Stande sind, den Forstschutz vollständig zu bewirken, wenn gleich ihnen kein Mangel an gutem Willen und Thätigkeit vorzuwerfen ist. Man kann eben so wenig diese Leute gleich pensioniren — denn das geringe Gehalt derselben gewährt ihnen ohnehin gewöhnlich nur eine kärgliche Existenz — als man ruhig zusehen darf, daß deshalb Schaden entstehen könnte. Zur Unterstützung dieser Männer, bei Krankheitsfällen, zur außergewöhnlichen Verstärkung des Forstschutzes, müssen deshalb noch eine, nach der Ausdehnung der Forste bald größere bald kleinere Zahl von Gehülfsjägern, Burschen u. s. w. verwendbar sein, welche man als mobile Forst-Sicherheitsgarde betrachten kann. Diese Leute wählt man aus den Anwärtern oder Aspiranten, welche nach der Dienstzeit in die offen werdenden Forstschutz-Beamten-Stellen nachrücken. Man hat dadurch den doppelten Vortheil, Leute zu bekommen, welche in der Hoffnung, später eine bleibende Anstellung zu erhalten, jetzt wohlfeil dienen und doch zuverlässig sind, und daß man sie genau kennen lernt, bevor man sie fest anstellt. In den größern Staaten, welche die Schutzbeamten aus den Jägerbataillonen nehmen, lassen sich die Beurlaubten sehr zweckmäßig dazu verwenden, welche nöthigenfalls im Winter, wo die Holzentwendnngen am häufigsten sind, in stärkerer Zahl entlassen werden können, als während der militairischen Uebungszeit im Sommer.

Die Waldwärter, Waldläufer, Haideläufer, sind eine geringe Klasse von Schutzbeamten in einigen Gegenden Deutschlands, als die eigentlichen Unterförster, gehenden Förster u. s. w., welche man zur Ersparung der Kosten eingeführt hat, da sie geringer besoldet werden. Die Förster sind überall Leute, von denen man schon wenigstens einige empirische Kenntnisse der gewöhnlichen Forst- und Jagdgeschäfte verlangt, welche schon einige Bildung haben sollen, von denen man eine gewisse Autorität über die Arbeiter und Bauern fordert, und die man schon mehr oder weniger unter die gebildete Volksklasse auf dem Lande zählt. Diese müssen demgemäß auch schon höher bezahlt werden als ein bloßer Tagelöhner aus dem Bauernstande, wovon am andern Orte gehandelt worden ist. In Gegenden, wo das Holz sehr wenig Werth hat, oder wenn die Forstgründe, welche aus einer oder der andern Rücksicht nicht veräußert werden sollen, in kleinen Stücken sehr vereinzelt liegen, so daß eine sehr große Zahl von Forstschutzbeamten nöthig wird, macht es diesen allerdings sehr kostbar, wenn man denselben bloß durch, verhältnißmäßig zum Ertrage der Forsten, hochbesoldete Förster will bewirken lassen. Man hat deshalb das Auskunftsmittel ergriffen, für solche kleinere Waldgründe, welche nicht die volle Thätigkeit eines Forstbeamten in Anspruch nehmen, Landleuten den Forstschutz zu übertragen, welche diesen entweder als Nebensache besorgen sollen, und dafür nur eine geringe Entschädigung erhalten, oder wenigstens nicht mehr als das gewöhnliche Tagelohn der Gegend als Gehalt bekommen. Da zur Entdeckung der Holzdiebe allerdings nichts weiter gehört als Thätigkeit, und Kenntnisse dazu nicht verlangt werden, sogar allenfalls die Frevel-Liste durch einen andern Forstbeamten angefertigt werden kann, so scheinen redliche Landleute, alte Soldaten vollkommen genügend für diesen Zweck. Die Erfahrung lehrt jedoch, daß man denselben durch diese Einrichtung gewöhnlich nur sehr unvollkommen erreicht, und daß diese Leute auch das Gehalt, welches sie bekommen, selten verdienen. Wo sie noch ein anderes Gewerbe nebenbei treiben müssen, um sich zu erhalten, kann man ihnen gar nichts sagen, wenn sie zu der Zeit nicht im Walde waren, wo eine Holzentwendung statt fand. Selbst aber, wo sie sich ausschließlich mit dem Forstschutze beschäftigen sollen, sind diese Menschen beinahe immer so sehr mit den Landleuten verwandt und befreundet, von der Gemeinde so sehr abhängig, nehmen bei ihrer unsichern Anstellung, die nur auf Kündigung zulässig ist, so viele Rücksichten, daß man diese Einrichtung nicht empfehlen kann. Weit zweckmäßiger wird es sein, diese nur gering zu besoldenden Stellen den Anwärtern auf die besser dotirten Försterstellen zu geben, die, da sie überall in so großer Menge vorhanden sind, wohl gern sich entschließen werden, eine Zeit lang für niedrigen Lohn treu und zuverlässig zu dienen, wenn sie Aussicht haben dadurch die Anwartschaft auf eine bessere Stellung zu erhalten.

Daß die Forstschutzbeamten alle so besoldet werden müssen daß sie nicht nöthig haben, sich von den Holzdieben bestechen zu lassen, um eine Existenz zu haben, ist so selbstredend, daß es wohl kaum erwähnt zu werden braucht.

Außer der Entwendung des Holzes und der Rinden, ist noch oft diejenige des Grases sehr empfindlich, indem dadurch Beschädigungen der Schonungen erfolgen, so wie auch Baumfrüchte oft Gegenstand derselben sind.

Der Grasdieberei beugt man am besten dadurch vor, daß man das Gras in den Schonungen, wo es nur irgend ohne Nachtheil für die jungen Pflanzen durch vorsichtiges Ausschneiden oder Ausrupfen gewonnen werden kann, an die, welche es bedürfen, verpachtet, oder im schlimmsten Falle es lieber unentgeldlich unter Aufsicht der Forstbedienten und Verantwortlichkeit der Empfänger, sammeln läßt. Da die Entwendung oft des Nachts erfolgt, mit wenigem Geräusch verbunden ist, da es häufig schwer wird, zu beweisen, daß das vorgefundene Gras aus den Schonungen entwendet ist, die bei dem Schneiden betroffenen Frevler gewöhnlich entspringen, so ist es in vielen Gegenden kaum möglich, diese verderbliche Dieberei, wobei oft tausende von Pflanzen vernichtet werden, anders zu verhindern, als daß man denen, welche es nicht entbehren können, erlaubt, es auf eine unschädliche Art zu sammeln. Man erreicht dadurch den Zweck, vielleicht einen, oft nicht unbedeutenden Ertrag der Gräserei zu erhalten, die Graspächter oder die, denen man die Sammlung unentgeldlich gestattet, zu aufmerksamen Wächtern der ihnen angewiesenen Distrikte zu machen, die Arbeit ruhig und vorsichtig verrichten zu lassen, welche sonst hastig, rücksichtslos und übereilt stattfindet, und die Aufforderung wegzuschaffen, das Gras zu stehlen. Dabei muß man aber nicht sowohl auf einen großen Erlös sehen, wenn noch Gefahr für ganz kleine Pflanzen zu fürchten ist, als auf sichere ordentliche Pächter, auf die Befriedigung der dringendsten Bedürfnisse der Leute, welche kein Land haben und doch gern ein ihnen unentbehrliches Stück Vieh halten wollen. Auch muß stets bedingt sein, daß jedes entdeckte Abschneiden, Ausreißen oder Beschädigen von Pflanzen sogleich die Aufhebung des Kontrakts oder der Einräumung herbeiführt, wenigstens muß eine verhältnißmäßige Conventionalstrafe dafür bestimmt werden.

Die Entwendung der Waldstreu läßt sich nicht immer auf gleiche Art verhüten, wenn man nicht etwa Distrikt hat, aus denen sie ohne Nachtheil abgegeben werden kann, weil der Nachtheil sich gleich bleibt, ob dieselbe mit oder ohne Erlaubniß aus dem Walde entnommen wird. Es bleibt in dieser Beziehung nur etwa übrig, in dem Nadelholzforste das grüne Reisholz als Hackstreu an die bedürftigsten Landleute zu geben, welche die Streu am wenigsten entbehren können.

Die Entwendung von Mastfrüchten, Haselnüssen oder andern Baumfrüchten wird am besten verhindert, wenn man die Nutzung derselben unter den Bedingungen, welche nöthig sind, um Beschädigungen des Holzes zu verhindern, den Anwohnern des Waldes selbst überläßt. Das Nähere deshalb ist bereits in der Abtheilung, welche von der Forstbenutzung handelt, bemerkt worden.

III. Von den Nachtheilen der Waldservitute und den Mitteln, sie unschädlich zu machen.

Von der Entstehung der Waldservitute.

Wenn dem Eigenthümer oder Benutzer eines fremden Grundstückes die Befugniß zusteht, Nutzungen aus einem ihm nicht gehörenden Walde zu beziehen, oder andere Gerechtsame darin auszuüben, so nennt man dies ein Waldservitut, oder eine auf dem Walde lastende Grundgerechtigkeit, indem die Gerechtsame nicht persönlich ist, sondern an dem fremden Grunde klebt. Da dies stets eine Beschränkung des freien Gebrauchs des Waldeigenthums herbeiführt, so wird der Begriff des Wortes Grundgerechtigkeit so gegeben: daß sie die einem Grundstücke anklebende Befugniß ist, dem Eigenthümer eines andern Grundstückes in der freien Ausübung seiner Eigenthumsrechte zu beschränken. Schon daraus geht hervor, daß der Forstwirth den Umfang der auf dem Forste lastenden Grundgerechtigkeiten, und das, was die Gesetze hinsichts ihrer Ausübung bestimmen, genau kennen muß, um sich nicht in unangenehme und nachtheilige Rechtsstreite zu verwickeln.

Die Waldservitute, wie wir diese fremden Gerechtsame im Walde, dem gewöhnlichen Sprachgebrauche gemäß, nennen wollen, sind so alt als das Eigenthum der Wälder, denn selten ist es wohl der Fall gewesen, daß ein Wald so in Besitz genommen worden ist, daß alle Mitbenutzungsrechte darin ausgeschlossen wurden, vielmehr sind die von Servituten befreiten Wälder, es gewöhnlich erst in der neueren Zeit geworden.

So lange die deutschen Völker noch keine festen Wohnsitze hatten, selbst so lange die Bevölkerung gering war, wurde der Wald und die Jagd darin als ein gemeinschaftliches Besitzthum aller in seiner Nähe wohnenden Freien betrachtet, welche ihre Bedürfnisse daraus befriedigten. Die ersten Beschränkungen darin entwickelten sich aus der Nothwendigkeit, das nutzbare Holz, die masttragenden Bäume, zu erhalten, als die Ansprüche an dieselben bei steigender Bevölkerung größer wurden. Später, als sich die bürgerlichen und gesellschaftlichen Verhältnisse mehr ausbildeten, die Stände und das Eigenthum sich mehr sonderten, als aus Heerführern Fürsten, aus den reichen und angesehenen Kriegern Edle und Gutsherren wurden, als mit der Einführung des Lehnsystems aller Grund seinen Herrn bekam, wurde dieses gemeinschaftliche Eigenthum des Waldes mehr in ein privatives verwandelt, oder der Wald wurde geforstet, d. h. in bestimmte Forstbezirke getheilt, deren jeder seinen Herrn hatte. Im Anfange bezog sich dies mehr auf die Jagd als auf das Holz; später zog der Forstherr die wichtigsten Nutzungen, die Mast, das starke Nutzholz an sich, bis denn, als die Städte sich mehrten, der Bergbau betrieben wurde, die Wälder sich minderten, dadurch das Holz überall mehr Werth erhielt, das Forsteigenthum sich immer mehr und mehr ausbildete, indem der Forstherr Andere von der Mitbenutzung ausschloß. Immer bezog sich das aber mehr auf die benutzbaren Gegenstände, und mehr auf Fremde, als auf die Nebennutzungen und die eigenen Domänen- und Gutsunterthanen. Diese Letztern mußten den Bedarf an Weide, Brenn- und Bauholz unentgeltlich aus dem Walde erhalten, denn da sie kein Eigenthum hatten, nur für den Herrn arbeiteten, so mußte sie dieser auch erhalten und ihnen, da sie zum Theil wie Leibeigene oder Gesinde zu betrachten waren, das geben, was sie bedurften. Dasselbe ist noch der Fall in den Ländern, wo der Bauer Leibeigner ist, oder kein Eigenthumsrecht an dem von ihm bewirthschafteten Gute hat; was er aus dem Forste bedarf, muß ihm gegeben werden, denn ohne dies würde er nicht im Stande sein, seine Leistungen zu entrichten.

Dies hat sich zwar in den alten deutschen Ländern geändert und wird hoffentlich sich auch in den andern europäischen Staaten ändern, so wie sie in der Kultur fortschreiten; allein dadurch ist der Landmann noch nicht in den Stand gekommen, sein Holz kaufen, die Waldweide u. s. w. entbehren zu können. Seine Abgaben an den Staat, an den Grundherrn oder den Eigenthümer, die auf den Bauerngütern haftenden Reallasten sind so groß, daß man wohl auch, nach der aufgehobenen Leibeigenschaft, dasjenige als ein ihm zukommendes Recht ansehen kann, was ihm früher weniger aus Gunst und Gnade, als aus einer nicht zu vermeidenden Nothwendigkeit eingeräumt werden mußte.

Eine andere Quelle der Waldservitute ist die, daß man viele in der frühern Zeit als ganz werthlos anzusehende Dinge gar nicht achtete, und es gleichgültig geschehen ließ, wenn selbst fremde Gemeinden das geringe Holz, auch wohl abgestorbene und umgefallene Bäume, das Gras als Weidenutzung, die Waldstreu als Düngungsmittel benutzte, und sehr froh war, wenn man vielleicht einen gewissen Zins dafür erhielt. Noch vor wenigen Jahrhunderten waren die Wälder in einem ganz andern Zustande als jetzt; man machte weit weniger Ansprüche an sie, man kannte und würdigte den Einfluß, den manche der Servitute auf ihre Erhaltung haben, weit weniger, man hatte ganz andere Wirthschaftsformen, bei denen diese nicht hinderlich erschienen, so daß dieselben entweder ganz gleichgültig waren, oder man sogar veranlaßt wurde, durch Verleihungen von Rechten für einen geringen Zins an Gelde, Getreide, Vieh, Hühnern u. s. w., ein Einkommen aus diesem gewöhnlich sehr einträglichen Besitzthume herzustellen. Daß die Verhältnisse sich geändert haben, daß die Leistungen für die aus dem Walde zu beziehenden Nutzungen oft unverhältnißmäßig gering sind, diese selbst der Erziehung und Erhaltung der Holzbestände oft sehr nachtheilig sind, kann dem guten Rechte derer, die im Besitze dieser Grundgerechtigkeiten sind, keinen Eintrag thun.

Selbst wo dieselben aus Gnade und Wohlwollen der Forstbesitzer gegen die, denen sie eingeräumt wurden, entstanden, wo vielleicht die Unaufmerksamkeit und Nachlässigkeit der Forstbeamten eine ungebührliche Ausdehnung derselben bewirkte, kann man sie nicht für ein Eigenthum achten, welches nicht gleich allem übrigen Schutz verlangen könnte. Was der frühere Besitzer des Waldes an Nutzungen daraus verschenkte, kann der gegenwärtige nicht zurückfordern, und was seit Jahrhunderten zum rechtlichen Besitze geworden ist, kann deshalb als solcher nicht angefochten werden, weil vielleicht zuvor und vor langer Zeit die Art der Ausübung des Rechtes nicht ganz mit dem Willen des Waldbesitzers übereinstimmte.

So muß man unstreitig wohl die Waldservitute als Etwas betrachten, was sich im Laufe der Zeit auf eine vollkommen rechtliche Art ausgebildet hat, und daß die Nutzung, welche den Besitzern dieser Grundgerechtigkeiten im Walde zusteht, eben sowohl ein Eigenthum ist, welche das Gesetz schützen muß, als jedes Andere. Nur allein in Frankreich hat man auch ohne alle Entschädigung sie zum Theil schon sehr früh aufgehoben; in Deutschland hat man stets mehr Scheu vor einer so offenbaren Verletzung des Rechts gehabt, wie denn überhaupt die deutschen Regierungen sich immer durch größere Gerechtigkeit ausgezeichnet haben als das französische Gouvernement.

Von den Nachtheilen der Waldservitute überhaupt und ihrer nöthigen Beschränkung im Allgemeinen.

Man kann wohl behaupten, daß diese verschiedenen Berechtigungen im Walde ganz naturgemäß entstanden sind, und daß durch sie die einfachste Art der Bildung des Waldeigenthums bewirkt wurde. Der Fürst, der Grundherr nahm das starke Holz, die zu Gelde zu machenden Dinge, der Grundholde bezog sein Brenn- und Bauholz, die Weide für sein Vieh daraus. Die Gemeinde, der Nachbar, welcher keinen Wald, wohl aber fruchtbares Land hatte, tauschten von dem benachbarten Forstherrn sich ihren Holzbedarf gegen einen Getreidezins ein. Das wenige Vieh, welches außer den, im Walde wie er sonst war, eher nützlichen als schädlichen Schweinen, gehalten wurde, konnte zu jeder Zeit überall herumirren und die freien Grasplätze aufsuchen, den Schonungen kannte man nicht; die Theerschweler und Pechbrenner, welche für einen geringen Zins ihr Gewerbe trieben, gewährten eine Einnahme die man sonst nicht gehabt hatte und die auch auf keine andere Weise Etwas kostete.

Dies alles änderte sich sehr im Laufe der Zeit. Die geänderte Art der Wirthschaftsführung gestattete die Ausübung dieser Gerechtsame nicht mehr auf eine solche Weise, wie sie bei dem ehemaligen Holzüberflusse, bei der geringen Bevölkerung, dem schwachen Viehstande, dem geringen Werthe vieler Gegenstände, ohne allen Nachtheil für den Wald wie für das Einkommen, welches der Besitzer daraus zog, hatte stattfinden können. Ohne Schonung konnte kein Holz mehr bei den sich vermehrenden Heerden nachgezogen werden; wenn man den freien Holzhieb so wie sonst hätte gestatten wollen, so würde bald kein Baum mehr übrig geblieben sein. Sollte der Wald erhalten werden, sollte nicht der Eigenthümer gegen die ursprüngliche Idee der Einräumung dieser Grundgerechtigkeiten, durch sie alles Einkommen aus dem Walde verlieren, so mußten bestimmte Schranken gezogen werden, in denen dieselben nur ausgeübt werden durften. Wo daher nicht die Ausdehnung des Rechtes in bestimmten Verträgen oder Documenten deutlich festgesetzt war, wurden von allen Regierungen solche Schranken dafür gezogen, daß wenigstens der Wald dabei erhalten werden konnte. Dies ist auch dem strengsten Rechte gemäß. Das Recht wurde nach der Ansicht und unter der Voraussetzung eingeräumt, das es im Walde ausgeübt werden soll; es kann daher nicht so weit ausgedehnt werden, daß dabei derselbe nicht erhalten werden kann und zu Grunde gehen muß. Dies geschieht aber sehr häufig schon dadurch, daß die Berechtigten den Wald in viel größerer Ausdehnung benutzen als es ursprünglich bei der Verleihung des Rechts vermuthet werden konnte, indem die Bevölkerung außerordentlich gestiegen ist, die Zahl des eingetriebenen Viehes sich vermehrt die Kulturfläche des zu düngenden Ackers sich vergrößert hat. Mit Recht kann der Waldbesitzer fordern daß er gegen die verderblichen und nicht vorauszusehenden Folgen einer so großen Ausdehnung der Berechtigung, gegen die ursprüngliche Art ihrer Ausübung durch das Gesetz geschützt wird. Auch schon um des eigenen Wohles des Berechtigten willen mußten diese Beschränkungen erfolgen, denn wenn Holz-, Streu- und Weideberechtigte den Wald verwüsteten, so brachten sie sich selbst für die Zukunft um die Nutzung daraus, und die Befriedigung ihrer Bedürfnisse wurde gefährdet. Eben so konnte man bei denjenigen Nutzungen, welche die Berechtigten mit dem Waldbesitzer theilten, nicht annehmen, daß dieser sich des ganzen Einkommens aus dem Walde hatte begeben wollen, und auch hier mußten bestimmte Schranken gezogen, die Nuzzungen nach Recht und Billigkeit getheilt werden. So rechtfertigt die Sorge für die Erhaltung des Waldes überhaupt, welche der Regierung unstreitig obliegt, so wie die Nothwendigkeit, den Eigenthümer desselben gegen die stets sich mehrenden Ansprüche der Berechtigten zu schützen, die Beschränkung der Waldservitute vollkommen. Sie muß und kann unleugbar stets so weit ausgedehnt werden, daß die Erhaltung des Waldes dabei gesichert bleibt. Sie muß aber auch außerdem noch von dem Gesichtspunkte ausgehen, daß die Berechtigten nicht ihre Befugnisse zum Nachtheile des Waldeigenthümers gegen die ursprüngliche Idee der Einräumung des Rechts ausdehnen können. Sie kann aber niemals die Ansicht haben, dem Berechtigten bloß deshalb Etwas entziehen zu wollen, was ihm ursprünglich zugestanden ist, weil gegenwärtig dasselbe mehr Werth erhalten hat als früher.

Die Ansichten, welche über die nothwendige Beschränkung der Waldservitute geltend gemacht worden sind, mußten sehr verschieden ausfallen, je nachdem die Bedürfnisse der Waldwirthschaft sich verschieden zeigten, und so wie man sich immer mehr und mehr hinsichts des Einflusses, welchen die verschiedenen Arten der Benutzung auf den Zustand des Waldes äußerten, unterrichtete. So lange man das Holz sehr alt werden ließ, einen großen Theil des Waldes in der Plenterwirthschaft benutzte, nur hin und wieder kleine Flecke regelmäßig anbauete, konnte man mit sehr weniger Schonungsfläche auskommen. So lange eine Menge faules und abgestorbenes Holz im Walde herumlag, brauchte man sich nicht sehr darum zu kümmern, wie viel oder wie wenig Gemeindemitglieder ihren Bedarf davon befriedigten, und ob alle unter die Berechtigten gehörten oder nicht. Daher kam es, daß selbst dann, als man schon einsah, daß eine Beschränkung der Waldservitute unerläßlich wurde, doch diese nur in einem geringen Grade erfolgte, und die Klagen und Forderungen der Forstmänner immer großere Einschränkungen als nothwendig darstellten, jemehr die steigende Bevölkerung und der sich sehr vermehrende Viehstand, die damit fortschreitende Landkultur die Ansprüche der Berechtigten an den Wald steigerten. Dies ging so weit, daß man überhaupt zuletzt die Waldservitute als unvereinbar mit einer regelmäßigen Waldwirthschaft darstellte, und wo nicht die Aufhebung derselben durch das Gesetz, doch ihre Abkaufung oder Ablösung verlangt.

Diese Forderung so allgemein hinstellend, um eine zweckmäßige Waldwirthschaft führen zu können, zu verlangen, daß der Wald ganz von fremden Berechtigungen befreit werde, ist offenbar eine Uebertreibung und die Einräumung derselben würde weit mehr Nachtheile als Vortheile herbeiführen. Die Waldservitute haben stets ihre unverkennbaren Nachtheile, auch wenn sie zweckmäßig beschränkt werden; es giebt dergleichen, welche mit unserer gegenwärtigen Wirthschaftführung nicht in Einklang zu bringen sind, und die deshalb verworfen werden müssen; aber sie insgesammt ohne Weiteres aufheben oder abkaufen zu wollen, würde weit mehr Nachtheile für das Allgemeine herbeiführen, als man irgend Vortheile davon zu erwarten hätte.

Die Nachtheile der Waldservitute, welche selbst durch eine zweckmäßige Beschränkung derselben nicht gehoben werden können, sind:

1) Daß sie eine Beschränkung der freien Benutzung des Eigenthumes herbeiführen, und den Waldbesitzer nöthigen, den Wald in dem Zustande zu erhalten, welcher zur Ausübung der Grundgerechtigkeit verlangt werden muß, obwohl vielleicht

derselbe so wenig dem Vortheile des Waldbesitzers wie demjenigen des Staates angemessen ist, indem dabei dem Walde nicht das größte Gesammteinkommen abgewonnen werden kann. — Wo eine Mastgerechtsame auf dem Walde ruhet, müssen die alten Mastbäume erhalten und nachgezogen werden, wenn dies selbst anerkannt unvortheilhaft ist. Eine Theerschwelereigerechtsame bedingt einen hohen Umtrieb, um hinreichend harzige Kienstöcke zu erhalten, selbst wenn ein kürzerer offenbar vortheilhafter wäre. Eine für Niederwald festgesetzte Schonzeit läßt sehr schwer Hochwald aus Samenpflanzen ziehen. Mit Recht widersetzen sich die Weideberechtigten der Umwandlung eines wenig einträglichen Niederwaldes in weit vortheilhaftern Fichtenwald, denn der Niederwald bietet dem Weideviehe stets mehr Nahrung dar, als es in geschlossenen Fichtenbeständen findet. Eine Umwandlung des Waldgrundes in Acker und Wiesen ist ganz unzulässig, wenn eine Grundgerechtigkeit darauf ruhet, welche nur dann ausgeübt werden kann, wenn derselbe mit Holz bebaut wird. Beachtet man, daß die fortschreitende Bevölkerung, die ununterbrochene Aenderung des gesammten Volkshaushalts, die Benutzung der Holzsurrogate, um das Feuerungsholz zu ersetzen, die sich immer mehr und mehr ausbildende und dadurch sich fortwährend ändernde Forstwirthschaft ein Festhalten des alten Zustandes der Wälder nicht gestattet, daß die Bewirthschaftung und Benutzung derselben sich der Landkultur und der Nationalbetriebsamkeit stets anschließen muß, so wird es keiner weitläuftigen Ausführung bedürfen um dartzuthun, daß das, was uns hindert, die sich als vortheilhaft zeigenden Verbesserungen vorzunehmen, was einen vorhandenen Zustand verewigen muß, nicht als wohlthätig, sondern nur als Hinderniß der fortschreitenden Kultur betrachtet werden kann.

2) Eine Theilung der Nutzungen im Walde führt sehr leicht Streit herbei. Das Streben der Berechtigten, ihre

Nutzungen auf Kosten des Waldbesitzers auszudehnen, dasjenige von diesem sie zu seinem Vortheile zu beschränken, liegt so in der menschlichen Natur, daß es nicht denkbar ist, daß es je aufhören könnte. Es ist auch unmöglich durch die Gesetzgebung so bestimmte Vorschriften zu erlassen, daß jeder Theil genau in festen Schranken gehalten würde, denn es giebt nichts Festes und allgemein Richtiges in der Forstwirthschaft, da Alles durch die Verhältnisse bedingt wird.

3) Es ist häufig nicht möglich die Ausdehnung einer Berechtigung, die anfangs ganz unschädlich war, bis zu der Ausdehnung zu verhindern, daß sie dem Walde verderblich wird. Das einer Gemeinde eingeräumte Streurecht konnte bei einer geringen Bevölkerung, einer beschränkten Oberfläche und einer großen Waldmasse, wo das Holz wenig Werth hat, als ganz unschädlich betrachtet werden. Jetzt wo die entgegengesetzten Verhältnisse stattfinden, kann es leicht verderblich werden. Dasselbe gilt von dem Weiderechte und einer Menge anderer Berechtigungen, die dem Walde oft jetzt mehr kosten, als sie dem Berechtigten eintragen. Ein solcher Zustand kann nicht erhalten werden, ohne daß nicht darunter der Staat im Allgemeinen leidet.

4) Die Liebe zum Walde und zu dessen Kultur wird desto mehr geschwächt, jemehr Hindernisse sich dieser entgegensetzen, und jeweniger der Eigenthümer darauf rechnen kann, die Frucht seiner Mühen und seines Aufwandes allein zu genießen, vielmehr voraussehen muß, daß diese zum Theil für die Berechtigten aufgewendet wird. Ohnehin ist es der Wald, da hier selten der erntet, welcher säet, vielmehr erst die späten Nachkommen die Einnahme von der jetzigen Ausgabe genießen sollen, welcher etwas zu dessen Kultur, weniger oft das Interesse und die Berechnung des eigenen Vortheils, als die Liebe zur Herstellung eines wirthschaftlichen Zustandes überhaupt auffordern muß. Wenn nun aber dieser durch die Nutzungen

der Servitutberechtigten mehr oder weniger gefährdet wird, wenn diese vielleicht zum größten Theile den Nutzen aller Arbeit und Ausgaben ziehen, indem sie den Waldertrag mehrentheils an sich nehmen, wenn sie sich den Kulturen entgegensetzen, und dem Waldbesitzer überall Hindernisse bei seinen besten Wirthschaftsplänen entgegenstellen, so kann wohl die Lust zu Forstverbesserungen und Herstellung einer guten Wirthschaft nicht verstärkt, die Neigung Aufopferungen dabei zu machen, nicht vermehrt werden.

5) Die Waldservitute sind Veranlassung zu einer Menge von Excessen und Freveln. Wo Niemand den Wald betreten darf, ist derselbe nicht nur überhaupt gegen jede Beschädigung mehr gesichert, als wenn Tausende von Menschen und Hausthieren darin umherirren, sondern es scheuet sich auch derjenige, welcher gar kein Recht darin hat, weit mehr darin einen Schaden zu thun, als der welcher ihn so betrachtet, als sei er Miteigenthümer desselben. Weidefrevel lassen sich in der Regel nur Hütungsberechtigte zu schulden kommen, Holzberechtigte werden am ersten zu Holzdieben — das sind Erfahrungssätze, welche Niemand leicht wird abstreiten können. So machen die Waldservitute nicht bloß eine weit kostbarere Aufsicht im Walde nöthig, sondern sie hindern selbst auch dann noch, wenn man diese nicht scheuet, die Herstellung einer vollkommneren Forstpolizei. Nur in Wäldern wo keine Waldservitute sind, trifft man diese; sie wird desto unvollständiger und unvollkommner, je ausgedehnter diese sind.

6) Auch ist nicht zu verkennen daß die Weideberechtigung, die an und für sich wenn sie innerhalb der gehörigen Schranken ausgeübt wird, als unschädlich angesehen werden kann, dadurch daß sie das Aufkommen des den Boden düngenden und schützenden Unterholzes hindert, in vielen Fällen dessen Verschlechterung und Erschöpfung in räumlichen Beständen herbeiführen kann.

So kann man durchaus nicht in Abrede stellen, daß diese Belastung des Waldes selbst dann, wenn sie seine vollkommene Erhaltung nicht gefährdet, in vielen Fällen dennoch ihre großen Nachtheile haben kann, und daß eine Befreiung davon jederzeit dem Forstbesitzer als etwas Wünschenswerthes erscheinen muß. Dieser Nachtheile treten aber nicht überall gleich stark hervor, und oft verschwinden sie beinahe ganz, und dann gewähren auch auf der andern Seite die Waldservitute so viel große und unläugbare Vortheile, daß durch ihre Ablösung, denn an Aufhebung ohne Entschädigung der Berechtigten wird wohl keine gerechte Regierung mehr denken, häufig weit größere Verluste als Gewinne herbeigeführt werden. —

Wie oft ist es der Fall, daß der Wald am zweckmäßigsten gerade in dem Zustande erhalten wird, den die Servitute gestatten und bedingen. In den großen Nadelholzwäldern von gutem Boden sind Weide und die mehrsten Holzgerechtigkeiten durchaus kein Hinderniß, die zweckmäßigste Wirthschaft zu führen. Ja sie können sogar ein wohlthätiges Hinderniß der Devastation, der Umänderung des Waldes in einen nachtheiligen Zustand sein, indem sie den Waldbesitzer zwingen, die Holzbestände zu schonen, um die Berechtigten nicht in ihren Nutzungen, die sie davon zu fordern haben, zu beeinträchtigen.

Sie erstrecken sich häufig nur auf Dinge, welche für den Waldbesitzer wenig oder gar keinen Werth haben, und hinsichts derer es ihm deshalb sehr gleichgültig ist, ob er oder ein Berechtigter sie beziehet, und können dann auch die Liebe zum Walde, die Neigung zur Kultur desselben nicht schwächen.

Eben so ist es nicht unbedingte Folge, daß Forstfrevel und Processe die steten unzertrennlichen Begleiter der Waldservitute sein müßten, wenn diese so viel als möglich genau bestimmt sind, und Waldbesitzer und Berechtigte gegenseitig ihre Rechte achten. Auch sind nicht alle Berechtigungen gleich sehr geeignet, Gelegenheit zu widerrechtlichen Ausdehnungen zu geben. —

Man kann deshalb auch nur sagen: Selbst die vollständigste Beschränkung der Waldservitute vermag nicht in allen Fällen ihre Nachtheile aufzuheben, und es ist häufig der Fall, daß sie zweckmäßiger ganz abgelöset werden, aber es kann auch Verhältnisse geben, wo die Opfer die ihre Aufhebung immer dem einen oder dem andern Betheiligten kosten würde unendlich größer sein würden, als der Gewinn der dadurch für den Wald zu erlangen ist.

Sie können aber sogar auch sehr wohlthätig sein und nur zum Nachtheile des Staats wie des Berechtigten und Waldbesitzers aufgehoben werden, denn sie sind:

1) Das Mittel, wodurch häufig allein die volle Walderzeugung, und ohne Nachtheil für irgend Jemanden, oder den Wald selbst, benutzt werden kann. Was sollten wir mit dem Raff- und Leseholze anfangen, wenn es nicht die Armen unentgeltlich sammeln dürfen? — Für eigene Rechnung es lesen lassen und es verkaufen? Schwerlich wird das ein Forstmann empfehlen. Es verpachten und vermiethen? — Das könnte nur an die Armen geschehen, und das hieße den Namen nur, nicht die Sache ändern, denn wir müßten erst denselben die Miethe in Kapital oder Rente zahlen, bevor wir sie von ihnen fordern könnten. Oder es im Walde verfaulen lassen und Klafterholz dafür geben? — Nicht leicht dürfte Jemand behaupten, daß dadurch das Einkommen für den Staat wie für den Einzelnen erhöhet werden würde. Nicht einmal ein Gewinn für die Bodenverbesserung ist davon zu erwarten, wie das am andern Orte umständlich nachgewiesen worden ist *). Dasselbe gilt von der Weidegerechtsame. Wie sollte man das

*) Krit. Blätter für Forstwissenschaft 20ster Bd. 2tes Heft.

Gras im hohen Holze, wo das Vieh nicht den geringsten Schaden thun kann, irgend anders benutzen als durch Aufhütung, und wäre es nicht ein Verlust am Gesammteinkommen des Waldes, wenn es unbenutzt bliebe? —

2) Die Waldservitute sind häufig das Mittel, wodurch allein der ärmern Volksklasse ohne irgend eine wesentliche Aufopferung diejenige Unterstützung gewährt werden kann, die ihnen aus Gründen der Billigkeit, wie selbst der Klugheit, nicht versagt werden kann. — Was kann man denjenigen Menschen, welche durchaus nicht im Stande sind Holz zu kaufen, Wohlfeileres geben als die Erlaubniß, sich das werthlose, nicht zu benutzende, im Walde liegen bleibende Holz, unentgeltlich zu sammeln? Und ist es nicht das Einfachste einer Familie, welche sich kaum erhalten, noch viel weniger Abgaben zahlen kann, wenn sie nicht im Stande ist, ein Stück Vieh zu halten, die Erlaubniß zu ertheilen, dasselbe im Walde weiden zu dürfen, damit es sich von dem Grase nährt, welches dort eher nachtheilig als vortheilhaft ist?

3) Die Berechtigungen die man der ärmern Volksklasse im Walde einräumt, sind ein Mittel den Forstgrund in den Händen des Staats und der großen Grundeigenthümer zu erhalten und doch diesen den ihr gebührenden Antheil an der Waldnutzung zu gewähren. Viele Berechtigungen lassen sich oft nur durch Abtretung von Wald ablösen, wenn man nicht alle Gerechtigkeit und Billigkeit auf den Anger verlieren will. Wie wenig sich aber ein Waldbesitz für den armen Landbewohner eignet und hoffen läßt sein Holzbedürfniß nachhaltig zu befriedigen ist so unbestritten, daß eine weitere Ausführung dieses Satzes überflüssig erscheint.

4) Es kann eine mittelst einer Grundberechtigung aus dem Walde durch einen Fremden entnommene Nutzung jenem nachtheilig sein, allein der Gewinn dadurch beträgt für den Berechtigten mehr als der Verlust für den Waldbesitzer, auch

dann kann man nicht geradezu diese Berechtigung als unzulässig erklären — so z. B. bei dem Streurechen. Wenn der Wald nöthigenfalls noch einen Theil der Waldstreu entbehren und dabei doch noch erhalten werden kann, der Ackerbau ist aber nicht so wie es verlangt werden muß, fortzusetzen, wenn er diese verliert, wenn Holz im Ueberfluß, an Nahrungsmitteln Mangel ist — würde es sich irgend rechtfertigen lassen, dann nur an den Wald zu denken und den Ackerbau gar nicht zu beachten? —

5) Für manche Grundgerechtigkeiten lassen sich auch gar keine Entschädigungen bestimmen, und ihre Aufhebung kann nur erfolgen, wenn man überhaupt auf diese Art der Benutzung ganz Verzicht thun will. So z. B. Jagd und Fischerei. Bei der Jagd ist es durchaus nicht das Einkommen, welches sie gewährt, warum man einen so hohen Werth auf sie legt, sondern vielmehr das Vergnügen, welches man durch ihre Ausübung genießt. Man kann mit Recht fordern, daß dadurch in keiner Art Nachtheil für den Besitzer des Grundstückes entstehen darf, weder durch das Wild selbst noch durch den Jäger, aber wenn der Grundeigenthümer vollkommen gegen jeden Schaden gesichert ist, so bleibt auch durchaus kein rechtlicher noch staatswirthschaftlicher Grund, wodurch es sich entschuldigen ließe, wenn einem Jagdbesitzer das Jagdrecht auf fremden Grunde entzogen würde. Es läßt sich sogar oft nicht einmal die Bestimmung ausführen, daß jeder nur allein auf seinem eigenen Grunde jagen dürfte. Wie wäre dies in einer Feldflur, oder auf kleinen mit Holz bewachsenen Ackerstücken möglich, wo das Jagdterrain dann oft nur wenige Schritte breit wäre!

So läßt sich oft eben so viel zu Gunsten mancher Waldservitute sagen, als dagegen. Ihre Beschränkung soweit vorausgesetzt, daß der Wald erhalten und ihm die volle Benutzung abgenommen werden kann, was entweder durch die Forstpolizei-

Gesetzgebung, oder durch Ablösung jedesmal unbedingt geschehen muß, sobald der Grund fernerhin der Holzzucht gewidmet bleiben soll, müssen sie erhalten werden, wenn sie dem Berechtigten mehr eintragen, als sie dem Waldbesitzer kosten; sie müssen gegen volle Entschädigung des Berechtigten aufgehoben werden, wenn der umgekehrte Fall eintritt.

Zwar tragen einige ihren Besitzern in der Regel weniger ein, als dadurch dem Walde Nachtheil erwächst, bei andern tritt dagegen in den mehrsten Fällen das Gegentheil ein, jedoch läßt sich für keine der verschiedenen Waldservitute dies so unbedingt behaupten, und wir müssen sie deshalb mehr im Einzelnen mit Rücksicht auf die verschiedenen Verhältnisse unter denen sie vorkommen, betrachten, um zu zeigen, wie sich das Urtheil darüber jedesmal entwickeln läßt, und welche Beschränkungen zugleich nöthig werden, wenn die Berechtigung ferner, ohne die Erhaltung des Waldes zu gefährden, bestehen soll.

Von den verschiedenen Waldservituten im Einzelnen *).

1) Die Holzungsgerechtigkeit.

Sie kann auf vielfach verschiedene Art ausgeübt werden, und ihre Schädlichkeit oder Unschädlichkeit wird sehr dadurch bedingt.

A. Wenn sie das Recht in sich begreift jährlich eine

---

*) Die Waldservitute, ihre nothwendige Beschränkung und Ablösung können hier nur kurz und mehr summarisch behandelt werden. Die erschöpfendere Behandlung findet man in der Schrift: Anleitung zur Ablösung der Waldservituten von Pfeil. 2. Aufl. Berlin 1844 bei Veit und Comp.

gewisse Menge, der Beschaffenheit nach genau bestimmtes Holz aus der belasteten Forst zu erhalten (Deputatholz), so ist sie durchaus nicht nachtheilig, in so fern dies Holz ohnehin in dem Forste gezogen werden muß; sie könnte es nur dann werden, wenn die Erziehung einer Holzgattung oder eines Holzsortiments deshalb mit großer Aufopferung bewirkt werden müßte, welches dem Empfänger weniger werth wäre, als seine Erziehung Kosten ꝛc. verursacht. Nur in diesem Falle, und wenn der Boden eine andere Bestimmung als zur Holzerziehung erhalten soll, würde diese Art der Holzungsgerechtigkeit nicht als unschädlich angesehen werden können. Man kann sie sogar in den mehrsten Fällen als wohlthätig anerkennen, indem dadurch die Besitzer der größern Forsten in den Stand gesetzt werden, der Zerstückelung in kleinere Theile zu begegnen, und diese in ein Ganzes zu vereinen, indem sie dafür ein gewisses Holz abgeben, was für unsere jetzige Art der Forstwirthschaft sehr wünschenswerth ist. Wollte man z. B. die Deputat-Brennhölzer, welche häufig Kirchen, Schulen, Gasthöfe, Mühlen, Oekonomiegüter ꝛc., die in früherer Zeit von Forstherren veräußert sind, erhalten, nicht mehr geben, so müßten sie so viel Holzgrund bekommen, daß sie sich das Holz selbst erbauen könnten, da eine Entschädigung an Gelde, wie unten näher nachgewiesen werden wird, in der Regel nicht zulässig ist. Dies würde für den Waldbesitzer nachtheilig sein, indem er dabei selten den Grund und Boden zum vollen Ertrage anrechnen kann, welchen er einst zu geben im Stande ist, indem er z. B. nur als zur Brennholzerzeugung bestimmt gerechnet wird, wenn gleich er auch Nutzholz geben kann, für den Deputanten, der oft gar nicht für einen Waldbesitz geeignet ist, so wie für den Staat, indem die Erhaltung der Forsten dadurch schwerlich gewinnen dürfte. Ein anderer Nachtheil als derjenige, daß der Werth des Grundes dadurch bei dem Besitzer verringert wird, was durch die Grundsteuer eben so gut geschieht, läßt sich dabei aber nicht auffinden, wenn einmal der Wald ein solcher bleiben soll, denn die Liebe zur Kultur kann dadurch nicht geschwächt werden, da dem Eigenthümer des Waldes Alles verbleibt, was er durch eine bessere Wirthschaft mehr als früher erzieht.

Man kann sogar wohl mit Recht den Satz aufstellen, daß es in vielen Fällen sehr wünschenswerth wäre, die in den Staatsforsten liegenden oder mit ihnen grenzenden verwüsteten kleinen Privathölzer oder Aecker von ganz schlechtem Boden gegen Deputate in Brennholze einzutauschen und zum Staatsforste zu ziehen, selbst wenn damit ein augenblicklicher Verlust an Gelde verbunden sein sollte. Dieser wird dadurch reichlich ersetzt werden, daß man eine Menge wüsten Grund wieder produktiv machen könnte.

Die Deputate an Bau- und Nutzhölzern, wenn sie sowohl nach Form und Menge genau bestimmt sind, können oft noch weniger für nachtheilig erkannt werden, und sind sogar zuweilen unvermeidlich, weil nur in großen Forsten diese Hölzer gezogen werden können.

Die Mühlwellen, Mühlarme oder Mühlruthen, die großen Brückenhölzer und ähnliche starke Bäume, welche häufig aus den Forsten an Berechtigte verabreicht werden müssen, sind in einzelnen übergehaltenen Stämmen ohne großen Kostenaufwand in großen Forsten zu erziehen, und können in ihnen immer in hinreichender Menge vorhanden sein. Der Berechtigte könnte sie aber eben so wenig auf einen ihm dazu abgetretenen Grunde dergestalt erziehen, daß er z. B. alle 10 Jahre eine Mühlwelle und weiter kein anderes Holz darauf zu hauen vermögte, als er vielleicht wegen der Befriedigung seines Bedürfnisses gesichert wäre, wenn er es nicht aus dem belasteten Forste befriedigt erhält. Die Verpflichtung, diesem Bedürfnisse in festbestimmter Art zu gewissen Zeiten zu genügen, ist so naturgemäß, und einer guten Forstwirthschaft wohl beinahe niemals hinderlich, daß von Seiten des Staats um so weniger auf ihre Aufhebung gedrungen werden kann, als es sehr schwer, oft unmöglich ist, den Berechtigten im Falle einer Ablösung vollständig dafür zu entschädigen.

Allerdings kann auch der Fall eintreten, daß dem Empfänger das Deputatholz weniger werth ist, als dem der es abgiebt, z. B. bei großen Entfernungen des Forstes vom Wohnorte des Deputanten, wenn dieser seine wirthschaftliche Einrichtung geändert hat u. s. w.; dann wird aber auch durch gegenseitige freiwillige Einigung diese Verbindlichkeit leicht aufgehoben werden können. —

Hinsichts der Art und Weise in welcher die Deputathölzer abgegeben werden müssen, kann man als Verpflichtungen des Waldbeschützers anführen:

a) daß, wenn dabei das Maaß bestimmt ist, das zur Zeit der Verleihung des Rechts üblich gewesen, stets beibehalten, oder das neu eingeführte auf jenes reducirt werden muß. Dies gilt z. B. für Klafterholz, indem die Größe der Klafter vielfach geändert worden ist, für Brettklötze von einer gewissen Stärke und Länge 2c.;

b) daß das Holz stets in denjenigen Forsten und Forstdistrikten gegeben werden muß, auf welche es nach der Verleihung gewiesen ist, oder in denen es, wo keine Bestimmung deshalb stattfindet, seit rechtsverjährter Zeit der Berechtigte stets erhalten hat;

c) daß das Holz stets von einer Beschaffenheit sein muß, so daß durch dessen Verwendung der Zweck, zu dem es gegeben wird, vollkommen und ohne einen Nachtheil für den Empfänger, gegen die Art und Weise wie er es bisher immer erhalten hat, erreicht werden kann.

d) Kann das Deputatholz gegenwärtig in der bestimmten Holzgattung gegeben werden, weil diese z. B. wegen Verschlechterung des Bodens nicht mehr nachgezogen werden kann, so muß nicht bloß eine gleiche Masse von Brennstoff in einer anderen Holzgattung gegeben, sondern es müssen auch die etwa dadurch vergrößerten Ausgaben dem Berechtigten vollständig ersetzt werden.

Ob im Falle unverschuldeter Unglücksfälle, die den Forst treffen und den Waldbesitzer außer Stand setzen, das bestimmte Holz ohne Unterbrechung zu geben, der Berechtigte befugt ist, dieses dennoch zu verlangen, hängt von der Art der Verleihung des Rechts und andern Umständen ab; es ist stets Gegenstand einer besondern Rechtsfrage.

B. Diejenigen Holzabgaben von eingeschlagenem Holze, bei welchen nur die Beschaffenheit desselben, nicht zugleich aber auch die Menge bestimmt ist, in welcher es abgegeben werden muß, sind weit nachtheiliger. Sie führen leicht zur Holzverschwendung, indem die Veranlassung fehlt, sparsam mit dem Holze umzugehen, wenn so viel geliefert werden muß, als verlangt wird.

Hierher gehören:

a) die Abgaben von eingeschlagenem Brennholze in solcher Menge, als es der Berechtigte bedarf, gewöhnlich gegen den Ersatz des Schlagerlohnes, ein geringes Stammgeld u. s. w. Diese Art der Holzungsgerechtigkeit ist unbedingt verwerflich, sogar für den Berechtigten gewöhnlich verderblich, der dabei Fuhren und Spalterlohn verschwendet, ohne einen wirklichen Gewinn von der dann beinahe unvermeidlichen Holzverschwendung zu haben. Der wirkliche Bedarf muß ermittelt und eine bestimmte Abgabe festgesetzt werden, welche dann ferner aus dem Forste erfolgen oder abgeliefert werden kann. Auch hat schon immer nach Preußischem Gesetze eine unbestimmte Holzabgabe auf Antrag des Belasteten in eine bestimmte verwandelt werden können.

b) Die Befugniß, freies Bauholz fordern zu können, hat

auf der einen Seite ihre unverkennbaren großen Nachtheile, auf der andern wird sie oft als zweckmäßig und beizubehalten angesehen werden können. Die Nachtheile sind: daß dadurch eine große Holzverschwendung begünstigt wird, indem diejenigen, welche freies Bauholz zu fordern haben, selten daran denken massive Gebäude statt hölzerner oder Fachwerksbauten zu errichten, daß deshalb den Feuersbrünsten kein Ziel gesetzt werden kann, die oft so verderblich für den Wohlstand eines Landes sind, daß auch auf die Erhaltung der Häuser da weit weniger gesehen wird, wo das Holz zum neuen Aufbau unentgeltlich verabreicht werden muß, als wo es der Hausbesitzer voll zu bezahlen gezwungen ist. Auf der andern Seite ist es in vielen Gegenden, wo die Bewohner sehr arm sind, beinahe unmöglich, diese Art der Holzungsgerechtigkeit aufzuheben, indem sie im Falle eines Unglücksfalls gar nicht im Stande sein würden das nöthige Holz, um ihre Wohnungen wieder aufzubauen, anzukaufen, und wenn sie dies nicht unentgeltlich erhalten, dies kaum ausführbar sein würde. Diesen armen Bauern einen Wald oder ein Kapital zu geben, in welchem sie sich das Holz selbst erziehen, oder dessen Zinsen sie zum Ankaufe desselben aufsparen sollen, wäre die größte Thorheit, denn den ersten würden sie nicht erhalten, das andere wäre eben so wenig zu erwarten. Weit passender ist es daher, der Staat oder ein wohlhabender Waldbesitzer erzieht und bewahrt das Holz so lange auf, bis es gebraucht wird, und sichert den Empfängern auf diese Weise das zu ihrer Erhaltung ganz unentbehrliche Material.

Folgende Grundsätze in Ansehung der Erhaltung oder Ablösung dieser Art von Holzungsgerechtigkeit scheinen die zweckmäßigsten zu sein, und den Nachtheilen, die aus ihr entspringen, vorzubeugen, ohne ihre Vortheile aufzuheben: Da, wo die Berechtigten wohlhabend genug sind, um sowohl nach dem regelmäßigen Laufe der Dinge, als bei eintretenden Unglücksfällen ihren Bauholz-Bedarf sicher stellen zu können — da wo man erwarten kann, daß durch die Ablösung der Befugniß freies Bauholz verlangen zu können, die Erbauung massiver Gebäude befördert wird — ist es überall besser dieselbe abzulösen.

Wo dagegen aber die Erbauung massiver Gebäude nicht erwartet werden kann, wo die Armuth der Berechtigten die Voraussetzung nicht rechtfertigt, daß diese das Ablösungsquantum dazu verwenden werden, sich stets ihren Bauholz-Bedarf zu sichern, ist es wohl zweckmäßiger das Bestehende zu erhalten, und denselben das Bauholz zu erziehen und im Walde aufzubewahren.

Diese Holzungsgerechtigkeit ist stets vielfach zum Nachtheile der Forstbesitzer wie des Staats auszudehnen versucht worden, auch selbst schon mit einer grossen Holzverschwendung aus der Vorzeit, wo man das Holz nicht achtete, auf uns übergegangen, so daß eine Ordnung und Beschränkung derselben unerläßlich ist. Sobald diese nur nicht den wirklichen Bedarf des Berechtigten gefährdet, ihm keine nachtheiligen Erschwerungen und Ausgaben bei der Verwendung des Holzes auflegt, so sind diese Anordnungen auch wohl vollkommen als gerecht und billig anzusehen.

Die nöthigsten und gewöhnlichsten dabei sind:

a) daß keine unnöthige Verschwendung des Holzes bei der Erbauung der Gebäude stattfindet, z. B. keine Blockhäuser oder Schrotholz-Bauten geduldet werden, keine unnöthige Stärke der Schwellen, Säulen u. dgl. stattfindet, und sich überhaupt der Berechtigte hinsichts seiner Forderung und der Verwendung des Holzes nach den Anordnungen tüchtiger, vom Staate angestellter Baumeister richten, auch sich allen polizeilichen Vorschriften unterwerfen muß;

b) daß er die Gebäude zu denen er freies Bauholz empfängt, nicht willkürlich vermehren, vergrößern, oder ihren innern Ausbau mit einem größern Holzaufwande verändern darf, vielmehr entweder die Zahl, Größe und Einrichtung unverändert bleiben muß, wie sie früher war, oder nur seinem ermittelten und festgestellten wirthschaftlichen Bedürfnisse angemessen ist; auch muß die Anmeldung wenn freies Bauholz verlangt wird, frühzeitig genug erfolgen, so daß die Veranschlagung desselben und die Prüfung der Anschläge, so wie die Anweisung des Holzes gehörig bewirkt werden kann;

c) daß er nur zu solchen Gegenständen Holz fordern kann, wozu es ihm entweder ausdrücklich verwilligt ist, oder wozu er es seit rechtsverjährter Zeit erhalten hat;

d) daß er sich der Revision unterwerfen muß, um nachzuweisen, daß auch wirklich das frei abgegebene Holz zu dem Zwecke verwendet wurde, wozu es der Empfänger erhielt;

e) daß durch Sachverständige bestimmt wird, zu welcher Zeit und wie viel Holz er bedarf;

f) daß er verpflichtet ist dafür Sorge zu tragen, daß die Gebäude gehörig unterhalten werden, und nicht durch Nachlässigkeit ein größerer Holzbedarf als nöthig ist, herbeigeführt wird;

g) daß bei dem Umbaue von alten Gebäuden, das noch brauchbare Holz derselben wieder zum Neubau verwendet wird;

h) daß das dem Berechtigten übergebene Holz in bestimmter Zeit abgefahren und verwendet wird, damit es nicht verdirbt;

i) daß er nur solches Holz fordern kann, als nöthig ist, um den Zweck, zu welchem es gegeben wird, vollkommen zu erreichen, ohne daß ihm irgend ein Nachtheil daraus erwächst, und folglich keine willkürliche Forderung hinsichts der Beschaffenheit des Holzes machen kann. Auch muß darauf gehalten werden, daß bei der Feststellung des Werthes der Gebäude behufs der Versicherung gegen Feuersgefahr, der Werth des frei abzugebenden Holzes in Abzug gebracht wird.

Der Waldbesitzer dagegen muß verpflichtet sein, das Holz in der Wadelzeit zu geben, wenn sich der Berechtigte zur gehörigen Zeit deshalb anmeldet, und es ihm in denjenigen Forstdistrikten anzuweisen, auf welchen diese Berechtigung ruhet.

Den Abraum von dem frei gegebenen Bauholze hat der Berechtigte in der Regel nicht zu fordern.

C. Ganz nach gleichen Grundsätzen können die Holzungsgerechtigkeiten auf verschiedene Nutzhölzer, als zur Erhaltung des gehenden Werkes in den Mühlen, an Wagner- und Stellmacherholz, an Röhrholz, an Wasser- und Wegebauholz u. s. w. betrachtet werden. Sie sind allerdings oft sehr lästig für den Waldbesitzer, indem sie ihn nöthigen zuweilen Holz zu erziehen, welches er ohne dies Servitut nicht erziehen würde; geradezu nachtheilig für den Staat kann man sie aber nicht erkennen, und man muß dies einer nähern Prüfung in jedem Falle, nach den oben im Allgemeinen angedeuteten Grundsätzen unterwerfen. — Auch hinsichts ihrer Beschränkung werden die oben angeführten Bestimmungen beinahe überall auf sie anwendbar sein.

D. Die Holzungsgerechtigkeiten, wobei sich der Berechtigte das Holz selbst ohne Anweisung durch den Forstbesitzer einschlägt und sammelt, sind so verschieden in ihren Wirkungen auf die Forsten, als sie selbst in der Art und Weise der Beschränkung oder Ausdehnung abweichend sind, unter und mit welchen sie ausgeübt werden können.

a) Das bloße Raff- und Leseholz-Recht, welches die Befugniß giebt, das trocken gewordene schwache Holz, welches ohne Anwendung irgend eines Instrumentes gewonnen werden kann, zu sammeln, die auf den Schlägen zurückbleibenden trockenen Reiser und Späne aufzulesen, Nadelholzzapfen, ausgefaulte Stöcke, zu deren Gewinnung kein Instrument nöthig ist, abgesprungene Rindenstücke u. s. w. nehmen zu dürfen, ist als solches und wenn es keine weitere Ausdehnung hat, an und für sich selbst durchaus als unschädlich anzusehen, indem es sich nur auf Holz erstreckt, welches für den Besitzer beinahe immer ganz werthlos ist. Indem es zugleich das Mittel ist, die Bedürfnisse einer großen Menge von armen Menschen zu befriedigen, so wird es sogar sehr wohlthätig, und sobald der Holzgrund nicht eine andere Bestimmung, z. B. zu Acker und Wiese erhalten soll, ist durchaus keine Veranlassung da, es aufheben zu wollen. — Es legt auch dem Waldbesitzer keine andere Verbindlichkeiten auf, als den belasteten Grund stets im richtigen Verhältnisse mit solchem Holze bestanden zu erhalten, in welchem es ausgeübt werden kann, was eine gute Forstwirthschaft ohnehin schon bedingt, denn jeder Holzbestand der so alt ist, daß darin unterdrückte Pflanzen und Reiser anfangen trocken zu werden, muß als die Ausübung des Raff- und Leseholzrechtes gestattend, angesehen werden.

Dieses Recht hat vielfache Ausdehnung erhalten, theils durch nicht streng genug controllirte Art und Weise der Ausübung desselben, wodurch die Berechtigten in den Stand gesetzt wurden, sich durch Verjährung mehr Rechte als es seinem eigentlichen Sinne nach in sich begreift, zu erwerben, theils indem man ihnen mehr Holz überließ, als sie ursprünglich zu fordern hatten. Es ist deshalb diese Berechtigung hinsichtlich ihres Umfanges wie ihn das Gesetz bezeichnet zu beurtheilen, als nach der Art und Weise, wie sie seit rechtsverjährter Zeit ausgeübt worden ist.

Zuerst gehört dahin das Recht mit Haken dürre Zacken abzubrechen. Wenn es sich bloß auf schwache, wirklich dürr gewordene Aeste erstreckt, so ist es nicht als nachtheilig anzusehen, allein nur zu oft giebt es Gelegenheit, auch grüne Zweige loszureißen und selbst ganze Wipfel der Bäume abzubrechen. Es muß wenigstens so beschränkt sein, daß nicht eiserne Haken gebraucht werden, und nicht mehrere Menschen ihre Kräfte zum Abbrechen der starken Aeste vereinen dürfen, um dadurch die Sammler zu verhindern, mehr als schwaches wirklich trocknes Holz an sich zu nehmen.

b) In denjenigen Hochwäldern, wo kein Reisholz abzusetzen ist, vorzüglich im Nadelholze, wird auch häufig das Reisholz — mit dem Namen „Abraum" bezeichnet — der eingeschlagenen Bäume auf den Schlägen liegen gelassen. Ursprünglich kann zwar das bloße Raff- und Leseholzrecht den Waldbesitzer nicht in der vollen Benutzung des erzogenen Holzes beschränken; wenn jedoch dieser Abraum von jeher den Berechtigten überlassen worden ist, und von ihnen zur Befriedigung ihres Bedürfnisses nicht entbehrt werden kann, so wird derselbe auch als ihnen zukommend angesehen werden müssen. Man nimmt dann gewöhnlich an, daß dasjenige Holz, welches unter drei Zoll im Durchmesser dick ist, nicht mehr in die Klaftern gehöre, und dem Berechtigten als Reisholz oder Abraum zukomme. Doch wird dies lediglich nach der bisherigen Observanz bestimmt. Ist ihnen in sehr waldreichen Gegenden sogar das Zackenholz und die Spitze des Baumes überlassen worden, vom Waldbesitzer nur das spaltige oder Scheit-Klobenholz benutzt, so wird denselben in der Regel alles Holz unter sechs Zoll Durchmesser an sich zu nehmen gestattet. Diese Ausdehnung ist schon weit unangenehmer für den Waldbesitzer, weil dadurch für ihn ein Theil des nutzbaren Holzes verloren gehen kann, weil dann das Servitut schon eher Gelegenheit zu Holzentwendungen giebt, auch selbst keine willkürliche Aenderung der Betriebsart, des Umtriebes im Walde erfolgen kann, da die Tendenz der Waldwirthschaft in diesem Falle vorzugsweise darauf gerichtet sein muß, nur starkes Holz zu erziehen, und man kann es daher schon nicht mehr als unbedingt unschädlich anerkennen, muß auch Anstand nehmen, es in dieser Art neu entstehen zu lassen. Wenn jedoch genau bestimmt ist, bis zu welcher Stärke die Berechtigten das Holz an sich nehmen dürfen, und eine gute Waldpolizei stattfindet, so kann man es nur als eine Theilung der Nutzung ansehen, und es ist mit einer regelmäßigen Waldwirdschaft durchaus nicht unverträglich. Es läßt sich sogar wohl behaupten, daß im Allgemeinen dessen Aufhebung durch Abtretung von eignem Holzgrunde an die Berechtigten für den Staat, den Forstbesitzer und diese selbst nicht vortheilhaft ist, weil sie selten von diesem so sicher ihr Bedürfniß werden befriedigen können, als durch diese Gerechtsame, und sich der Forstgrund besser vereint in den Händen Eines wohlhabenden Forstbesitzers als getheilt in den Händen vieler armen Bauern und Häusler befindet.

c) Dasselbe gilt von dem Stockholze der Hochwälder oder des Oberbaumes des Mittelwaldes. Auch dies kann zwar oft nicht ohne Verlust für den Waldeigenthümer dem Berechtigten eingeräumt werden; wenn es jedoch nur unter solchen Bedingungen genommen werden muß, daß dadurch kein Nachtheil für die Holzkultur enstehet, so ist es besser, der Forstbesitzer befriedigt die Bedürfnisse derer, welche einmal die Ansprüche haben, ihren Bedaef frei aus dem Walde zu erhalten, durch dieses nur mit vielem Arbeitsaufwand zu gewinnende geringere Holz, als er tritt ihnen nutzbares mit sammt dem Grund und Boden ab. — Als Regel muß aber dabei gelten, daß der Forstbesitzer ebenfalls an der Benutzung des Stockholzes, vorzüglich in so fern die Stöcke Nutzholz geben und an Nutzbäumen sich befinden, nicht behindert werden kann, so lange die Befriedigung des Bedarfs der Berechtigten nicht dadurch gefährdet wird. — Daß der Waldbesitzer gezwungen werden könnte, Holz einzuschlagen, bloß um den

Berechtigten Abraum und Stockholz zu verschaffen, würde bloß allein in dem Falle anzunehmen sein, wo diese unbedingt so viel Holz zu fordern haben, als sie bedürfen, und dies nicht mehr auf andere Weise aus dem belasteten Walde zu erhalten wäre.

d) Das Recht, trockene und abgestorbene schwache Holzpflanzen oder Ausschläge an sich nehmen zu dürfen, welche mit bloßen Händen abgebrochen oder ausgerissen werden können, wie es das bloße Raff- und Leseholzrecht schon in sich begreift, dehnt sich in waldreichen Gegenden auch oft bis zum Abhauen der trocken werdenden Stämme aus, wo man es dann aber nicht mehr als Raff- und Leseholzrecht anerkennen kann, sondern es als „das Recht auf trockne Bäume" bezeichnet. Zuweilen dürfen diese nur bis zu einer bestimmten Stärke genommen werden, wo dann gewöhnlich nur das schwächere Durchforstungsholz bis zu 40 und 50 Jahren dasjenige ist, auf welches es sich erstreckt. Ist den Berechtigten die Mitnahme schneidender Instrumente in den Wald untersagt, so haben sie nur Anspruch auf trocknes Holz von der Stärke wie es mit den Händen, ohne Anwendung künstlicher Hülfsmittel umgebrochen werden kann. Zuweilen ist jedoch in waldreichen Gegenden auch gar keine Grenze hinsichts der Stärke des Holzes bestimmt. Nur wo sehr große Wälder das einzeln trocken werdende Holz gar nicht benutzen lassen, kann diese Berechtigung als unschädlich angesehen werden; in allen Forsten, wo auch das Durchforstungsholz abzusetzen ist, bleibt es immer sehr wünschenswerth sie abzulösen. Es beschränkt dieselbe schon dadurch die Waldwirthschaft sehr, daß keine regelmäßige Durchforstung eingeführt werden kann, die doch zur zweckmäßigen Erziehung des Hochwaldes, wo dies Recht gewöhnlich nur vorkommt, so nöthig ist. Wollte man alles unterdrückte und krankhafte Holz schon vorher einschlagen, ehe es abstirbt, so würde dadurch den Berechtigten dasjenige widerrechtlich entzogen werden, worauf sie einen Anspruch haben. Es muß daher dies Holz, zum großen Nachtheile des übrigen Bestandes, stehen bleiben, bis es ganz trocken geworden ist. Dies Recht ist aber auch eine Veranlassung zu einer großen Menge Unregelmäßigkeiten im Forste. In Ermangelung von dürren Bäumen dehnen es die Berechtigten nur zu leicht auch auf solche aus, welche nach ihrer Meinung einmal dürre werden könnten; bei Fällung derselben wird eine Verletzung des grünen Holzes nicht bloß nicht vermieden, sondern wohl absichtlich herbeigeführt, um nebenbei etwas trocknes Holz zu erzeugen, und reicht dies nicht hin, so sind die Mittel-Bäume trocken zu machen, wie das Ringeln, das Durchhauen der Wurzeln u. s. w. dem Berechtigten weder unbekannt, noch haben sie gegen ihre Anwendung eine große Scheu. Auch giebt die Beschaffenheit des oft starken trocknen Holzes leicht Gelegenheit, es widerrechtlich zum Verkaufe zu benutzen, und dann mehr aus dem Forste zu fordern und zu entnehmen, als die Befriedigung des Bedürfnisses, die allein verlangt werden kann, nöthig macht. Wo daher Gelegenheit vorhanden ist, dieses trockne Holz eben so gut zu benutzen, als die Berechtigten, bleibt es immer wünschenswerth, es für eigne Rechnung einschlagen zu können, und diese lieber durch eine gleiche Quantität, als es denselben gewährt, zu entschädigen.

e) Das Recht auf Lagerholz giebt die Befugniß, vor Alter umgefallenes, vom Waldbesitzer liegen gelassenes, faulendes Holz an sich zu nehmen. Es war in den ausgedehnten, wenig benutzten Wäldern der Vorzeit nicht ohne Bedeutung, indem Windbrüche, noch nutzbare Stämme, deren Wurzeln abgefault waren und welche dann umfielen, eine große Menge oft noch sehr brauchbares Holz unter dem Lagerholze finden ließen. In der neuern Zeit hat es seine Bedeutung, für den Berechtigten beinahe ganz verloren. Denn indem Niemand verpflichtet ist, Holz so lange stehen zu lassen, bis es vor Alter umfällt, Windbrüche grün und trocken eingeschlagen werden, alles Holz aufgearbeitet wird, bevor es in den Zustand des Lagerholzes geräth, kann kein neues entstehen, und nur in sehr entlegenen großen Waldungen, in trocken werdenden Bruchgegenden, wo sich das vor Jahrhunderten umgefallene Holz unter dem Wasser erhielt, findet sich dasselbe noch vor, wo es dann auch ohne Nachtheil für die Forstwirthschaft von den Berechtigten benutzt werden kann. Es ist deshalb auch kein Grund vorhanden, auf die Aufhebung dieses Rechtes zu dringen, sondern es kann nur höchstens die Frage sein: ob die Berechtigten bei dem Mangel an Lagerholz, welches ihnen früher einen Theil ihres Bedarfes gewährte, eine Entschädigung dafür zu fordern haben? Im Falle der volle Bedarf zu verlangen ist, und derselbe, weil das früher benutzte Lagerholz fehlt, nicht aus dem belasteten Walde mehr entnommen werden kann, scheint diese Frage unbedenklich zu bejahen, und dem Waldbesitzer die Verpflichtung obzuliegen, anderes Holz an dessen Stelle zu verabreichen, da er durch den Einschlag des absterbenden oder vom Winde umgeworfenen Holzes bevor es Lagerholz wird, dessen Entstehung verhindert. Es ist aber ein allgemeiner Rechtsgrundsatz, daß der belastete Waldeigenthümer nichts thun darf, wodurch er die Ausübung eines dem Berechtigten eingeräumten Rechtes direkt oder indirekt unmöglich macht.

f) Das Recht: vom Winde umgebrochene Stämme nehmen zu dürfen, muß scharf begrenzt sein, wenn es nicht sehr gefährlich werden soll. Erstreckt es sich bloß auf abgebrochene Aeste, Wipfel, oder überhaupt auf Theile des Stammes, die durch Zerbrechen desselben ganz vom Stocke getrennt sind, so ist es nicht sehr wichtig, und kann wohl geduldet werden; denn theils ist die Menge des Holzes, welches auf diese Art durch Windbruch in diesen Zustand versetzt wird, wohl immer nur gering, theils ist die Ausübung des Rechtes auch vollständig zu controlliren, indem das Factum des wirklichen Ab- und Zerbrechens der Aeste und Stämme, leicht unbestreitbar festgestellt werden kann. Sobald dagegen die Berechtigten auch diejenigen Stämme als ihnen zufallend betrachten dürfen, welche noch mit den Wurzeln in der Erde, mehr oder weniger, befestigt sind, so ist es als ein, mit einer geordneten Waldpolizei ganz unverträgliches Recht zu betrachten, indem seine Schranken dann so wenig bestimmt werden können, daß alle Kontrole bei der Ausübung desselben aufhört. Ein vom Winde nur etwas geschobener und schiefgedrückter Baum kann dann eben so gut als Windbruch angesehen werden, als ein ganz auf der Erde liegender, und einem abgehauenen Stücke Holz kann man es nicht ansehen, ob es der Wipfel eines Windbruchs ist, von welchem das untere Ende liegen geblieben ist, oder derjenige eines gefällten Stammes*). Bei der Unregelmäßigkeit des Windbruchs, welcher vielleicht Jahre lang wenig oder gar kein Holz liefert, dann mit einemmale nicht bloß Brennholz, sondern oft die besten Nutzholzstämme zur Benutzung bringt, ist das Recht darauf ohnehin nicht passend zur Befriedigung eines sich gleichbleibenden Brennholz-Bedürfnisses, zu welchem Zwecke es doch wohl ursprünglich überall nur eingeräumt worden ist. Es scheint deshalb auch wohl zweckmäßiger, es nach dem bisherigen durchschnittlichen oder wahrscheinlichen Ertrage mittelst einer jährlichen Holzrente abzulösen.

---

*) Man macht zwar wohl einen Unterschied zwischen Windschlag, worunter man dies letztere geschobene ꝛc. Holz versteht, und Windbruch, d. h. zerbrochenes Holz; doch ist dieser nur willkürlich und die wenigsten Gesetzbücher erkennen diesen Unterschied an, z. B. das preußische All. Land-Recht nicht, eben so wenig als es in ältern Dokumenten vorkommt. Die Observanz muß entscheiden, ob der Berechtigte auch noch die mit dem Stamme zusammenhängenden Bäume an sich nehmen darf.

Sowohl das Recht auf Windbruch als dasjenige auf trocknes Holz, können nur in Bezug auf das dem gewönlichen Laufe der Dinge nach erfolgende, zur Befriedigung der Bedürfnisse des Berechtigten erforderliche Material, sich erstrecken. Wenn in Folge starker Orkane ganze Wälder umgeworfen werden, oder wenn durch Insekten, Ueberschwemmungen, Feuer im haubaren Holze, ausgedehnte Bestände trokken werden und absterben, so wird selbst da, wo das Recht auf Windbruch und dürres Stammholz besteht, doch niemals angenommen werden können, daß alles das Holz, welches durch Unglücksfälle in einen Zustand versetzt worden ist, welcher es als dem Berechtigten gehörend ansehen lassen könnte, wirklich ein Eigenthum desselben in einer Art wird, daß er den Waldeigenthümer von dessen Mitbenutzung ausschließen könnte. Es ist nicht anzunehmen, daß der Waldbesitzer bei der Einräumung dieser Grundgerechtigkeiten auf den ganzen Ertrag des Waldes und das Holz darin hat verzichten wollen, was der Fall gewesen sein müßte, wenn man voraussetzt, daß der Berechtigte alles Holz darin an sich nehmen darf, sobald es in den bedingten Zustand versetzt wird. Vielmehr ist, vorzüglich wo kein Verkauf des auf Grund dieser Berechtigung gesammelten Holzes erlaubt ist, nur von dem Gesichtspunkte auszugehen, daß er nicht mehr zu fordern hat, als die Befriedigung seines Bedürfnisses, so wie es nach und nach der Wald liefern kann, und daß auch das trockene und Windbruchholz, so wie es gewöhnlich einzeln im Walde vorkommt, nur allein dazu dienen soll. Ueberdies ist noch z. B. wenigstens durch die preußische Gesetzgebung bestimmt, daß der Holzberechtigte nicht mehr als einen einjährigen Bedarf auf einmal aus dem Walde fordern und an sich nehmen darf, und er hat schon deshalb auf ein Mehreres, es komme das Holz in einem Zustande vor, welcher es auch sei, keinen Anspruch. Deshalb kann gewiß niemals der Waldbesitzer von dem Einschlage beträchtlicher Windbrüche und durch Wurmtrockniß, Raupen und Feuer getödteten Holzes, wenn es in Menge vorkommt, abgehalten werden, und kann fordern, daß selbst, wo dies Recht bestehet, die Besitzer desselben sich mit dem weniger nutzbaren Holze davon begnügen, so weit es zur Befriedigung ihres Brennholz-Bedürfnisses tauglich ist.

E. In der Vorzeit, wo man die geringern Holzgattungen gar nicht achtete und auch nicht benutzen konnte, ist noch zuweilen das Recht eingeräumt worden: die grünen Strauchhölzer, das weiche schlechtere Holz zu hauen. Es kommt in den licht bestandenen Eichenwaldungen häufig vor, wo die dürren, schlechten Strauchhölzer, Weiden, Erlen und dgl. gehauen werden können, auch in den Buchwaldungen, wo man die Aspen, Salweiden, Haseln und anderes schlechtes, mehr hinderliches als nutzbares Gesträuch den Berechtigten zur Benutzung übergab, uud wird häufig mit dem Ausdrucke: das Recht auf eine gewisse Holzgattung, das Recht auf Strauchholz, auf Weichholz, bezeichnet. Was es in sich begreift, muß nach dem Herkommen bestimmt werden, wenn die Documente selbst nicht eine bestimmte Auskunft darüber geben. — So lange eine ungeregelte Plenterwirthschaft bestand, war diese Berechtigung wohl selten sehr nachtheilig; sie konnte sogar dadurch wohlthätig werden, daß die wenig oder gar keinen Werth habenden geringen Holzgattungen unterdrückt und weggeschafft wurden, um dem bessern Holze Luft zu machen. Gegenwärtig wird es aber dadurch, sogar in dem Falle, wo man das Holz, welches dem Berechtigten zugestanden worden ist, selbst nicht benutzen kann, immer sehr drükkend und verderblich, daß man diese schlechten Hölzer nicht ganz verdrängen und bessere an ihre Stelle setzen darf, da man dadurch die Nutzung des Berechtigten vernichten und sein Recht beeinträchtigen würde. Es hindert daher vollkommene Bestände zu erziehen, und eine vortheilhafte Waldwirthschaft einzurichten, nöthigt vielmehr einen schlechten Waldzustand zu erhalten. Wenn man dem noch die Betrachtung hinzufügt, daß auch die Berechtigten selten dieses Recht hoch nützen können, weil es ihnen nie möglich ist, die ihnen gehörenden Holzgattungen pfleglich zu behandeln, sie gegen Verdämmung und Beschädigung durch Weidevieh zu schützen; weil sie gewöhnlich zu jeder Jahreszeit von jedem Theilnehmer des Rechts verwüstend benutzt werden, der irgend Etwas vorfindet; daß ferner dasselbe eine ewige Quelle von Freveln, Streit und Prozessen ist, so wird die Behauptung gewiß gerechtfertigt erscheinen: daß diese Berechtigung eine solche ist, welche man als einer guten Waldwirthschaft durchaus hinderlich ansehen muß, und die deshalb für beide Theile am vortheilhaftesten lieber durch Entschädigung abgelöset wird.

Hinsichts aller dieser Holzberechtigungen ist in den Preußischen Provinzen wo das Allgem. Landrecht gültig ist gesetzlich, daß sich der Berechtigte überall das Holz durch den Waldbesitzer anweisen lassen muß was er auf Grund seiner Berechtigung nehmen kann, und daß er diese so ausüben muß, daß dadurch dem Belasteten der wenigste Nachtheil zugefügt wird, insofern dabei der Zweck der dadurch erreicht werden soll gleich gut erreicht werden kann.

F) Nicht minder zuläßig ist in den Mittelwäldern die zuweilen vorkommende Theilung des Oberbaumes und Unterholzes zwischen verschiedenen Eigenthümern. Sie hindert ebenfalls eine Verbesserung der Waldwirthschaft, die Herstellung vortheilhafter Bestände, und veranlaßt viele Prozesse. Jeder Theil sucht gewöhnlich seine Nutzung am mehrsten zu begünstigen; der, welchem das Oberholz gehört, strebt viele Bäume zu erziehen und das Unterholz zu verdrängen, und derjenige, welcher dieses benutzt, möchte jedes Laßreis abhauen, um statt des Oberbaumes mehr Unterholz zu bekommen — keiner darf aber rechtlich einen selbst unvortheilhaften Zustand des Waldes — hinsichtlich des Gesammteinkommens, welches er gewährt — ändern, indem dadurch das Recht des Andern verletzt werden würde. Auch dieses Recht ist daher durch Theilung oder Holzrente wo möglich abzulösen.

G) Aehnlich sind diesem Verhältnisse die gemeinschaftlichen oder ungetheilten Wälder, welche eigentlich nicht hierher gehören, da sie sogar ganz ohne Servitute sein können, deren wir aber doch hier gedenken, da sie in vieler Hinsicht dennoch denen gleich sind, wo die Holzerzeugung nach Gattung oder Form zwischen verschiedene Eigenthümer getheilt wird. Dahin gehören z. B. die sogenannten Mark- oder Märker-Waldungen*), indem die in einer Landschaft oder Mark gelegenen Wälder mehreren Gemeinden, auch wohl theilweise dem Fiscus gehören. Auch unter dem Ausdrucke: „Ungetheilte Waldungen“ kommen sie häufig vor. Sobald dieselben nur durch Eine selbstständige Behörde regelmäßig verwaltet, und die bei einer regelmäßigen Wirthschaft erfolgende Nutzung getheilt wird, so daß jeder Miteigenthümer nach Verhältniß seines Besitzes seinen Antheil an Geld oder Material erhält, haben sie nichts Nachtheiliges. Ja es kann sogar in sehr vielen Fällen als zweckmäßig erscheinen, daß viele einzelne kleine Bauerstücke, die für sich weder geschont, noch nachhaltig bewirthschaftet werden können, in ein großes Wirthschaftsganzes zusammengeworfen werden, um Jedem nach Verhältniß seines Antheils, den er daran hat, einen Theil der aus dem Ganzen erfolgenden Nutzung zukommen zu lassen. So hat die Konsolidation der Hauberge im Siegenschen**)

---

*) Siehe Schenk's Forstrecht.

**) Siehe die Litteratur dieser Betriebsart in der 1sten Abtheilung (Repertorium).

sich in dieser Hinsicht sehr vortheilhaft gezeigt, und bei einer zu großen Vereinzelung des Forstbesitzes, wodurch der Waldschutz, die Holzerziehung und die zweckmäßige Benutzung leidet, wird dies immer sehr wünschenswerth erscheinen. Wo jedoch die Markwaldungen, um diesen am häufigsten vorkommenden gemeinschaftlichen Besitz als Beispiel zu benutzen, in die Fesseln alter, jetzt unpassenden Märkergedinge geschlagen sind, wo keine Einheit in der Wirthschaft herzustellen ist, wo die gemeinschaftlichen Eigenthümer willkürliche Benutzungsrechte haben, vortheilhafte Aenderungen alter unpassender Einrichtungen nur mit Zustimmung sämmtlicher Interessenten, die gewöhnlich schwer zu erhalten ist, getroffen werden können, da ist die Aufhebung dieses Verbandes vorzüglich dann zu wünschen, sobald die Theile des Einzelnen oder der Gemeinden groß genug werden können, um zweckmäßige Wirthschaftsganze, nur Einem Besitzer gehörend, daraus zu bilden. Alles gemeinschaftliche Eigenthum ist immer als ein nothwendiges Uebel anzusehen. Ist der Verwalter unabhängig von den Eigenthümern, so haben diese weder Lust noch Liebe dazu, denn Niemand liebt ein Eigenthum, über welches ein Fremder beliebig schaltet, und auch ist es in der Regel der Fall, daß dieses gemeinschaftliche Eigenthum am allerersten beeinträchtigt und schlecht verwaltet wird. Sind die Eigenthümer befugt, dem Verwalter Vorschriften über die Bewirthschaftung zu machen, die Kontrolle zu führen u. s. w., so werden an diesen gewöhnlich so viele verschiedene Anforderungen gemacht, als verschiedene Eigenthümer sind, und er kann es dann keinem recht machen. Ueberdem will Jeder von diesem gemeinschaftlichen Eigenthume nur so vielen Nutzen ziehen als möglich, niemals Etwas zu seiner Verbesserung thun; es ist den Angriffen des Holzdiebstahls am ersten ausgesetzt, jede zu Gunsten desselben zu ergreifende Maßregel wird gewöhnlich sehr schwer und langsam ausgeführt, mit einem Worte, es befindet sich stets in einer weit ungünstigeren Lage, als das freie Eigenthum eines Einzelnen. Deshalb ist die Theilung stets wünschenswerth, sobald sie in einer Art bewirkt werden kann, daß dabei eine regelmäßige Bewirthschaftung des Waldes nicht verhindert wird. — Daß bei einer gemeinschaftlichen Raubwirthschaft, wo jeder Miteigenthümer so viel holzt, als er Lust hat, keiner daran denkt, Etwas zu schonen und anzubauen, kein Wald erhalten werden kann, wird weiter keiner Ausführung bedürfen. —

K. Ein sehr häufiges Recht ist: den Bedarf an Brenn- und Nutzholz jeder Art fordern zu können. Es ist dabei zwar oft bestimmt, daß derselbe hinsichts des Brennholzes in geringen Sortimenten, z. B. Raff- und Leseholz, entnommen werden soll, jedoch würde, im Fall diese fehlen, um ihn zu liefern, auch besseres Holz gegeben werden müssen. Wo der Wald groß genug ist, den Bedarf an Brennholz stets ohne Nachtheil durch das für den Waldbesitzer wenig Werth habende Material liefern zu können, da ist dieses Recht weiter nicht nachtheilig. Die Sammlung dieses Holzes ist mit so vielen Unbequemlichkeiten verknüpft, daß die Berechtigten sich gewöhnlich schon deshalb möglichst beschränken. Schlimmer ist es zwar, wo das geringe Holz nicht zureicht, um allein den Bedarf zu decken und dazu werthvolleres, z. B. Abraum, Stockholz, Durchforstungsholz, dem Berechtigten mit überlassen werden muß. Allein immer wird auch dann noch dies Recht vortheilhafter für den Waldbesitzer bestehen bleiben, als abgelöset werden, weil dann doch wenigstens ein Theil des Bedarfs durch an sich werthloses Holz gedeckt wird, im Fall der Ablösung aber in der Regel gewöhnlich der ganze, in benutzbarem Holze, als Entschädigung für die Aufgabe des Rechts, gegeben werden muß. Nur in dem einen Falle ist dieses Recht nicht zu dulden, wenn ohnehin schon alles dasjenige Holz, was der Berechtigte consumiren will, in benutzbarem Materiale von ihm verlangt werden kann. Dann ist es in jedem Falle besser den Bedarf ein für allemal festzustellen, und ihn in fester Naturalrente als Deputatholz, oder durch Holzgrund, worauf er ihn selbst erbauet, zu gewähren. Von dem Bedarfe an Nutz- und Bauholz, und den Ansichten, welchen diese Berechtigung unterworfen werden muß, ist schon oben die Rede gewesen.

Noch übler ist es wenn man fürchten muß, daß der Bedarf sich fortwährend vergrößern wird. Dies kann der Fall sein

a. wenn er sich auch auf den Bedarf der Gewerbsanstalten wie Ziegeleien, Brauereien, Brennereien u. s. w. erstreckt, die willkürlich vergrößert werden können.

b. Wenn ganze Communen auch für die Miethsleute und Gewerbetreibenden den Bedarf fordern können.

c. Wenn die Verwendung des Holzes bei gewissenlosen Empfängern nicht zu côntrolliren ist.

In allen diesen Fällen ist es nöthig, entweder den Bedarf fixiren zu lassen, oder, wo dies unthunlich ist, es sobald als möglich abzulösen.

Immer ist die Berechtigung, den Bedarf fordern zu können, in bestimmten Grenzen zu erhalten und darauf zu achten, daß diese nicht widerrechtlich überschritten werden. Der Berechtigte muß sich allen den landüblichen wirthschaftlichen Einschränkungen unterwerfen, welche man von einem guten Haushalter fordern kann. Er kann seinen Bedarf nicht zum Nachtheile des Waldes gegen die ursprüngliche Verleihung des Rechts ausdehnen, indem er das Holz zu etwas Anderem verwendet, als wozu es ihm ursprünglich angewiesen wurde. So kann derjenige, welcher bloß Brennholz zum häuslichen Gebrauche zu fordern hat, dasselbe nicht zum Ziegelbrennen, zum Backen, Bleichen, Kochen, Waschen für Lohn fordern, er kann nicht sein Wohnhaus in eine Gastwirthschaft umwandeln und die größere Holzmenge, welche diese nöthig hat, ebenfalls aus dem Forste fordern. — Ist das Recht ganzen Gemeinden verliehen, so haben nur diejenigen Mitglieder derselben Antheil daran, deren Wirthschaften zur Zeit der Verleihung desselben schon vorhanden waren, nicht diejenigen, welche sich später anbaueten, nicht die Miether, und selbst auf später erbauete Stuben, auf Abzweigungen der ursprüngliche berechtigten Familien in einer und derselben Wirthschaft, erstreckt sich diese Berechtigung nicht, wenn dies nicht ausdrücklich in der Verleihungsurkunde ausgesprochen ist, was aber allerdings zuweilen geschehen ist.

In wiefern überhaupt Holzersparung, durch Erbauung von Gemeinde-Backöfen u. dgl. eingeführt werden muß, hängt von der Polizei-Gesetzgebung des Landes ab, und es wird hier der Ort sein, die Grundsätze deshalb zu entwickeln, da die Gesetze vernünftigerweise nur demjenigen Vorschriften über die Verwendung des Holzes und dessen Ersparung machen können, welcher dasselbe unentgeltlich erhält, nicht demjenigen, welcher es erkauft, Von diesem Letztern muß man ohnehin schon erwarten, daß er nicht unnützerweise Geld für verschwendetes Holz ausgeben wird, und thut er es, so kann man seine natürliche Freiheit dann eben so wenig beschränken, als in der Verschwendung von Getreide, z. B. durch das Halten vieler unnützer Hunde und Luxuspferde, vieler Arbeit durch Anlegung von Lustgärten u. s. w. Nur von denen, die deshalb vielleicht unnütz Holz verbrauchen, weil es ihnen nichts kostet, kann man mit Recht fordern, daß sie sich den Beschränkungen, die das Gesetz darin bestimmt, unterwerfen, was schon im Privatrechte liegt. Als man bemerkte daß die Holzvorräthe sehr abnahmen, und die Furcht, es könne Holzmangel entstehen, die Gemüther beunruhigte, fing man damit an, Holzersparnisse, wie man es nannte, anzuwenden. Nicht bloß daß das Gesetz die Verwendung von Holz zu manchem

Gebrauche untersagte, z. B. zu Blockhäusern, Zäunen von todtem Holze, damit ausgelegten Wegen u. s. w., es wurden auch amtlich eine Menge Sparöfen und holzersparende Anstalten empfohlen, die Erfinder belohnt, um der offenbar sehr großen Holzverschwendung Schranken zu setzen. Ja man ging sogar zuweilen so weit, ein Maximum des Verbrauchs für jede Familie, nach ihrem Range und ihrem Gewerbe festsetzen zu wollen.

Alle diese Anordnungen konnten von wenigem Erfolge sein, denn es ist sehr schwer, eine jede Haushaltung zu zwingen, und zu kontroliren, sich nicht der Holzverschwendung zu Schulden kommen zu lassen, wenn diese sonst dazu geneigt ist und keine andere Unbequemlichkeit oder die Scheu vor Ausgaben sie davon abhält. Nur solche Dinge können und dürfen überhaupt befohlen werden, bei denen man im Stande ist über die Befolgung des ertheilten Befehls zu wachen. So kann man wohl Blockhäuser verbieten, aber nicht die Einführung von Sparöfen fordern, oder einer Familie ein so bestimmtes Holzquantum vorschreiben wollen, daß dabei die größtmöglichste Sparsamkeit bei Verwendung des Holzes vorausgesetzt wird. Aber auch selbst die Befehle, deren Beobachtung man zu beaufsichtigen vermag, lassen sich schwer durchführen, wenn nicht die Nothwendigkeit und Zweckmäßigkeit derselben auch vom Volke anerkannt worden ist. Dann sind sie — in der in Rede stehenden Beziehung — aber selten mehr nothwendig, dann treten ohnehin schon gewöhnlich andere Gründe hinzu, welche auch ohne Einwirkung der Regierung dasselbe bewirken, was diese durch ihre Anordnungen beabsichtigt. So lange das Volk glaubt es sei Holz in Ueberfluß vorhanden, wird dies auch wohlfeil und leicht zu haben sein, und es wird sehr schwer werden durch Gesetze dessen starken Verbrauch zu beschränken. Sobald ein wirklicher Mangel daran zu entstehen droht, wird es theuer und selten werden, und die sparsame Verwendung desselben findet sich ganz von selbst. Die steigenden Holzpreise, die stets dem drohenden Mangel an Holz lange Zeit vorausgehen, sind die besten und wirksamsten Mittel der Holzverschwendung vorzubeugen, und nichts läßt sie bei vielem und wohlfeilem Holze abstellen. Es scheint deshalb auch vollkommen hinreichend, selbst in Bezug auf diejenigen Holzempfänger, welche dasselbe unentgeltlich erhalten, nur durch die Gesetzgebung dafür zu sorgen, daß sie nicht mehr auf Grund unbestimmter Gerechtsame fordern können, als entweder der Wald ohne Nachtheil für den Forsteigenthümer oder die Holzzucht liefern kann, oder ihr wirklicher Bedarf bei zweckmäßiger Ersparniß erfordert, im Uebrigen aber sich darum ganz unbekümmert zu lassen, ob diese Berechtigten oder die, welche das Holz erkaufen, es verschwenden oder sparsam damit umgehen wollen. Höchstens wird es rathsam sein, durch Beispiele und Unterstützung neuer holzersparender Einrichtungen, mittelbar zur Abstellung der Holzverschwendung zu wirken.

Dies bedingt aber nicht, daß nicht aus andern Gründen, z. B. um Feuersbrünste zu verhüten, um eine zweckmäßigere Bauart der Häuser und Wege einzuführen, eine Menge polizeilicher Vorschriften sehr zweckmäßig gegeben werden könnten, die zugleich das Gute haben, eine sparsamere Verwendung des Holzes herbeizuführen. Es soll damit nur gesagt werden, daß die Gesetzgeber kein Recht zu haben scheinen, die Freiheit des Einzelnen bei der Verwendung des ihm rechtlich zukommenden, oder von ihm erkauften Holzes bloß deshalb zu beschränken, um einen geringern Verbrauch desselben zu bewirken, und daß wenn sie es hätten, von der Anwendung desselben selten ein Erfolg für den beabsichtigten Zweck zu erwarten sein wird. Wir glauben daher das Kapitel: „Von den Maßregeln, welche von der Regierung gegen Holzverschwendung zu ergreifen sind," könne ohne Nachtheil ganz in den Forstdirektionslehren gestrichen werden. —

L. Wo noch das Recht vorkommt, das frei aus dem

Walde auf Grund einer Berechtigung abgeholzte Holz ganz oder theilweis verkaufen zu können, muß es unbedingt abgelöset werden. Dies geschiehet gewöhnlich nach dem Werthe des bisher durchschnittlich verkauften Holzes.

Die Ausübung aller unbestimmten Holzgerechtigkeiten durch die Berechtigten, indem sie sich das ihnen auf Grund derselben zukommende Holz selbst sammeln, sind überall mehr oder weniger Beschränkungen unterworfen worden, um der mißbräuchlichen Ausdehnung der Befugniß vorzubeugen.

Dahin gehört:

a) Die Bestimmung der Zeit (Holztage), in welcher dies geschehen darf. Nothwendig muß der Forstbediente zugegen sein, wenn die Berechtigten ein Recht ausüben, was so leicht übertreten werden kann, so vielfach Gelegenheit giebt, zum Nachtheil des Waldes auch andere Dinge zu nehmen, als die dem Berechtigten zukommen. Selbst der wachsamste Forstbeamte kann nicht stets im Walde sein, seine Geschäfte fesseln ihn zuweilen an bestimmten Stellen, wodurch er verhindert wird, andere Theile des Waldes zu besuchen, deshalb muß eine Zeit bestimmt werden, in welcher die Berechtigten das Sammeln des ihm zukommenden Holzes vornehmen müssen. Ueberall ist die Nacht in dieser Hinsicht ausgeschlossen, und die Sammlungszeit wird entweder von Sonnen-Aufgang bis Sonnen-Untergang, oder auch wohl von 6 Uhr des Morgens bis 6 Uhr Abends im Sommer, 8 Uhr Morgens, 4 Uhr Abends im Winter u. s. w. bestimmt. An Sonn- und Feiertagen dürfen ebenfalls nirgends Holzberechtigungen ausgeübt werden. Zuweilen ist in bestimmten Jahreszeiten, z. B. im Sommer von Ostern bis Michaelis, in der Setzzeit des Wildes, in der Brunstzeit, das Betreten des Waldes ganz untersagt. Dem Waldbesitzer ist allerdings nicht zu verdenken, wenn er alle hergebrachte Beschränkungen bei Ausübung dieser oft ihm sehr lästigen Gerechtsame zu erhalten sucht, und jeden Tag zu erhalten strebt, an welchem der Wald ruhig und geschlossen für die zahlreichen Schaaren der Berechtigten ist. Unbedingt rechtfertigen lassen sich aber die bestehenden Bestimmungen in dieser Hinsicht nicht immer. Zuerst sind diejenigen zu tadeln, welche sich bloß auf die Jagd beziehen. Kaum giebt es zuweilen noch in denjenigen Wäldern hohes Wild, wo man den Besuch derselben in der Setz-, Hege- und Brunstzeit verbietet. Wenn dies aber auch der Fall ist, so kann die Jagd in der jetzigen Zeit nicht mehr als wichtig genug betrachtet werden, um wegen einer bloßen Störung des Wildes, die in der Brunstzeit doch in der That nicht nachtheiliger ist als in jeder andern Jahreszeit, ja sogar weniger als im Winter bei tiefem Schnee und Glatteise, dem Armen verbieten zu wollen, das unentbehrliche Holz zum Kochen seiner Kartoffeln aufzusuchen. Weit zweckmäßiger wäre es wohl, wenn man zu diesem Schlusse des Waldes eine Zeit wählte, wo der Forstbediente anderweitig zu sehr beschäftigt ist, um auf die Berechtigten sehr achten zu können, z. B. in dem ersten Frühjahr, wo die Kulturen, die Beendigung der Schläge, seine Aufmerksamkeit sehr in Anspruch nehmen, und wo auch gewöhnlich der Landmann schon sehr mit der Ackerarbeit beschäftigt ist. Die Beschränkung des Besuchs des Waldes in der Zeit von Michaelis bis Ostern, ist häufig eine ohne Noth eingeführte, oft sehr drückende Erschwerung des Sammelns von Leseholz, da nicht immer im Winter der Wald dazu lange genug zugänglich ist, wenn tiefer Schnee fällt, um für den Sommer ausreichende Vorräthe sammeln zu können. Es dürfte der Waldpolizei nicht wesentlich nachtheilig sein, wenn man wenigstens in den Staatsforsten hierin nachsichtiger wäre, da gerade im Sommer die Forstbedienten die mehrste Muse haben, um auf Jeden zu achten, welcher den Wald besucht. Dagegen ist die Beschränkung auf bestimmte Tage in der Woche beinahe unerläßlich, um den Forstbeamten die übrigen zu anderweitigen Geschäften frei zu lassen.

b) Eine andere Beschränkung findet statt, indem bei der Gewinnung des Holzes entweder gar keine, oder doch nur bestimmte Instrumente erlaubt sind. So ist der Gebrauch der Säge überall dabei untersagt, da mittelst derselben mit weit wenigerem Geräusch, und deshalb auch mit größerer Sicherheit gegen Entdeckung, Holz entwendet werden kann, als bei dem Gebrauche der Axt. Dieser letztere kann nicht gestattet werden, wo bloß schwaches Holz genommen werden darf, so wie nur Spaten und Hacke erlaubt sein müssen, wo sich das Recht der Benutzung des Stockholzes auf abgefaulte Erdstöcke beschränkt.

c) Auch hinsichts der Art der Fortschaffung des Holzes muß man auf die hergebrachten Beschränkungen halten, um mißbräuchliche Ausdehnung der Benutzung des Rechtes zu verhindern. Wo nur das Heraustragen in Körben, Tüchern, Stricken erlaubt ist, würde man durch die Erlaubniß, Schubkarren, Zugvieh und Wagen zu gebrauchen, einigen Familien Gelegenheit geben, in weit größerer Menge erlaubtes Holz wegzuführen, auch wohl leichter unerlaubtes mitzunehmen, und dadurch vielleicht andere Mitberechtigte, welche über diese Mittel nicht disponiren können, nur verkürzen, zugleich die Berechtigung für den Wald aber auch nachtheiliger machen.

d) Eine der wichtigsten Beschränkungen, auf welche überall auf das Sorgfältigste gehalten werden muß, ist, daß der Berechtigte das ihm zur Befriedigung seines eigenen Holzbedürfnisses bewilligte Holz nicht verkaufen, vertauschen oder verschenken darf. Sobald dies gestattet ist, haben die Anforderungen an den Wald gar keine Schranken mehr, und die Holzdiebstähle werden dann nur zu leicht ein Gewerbe.

Wir glauben so die Grundsätze der nothwendigen polizeilichen Beschränkung der Holzungsgerechtigkeiten nach Recht und

Billigkeit entwickelt zu haben, müssen aber nochmals den allgemeinen Grundsatz in das Gedächtniß zurückrufen: daß eine Aenderung in den hergebrachten Gerechtsamen der Berechtigten nur allein durch die Erhaltung des Waldes und die Erhöhung seiner Kultur sich rechtfertigen läßt, und daß diese niemals den Zweck haben darf, bloß das Einkommen des Forstbesitzers auf Kosten des Berechtigten erhöhen zu wollen, sondern immer nur nach der Ansicht erfolgen kann, daß dadurch das Gesammteinkommen des Waldes erhöhet werde, ohne daß der Berechtigte dadurch in den ihm rechtlich zustehenden Nutzungen verkürzt werde.

Der Privatforstbesitzer verfolgt stets nur seinen eigenen Vortheil, der Verwalter der Staatsforsten soll aber nicht bloß denjenigen der Forstkassen und des Forstes im Auge haben, sondern auch darauf achten, welchen Einfluß eine Maßregel auf das Wohlbefinden der ärmeren Volksklassen und die Befriedigung der Bedürfnisse des Landes hat.

Von der Weidegerechtigkeit.

Das Recht, Vieh im Walde halten zu dürfen, ist wohl so alt als Hausthiere gehalten werden, welche ihre Nahrung in demselben finden. In den ältesten Zeiten wurde es vorzüglich für die Schweine in Anspruch genommen, weil diese in Deutschland von allen Hausthieren am zahlreichsten gehalten wurden, und Pferde, Rindvieh, Schafe, Ziegen nur in geringer Menge vorkamen. Die Weidegerechtigkeit wurde deshalb auch mehr dadurch nachtheilig, daß ein Verlust an Mastnutzung dadurch für den Waldeigenthümer entstand, als durch Schaden am Holze durch die wenigen Stücke Rindvieh und Schafe, welche in den großen Wäldern umherirrten. Das hat sich jedoch sehr geändert. Die Wälder sind viel kleiner und die Heerden viel zahlreicher geworden, so daß sich ein Wald gar nicht mehr erhalten kann, wenn nicht immer ein Theil desselben dem Weideviehe so lange entzogen bleibt, bis das darauf stehende Holz der Beschädigung durch dasselbe ganz entwachsen ist. Die Nothwendigkeit dieser Beschränkung fiel schon sehr frühzeitig in die Augen, als die stärkere Benutzung des Waldes den Nieder- und Mittelwaldbetrieb, und darin immer viel junges Holz erzeugte, und auch im Hochwalde die starke Durchlichtung, auf die nothwendige Schonung der auf den lichtgewordenen Stellen nachwachsenden jungen Pflanzen aufmerksam machte. Man begann damit, für die Mittel- und Niederwälder eine gewisse Zahl von Jahren nach dem Abtriebe festzusetzen, gewöhnlich nur eine sehr geringe, nicht ausreichende, während welcher das Vieh die abgeholzten Distrikte nicht betreten durfte. Im Plenterwalde konnte nicht füglich eine Schonung eingeführt werden, und dies war denn auch die erste Ursache, aus welcher man zur regelmäßigen Schlagwirthschaft von der Durchplenterung überging.

Diese ungenügenden ersten Versuche, den Wald gegen das Weidevieh zu schützen, konnten den Schaden nicht verhüten, welchen die immer zahlreicher werdenden Heerden darin anrichteten, vorzüglich da, wo Laubhölzer erzogen werden sollten, welche dem Angriffe durch das Vieh weit mehr ausgesetzt sind, als die Nadelhölzer. Man glaubte deshalb die Waldweide als mit einer guten Forstwirthschaft überhaupt unverträglich ansehen zu müssen, und forderte ihre gänzliche Aufhebung oder Ablösung. Man drang um so mehr auf diese, als man bemerken wollte, daß diese Grundgerechtigkeit selbst ihrem Besitzer nachtheilig werde, indem dabei die Viehzucht und der Ackerbau leide, welche nur bei der Stallfütterung gedeihen können. Man behauptet: das Vieh verhungere halb bei der kärglichen oft ungesunden Nahrung in den dichten

Holzbeständen, und indem es den ganzen Sommer hindurch, wo nicht Tag und Nacht, doch wenigstens am Tage im Walde umherirre, werde dem Acker der unentbehrliche Dünger entzogen. So sei bei der Waldweide stets ein geringer Milch- und Wollertrag zu erwarten, nur schlechtes, kleines Vieh zu halten, und niemals der Acker in einen guten Düngungszustand zu bringen, wie er für eine gute und geordnete Ackerwirthschaft gefordert werden müsse. Wenn man deshalb dem Landbauer so viel Grund vom Forste abtrete, daß er sein Vieh durch Erbauung von Futterkräutern oder eine gesunde Brach- und Ackerweide ernähren könne, so werde man auf der kleinen Waldfläche in den nun unbeschädigt bleibenden Holzbeständen, mehr Masse erziehen, als auf der größern, vom Weideviehe stets ruinirten, und der Ackerbauer und Viehzüchter werden im Stande sein, ihren Acker in besseren Düngungszustand zu bringen, und ihr Vieh besser zu halten und vortheilhafter zu nutzen.

Es giebt unläugbar Fälle, wo die Gegner der Waldweide in diesem Raisonnement unbedingt Recht haben, wo sie dem Walde stets verderblich wird, und dem Berechtigten eher Nachtheil als den geringsten Gewinn bringt. Vorzüglich gilt dies für das Rindvieh, welches sich oft nur so kümmerlich im Walde ernährt, daß der ganze Ertrag desselben nur sehr gering sein kann. Diese Fälle sind sehr häufig in den Mittel- und Niederwäldern, wo ein kurzer Umtrieb im Unterholze das Holz beinahe niemals der Beschädigung durch das Vieh ganz entwachsen läßt, und wo die Waldweide ganz aufhören muß, wenn man geschlossene Holzbestände erziehen will. Hier findet man oft die Wälder so mit zahlreichen Heerden übertrieben, daß sie nur vom Laube noch ihr Leben kümmerlich fristen können; sie müssen zuweilen in den Bergen Stunden weit wandern, ehe sie auf den Weideplatz kommen, und verlieren schon dadurch die Milch, so daß man mit vollem Rechte diese einmal so hergebrachte Wirthschaft als gleich verderblich für den Wald wie das Feld ansehen kann.

Es giebt aber auch ganz andere Verhältnisse, in denen die Waldweide für den Berechtigten einen großen Werth hat, und unter welchen sie dem Walde auch nicht den geringsten Nachtheil zufügt. In den lichten Eichenwäldern der Elbe, Oder und andern Flußthälern oder auf fruchtbarem Lehmboden, wo man die alten räumlichen Holzbestände schon um der gleichmäßigen und nachhaltigen Vertheilung der Nutzung willen noch erhalten muß, gewährt die Grasnutzung durch das Weidevieh einen größern Ertrag, als die Holznutzung. In den Heidegegenden des östlichen Deutschlands, Preußens und Westpreußens, wo der Acker, aus schlechtem Sande bestehend, keine Art von Futterkraut hervorbringt, ist diese elende Waldweide zuletzt noch das einzige Mittel, das erbärmliche Vieh zu erhalten. In den höhern Gebirgen beruhet die Existenz der Bewohner oft allein auf ihren Heerden, und da hier an keinen Ackerbau zu denken ist, das Vieh selbst häufig den üppigen Graswuchs in den Fichtenschonungen benutzen kann, so ist die Waldweide das Einzige, was die Bevölkerung erhält. Schon der Oberharz und die höhern Regionen des Thüringer Waldes, würden ohne sie schwerlich ihre Bewohner erhalten können. Herr von Berg berechnet in seiner Schrift: „das Verdrängen der Laubwälder, S. 57." den jährlichen Ertrag der Waldweide in den 153765 Morgen enthaltenden Hannöverschen Harzforsten jährlich auf 112458 Thlr. Bruttoertrag, oder mindestens zu 30768 Thlr. Netto. Dies ist ein Einkommen, welches größtentheils die ärmsten Bewohner dieser Gegenden, Bergleute, Holzarbeiter, Fuhrleute u. s. w. beziehen, wobei der Wald die volle Schonung hat, und wodurch im Allgemeinen die Holzproduction nicht im Geringsten leidet.

Eben so wenig als die Waldweide in allen Fällen werthlos oder gar nachtheilig für den Eigenthümer derselben und für die Landwirthschaft ist, kann man sie unter allen Verhältnissen als nachtheilig für den Wald erklären. Immer wird es darin größere oder kleinere Blößen, räumliche nur mit lichtem Holzbestande bewachsene Flecke geben, auf denen das Vieh Nahrung findet, ohne den Geringsten Schaden zu thun. Sogar die Fichtenschonungen lassen sich erfahrungsmäßig aushüten, ohne daß die jungen Pflanzen im geringsten Gefahr laufen beschädigt zu werden. Was Schafe, Pferde, selbst Ziegen in Stangenorten, geringem und starkem haubarem Holze für Nachtheile herbeiführen sollen, wenn sie darin Nahrung suchen, ist nicht füglich abzusehen, da sie so wenig die Bäume umstürzen als abnagen oder an ihnen hinaufklettern können. Wer hier von dem Verderblichen der Waldweide spricht, muß des ältern Forstmannes Guiot Meinung theilen, daß die Schafe eine giftige Ausdünstung hätten, wodurch sie die Bäume im Walde tödteten. Dieser Aberglaube der unbedingten Schädlichkeit der Waldweide für das Holz, kann nur noch aus den Zeiten herstammen, wo man allgemein Plenterwirthschaft trieb, und überall leicht zu beschädigende junge Pflanzen im Walde umherstanden. Bei einer regelmäßigen Schlagwirthschaft, wo man das junge, noch der Gefahr, beschädigt zu werden, ausgesetzte Holz, von dem ausgewachsenen abzusondern vermag, kann jede Viehgattung bei der gehörigen Waldpolizei im haubaren Holze gehütet werden, und der einzige Nachtheil, der für die alten Bäume vielleicht entstehen könnte, ist das Betreten der Wurzeln auf den Triften und die nachtheilige Einwirkung des animalischen Düngers, wenn Viehlager im Schatten großer Bäume gestattet werden. Vorzüglich für die Schafe wird die Waldweide immer Werth behalten, wenn auch für die feinwolligen weniger als für die inländischen, welche die gröbere Wolle bringen. Das Rindvieh kann nur die beste und nahe Weide, und da wo Klima und Boden keine Stallfütterung einführen lassen, die geringere und entfernte mit wirklichem Gewinn benutzen. Eine geringe beschwerliche Weide für dasselbe ist weniger dem Walde, bei gehöriger Schonung, verderblich, als dem Ackerbaue und der Viehnutzung nachtheilig, und mehr deshalb als um des Waldes willen wird ihre Ablösung im Hochwalde wünschenswerth. Das grobe Schaaf aber, für welches sich die Stallfütterung weit weniger paßt, ernährt sich noch von Flechten, Heidekraut und geringen Gräsern recht gut, ohne den geringsten Schaden im Forste zu thun, sobald es nur Bestände betreten darf, die so weit erwachsen sind, das es keine Pflanze, die zur Herstel= eines vollen Bestandes nöthig ist, im Wipfel oder an den obern Seitenzweigen erreichen kann, selbst wenn es sich auf die Hinterfüße stellt. Viele Forstmänner haben allerdings ein großes Vorurtheil gegen die Schafe, und halten sie für eben so verderblich als die Ziegen; schwerlich mögten sie aber den Beweis führen können, daß dieses Thier selbst im 12= bis 15jährigen Niederwald Schaden thun kann. Das Rindvieh beugt oder reitet auch, wenn es Hunger hat und einmal an das Laub gewöhnt ist, zwanzig Fuß hohe Stangen herunter, und ruinirt Bestände, die man längst gesichert glaubte. Das Schaf beschränkt sich darauf, das Laub, die Nadeln an Kiefern, die jungen Maitriebe an Fichten abzubeißen, so hoch es zu reichen vermag, und die größte Höhe, bis zu welcher es reicht, ist 6 bis 7 Fuß. Ein Nachtheil im Holze, welches bis zu dieser Höhe kein Laub, keine Nadeln und keine Seitenzweige, welche für die Holzerziehung Werth haben, mehr hat, kann deshalb auch nicht mehr von den Schafen beschädigt werden, und es ist ganz gleich, wie viel oder wie wenig Schafe in einem 60= bis 80jährigen Bestande weiden, wenn sie nur Nahrung finden. Dabei ist das Schaf auch von Natur nicht auf die Ernährung durch Laub oder Nadeln hingewiesen, und wenn es nur irgend sich von Gras und andern

Gewächsen nähren kann, greift es diese nicht an. Unendlich oft kann man nachweisen, wie bei starker Schaftrift sich selbst armer Boden mit geschlossenem Kiefern-Unterholze bedeckt, ohne daß dies verbissen wird.

So kann man anerkennen, daß die Waldweide in vielen Fällen verderblich ist, und zweckmäßiger durch Abtretung von Acker zum Futterbaue, selbst durch reinen vom Holze befreiten Weidegrund abgelöset wird, wenn eine Betriebsart gewählt wird, bei der das Holz der Beschädigung durch das Vieh nicht entwachsen kann, und daß der Weideberechtigte gern mit einer geringen Entschädigung zufrieden sein kann, weil ihm seine Berechtigung, genau berechnet, mehr kostet als einträgt. Aber eben so gut kann man auch oft unwiderleglich darthun, daß nicht bloß der Wald gar nicht durch die Behütung leidet, sobald ihm die nöthige Schonung bewilligt wird, sondern daß auch ein großer Verlust für das Nationaleinkommen überhaupt herbeigeführt werden würde, wenn man das Weidevieh ganz aus dem Walde entfernen wollte. Man muß deshalb kein Vorurtheil für oder gegen die Waldweide haben, sondern stets für alle einzelne Fälle prüfen, welchen Schaden sie dem Walde bei einer regelmäßigen Wirthschaftsführung zufügt, welchen Gewinn der Berechtigte davon hat, ob es für den Wald, den Ackerbau, wie für das gemeine Beste wünschenswerth ist, daß sie abgelöset werde, oder daß sie ferner bestehe.

In allen kultivirten Ländern ist aber anerkannt, daß eine geordnete Waldwirthschaft nicht bestehen, ein Wald bei den jetzt so zahlreichen Heerden nicht erhalten werden kann, wenn nicht die jungen Holzpflanzen gegen die Beschädigung durch das Weidevieh gesichert werden, bis sie so hoch und stark geworden sind, daß dasselbe ihnen keinen Schaden mehr zuzufügen vermag. Man kann mit andern Worten sagen: daß dem

Walde die nothwendige Schonung gewährt werden müsse, ist unbestritten. Selbst die Fälle, wo das Holz auch ohne Schonung aufwächst, wie dies bei Kiefer- und Fichtenwald der Fall ist, können dieser Forderung nicht entgegen gesetzt werden, da man eben so gut wahrnehmen kann, daß Schafe und Rindvieh beide Holzgattungen ganz verbeißen, wenn sie sich einmal an diese Nahrung gewöhnt haben. Die Gewöhnung entscheidet in dieser Beziehung eben so gut bei dem Viehe wie bei dem Wilde, wie dies schon oben bemerkt wurde.

Vielfach hat man sich bemüht, dafür eine bestimmte allgemeine Vorschrift über die Ausdehnuug der Schonungsbefugniß zu erlassen. Der erste Versuch war, in den Mittel- und Niederwäldern ein bestimmtes Alter festzusetzen, bis zu welchem das Holz mit der Hütung geschont werden müsse, wobei man eine regelmäßige Innehaltung der Schlageintheilung oder des Umtriebes voraussetzte. So bestimmte die alte Mansfelder Forstordnung vom Jahre 1585 bei 12jährigem Umtriebe zuerst eine 5jährige Schonzeit, die später, als sie sich unzureichend zeigte, bis zu 8 und 9 Jahren verlängert wurde. Man sagte dann, das Vieh dürfe in dem 5ten, 7ten, 8ten Blatt hüten, d. h. die neuen Ausschläge beweiden, wenn sie zum 5ten, 7ten, 8ten Male Blätter bekommen. Diese Bestimmung könnte überhaupt nur für Mittel- und Niederwälder anwendbar sein, welche in einem festen Umtriebe bewirthschaftet werden, denn wo die Schlageintheilung fehlt, würde der Weideberechtigte keine Sicherung haben, daß ihm immer eine verhältnißmäßige Fläche offen bliebe. Sie ist aber auch da unpassend, weil schnellwüchsige Holzgattungen und Stockausschläge viel früher behütet werden können, als langsam wachsende und Samenpflanzen. Es wird deshalb eine Bestimmung, wobei das Alter eines Ortes zum Maaßstabe der Schonung oder Ausgebung für das Weidevieh gemacht wurde, höchstens für einen einzelnen Niederwald, dessen Wuchs sich gleich bleibend angenommen werden kann und gekannt ist, in dem keine Samenpflanzen vorkommen, anwendbar; durchaus paßt sie sich nicht zur Ordnung der Weidegerechtigkeit in einem ganzen Lande. Am allerwenigsten aber ist sie für Mittelwälder passend, worin auch Samenpflanzen zum Ersatze des Oberholzes erzogen werden müssen.

Man versuchte deshalb, dem Waldbesitzer die nöthige Schonzeit zur Erziehung des Holzes, so wie dem Weideberechtigten eine von ihm billigerweise zu fordernde Weidefläche dadurch zuzusichern, daß man einen bestimmten Theil des gesammten Wald- und Weidegrundes festsetzte, der stets in Schonung liegen könne, während der übrige behütet werden dürfe. So bestimmen die preußischen Forstordnungen der ältern Zeit, daß im Hochwalde bald $\frac{1}{10}$ bis $\frac{1}{6}$, im Niederwalde $\frac{1}{4}$ bis $\frac{1}{3}$ eingeschont werden könne, indem man sowohl den passenden Umtrieb, als die nöthige Zeit, in welcher ein junger Bestand dem Viehe entwachsen sein könne, ermittelte. So nahm man z. B. an, daß 120jähriger Umtrieb in Kiefern der zweckmäßigste sei, und da 20 Jahre im Durchschnitte hinreichend sind, um eine Kiefernschonung so groß werden zu lassen, daß das Vieh keinen Schaden mehr darin thun könne, ein Sechstheil der gesammten mit Weideservitut belasteten Waldfläche dasjenige sei, was der Kiefernwald, um gegen alle Beschädigungen des Weideviehes vollkommen gesichert zu sein, an Schonungsfläche bedürfe. — Aber auch diese Bestimmung zeigte sich ungenügend. Nicht immer ist eine Schonung so rasch und gleichmäßig in Bestand zu bringen, daß sie in einer bestimmten Zeit ohne Nachtheil aufgegeben werden kann, so z. B. bei ausbleibenden Samenjahren und horstweisem Bestande in den Buchensamenschlägen, bei den oft noch spät vertrocknenden Pflanzen in Kiefern und daraus entspringenden Nachbesserungen. Wie oft tritt auf dem warmen Boden der Fall ein, das 7- bis 8jährige vollkommen bestandene Schonungen ganz vertrocknen oder von Insekten zerstört werden, und dann von neuem wieder angebaut werden müssen. Dann erzeugt aber auch der Boden einen sehr verschiedenen, bald rascheren, bald langsameren Holzwuchs, der Zustand der alten Bestände, Unglücksfälle ꝛc. nöthigen selbst bei der regelmäßigsten Wirthschaft bald eine größere, bald eine kleinere Fläche in Schonung zu nehmen, jede Holzgattung hat eine verschiedene Schonzeit, und es lag vor Augen, daß diese Bestimmung, daß ein bestimmter Theil der Waldfläche stets in Schonung liegen dürfe, durchaus nicht immer die billigen und gerechten Ansprüche zur Erhaltung des Waldes befriedigen konnte, wenn man nicht ihn so groß festsetzen wollte, daß wieder in vielen Fällen zu fürchten war, der Weideberechtigte werde ohne alle Noth ganz ungebührlich verletzt werden. Auch von dieser Festsetzung war man deshalb genöthigt, wieder abzugehen.

Andere Forstmänner*) gingen von dem Grundsatze aus: daß das Holz eine gewisse Höhe erreicht haben müsse, z. B. 9 — 12 Fuß, bevor der Weideberechtigte fordern könne, es behüten zu dürfen. Aber nicht bloß wurde dadurch dieser gefährdet, indem der Waldbesitzer dann nicht gehindert war, unverhältnißmäßig große Flächen einzuschonen, den Umtrieb zu verkürzen, sondern es war auch dem Walde noch keinesweges ein genügender Schutz dadurch gewährt. Eine Erlenschonung, Stockausschlag enthaltend, ist freilich eben so gut vollkommen gegen alle Beschädigung gesichert, wie ein Kiefer- und Fichtenbestand, wenn das Holz darin eine Höhe von 12 Fuß erreicht hat; eine gedrängt aufgewachsene Eichenschonung von Samenpflanzen bei hungrigem Rindviehe keinesweges, denn die schlanken Stangen werden von diesem leicht noch heruntergebogen und die Wipfel abgefressen. Auch fragt es sich, ob nur das dominirende, oder auch das zurückbleibende Holz dabei berücksichtigt werden soll.

---

*) Entwurf zum Königl. Sächsischen Schonungsgesetze.

Deshalb ist man in dem preußischen Kulturgesetze vom 14. September 1811 ganz von diesen festen Bestimmungen abgegangen, weil man sahe, daß es unmöglich sei, für alle Fälle eine und dieselbe Festsetzung gleich passend zu geben. Man hat vielmehr, von dem Gesichtspunkte ausgehend: daß die Waldweide, so lange nicht ausdrückliche Bestimmungen und Vertäge etwas Anderes festsetzen, stets nur als eine der Holzerziehung untergeordnete Nebennutzung anzusehen sei, darin verordnet, daß dem Walde diejenige Schonungen gewährt werden müsse, welche er bedürfe, um bei einer regelmäßigen Wirthschaft vollkommene Holzbestände erziehen zu können. Dies ist auch die einzige zweckmäßige Bestimmung, die sich geben läßt. Nur muß allerdings dabei die Bedingung gemacht werden, daß der Waldbesitzer nicht berechtigt ist, die bestehende Betriebsart, Holzgattung, das bisherige gewöhnliche Alter der Bestände, zum Nachtheile der Berechtigten zu ändern, und daß er verpflichtet ist, für den regelmäßigen Anbau der Bestände zu sorgen, wie es einem guten Haushalter zukommt. Es kann nicht die Absicht sein, ihm das Recht der willkürlichen Wirthschaft im Walde, auf Kosten des Berechtigten einzuräumen, sondern nur dasjenige, was er zur Erhaltung des Waldes und zur Erziehung regelmäßiger Holzbestände bedarf, wenn derselbe in einem rechtlichen Zustande erhalten und nach den Regeln einer guten Wirthschaft behandelt wird. Darum kann man dem Waldbesitzer so wenig das Recht einräumen, die Schonungsfläche durch eine unbeschränkte Holzung willkürlich zu vergrößern, als durch Vernachläßigung aller Kulturmaaßregeln die Schonungen in einem Zustande zu erhalten, worin sie der Weide für eine weit längere Zeit entzogen werden, als bei zweckmäßiger Behandlung der Fall sein würde. Noch viel weniger könnte jemand auf Grund dieser Bestimmung, einen Hochwald in ein Mittel- oder Niederwald umwandeln wollen, und dann behaupten, diese eingeführte

Wirthschaft gestatte gar keine Weide, oder höchstens nur eine solche in den letzten Jahren des Niederwaldes, oder Unterholzes vor dem Abtriebe.

Außerdem, daß in jedem Walde das junge Holz, welches gezogen wird, im Verhältnisse wie es eine regelmäßige Wirthschaft bedingt, mit der Behütung verschont werden muß, sind auch noch beinahe überall anderweitige Beschränkungen der Waldweide erfolgt, um ihre Nachtheile zu vermindern.

Die Ziegen, als die schädlichste Viehgattung, welche nicht bloß beinahe ausschließlich vom Laube sich nähren, auch die Wipfel ziemlich großer Pflanzen noch ausbeißen, sind in ganz Deutschland aus dem Walde verbannt. Im Hochwalde würden im haubaren Holze allerdings wohl selbst diese Thiere weiden können; bei der Gefahr jedoch, daß sie in die Schonungen hinüberstrifen könnten, wozu sie sehr geneigt sind, ist das Gesetz sehr zweckmäßig. Wenn man aber sogar das Austreiben der Ziegen auf Angerweiden untersagt hat, so ist das eine nicht zu rechtfertigende Härte gegen den Armen, der am ersten durch diese Thiere in den Stand gesetzt wird, sich seinen Milchbedarf zu verschaffen.

Ein anderes Gesetz bestimmt wohl überall gleichmäßig: daß das Vieh nicht, sich selbst überlassen, frei im Walde umherstreifen darf, sondern nur in größeren Heerden durch zuverlässige Hirten, nicht durch Kinder, im Walde geweidet werden muß. Nachthütungen sind ganz untersagt, oder wo in einigen Gegenden das Zugvieh des Nachts geweidet wird, darf es nur in eingezäunten Koppeln, worin dasselbe keinen Schaden thun, und woraus es sich nicht entfernen kann, eingefriedigt, im Walde bleiben. —

Nur diejenigen Hausthiere, auf welche das Weiderecht ausdrücklich eingeräumt ist, oder welche auf Grund desselben seit rechtsverjährter Zeit in den Wald gebracht worden sind, können darin geweidet werden. Auch darf die Zahl derselben weder durch das Vieh der Gemeinde neu zugetretener Mitglieder, d. h. der Besitzer neu erbauter Wohnungen, und neu eingerichteter Wirthschaften oder Miether rc. noch durch einen verstärkten Viehstand vermehrt werden, wenn diese ausdrücklich bestimmt ist, oder auch nur nach der Observanz feststeht. Ist dies nicht, so wird angenommen, daß dasjenige Vieh, welches die berechtigte Gemeinde mit dem auf ihren Grundstücken gewonnenen Futter über Winter ernähren kann, auch zur Sommerweide im Walde berechtigt ist. Niemals aber kann das Weiderecht an Fremde abgetreten, vermiethet oder auch nur fremdes Vieh, um es im Sommer zu benutzen, in die Weide genommen werden. Krankes Vieh ist von dieser ganz ausgeschlossen. Junges, noch an der Mutter saugendes, wird nicht mitgezählt, sondern kann über die bestimmte Zahl eingetrieben werden.

Den Heerden muß bloß die verhältnißmäßige Fläche zur Beweidung eingeräumt werden, ohne daß der Waldbesitzer die Verbindlichkeit hätte, dafür zu sorgen, daß darauf auch Gras wächst. Auf jedem Waldgrunde, worauf ihm das Recht der vollen Holzkultur zustehet,, ist er vielmehr befugt, das Holz so geschlossen zu erziehen, daß der Graswuchs dadurch vernichtet wird, ohne daß der Weideberechtigte deshalb einen Widerspruch erheben könnte. Nur auf den eigentlichen Weidegründen, den Aengern, Feldhütungen, Leeden u. s. w., welche in vielen Ländern, in sofern das Bedürfniß des Weideberechtigten es noch gestattet, ohne Einschonung auch mit hochstämmigem Holz bepflanzt werden dürfen, muß die Pflanzung so weitläuftig sein, daß dadurch der Graswuchs nicht ganz vernichtet wird, und dem Viehe noch hinreichende Nahrung darbietet. Auch giebt es Gegenden in Deutschland, wo der Wald kein Schonungsrecht genießt und das Holz nur durch hochstämmige Pflanzungen nachgezogen werden kann. Ein solches Verhältniß ist aber, wenn der Boden zur Holzzucht bestimmt ist, verderblich, da in diesen raumen Pflanzwäldern sich derselbe zu sehr verschlechtert und muß entweder durch die Gesetzgebung oder durch eine Ablösung beseitigt werden. Dies ist schon darum nöthig, weil gewöhnlich auch der Waldberechtigte durch diese Bodenverschlechterung eben so viel verliert als der Waldbesitzer und deshalb nichts durch den Mangel an Einschonung gewinnt.

Dagegen ist der Waldbesitzer verpflichtet, dafür zu sorgen, daß die nöthigen Triften offen bleiben, so daß das Vieh ungehindert jeden nicht in Schonung liegenden Ort beweiden kann. Es darf deshalb kein hutbarer Ort ringsum von Schonungen umgeben sein, oder es müssen hinreichend breite Triften zu ihm hinführen; diese müssen vom Viehe ohne Nachtheil passirt werden können, so daß z. B. Schafe nicht genöthigt sind, durch Sümpfe und Brücher zu ziehen, wobei ihre Gesundheit leiden würde, Rindvieh nicht über steile Berge nach entfernten Orten gewiesen werden kann, wobei es keine Milch geben würde. Ueberhaupt muß der Weidezug möglichst so gelegt werden, daß er nicht durch vorgelegte Schonungen unterbrochen wird, sondern daß das Vieh stets weidend den Theil des Waldes, welchen es in einem Tage besucht, durchziehen kann. Eine Weide, zu welcher die Heerde gedrängt auf schmaler Trift mehrere Stunden hin und dann wieder zurück getrieben werden muß, ohne dabei fressen zu können, hat gar keinen Werth, und sowohl deshalb, als weil diese Triften der Holzerziehung vielen Raum wegnehmen, wenn sie durch die Schonungen hindurch führen muß, sind sie möglichst zu vermeiden. — Schon vorhandene bestimmte Triften, welche nach den Dörfern zu den Tränken und Milchplätzen hinführen, müssen unverändert bleiben, und man bepflanzt sie am besten mit hochstämmigem Holze, schließt sie auch von beiden Seiten mit Gräben ein. Selbst die Ränder der an sie stoßenden Schonungen faßt man oft noch mit Kopfholz ein, damit das etwa überlaufende Vieh darin keinen Schaden thun kann.

Gebundene Sandschollen, Dämme, angelegte Weidenheger, sind in der Regel ganz von der Hütung befreit. Buhnen, Strauchwehren und andere Anlagen zum Schutze der Aecker dürfen niemals behütet werden, eben so wie Alluvionen als weidefrei angesehen werden, da sie nur neu entstandenes Land bilden, auf dem daher auch kein aus der Vorzeit stammendes Servitut lasten kann. Ebenso bleiben zum Forste gezogene Grundstücke, auf denen früher kein Weiderecht lastete, z. B. alte Försteräcker, Wiesen u. dgl., auch ferner frei.

Bei jeder Wirthschaftseinrichtung eines mit der Waldweide belasteten Revieres, muß man einen Plan machen, wie viel Fläche, sowohl jetzt als in der Zukunft, durchschnittlich, in Schonung zu halten ist, um kein Hinderniß in der Holzzucht durch die Hütung zu erfahren. Dies muß geschehen, theils weil in sehr vielen Ländern der Berechtigte noch die Nachweisung verlangen kann, daß ihm ein verhältnißmäßiger Theil des Waldes zur Behütung offen gelassen worden ist, und die Klagen über Beschränkung der Weide nur zu häufig sind, theils weil man zu jeder Zeit bereit sein muß, nachzuweisen, daß der Weideberechtigte nicht durch ein willkürliches Verfahren in seinen Rechten gestört wird, und daß keine unerlaubte und willkürliche Aenderung in der Wirthschaft zu seinem Nachtheile erfolgt oder beabsichtigt ist. Man entwirft dazu für den ganzen Umtrieb einen muthmaßlichen Plan der Hiebfolge, und setzt demgemäß jeden Forstort, oder jedes Jagen, mit seiner nothwendigen Schonzeit für die Periode an, in welcher es seiner Lage und seinen Verhältnissen gemäß zum Hiebe kommen kann, so daß man sich auf diese Art eine Uebersicht bildet, wie viel Fläche, und an welchen Orten in jeder Periode des ganzen Umtriebes in Schonung liegen wird. Es soll diese Uebersicht nicht etwa die Vorschrift für ein ganzes Jahrhundert abgeben, wie und in welcher Zeit in diesem Zeitraume geholzt und eingeschont werden muß; diese wäre sehr lächerlich, denn schon nach 20 Jahren und früher wird man vielleicht von diesem Plane, sei er jetzt auch noch so zweckmäßig entworfen, wieder abgehen müssen, wenn man gut wirthschaften will. Es ist diese Uebersicht vielmehr dazu bestimmt, nachzuweisen, daß bei dem jetzt entworfenen Wirthschaftsplane die Rechte der Weideberechtigten dergestalt beachtet worden sind, daß man sich überzeugt hat, es wird möglich sein, auch in der Zukunft immer den rechtlich begründeten Ansprüchen zu genügen, ohne eine regelmäßige Waldwirthschaft zu gefährden. Ob dies nach 10 oder 20 Jahren und später auf eine zweckmäßigere Art geschehen wird, als der Hiebs- und Kulturplan jetzt nachweiset, daß möglicherweise es geschehen kann, mag dem künftigen Wirthschafter überlassen bleiben. Für jetzt genügt darzuthun, daß in der Gegenwart Nichts geschiehet, was das Revier in der Zukunft in eine Lage versetzen könnte, worin man dem Weideberechtigten nicht mehr gerecht werden könnte.

Bei diesem Entwurfe ist Rücksicht zu nehmen:

a) auf die Grenzen, welche den privativen Weidegrund verschiedener Berechtigten trennt;
b) auf die Viehgattung, welche die Weide benutzt;
c) auf den Weidezug der einzelnen Herden, welche aus den verschiedenen Ortschaften in das Revier getrieben werden;
d) auf die ungewöhnlichen Zufälle, z. B. Nothweiden, welche sich ereignen können.

Zu a. Wenn mehrere Gemeinden, Gutsbesitzer, Domänenpächter u. s. w. die Weidegerechtsame in einem und demselben Walde haben, so kann derselbe entweder so abgetheilt sein, daß jedem dieser Eigenthümer ein besonderer Theil angewiesen ist, oder es können auch alle oder mehrere zusammen und unter einander hüten. Im erstern Falle muß, in Bezug auf die Weide, jeder Hütungsdistrikt als ein Ganzes für sich betrachtet, und der Hieb stets so geleitet werden, daß immer auf jeden nicht mehr, als der gesetzlich erlaubte Theil in Schonung kommt. Dies ist für eine gut geordnete Hiebsleitung oft außerordentlich hinderlich, weshalb es auch von Seiten des Forstmannes entweder gar nicht zugegeben werden kann, daß die Hütungsberechtigten, welche einen Wald gemeinschaftlich behüten, sich darin theilen und besondere Hütungsreviere bilden, aber nur unter dem ausdrücklichen Vorbehalte, daß dies keinen Einfluß auf die Hiebsführung und Wirthschafteinrichtung haben darf. Aber auch selbst dann, wenn die Waldweide eigentlich gemeinschaftlich benutzt wird, so daß keiner der Theilnehmer ein besonderes Weiderevier hat, sondern alle das Ganze behüten können, theilen sich diese schon von selbst nach der Lage der Orte dergestalt ab, daß jeder Distrikt gewöhnlich von denjenigen Heerden vorzüglich benutzt wird, denen er am bequemsten liegt. Auch darauf muß man bei der Hiebsleitung Rücksicht nehmen. Wenn man sich ein Revier von 2 Meilen lang und einer halben Meile breit denkt, und an den beiden äußersten Enden der Länge zwei Dörfer, eines im Süden und das andere im Norden, welche das Ganze gemeinschaftlich als Waldweide benutzen, so kann man nicht das im Süden liegende Dorf A. zwingen, vielleicht 20 bis 40 Jahre an die äußerste Grenze nach Norden treiben zu müssen, und dann das Dorf B. wieder eben so lange nach den Endpunkten des Reviers in Süden weisen wollen. Das Revier muß dann so getheilt werden, daß immer jedes Dorf die nöthige Weide in der ihm zunächst liegenden Hälfte findet, und sich in jedem Theile immer gleich viele Schonungen vorfinden. Man wird dabei die Grenzen der verschiedenen Hütungsdistrikte immer so annehmen müssen, wie sie sich durch die Observanz gebildet haben, oder wie die Weide, von jedem der Berechtigten noch mit Nutzen ausgeübt werden kann, wenn auch das Weiderecht dem Wortlaute des Documents nach, wodurch es verliehen ist, als ein gemeinschaftliches angesehen werden könnte.

Zu b. In Bezug auf die verschiedenen Viehgattungen, welche im Walde weiden, sind vorzüglich folgende drei Verschiedenheiten zu beachten: Zugvieh, Kühe und Jungvieh, Schaafe.

Das Zugvieh, d. h. Pferde und Zugochsen, welche in mehreren Gegenden Deutschlands, Preußens und Polens im Sommer vom Grase ernährt werden, kann nur auf reichlicher und nahrhafter Weide solche Nahrung finden, daß es dabei arbeitsfähig bleibt. Eine kärgliche Hütung, auf welcher dasselbe sich nicht in kurzer Zeit sättigen kann, ist für dasselbe unbrauchbar. Deshalb sind gewöhnlich auch die Weiden für das Zugvieh als abgesonderte Nachtkoppeln und vorbehaltene Hütungen ausgeschieden, und dem übrigen Weideviehe untersagt. Bei der Hiebsleitung muß darauf Rücksicht genommen werden, daß, wenn ein solches Verhältniß stattfindet, nicht mit einemmale die für das Zugvieh bestimmte und ihm unentbehrliche Hütung eingeschont wird, sondern nur immer ein verhältnißmäßiger Theil derselben. Dasselbe gilt von den Fettweiden, welche in einigen Flußthälern und Marschgegenden — obwohl selten auf Forstgründen — vorkommen.

Das Rindvieh und die Schafe haben sehr verschiedene Bedürfnisse in Hinsicht der Weide. Das erstere verlangt einen reichlichen Graswuchs, liebt mehr feuchte Niederungen und fetten Weidegrund. Die Schafe dagegen ertragen letzteren nicht, indem sie nur auf trockenem Höhenboden sich gesund erhalten können, und gedeihen bei einer magern Weide oft viel besser, als auf dem üppigsten Fluß- und Auboden. Am wenigsten aber sagen ihnen feuchte und sumpfige Gründe zu. Wird daher ein Revier gemeinschaftlich von Rindvieh-

und Schafvieh-Heerden benutzt, welches zum Theil Höhe, zum Theil Niederung oder Bruch enthält, so sucht jede Viehgattung nur denjenigen Grund auf, welcher ihr besonders zusagt, und das Weideterrain theilt sich ganz von selbst zwischen ihnen ab. Auch hierauf muß man bei der Hiebsleitung Rücksicht nehmen, denn man würde die Schafe ganz von der Weide ausschließen, wenn man alle Höhen mit einemmale in Schonung legte, und das Rindvieh wieder auf eine für dasselbe kaum benutzbare Weide hinweisen, wenn man ihnen bloß diese zur Behütung offen ließe.

Vorzüglich die Schafe haben aber auch unter sich wieder verschiedene Bedürfnisse hinsichts der Weide. Die Hammel oder Schöpse verlangen sie fetter, als sie für die Mutterschafe, Jährlinge und Lämmer sein darf. Es ist zwar weder ausführbar noch rechtlich zu verlangen, daß der Forstwirth hierin sich nach allen, oft ganz unvernünftigen Forderungen der Schäfer und Schäfereibesitzer richten soll, denn das alte Sprichwort: wenn auch die Schaafe satt sind, so ist es doch der Schäfer noch nicht, ist nur zu wahr; doch erfordert die Billigkeit, daß man auch hierin die Leute anhöre, ihre Wünsche und Anforderungen prüfe und ihnen nachgebe, in so fern es ohne wesentlichen Nachtheil für den Forst und dessen Bewirthschaftung geschehen kann. Sehr oft gestatten auch die Hütungsberechtigten gern die Einschonung einer größeren Fläche, wenn nur Rücksicht darauf genommen wird, daß ihnen nicht die werthvollen Weiden mit einemmale entzogen werden. Vorzüglich bei Domänenämtern, welche starke und wichtige Schäfereien haben, erfordert dieser Gegenstand große Aufmerksamkeit, denn die Domänen- und Forstkasse, gewöhnlich mit einander verbunden, würde es nur zu bald empfindlich fühlen, wenn man einem solchen Amte die ihm unentbehrliche Weide für irgend eine Abtheilung der Schäferei unvorsichtig mit einemmale ganz entzöge. Lieber helfe man sich dann durch hochstämmige Pflanzungen, als daß man der Schäferei dadurch nachtheilig wird.

Zu c. Jede Ortschaft kann mit Recht verlangen, daß sie niemals genöthigt wird, in große Entfernungen, auf engen Triften, ihre Heerden hintreiben zu müssen, ehe sie Nahrung finden. Sind diese sehr staubig oder naß, so leidet die Gesundheit der Schafe darunter, dieselben bleiben mager und der Wollertrag vermindert sich; das Milchvieh giebt wenig oder gar keine Milch, und nur allenfalls Schweine und Jungvieh empfinden die Entfernung, wenn sie nicht zu groß ist, etwas weniger. Soviel es sich thun läßt, muß man daher der Billigkeit, wenn vielleicht gerade auch nicht dem strengsten Rechte gemäß, darauf achten, daß die Heerden jeden Tag hin- und herziehend, ohne Unterbrechung fortweidend, niemals ungewöhnlich weit getrieben werden dürfen, bevor sie Nahrung finden.

Zu d. Vorzüglich in der Nähe der Flußthäler, welche der Ueberschwemmung während der Weidezeit ausgesetzt sind, findet häufig das Recht der Nothweide statt. Man versteht darunter, daß derjenige, welcher dasselbe besitzt, nur im Falle der Noth, wenn er seine gewöhnliche Weide nicht benutzen kann, befugt ist, sein Vieh auf andere Grundstücke aufzutreiben. Sobald jene dann wieder benutzbar wird, hört diese Befugniß auf. Man ist gezwungen darauf mehr oder weniger Rücksicht zu nehmen, je nachdem der Fall der Nothweide häufiger oder seltener eintritt, immer aber dies Verhältniß in soweit zu beachten, daß man sich niemals in die Verlegenheit bringt, daß alle diejenigen Orte, auf welchen das Recht der Nothweide lastet, in einem solchen Zustande wären, daß man keinen derselben, vielleicht nur auf kurze Zeit, ohne sehr großen Schaden fürchten zu müssen, zur Weide eingeben könnte.

Sowohl in Hinsicht der Länge der nöthigen Schonzeit, als auch der Ansicht, daß man vielleicht, wenn die Weideberechtigten für ihr Vieh keine Nahrung haben, ihnen oft vorübergehende Einräumungen ohne allen Nachtheil machen kann, die regelmäßig nicht stattfinden dürfen, muß man genau wissen, unter welchen Verhältnissen die Waldweide mehr oder weniger nachtheilig werden kann. Ein Schaf ist weit weniger zu fürchten wie ein Reh, ein Stück Rindvieh kann man mit wenigerem Nachtheil in einer Schonung umhergehen lassen, als man haben wird, wenn ein Stück Rothwild Winter und Sommer seine Nahrung darin sucht, und wenn man nur vorurtheilsfrei und aufmerksam darauf achtet, unter welchen Verhältnissen mehr oder weniger Schaden durch die Waldweide entstehet, so kann man sehr häufig die Weideberechtigten begünstigen, ohne dem Walde den geringsten Schaden zu thun. Dies ist aber nicht bloß der Billigkeit und Pflicht, sondern auch der Klugheit gemäß, und ein engherziger, fiscalischer, feindseliger Sinn gegen die Servitutberechtigten, wenigstens bei den Staats-Forstbehörden, auf das Ernstlichste zu rügen. Was dieselben, ohne daß dem Walde ein Nachtheilda durch erwächst, aus ihm entnehmen können, gewinnen sie nicht bloß für sich, sondern auch für das Nationaleinkommen. Ihnen jede Nuzzung ohne allen Grund zu entziehen, die dem strengen Rechte, dem Buchstaben des Gesetzes nach, ihnen entzogen werden darf, den ohnehin schon oft mehr für den Staat als für sich arbeitenden Bauer nur immerfort beschränken zu wollen, — wer möchte ein solches Verfahren billigen? Es fordert aber auch der eigene Vortheil des Forstes, ihm stets behülflich und gefällig zu sein, wo es irgend geschehen kann, ohne die Pflicht, diesem keinen Nachtheil zufügen zu lassen, zu verletzen. Siehet der Weideberechtigte, daß man auf seine billigen Wünsche freiwillig, ohne gerade zu müssen, Rücksicht nimmt, daß ihm, wenn sein Vieh Noth leidet, auf einige Tage Distrikte eingegeben werden, in denen es zwar keinen Schaden thut, deren Beweidung er aber doch gesetzlich nicht fordern kann, so wird er auf der andern Seite auch nicht bloß mehr vermeiden, wirklichen Schaden anzurichten, sondern auch oft ohne Widerspruch größere Flächen einschonen lassen, als man dem Gesetze gemäß fordern könnte. Gegenseitige Billigkeit, freundschaftliches Entgegenkommen und Achtung fremder Rechte und Wünsche, ist für den Wald besser als Härte und strenges Beharren auf den Buchstaben des Gesetzes, möchte dies auch noch so sehr zu Gunsten des Waldes sprechen.

Die Schädlichkeit der Waldweide, der größere oder geringere Schutz, den das Holz gegen das Weidevieh bedarf, die längere oder kürzere Zeit, welche er nöthig wird, hängen von folgenden Dingen ab:

1) Vom Boden. Auf einem solchen, welcher eine Menge dem Viehe angenehme Gräser und Kräuter erzeugt, greift dasselbe das Holz weniger an, als wo das Gegentheil stattfindet, und es gezwungen ist, bloß vom Holze zu leben. Im fruchtbaren Boden gehört eine kürzere Zeit dazu, bis das Holz hoch und stark genug ist, um nicht mehr vom Viehe beschädigt werden zu können, als im armen.

2) Vom Holzbestande selbst und der darin befindlichen größern oder geringern Menge von Nahrung. Geschlossene junge Orte, in denen alles Gras schon unterdrückt worden ist, bieten dem Viehe keine andere Nahrung dar, als das Laub der von ihm noch zu erreichenden Zweige, der heruntergebogenen Wipfel. Sie müssen um so länger geschont werden, jemehr sich vielleicht einzelne schwächere und dem Viehe noch nicht ganz entwachsene Pflanzenhorste in dem ältern Holze vorfinden, der Ort von ungleichem Alter ist.

3) Die Menge und Gewöhnung des Viehes entscheidet vorzüglich darüber, ob die Weide mehr oder weniger nachtheilig wird. Sobald eine so große Zahl desselben aufgetrieben wird, daß das Gras nicht hinreicht, um es zu ernähren, zwingt es der Hunger, selbst solches Laub zu verzehren, wel-

ches es von Natur nicht liebt. Hat es sich dann einmal daran gewöhnt, so ziehet es dies dem Grase und andern Gewächsen vor, und nährt sich vorzüglich von den Holzpflanzen, wogegen anderes Vieh derselben Gattung, was nur auf holzleerer Weide gehet, das Holz in der Regel unberührt läßt. Daß die grobwolligen Schafe dem Holze nachtheiliger wären als die feinwolligen ist ein grundloses Vorurtheil. Nicht die Race, sondern die Gewöhnung entscheidet in dieser Beziehung.

5) Wo Schafe mit Rindviehheerden gemischt gehen, ist die Weide immer verderblicher, als wo jede dieser Viehgattungen allein geweidet wird, weil die Kühe rc. ungern da fressen, wo die Schafheerden gegangen sind, und sich dann vorzüglich an das Holz halten.

5) Einige Holzgattungen liebt das Vieh weit mehr als andere. Das Laub der Eiche, Ulme, Linde zieht es dem Laube der Erle und Birke weit vor. Darin, daß die Eiche so langsam wächst, ihr Laub für alle Viehgattungen ein Leckerbissen ist, liegt es, daß diese Holzgattung die längste Schonzeit bedarf, und ein junger Ort damit bestanden, oft 30 Jahre alt werden muß, bevor man das Rindvieh hineintreiben lassen darf.

6) Die Nadelholz-Schonungen kann man im Herbste behüten lassen, wenn dies im Frühjahre, zur Zeit, wo der Maitrieb hervorbricht, und so lange er noch nicht verholzt ist, durchaus noch nicht erlaubt werden darf. Eben so wird selten das Buchenlaub im Herbste, sobald es hart und saftlos wird, angegriffen, wogegen die Eiche auch in dieser Jahreszeit noch sehr leidet, die Erle sogar erst von Mitte August der Gefahr ausgesetzt ist, vom Viehe abgefressen zu werden. — Auch die Weiden leiden im Herbste mehr als im Frühjahre.

7) Pferde bedingen die längste Schonzeit, dann folgt das Rindvieh, so wie Schafe und Schweine am frühesten eingetrieben werden können. Je nachdem die eine oder die andere dieser Viehgattungen eingetrieben wird, muß man auch

die Schonungen länger im Zuschlage halten, oder kann sie früher aufgeben.

8) Wo der Forstbeamte die Art und Weise der Ausübung der Weidebfugniß regeln kann, wo er, im Falle Schaden zu fürchten ist, eine Schonung wieder dem Viehe entziehen, sie dagegen behüten zu lassen befugt ist, wenn dies nicht der Fall ist, da kann man den Heerden weit mehr Freiheit gestatten, viele Schonungen zeitiger aufgeben, während man dort weit vorsichtiger sein muß, wo die einmal aufgegebenen Orte rücksichtslos betrieben werden, man mag bemerken, daß Schaden geschiehet oder nicht. Die Umstände, unter denen dieser am mehrsten zu fürchten ist, und unter welchen deshalb dem Vieh eine mit gehöriger Vorsicht sonst wohl schon zu behütende Schonung auf einige Zeit wieder entzogen werden muß, sind:

a) wenn nasses Wetter einfällt, bei welchem das Vieh vorzüglich gern sich vom Laube nährt;
b) wenn die Heerden an einem Orte lagern, oder auch nur längere Zeit darin auf einer Stelle festgehalten werden. Sie fangen dann gleich an, das Holz zu befressen, wenn sie ruhig fortziehend sich nur vom Grase genährt haben würden;
c) die Morgenstunden, so lange der Thau noch auf den Blättern hängt, sind stets gefährlicher als die spätern, vorzüglich aber dann, wenn das Vieh sehr hungrig aus dem Stalle kommt.

Kann deshalb die Schonung bis zu Johannis in Zuschlag behalten, und darf sie nur im Spätsommer und Herbste behütet werden, läßt man die Heerden nur eintreiben, so lange sie noch hinreichendes und ihnen angenehmes Futter, frisches Gras rc. darin finden; wird darauf gehalten, daß sie nur einzeln rasch durchziehen, ohne lange auf einem Orte aufgehalten zu werden, so kann man ihnen auch weit mehr einräumen, als es unter andern Verhältnissen wohl geschehen darf.

So wird es sich rechtfertigen lassen, wenn man keine feste Schonzeit angeben kann, bei welcher eine Schonung als dem Viehe vollkommen entwachsen und gegen jeden Schaden, den dasselbe darin thun könnte, gesichert, zur Behütung aufgegeben werden darf. Eine durchschnittliche, in Forsten, wo entweder Rindvieh allein, oder Rindvieh und Schafe gemischt aufgetrieben werden, ist

A. für Samenwaldungen.

Eichen	15 — 30	Jahre
Buchen	15 — 25	—
Erlen	12 — 15	—
Birken	12 — 15	—
Kiefern	16 — 20	—
Fichten	16 — 25	—
Weißtanne	16 — 25	—
Lerche	12 — 20	—

B. Mittelwald und Niederwald.

Eichen	10 — 16	Jahre
Buchen	12 — 18	—
Haseln	10 — 16	—
Birken	8 — 12	—
Erlen	3 — 8	—
Weiden	5 — 8	—
Gemischte Hölzer	10 — 14	— *)

Im Fall den Forst Unglücksfälle treffen, wodurch er einen Theil seiner Holzbestände verliert, und wodurch eine ungewöhn-

*) Eine mehr in das Einzelne gehende Nachweisung der nöthigen Schonzeit, ist in der Anleitung zur Ablösung der Waldservitute von Pfeil, Berlin 1844 nachzusehen.

lich große Fläche angebaut werden muß, um die entstandenen Waldblößen wieder mit Holz in Bestand zu bringen, wird dies der Berechtigte nicht hindern können. Jedoch ist in der preußischen Gesetzgebung bestimmt, daß die Einschonung auch dann nur in einem Maße erfolgen darf, daß derselbe im Stande ist, dabei den ihm zur Fortstellung seiner Wirthschaft unentbehrlichen Viehstand zu erhalten.

Bei einem Schonungsgesetze muß nicht bloß die Gefährlichkeit der Weide für den Wald, das Schonungsbedürfniß, welches er hat, beachtet werden, sondern auch der Werth, den die Waldweide für den Berechtigten und das Nationaleinkommen hat. Da, wo es nicht bloß thunlich, sondern auch offenbar vortheilhaft ist, Stallfütterung einzuführen, kann man unbedenklich die Waldweide mehr beschränken, um dies zu bewirken, als da, wo die ganze Erhaltung des Viehstandes von ihr abhängt. Darum läßt sich kein solches angeben, was überall für ganz Deutschland passend wäre, sondern die Bestimmungen desselben müssen jedesmal aus den Bedürfnissen und Verhältnissen des Landes oder der Provinz, für welche es erlassen wird, entwickelt werden.

Um die Schonungen gegen das absichtliche Eintreiben von Vieh, oder auch gegen die durch Nachlässigkeit der Hirten entstehenden Ueberläufe des Viehes zu schützen, ist in allen deutschen Ländern ein verhältnißmäßig hohes Pfandgeld auf jedes darin betroffene Stück Vieh gesetzt. Dieses Pfandgeld begreift gewöhnlich sowohl die Strafe, als den Ersatz des angerichteten Schadens in sich, da dieser letztere sich sehr selten nach seinem gegenwärtigen Geldbetrage würdigen läßt. Es bezieht deshalb das Pfandgeld auch nicht immer ganz der pfändende Forstbeamte, sondern es fließt gewöhnlich ganz oder theilweis zur Forstkasse. Es muß jedoch stets dem Forstbesitzer vorbehalten bleiben, im Fall er nachweisen kann, daß der entstandene Schaden nicht durch das bestimmte Pfandgeld gedeckt wird, diesen zum Ersatze durch den Hirten oder den Eigenthümer des Viehes, besonders zu liquidiren. Die Forderung in dieser Hinsicht kann sich dann auf die Kosten der Wiederherstellung der beschädigten Schonung, und den Werth der durch die Schadenhütung verloren gegangenen Holzerzeugung erstrecken. Wäre z. B. eine 6jährige Schonung so durch die Hütung ruinirt, daß sie von neuem angebaut werden müßte, so würde der Werth des 6jährigen Durchschnittszuwachses zu fordern sein, und betrüge dieser 30 Kubikf. jährl. auf den Morgen, so würde dies für 100 Morg. 3000 Kubikfuß, für 6 Jahr 18000 Kubikfuß à 1 Sgr., 600 Rthlr. betragen. Einen Einwand, daß dieser Zuwachs gegenwärtig noch nicht erhoben und versilbert werden könnte, daß man deshalb nur mit der Zinsenanrechnung Vergütigung fordern dürfe, indem man z. B. sagt: was sind 18000 Kubikf. à 1 Sgr. jetzt werth, welche erst in 60, 80, 100 Jahren verkauft werden können, ist mit Grund zurückzuweisen. In einer vollkommen nachhaltigen Forstwirthschaft wird der Abgabesatz nicht für den einzelnen Forstort gebildet, sondern für alle zusammen als ein Ganzes berechnet, und von diesem erhebt man die Durchschnittserzeugung der jetzt vorhandenen Bestände als Etat. Wird diese vermindert, so muß der Theorie nach auch sogleich in demselben Verhältnisse der Abgabesatz vermindert werden, und die vernichteten 100 Morg. 6jähriger Schonung würden deshalb auch eine augenblickliche Heruntersetzung des Etats herbeiführen, welche durch denjenigen, welcher die Veranlassung dazu war, vergütigt werden muß. — Es werden jedoch wohl die Fälle selten vorkommen, wo der Schaden so groß, und so bestimmt zu erweisen wäre, daß man seine Liquidirung der Einziehung des Pfandgeldes von jedem Stücke des in der Schonung gewesenen und darin gezählten Viehes vorzöge.

Gewöhnlich ist der Eigenthümer des Viehes verpflichtet, den durch dasselbe angerichteten Schaden durch das zu zahlende Pfandgeld zu ersetzen; kann er jedoch nachweisen, daß er den Hirten gewarnt und ihm jede Behütung der Schonung untersagt, auch erklärt hat, keinen Ersatz und keine Strafe leisten zu wollen, so wird dann in der Regel der Hirte mit Geld= oder Leibesstrafe belegt. — Die verschiedenen deutschen Forstpolizeigesetze sind in dieser Hinsicht mehr oder weniger streng.

Der Besitzer des Waldes ist aber auch seinerseits verpflichtet, Alles zu thun, um eine unwillkürliche Verletzung der Schonungsgrenzen zu verhüten. Diese müssen deutlich durch Gräben, wozu selbst sehr kleine hinreichen, Tafeln, Hegewische und dergl. bezeichnet sein, so daß sie überall kenntlich in die Augen fallen. An den Treiben, an engen Durchtriften zwischen Flüssen, Sümpfen 2c. müssen sie durch Schonungszäune oder tüchtige Gräben gegen das Eindringen des Viehes hinreichend geschützt sein, auch müssen einzelne kleine, mitten in der Hütung liegende Schonungen, vorzüglich wenn sie mit dichtem Holzbestande umgeben sind, eine Bewährung erhalten, welche das Vieh auch ohne Zuthun des Hirten abhält. — Ein bloßer Ueberlauf, wo eines oder mehrere Stücke von der Heerde abstreifen, ohne daß der Hirt es wußte oder verhindern konnte, ist nicht als strafbar anzusehen. Doch ist es gut, dann auch darauf zu halten, daß diejenigen Thiere, welche dazu gewöhnt sind, von der Heerde abzustreifen — und dies sind gewöhnlich die dem Hirten zu eigen gehörenden — mit einer Glocke versehen werden.

Je mehr die Schonungen vereinzelt werden, desto mehr sind sie der Gefahr ausgesetzt, durch Einlauf von Vieh beschädigt zn werden, und es ist dies oft kein unwichtiger Grund für die Aneinanderreihung der Schläge, damit sich diese schon von selbst dadurch schützen.

Jedes Frühjahr muß die Anweisung der eingehegten, wie

aufgegebenen oder noch ferner in Schonung liegenden Orte, so erfolgen, daß die Grenzen sowohl den Weideberechtigten als auch den Hirten angezeigt werden. —

Folgende Holzgattungen kann man, wenn entweder Mangel an Weide vorhanden ist, oder wenn man das Gras aus den Schonungen wegschaffen lassen will, unter nachstehenden Verhältnissen selbst schon dann behüten lassen, wenn sie noch ganz jung, und dem Viehe noch nicht entwachsen sind. Doch muß man dabei stets voraussetzen, daß die Pflanzen nicht etwa noch ganz klein im Grase stehen und vom Viehe dann unabsichtlich bei dem Abweiden desselben beschädigt werden können, sondern entweder die Kultur platz- oder reifenweis gemacht ist, wo dann die Thiere die Saatplätze von selbst vermeiden, oder die Pflanzen schon hoch genug sind, um gegen unabsichtliche Beschädigungen sicher zu sein.

Junge Fichtensaaten können auf ebenen Flächen, wenn sie zwei bis drei Jahre alt sind, bei Platten und Reifensaaten vorsichtig mit Rindvieh und Schafen behütet werden, indem man sie einzeln durchziehen läßt, und sobald nicht mehr Nahrung genug vorhanden ist, das Vieh wieder daraus entfernt. Später, wenn die Fichte größer wird, und die Maitriebe deutlich hervorbrechen, leidet sie oft mehr als in der ersten Jugend, und muß wenigstens so lange als die Maitriebe jung und weich sind, geschont werden. Doch hängt dies sehr von der Gewöhnung des Viehes ab. Die Fichtenpflanzungen am Harze und Thüringerwalde werden gewöhnlich ohne allen Nachtheil mit dem Rindviehe behütet, so lange noch das Vieh Gras in ihnen findet. — An steilen Bergen, wo das Vieh durch das Treten Schaden thut, bleibt die Behütung jedoch immer so lange gefährlich, bis das Holz groß genug ist, um nicht mehr darunter zu leiden.

Die Kiefernschonungen können, wenn sie grasreich sind, vom Monat August an ohne Gefahr mit Schafen und

Rindvieh von Zeit zu Zeit durchzogen werden, sobald sie anfangen, einen deutlichen Quirl zu setzen. Nur da, wo die Schafe auch im Winter in den Wald getrieben werden, muß man natürlich sobald als Schnee fällt, die Schonung augenblicklich wieder der Behütung entziehen. Im März bis Mitte April, ist sie dagegen ohne alle Gefahr wieder von Zeit zu Zeit den Schafen einzugeben, denn so lange diese nur genug andere Nahrung darin finden, die ihnen mehr zusagt, werden sie keine Kiefer angreifen.

Die Buchen, wenn sie 8 bis 10 Jahre alt sind, können im September ausgehütet werden, um das Gras wegzuschaffen, welches den Mäusen zum Aufenthalte dient.

Birken und Erlen kann man zu jeder Jahreszeit von einzeln gehendem Viehe durchziehen lassen, wenn die Orte grasreich sind, sobald die Pflanzen eine Höhe von 2 bis 3 Fuß erreicht haben.

Alle andern Laubhölzer, vorzüglich aber Eichen und ganz junge Haseln, müssen geschont werden, so lange sie belaubt sind, und nur im späten Herbste oder ganz zeitig im Frühjahre kann man sie wohl mit Schafen abwechselnd betreiben lassen.

Auch Lerchenpflanzungen gestatten die Beweidung durch Schafe zur Zeit, wo die Lerche keine Nadeln hat.

Immer aber ist für das ruhige einzelne Durchziehen des Viehes hinreichende Nahrung, die ihm lieber ist als diejenige, welche das Holz darbietet, unerläßliche Bedingung.

Von der Gräsereigerechtigkeit.

Am häufigsten und ausgedehntesten findet man das Recht, Gras im Forste schneiden zu dürfen, welches für sich besteht und keine Folge der Hütungsgerechtigkeit ist, in den großen Bruchgegenden, wo die üppig wachsenden Schilfgräser, selbst in den hohen Erlenbeständen zwei= und dreimal des Jahres eine sehr reichliche Graserernte darbieten. Außerdem lastet sie auch wohl auf den Niederwäldern, wo die Stockausschläge bald gegen eine Beschädigung durch die Sichel gesichert sind. Seltener und auch weniger zulässig ist sie in den Hochwäldern, welche durch Besamungsschläge verjüngt werden.

Es ist diese Gerechtigkeit nur dann als unschädlich und zulässig zu erkennen, wenn in keinem Forstorte das Gras eher ausgeschnitten werden darf, als bis das Holz darin so groß und stark geworden ist, daß es entweder gar nicht, oder doch nur mit Absicht durch die Sichel verletzt werden kann. Bei den Niederwäldern, die bloß Stockausschlag haben, ist dies allerdings schon nach Ablauf des ersten Jahres der Fall, da, wo aber Samenpflanzen vorkommen, muß man auch beachten, daß sie, vorzüglich im Mittelwalde, nicht immer gleich in den ersten Schonungsjahren hervorkommen, sondern erst in spätern Jahren. Indem die Gräserei unter dieser Bedingung das Mittel werden kann, das in den Schonungen oft nachtheilige, wenigstens nicht vortheilhafte, in großer Menge vorkommende Gras, zu einer Zeit zu benutzen, wo man dieselben noch nicht behüten lassen darf, wird sie eher für die Gewinnung des gesammten Waldertrags vortheilhaftes Servitut, als daß man dasselbe für nachtheilig erklären könnte. Die ärmere, kein Grundeigenthum oder wenigstens nicht hinreichendes, besitzende Volksklasse, wird dadurch in den Stand gesetzt, das auf der Weide im Walde oft nicht hinreichend ernährte Rindvieh zu erhalten, wohl auch etwas Winterfutter zu gewinnen, und einen solchen Vortheil kann man zu einer Zeit nicht unbeachtet lassen, wo es immer mehr und mehr darauf ankommt, diese dürftigen Menschen so weit zu unterstützen, daß sie die Ungleichheit des Vermögenbesitzes weniger fühlen, und wenig=

stens das besitzen, was die Lebensnothdurft erfordert. Der Schaden, welcher aber auch dadurch zu fürchten ist, wenn das Gras nicht mit der gehörigen Vorsicht, und unter den nöthigen Beschränkungen ausgeschnitten wird, kann den Gewinn, welcher dadurch zu erhalten ist, unendlich überwiegen. Deshalb muß jede Forstpolizei-Gesetzgebung die Ausübung dieser Gerechtigkeit sorgfältig regeln. Die wesentlichsten Vorschriften in dieser Hinsicht sind:

1) So lange sich noch in einem Forstorte junge Pflanzen zwischen dem Grase befinden, welche selbst unabsichtlich leicht abgeschnitten werden könnten, darf niemals Gras darin geschnitten werden. Nur das Ausrupfen desselben ist dann zu erlauben, wenn davon keine Gefahr mehr zu fürchten ist. Bei Saaten oder Pflanzungen dagegen, wo die Pflanzen ganz frei vom Grase stehen, wie bei der Platten- und Reifensaat, ist der Gebrauch der Sichel wohl schon vom Anfange an zu erlauben, sobald man mit zuverlässigen und vorsichtigen Leuten zu thun hat.

2) Niemals darf zur Gewinnung des Grases die Sense benutzt werden, wenn man nicht überzeugt ist, daß auf der Stelle, wo dies geschiehet, und in ihrer Nähe durchaus keine Pflanze steht. Selbst die Sichel mit glatter Schneide, mit welcher gehauen oder gesichelt wird, ist schon sehr gefährlich, indem damit selbst schon stärkere Holzpflanzen leicht durchgehauen werden, und besser wird, wie im preußischen allgemeinen Landrechte, die gezähnte Sichel dabei vorgeschrieben, da bei dem Gebrauche dieser das Gras in die Hand genommen und mehr abgerissen und geschnitten werden muß, wobei selbst noch schwache Holzpflanzen nicht unabsichtlich beschädigt werden können.

3) Nur auf Graszettel darf von den wirklich Berechtigten in bestimmter Zeit das Gras durch zuverlässige Leute geholt werden, und Kinder müssen ausgeschlossen bleiben. Wer-

den von dem Forstbedienten bei Untersuchung des geschnittenen Grases, die ihm selbst noch in den Ställen und auf den Trokkenplätzen zustehen muß, abgeschnittene Holzpflanzen gefunden, so muß dies nicht bloß streng bestraft werden, sondern auch den Verlust der Berechtigung für den laufenden Sommer nach sich ziehen.

4) Ob der Berechtigte das gewonnene Gras bloß zu Sommerfutter verwenden, oder auch trocknen und Heu davon machen kann, muß festgesetzt werden. In jedem Falle aber muß ein Maß bestimmt werden, wie viel Jeder holen darf, z. B. täglich einen Korb voll, oder eine Bürde, um den Bedarf der Gemeinde zu sichern, um nicht herbeizuführen, daß wegen Mangel an Gras in den zur Begrasung angewiesenen Distrikten, auch diejenigen Orte angegriffen werden, die noch geschont werden müssen.

5) Nur bei Tage darf Gras aus dem Forste geholt werden. —

Eine sehr gewöhnliche Bestimmung, daß die Schonungen im Niederwalde ꝛc. bei gewissem Alter zur Begrasung aufgegeben werden müssen, wobei man gewöhnlich nur darauf gesehen hat, daß die Stockausschläge nicht mehr beschädigt werden können, ist ganz verwerflich. Gerade die lichten Orte, in denen die Gräserei am besten ist, wo das Gras am mehrsten gesucht wird, bedürfen der Wiederherstellung durch Samenpflanzen am mehrsten, und müssen deshalb auch oft sehr lange, wenn sich solche nach und nach in ihnen vorfinden, geschont werden.

Wünschenswerth wäre es allerdings, daß die Gräserei-Nutzung weniger als Servitut vorkäme, lieber gegen einen verhältnißmäßigen Zins an die Bedürftigen verpachtet würde, weil man es dann mehr in der Gewalt hat, sie nur dann stattfinden zu lassen, wenn dadurch kein Nachtheil zu fürchten ist; doch ist kein Grund vorhanden, sie als Servitut nicht zu dulden, wenn dies nur gehörig beschränkt und die Ausübung hinreichend controlirt werden kann.

Die Entwendung des Grases aus den Schonungen wird vorzüglich dann verderblich, wenn sie des Nachts mit der Sense, und unter der steten Besorgniß entdeckt zu werden erfolgt. — Es ist schon am andern Orte bemerkt worden, daß beinahe kein Mittel übrig bleibt sie zu verhüten, als daß man das Gras von vorsichtigen Menschen, denen man es verkauft oder unentgeltlich auszuraufen, oder auszuschneiden gestattet, wegschaffen läßt, und dieselben gleich mit verpflichtet, die Schonung mit zu bewachen.

Von der Gerechtigkeit, das Baumlaub benutzen zu dürfen, und von der Streunutzung.

Sie kann in doppelter Art vorkommen:

a) indem das Laub als Viehfutter gestreifelt werden darf, —

b) indem es als Düngungsmaterial, abgefallen gesammelt wird, wo dann zugleich Moose, Flechten, Kräuter und andere Gewächse, welche die Bodenbedeckung bilden, mit hinweggenommen werden. Die sogenannte Hack- oder Schneidelstreu wird aus grünen Nadeln, von den auf den Schlägen liegen gebliebenen, oder auch wohl ausgehauenen Aesten, genommen.

Die erstere Gerechtigkeit ist sehr selten, und kann sich nur auf Niederwald im kurzen Umtriebe so erstrecken, daß nur die letzten zum Abtriebe kommenden Schläge gestreifelt werden dürfen. Sie ist dann weniger unmittelbar nachtheilig, als dadurch mittelbar, daß sehr leicht Laubentwendungen in Orten, in welchen man das Laubstreifeln nicht gestatten kann, dabei stattfinden, indem der erlaubte Besitz des gestreifelten Laubes die Kontrole in dieser Hinsicht sehr schwer macht. Dies ist aber auch der einzige Nachtheil, welchen dann diese Nutzung, sobald sie nur allein den im Abtriebe stehenden Schlag trifft, hat, durch welche eine Menge Futter gewonnen werden kann, ohne daß dadurch etwas verloren ginge, da selbst das frisch abgefallene Laub auf den abgetriebenen Schlägen nicht einmal viel Werth für die Humuserzeugung hat. Es würde daher dieselbe als Servitut wohl zu dulden sein, wenn sie nur den gehörigen Beschränkungen und einer hinreichenden Kontrole unterworfen werden kann. In Jahren, wo Futtermangel ist, kann es selbst wohl empfohlen werden, den ärmern Leuten die im folgenden Winter zum Hiebe kommenden Schläge zum Laubstreifeln aufzugeben.

Was bereits am andern Orte (in der Forstbenutzung) über die Benutzung der Waldstreu überhaupt gesagt worden ist, läßt sich auch auf dieselbe anwenden, wo sie als Grundgerechtigkeit vorkommt. Sie ist in Bezug auf den Wald als ein nothwendiges Uebel zu betrachten, welches nur geduldet werden muß, weil man es nicht abstellen kann, ohne auf der andern Seite noch mehr Nachtheile herbeizuführen, als die sind, welche dem Walde daraus erwachsen. Wo man diese Grundgerechtigkeit ohne Nachtheil für den Berechtigten abzulösen vermag, wird es stets wünschenswerth sein; es ist aber nur selten der Fall, daß dies ausführbar ist. Unter allen Verhältnissen muß sie aber der strengsten Kontrole unterworfen werden, wenn sie bestehet, da kein anderes Servitut ohne diese so leicht verderblich werden kann, denn sie wird es für den Wald und dessen Besitzer, den Staat und den Eigenthümer der Grundgerechtigkeit selbst, indem sie unter gewissen Verhältnissen die Produktionsfähigkeit des Bodens so vernichten kann, daß er sowohl für den Waldbesitzer als für den Berechtigten werthlos wird.

Folgende Bestimmungen dürften hinsichts der Ausübung des Streurechts und dessen Beschränkung die wichtigsten sein:

1) Dem Forstbedienten muß das Recht zustehen, diejenigen Forstdistrikte zum Streusammeln anzuweisen, in welchen dies am wenigsten nachtheilig wird, und so lange der wirkliche Streubedarf in diesen gewonnen werden kann, müssen sich die Berechtigten auf diese beschränken, wogegen sie aber auch fordern können, daß die angewiesenen Orte ihn hinreichend zu liefern vermögen.

2) Auf Verlangen des Waldbesitzers muß dieser Streubedarf in den landüblichen Fudern, durch Sachverständige für jeden Einzelnen festgestellt werden, und ein Mehreres als die bestimmte Quantität darf der Berechtigte dann nicht aus dem Walde entnehmen. —

3) Das Sammeln der Streu darf nur mit hölzernen Harken oder Rechen, niemals mit solchen, welche eiserne Zinken haben, geschehen; auch wird jede unmittelbare Beschädigung des Holzes dabei, welche durch Einfahren im dicht stehenden Orte, Abbrechen von Holz u. s. w. erfolgt, wie ein gewöhnlicher Waldfrevel oder eine Holzentwendung bestraft.

4) Die Ausübung des Rechts darf nur an bestimmten Tagen erfolgen, z. B. an einem festgesetzten Wochentage; es scheint dann aber gleich, ob man es nur in einer gewissen Jahreszeit duldet, oder es vom Frühjahre bis zum Spätherbste gestattet. Ist der Berechtigte auf die Sammlung einer gewissen Zahl von Fudern beschränkt, so erhält er Michaelis eine gleiche Anzahl von Zetteln oder Marken, mit seinem Namen und der laufenden Nummer, und ist dann verpflichtet, jedesmal, wenn er ein Fuder abholt, eine Marke dafür abzugeben, wo es dann Sache des die Aufsicht führenden Forstpersonals ist, an den Streutagen Acht zu haben, die Marken abzufordern und Unterschleife durch strenge Kontrole zu verhüten. —

Ganz bestimmte Vorschriften zur Ordnung der Streugerechtsame lassen sich nicht geben. Zuerst ist es bald weniger bald mehr nachtheilig. Je ärmer der Boden an und für sich ist, desto nachtheiliger wirkt die Entziehung des Materials, woraus vorzüglich der Ersatz des sich zersetzenden Humus erfolgen soll. Holzgattungen, die viel Bodenkraft in Anspruch nehmen, empfinden dies auch mehr als solche, die von Natur mehr auf ärmern Boden hingewiesen sind. Niederwald leidet mehr als Hochwald. Der Kalkboden mit seinen ätzenden Bestandtheilen verträgt es weniger als der Thonboden. Dann aber hat das Streurechen bald mehr bald weniger Werth für die Landwirthschaft, kann bald eher bald gar nicht entbehrt werden. Eben so ist bald die Vermehrung der Holzproduktion wünschenswerther, bald ist der Holzvorrath so groß, daß es vortheilhafter ist, das Kulturland selbst auf Kosten des Waldes zu begünstigen. Alles das sind Dinge, die bei einem Gesetze, wodurch die Streunutzung als Servitut geregelt werden soll, sorgfältig erwogen werden müssen, wenn es wirklich dem Bedürfnisse entsprechen soll. Allgemein theoretische Sätze werden niemals genügen, um ein solches für jedes Land zweckmäßig zu entwerfen. Jedoch kann man wohl als allgemeine Forderung aufstellen, daß niemals der Boden dabei gegen seinen jetzigen Zustand verschlechtert werden darf *).

Der Werth eines entwendeten Fuders Streu, muß dann im Verhältniß des Streupreises und des Düngerwerthes der Streu gegen Stroh ein- für allemal festgesetzt sein, und die Entwendung in gleicher Art bestraft werden, wie diejenige des Holzes.

Eine Frage würde sein: ob derjenige, welcher Anspruch

---

*) Das Nähere hierüber in der 4ten Abtheilung, die Forstbenutzung abhandelnd, in dem Abschnitte, welcher die Benutzung der Waldstreu enthält.

auf Waldstreu macht, und dessen Bedarf davon so festgestellt werden soll, daß dabei der Düngerbedarf des berechtigten Grundstücks zum Grunde gelegt wird, als verpflichtet angesehen werden muß, das auf demselben gewonnene Futter und Stroh in der Wirthschaft zu verwenden, oder ob er dies verkaufen darf, und zum Ersatze dafür Streu als Düngungsmaterial verlangen kann? — Sowohl dem allgemeinen Rechte nach, als wie selbst nach staatswirthschaftlichen und finanziellen Ansichten, dürfte man wohl, zum großen Nachtheile der Forsten, dieselbe nicht anders beantworten können, als daß, wenn einmal das Streurechen als Recht vorkommt, allerdings der Verkauf des auf der Wirthschaft gewonnenen Strohes und Futters nicht untersagt werden, und dieser keinen Grund abgeben kann, deshalb, weil er stattfindet, die Abgabe von Streu zu vermindern oder zu verweigern.

Der Holzberechtigte verliert deshalb seine Berechtigung nicht, weil er das Holz, auf seinen eignen Grundstücken erzogen, verkauft, der Gräsereiberechtigte kann ohne Widerspruch das Gras auf seinen Wiesen verkaufen, und dafür anderes aus dem Forste holen, wenn ihm die Befugniß dazu sonst zustehet. Wenn nicht die Beschränkung ausgesprochen, oder durch das Herkommen rechtlich festgestellt worden ist: daß nur so viel Streu aus dem Walde genommen werden darf, wie nach Verwendung der auf dem Gute gewonnenen Düngungsmaterialien erforderlich sind, um den Düngerbedarf zu liefern, so kann sie auch nicht später hinzugefügt werden, wenigstens würde sich dafür kein rechtlicher Grund auffinden lassen.

In finanzieller Hinsicht muß man nicht vergessen, daß die kleinen Grundeigenthümer oft kein anderes Mittel haben, um das nöthige Geld zu den Abgaben, zur Bestreitung ihrer dringendsten Bedürfnisse herbeizuschaffen, als den Verkauf einiger Schock Stroh und eines Fuders Heu. —

In staatswirthschaftlicher Hinsicht muß man bedenken, daß dies verkaufte Stroh durch den Verkauf für die Düngung überhaupt nicht verloren gehet, sondern nur auf einem andern Flecke verwendet wird, und daß es ganz unmöglich sein würde, Post- und Militairpferde zu halten, Arbeitspferde ohne eigenen Ackerbesitz — Luxuspferde gar nicht zu erwähnen — zu ernähren, wenn aller Stroh- und Heuverkauf den kleinen Grundbesitzer untersagt würde, indem er von den großen Gütern und Domainen selten stattfindet, oder auf Grund von Privatverträgen auch wohl ganz untersagt ist.

In rechtlicher Hinsicht ist zu bedenken, daß man am Ende keiner Wirthschaft gebieten und z. B. den Tabacksbau untersagen kann, wobei nicht eine gewisse Menge von Stroh auf dem Gute gewonnen wird, und daß es zuletzt ganz gleich ist, ob das Stroh verkauft, oder ein stärkerer Düngerbedarf, durch eine andere Wirthschaftsführung, nöthig gemacht wird.

Dagegen würde allerdings bei neuer freiwilliger Einräumung des Streurechens, der Waldbesitzer zu Gunsten des Waldes zweckmäßig sich diese Beschränkung vorbehalten können, und sie auch eben so geltend machen dürfen, wo bisher kein Verkauf von Stroh und Heu stattgefunden hat oder erlaubt war. —

Die Benutzung des als Dungmittel werthvollen grünen Reisholzes, welches auf den Schlägen liegen bleibt, als Hackstreu ist für die Waldwirthschaft ganz unschädlich, und da sehr zu empfehlen, wo Mangel an Streumaterial ist. Das Aushauen der Aeste aber, um das grüne Reisholz als Schneidelstreu zu gewinnen, ist unbedingt verwerflich, da es sehr leicht die allernachtheiligste Beschädigung der Bäume veranlassen kann. Das Aushauen oder Ausschneiden der jungen zu dicht stehenden Schonungen zur Gewinnung von Schneidelstreu, darf nur unter steter Aufsicht der Forstbeamten nach deren Anweisung erfolgen.

Das Plaggenhauen.

Man verstehet darunter das Abschälen der obern Rasen-, Moos-, Wurzeldecke, so daß noch ein Theil der obern Dammerdenschicht mit hinweggenommen wird, um Düngung zu gewinnen, indem die, auf diese Art gesammelten Plaggen entweder bloß in Brand- oder Rotthaufen gebracht werden, um zu verfaulen und dann als Dammerde auf den Acker gebracht zu werden, oder indem man sie in die Viehställe schafft, um sie mit animalischem Dünger zu vermischen. Daß dasselbe noch weit nachtheiliger ist, als das bloße Streurechen, wird leicht in die Augen fallen, wenn man bedenkt, daß hierbei nicht bloß die obere Bodenbedeckung weit vollständiger hinweggenommen wird, als bei dem Gebrauche des Harkens, sondern daß auch sogar der schon vorhandene Humus aus dem Walde fortgeschafft wird, und die Wurzeln des Holzes ganz bloß gelegt werden. Sein Nachtheil ist nur deshalb oft geringer, weil es nur auf solchem Boden stattfinden kann, der mehr natürliche Fruchtbarkeit hat, und eine festere Benarbung bildet, als der schlechte Sand, auf dem das Streurechen oft lastet, auch allerdings oft dem Forstwirthe hinderliche Gewächse, z. B. Heidekraut, Wassermoose 2c. dadurch weggeschafft werden, deren Verlust er in keiner Hinsicht sehr zu bedauern hat. Immer bleibt das Plaggenhauen aber ein sehr gefährliches Servitut — denn als solches kommt diese Nutzung wohl nur allein im Walde vor — welches aus gleichen Gründen wie das Streurechen nicht ganz aufgehoben werden kann, das aber der strengsten Kontrole unterworfen werden muß. Es gehört nur in die Heidegegenden und auf große wund zu machende Blößen.

Da durch das Abschälen der Bodenbedeckung, welches gewöhnlich bis zu der Tiefe, wohin die Wurzeln des Bodenüberzugs reichen und die Dammerde festhalten, erfolgt, der

Boden sehr dem Austrocknen preisgegeben wird, die Wurzeln des Holzes bloßgelegt werden, auch selbst diejenigen Gewächse, welche eigentlich den bloßen Bodenfilz (die Plagge) geben, in dichtem Holzbestande nur spärlich wachsend vorkommen, so sollte es wohl in diesem und überhaupt innerhalb der Schirmfläche eines Baumes gar nicht vorkommen oder geduldet werden. Es muß vielmehr auf die Waldblößen, Aenger, zu kultivirende Kahlschläge, entwässerte Stellen beschränkt werden dürfen, und die Plaggenhauer müssen verpflichtet sein, stets 6 bis 10 Fuß von der äußersten Schirmfläche jedes Baumes, die man ermittelt, indem man von den äußersten Zweigspitzen eine senkrechte Linie herabfallen läßt, abzubleiben.

Dabei wird die Beschränkung des Plaggenhauens wünschenswerth sein, daß es nicht weiter ausgedehnt werden darf, als um das nöthige Streumaterial für das Vieh im Stalle oder in den Viehständen zu gewinnen. Das Zusammenfahren der Plaggen in bloße Rotthaufen ohne alle Beimischung von animalischen Dünger ist darum unzulässig, weil auf der einen Seite nur ein sehr geringes Düngermaterial zu Gunsten der Felder dadurch gewonnen wird, und auf der andern, weil es dann zum Nachtheile der Wälder, ohne alle Schranken ausgedehnt werden kann.

Von der Mastgerechtigkeit.

Sie besteht in der Befugniß, in einem fremden Walde die Mastfrüchte benutzen zu dürfen. Es kann dies in doppelter Art geschehen, indem dem Mastberechtigten die Mastfrüchte ausschließlich gehören, oder indem er nur berechtigt ist, die Mastung für eine gewisse Zahl Schweine unentgeltlich fordern zu können, oder sogenannte Freischweine eintreiben zu dürfen.

Als Grundgerechtigkeit vorkommend, ist diese Nutzung nicht beizubehalten, und wenn nicht vielleicht der Berechtigte ohnehin stillschweigend auf sie verzichtet, indem sie nach und nach wegen Mangel an Mastfrüchten sich von selbst verliert, und er dies nicht achtet, da sie gewöhnlich wenig Werth für ihn hat, ist es gewiß besser, sie durch Ablösung aufzuheben.

Der Grund dafür ist vorzüglich darin zu suchen, daß sie die freie Waldwirthschaft zu sehr beengt, indem sie die oft unvortheilhafte Erhaltung der Masthölzer bedingt, von denen vorzüglich die Eiche oft nur zum größten Nachtheile des Forstbesitzers auf schlechtem Boden beibehalten werden kann. Sogar der Einschlag des alten Holzes kann in einem Walde, worauf die Mastgerechtigkeit ruhet, oft nicht zur zweckmäßigen Zeit erfolgen, da wenigstens stets eine solche Menge von Mastbäumen übergehalten werden müssen, daß die Gerechtsame ausgeübt werden kann, und eine Verkürzung des Umtriebes, die den Mastertrag gegen früher schmälern könnte, nicht zulässig ist.

Auch für den Berechtigten wird in der Regel die für Aufgabe der Mastgerechtigkeit zu erhaltende Entschädigung vortheilhafter sein, als die Erhaltung der frühern Einrichtung, welche sich auf ganz andere landwirthschaftliche und forstliche Wirthschaftsgrundsätze gründet, als gegenwärtig stattfindet. —

Man kann daher unbedingt das Verhältniß, wo es irgend hinderlich erscheint, als ein aufzuhebendes bezeichnen.

Die Beschränkungen, welchen eine Mastungsgerechtigkeit unterworfen werden muß, wenn dies frühere Verträge rc. erlauben, werden sich schon aus demjenigen, was über Verpachtung der Mastnutzung auf längere Zeit gesagt worden ist, entnehmen lassen. (Siehe Forstbenutzung, 4te Abtheilung dieser Schrift.)

Die Theerschwelerei-Gerechtigkeit.

Sie begreift das Recht in sich, die im Walde von dem abgehauenen Kiefernholze zurückbleibenden Stöcke entweder unentgeldlich, oder gegen Entrichtung eines gewissen bestimmten Zinses, zum Theerschwelen benutzen zu dürfen. Zuweilen sichert die Berechtigung auch noch dem Theerschweler das nöthige Feuerungsholz zur Heizung des Ofens, entweder in ganzen Bäumen oder in einer bestimmten Klafterzahl zu. Diese Bäume, wozu stets starke abgestorbene Kiefern gegeben wurden, kommen unter dem Ausdruck: „Schwelbäume" vor. Außer der eigentlichen Theerschwelerei-Gerechtigkeit besitzt der Eigenthümer auch gewöhnlich noch Grundstücke und Weidegerechtigkeiten im Forste, welche zum Theerofen und den dabei befindlichen Wohn- und Wirthschaftsgebäuden gehören. Daß diese Gerechtigkeit auch die Befugniß in sich schlösse, ganze harzreiche Bäume fordern zu können, um daraus Theer zu schwelen, kommt in Deutschland wohl nicht vor. Wenn vielleicht früher harzreiche Stämme von solchen benutzt worden sind, so ist es wohl nur zufällig, und weil dies Holz in älterer Zeit nicht anderweitig verwendet werden konnte, geschehen.

Als Servitut ist diese Nutzung in regelmäßig bewirthschafteten Wäldern nicht zu dulden, wenn gleich sie daselbst zur Beibehaltung empfohlen werden kann, sobald sie dem Eigenthümer des Waldes selbst zustehet, und dann sich den Regeln einer guten Waldwirthschaft unbedingt unterwerfen muß.

Der Theerschweler, welchem sie als Grundgerechtigkeit aus älterer Zeit zustehet, kann dem Rechte nach fordern, daß der Wald in keinen für ihn und seine Nutzung nachtheiligern Zustand versetzt wird, als derjenige war, bei welchem er diese Gerechtigkeit erwarb. Er kann mithin verlangen: daß er immer gleich harzreiche Kienstöcke wie früher vorfindet, so daß er sein Gewerbe in gleicher Ausdehnung wie sonst betreiben kann; —

daß er das Stockholz, welches er benutzt, immer hinreichend abgefault erhält, damit ihm nicht durch die Rodung unabgefaulter Stöcke mehr Kosten erwachsen, er auch nicht genöthigt wird, weniger harzreiches Holz als früher zu verschwelen. Wenigstens würde ihm Ersatz des größern Kostenaufwandes bei Verschwelung von frischen Stöcken gewährt werden müssen.

Die neuere Forstwirthschaft kann die Rodung abgefaulter Stöcke niemals mehr in einer Art versprechen und gestatten, als die frühere Plenterwirthschaft, und der frühere Holzüberfluß. Sonst fand man in allen größern Wäldern eine Menge 200 bis 250 Jahre alter Kiefern, welche als Samenbäume verwachsen, zu Schiffbauholz geschont, oder auch wohl deshalb stehen geblieben waren, weil sie ästig und knotig für unbrauchbar galten. Die frühere Plenterwirthschaft begünstigte das Unterhalten solcher Bäume nicht bloß sehr, sondern erlaubte auch, daß der Theerschweler die davon zurückbleibenden Stöcke zu jeder Zeit benutzen konnte, und im Stande war, sie so lange abfaulen zu lassen, bis sie ganz für seinen Zweck passend erschienen.

Dies hat sich Alles sehr geändert. Nur selten läßt man jetzt Bäume so alt werden, daß sie hinreichend harzreiche Stöcke zur vortheilhaften Theerschwelerei liefern, und indem bei der eingeführten regelmäßigen Schlagwirthschaft, die abgetriebenen Schläge gleich wieder mit jungem Holze dicht angebauet werden, muß man entweder das Stockholz auf denselben ganz frisch roden, oder man kann es später gar nicht mehr ohne sehr große Beschädigung des jungen Bestandes ausgraben. Wenn es daher auch wohl noch viele Fälle giebt, wo man die Theerschwelerei noch mit Gewinn betreiben kann, so wird dies doch niemals mehr unter so vortheilhaften Verhältnissen geschehen können als früher. Auch ändern sich die Grundsätze der Wirthschaftsführung in den Forsten fortwährend, und müssen sich ändern, so wie sich mehr Licht über dasjenige verbreitet, was sich am vortheilhaftesten darstellt, und die Bedürfnisse sich mit der sich immer mehr und mehr entwickelnden Bodenkultur im Allgemeinen, auch in Bezug auf den Wald anders gestalten. Ein Servitut, welches einen bleibenden unveränderlichen Zustand des Waldes voraussetzt, ist deshalb der weitern Entwickelung und Vervollkommnung der Waldwirthschaft stets mehr oder weniger hinderlich, und darum nicht als vortheilhaft anzuerkennen, und dies um so weniger, jemehr sich der Zustand des Waldes, den es bedingt, schon jetzt als unvortheilhaft darstellt.

Fügt man diesen Betrachtungen noch den Grund für die Aufhebung dieses Verhältnisses hinzu: daß die Ablösung oder der Ankauf dieser Grundgerechtigkeit durch den Waldeigenthümer eigentlich in nichts bestehet, als in dem Ankaufe einer Rente, die der Theerschweler beziehet oder zu fordern befugt ist, die nun der Eigenthümer des Forstes entweder selbst beziehen kann, oder für die er, wenn sie nicht mehr zu beziehen wäre, doch die verhältnißmäßige Entschädigung würde bezahlen müssen, so wird die Ablösung noch mehr gerechtfertigt. Denn dann ist die dadurch zu erwerbende Befreiung des Waldes von einer oft sehr lästigen Beengung der Freiheit in der Benutzung und Bewirthschaftung, als ein reiner Gewinn anzusehen. Selbst in dem Falle, daß die Zeitpacht nicht ganz die Ablösungssumme decken sollte, würde dieser doch noch groß genug sein, um eine Aufopferung dabei nicht bereuen zu lassen, wodurch man in den Stand gesetzt wird, stets die Bedingungen, unter welchen die Theerschwelerei gestattet werden soll, willkürlich und den Bedürfnissen der Wirthschaft gemäß, festzusetzen.

Die nothwendige Beschränkung, welcher diese Grundgerechtigkeit unterworfen werden muß und kann, hängt zu sehr von dem Vertrage, auf Grund dessen sie besessen wird, ab, als daß sich darüber im Allgemeinen viel sagen ließe. Was wünschenswerth ist, wird sich aus dem, was über die Benuzzung der Theeröfen gesagt ist, ergeben. Doch wird in jedem Falle der Theerschweler sich denjenigen Beschränkungen unterwerfen müssen, welche nöthig sind, um geschlossene junge Bestände erziehen zu können, und keine dazu erforderlichen junge Pflanzen und Bäume beschädigen dürfen, da es schon in seinem Rechte selbst liegt, daß er die Erhaltung des Waldes nicht gefährden darf.

Das Harzscharren als Grundgerechtigkeit.

Das Harzscharren in Fichten, zur Gewinnung des Harzes, um daraus Pech und Kienruß zu bereiten, ist nicht bloß denselben Betrachtungen, wie die Theerschwelerei zu unterwerfen, wo es als Servitut vorkommt, sondern es wird auch noch aus andern Gründen unvortheilhaft.

Um überhaupt nicht nachtheilig zu werden, muß es, wie da, wo von dieser Benutzung die Rede war (vierte Abtheilung, Seite 338 erörtert worden ist), besondern Beschränkungen unterworfen werden. Diese sind oft schwer oder gar nicht auszuführen, wo Berechtigte im Besitze einer Art der Gewinnung des Harzes und einer Ausdehnung dieser Nutzung sind, die in ältern Zeiten nicht nachtheilig war, die aber mit einer vortheilhaften Waldwirthschaft, wie sie gegenwärtig bedingt ist, als durchaus unverträglich angesehen werden kann. Auch ist es selbst sehr schwer, die Berechtigten so zu kontroliren, daß sie nicht sogar noch ihre Befugniß widerrechtlich zum Nachtheile des Waldes ausdehnen, was bei Zeitpächtern der Pech- und Kienrußhütten weit leichter der Fall ist, da man hier theils beliebige Einrichtungen treffen, theils unzuverlässige Pächter anz ausschließen kann. Es bleibt deshalb stets wünschenswerth, diese Nutzung, wo sie als Servitut vorkommt, abzukaufen, und sie dann, wenn ihre Beibehaltung sonst zweckmäßig erscheint, lieber durch Verpachtung auf kürzere oder längere Zeit zu beziehen, um sie immer nach dem Bedürfnisse des Waldes regeln zu können.

Den nothwendigen Beschränkungen, unter denen überhaupt nur das Harzscharren ausgeübt werden darf, müssen sich, so weit sie zur Erhaltung des Waldes überhaupt erforderlich sind, die Berechtigten überall und unbedingt unterwerfen. In so fern sie bloß eine Verminderung der Nachtheile des Harzscharrens für den Waldbesitzer bezwecken, werden die Verträge und das Herkommen sehr darüber entscheiden.

Um da, wo das Harzscharren als Servitut vorkommt, seine mißbräuchliche, zum Ruin des Waldes führende Ausdehnung zu verhindern, sind folgende Anordnungen und Beschränkungen nöthig

Die Bäume, die geharzt werden dürfen, müssen ausgezeichnet und angeschlagen werden, und die Strafe muß bestimmt sein, bei der kein unangeschlagener Baum gescharrt werden darf. Ist eine Stärke des Baumes bestimmt, unter welcher kein Baum gelagt werden darf, gewöhnlich nicht unter 12 bis 15 Zoll Durchmesser in der Brusthöhe, so wird diese am besten mittelst eines auseinander zu klappenden Ringes (Harzringes) bestimmt. Eben so muß die Zahl der Lagen oder Lagten, so wie die Größe derselben, die ein Baum bei einer großen Stärke erhalten darf, festgesetzt sein. Als Maximum kann man annehmen, daß, wenn ein Baum bei 15 Zoll Durchmesser zwei Lagen erhält, auf jedem Fuß Umfang eine Lage mehr geschält werden darf. Als Normalmaß für eine Lage kann 3 Fuß Länge und 2 Zoll Breite angenommen werden. Ueber 5 Lagen von dieser Größe darf aber ein Baum niemals erhalten. Die Lagen dürfen nicht durch Verwundung der Ränder aufgefleischt und vergrößert werden. Es darf keine Rinde zu den

Harzmassen anders als von dem auf den Schlägen gefällten Holze geschält werden. Geharzte Fichten dürfen niemals geschneidelt werden.

Welche Bäume von den Harzscharren ganz ausgeschlossen werden können? Das ist eine Rechtsfrage, die von der Art und Weise hinsichts ihrer Entscheidung abhängt, wie die Berechtigung verliehen oder seit rechtsverjährter Zeit ausgeübt worden ist. Dagegen liegt es im Rechte daß, wenn die Benutzung der Fichten auf Harz abhängig von ihrer Stärke ist, der Waldbesitzer nicht den Umtrieb, oder das Haubarkeitsalter einzelner Bestände, die dem Servitute unterworfen sind, zum Nachtheile der Berechtigten abkürzen kann.

Von der Berechtigung, Viehstände, Viehtränken und Ablagen in einem fremden Forste besitzen zu dürfen.

Das Recht Viehstände, mögen sich in bloßen Einzäunungen, oder in bleibend erbaueten Ställen bestehen, in einem fremden Forste besitzen zu dürfen, ist nicht als ein an der Weidegerechtigkeit klebendes anzusehen, sondern muß besonders, entweder durch darüber sprechende Documente, oder mittelst der Verjährung nachgewiesen werden. Wo es vorkommt, nöthigt es den Eigenthümer des Waldes, nicht bloß diejenigen Stellen, auf welchen sich diese Viehstände befinden, und die nicht eigenmächtig von einem oder dem andern Theile verlegt werden dürfen, unbebauet zu lassen, sondern es muß auch die erforderliche Trift zu denselben, aus allen Theilen des Waldes, wohin das Vieh, was darin stehet, getrieben wird, offen erhalten werden. Selbst der nöthige Raum um diese Stände herum, so daß das aus ihnen herausgelassene, oder einzutreibende Vieh daselbst verweilen kann, wird nicht verweigert werden können. Es ist dies ein oft sehr lästiges Servitut, welches jedoch ohne eine gänzliche Abänderung der Art der Weidebenutzung gewöhnlich nicht abgelöset werden kann, da bei entfernten Weiderevieren, oder auch wohl in Fällen, wo fremdes Vieh aus fernen Gegenden in die höhern Gebirge getrieben wird, nothwendig die Stallung in der Mitte des Weidegrundes liegen muß.

Das Recht der Viehtränke ist gewöhnlich als mit der Weidegerechtsame verbunden anzusehen, da eine Benutzung derselben für Rindvieh und Schweine nicht denkbar ist, ohne daß dieselben zu Wasser getrieben werden können. Doch kann allerdings aber auch die Viehtränke auf fremdem Grunde liegen. Vorzüglich kommt dies Recht bei der Mastberechtigung zur Sprache, wo dem Berechtigten selbst oft gestattet werden muß, neue Tränken und Brunnen aufgraben zu dürfen, um die Schweine des Tages mehrere Male zu Wasser treiben zu können. In jedem Falle muß sich der Berechtigte gefallen lassen, dies Recht auf eine für den Forst und dessen Bewirthschaftung am wenigsten nachtheilige Art ausüben, so lange dadurch die Erhaltung seines Viehes nicht gefährdet wird, oder dasselbe sonst nicht darunter leidet. Es wird ihm aber auch der Zutrieb zu einem Brunnen u. s. w., läge dieser auch mitten in einem in Schonung genommenen Forstdistrikte, nicht verweigert werden können, sobald er nicht an einem andern Orte eine gleich passende und benutzbare Tränke vorfindet. Sache des Berechtigten ist es übrigens, diese Brunnen und Tränken, wenn er sie allein benutzt, auf seine eigene Kosten im Stande zu erhalten, in sofern nicht ein Anderes durch Documente oder Observanz bestimmt ist.

Das Recht der Ablage gewährt die Befugniß, das in einem fremden Walde geschlagene Holz auf dem Grundstücke ines Dritten aufsetzen zu dürfen. Es bedingt, daß ein hinreichender Raum frei bleibt, um das Holz, welches der Eigenthümer des Rechts dahin bringt, abladen und aufsetzen zu können; auch müssen die zur Ablage führenden Wege, die Anlegeplätze der Kähne u. s. w. zur Benutzung offen bleiben. Zweckmäßig ist es, die Größe der Ablage fest zu bestimmen und sie zu begrenzen, um allen Streitigkeiten in dieser Hinsicht zuvorzukommen. — Zuweilen tritt die Ausübung dieses Rechts nur selten ein, z. B. bei Erlenbrüchen, welche von fremden Grundstücken umgeben sind, und wo das Holz, wenn es geschlagen wird, aus dem Bruche herausgerückt und auf dem fremden Grunde aufgesetzt werden darf. In diesen Fällen ist es gut, den Umfang des Rechts genau zu bestimmen, um keine Verdunkelung desselben entstehen zu lassen, wenn es länger Zeit unbenutzt bleibt. Selten wird es einer Ablösung fähig sein, ist auch wohl als unschädlich zu betrachten.

Die Wegegerechtigkeit.

Durch die Forsten führen: Landstraßen, welche die Verbindung größerer Landstriche und mehrerer großen Ortschaften untereinander bilden; Kummunikationswege (Vicinalwege) zwischen zwei oder mehreren Dörfern und kleinen Orten, Mühlen u. s. w.; Holzwege, Waldwege, welche bloß den Zweck haben, die Produkte des Waldes und der darin liegenden Grundstücke abzufahren, und den Wald in seinem Innern zugänglich zu machen. Dabei unterscheiden sich zugleich die bloßen Karrenwege und Fußstege von den Fahrwegen, da nur die letztern mit Wagen, welche durch Zugvieh bewegt werden, befahren werden dürfen. Reitern wird dagegen im Walde (nicht im Felde) die Benutzung der Karrenwege beinahe immer, die der Fußstege gewöhnlich gestattet, obwohl sie dieselbe nicht gesetzlich fordern können.

Die Landstraße stehet unter Landespolizei-Behörde, und es darf ohne besondere Anweisung derselben keine Aenderung, Verlegung u. s. w. stattfinden. Auch hat diese allein zu bestimmen, in welcher Breite sie aufgehauen sein muß, und alle Anordnungen zur Herstellung oder Instandehaltung derselben zu bewirken, wogegen aber auch in der Regel der Forsteigenthümer als solcher keine weitere Hülfe dazu leistet, auch bei angeordneten Verlegungen oder Erweiterungen, Ausbesserungen ꝛc. Entschädigung für den ihm daraus erwachsenden Nachtheil zu fordern hat. Auch Steine und Kies können zwar zur Ausbesserung derselben oder zum Neubau aus dem Walde entnommen werden; doch muß für den dem Waldbesitzer daraus erwachsenden Verlust Ersatz geleistet werden. Es liegt den Forstbeamten ob, innerhalb der Grenze des Waldes, durch welchen sie führt, dafür zu sorgen:

a) daß bei Holzschlägen niemals die Straße, durch über dieselbe hinweggehauene Bäume gesperrt werde. —

b) Daß, im Fall Windbrüche an derselben erfolgen, diese schleunigst aufgeräumt werden, und dadurch kein Hinderniß für Reisende, vorzüglich des Nachts, entstehet. —

c) Daß die eigentliche Straße vom Holze befreiet bleibe, weil dies das Austrocknen verhindert; daß die überwachsenden Aeste weggehauen werden, so daß Fracht-, Ernte-, oder andere hochbeladene Wagen sie ungehindert passiren können; daß etwa darauf stehende Bäume ausgerodet und die Stocklöcher wieder fest ausgefüllt werden.

d) In der Regel sind auch die Forstbeamten verpflichtet, der nächsten Wegebau- oder Polizeibehörde Anzeige zu machen, sobald innerhalb des Forstes Wege und Brücken schadhaft werden, Wasserrisse entstehen, Kothlöcher sich bilden, oder die Straße sonst so schadhaft wird, daß das Fortkommen darauf ein Hinderniß findet. — Auch die Wegweiser an derselben müssen häufig von der Forstverwaltung unterhalten werden, so wie ihr auch gewöhnlich die Bepflanzung mit Alleebäumen obliegt, wo nicht Kunststraßen unter einer sie ununterbrochen beaufsichtigenden besondern Behörde stehen.

Auch die Kommunikationswege können nicht von dem Forstbeamten eigenmächtig verlegt werden; er hat über deren Benutzung nichts zu bestimmen; sie werden ebenfalls wie die Landstraße als öffentliches Eigenthum betrachtet, und es sind auch deshalb diejenigen, welche sie benutzen, verpflichtet, sie zu unterhalten. Als Grundbesitzer ist jedoch auch der Forstherr mit bei der Unterhaltung betheiligt.

Die eigentlichen Waldwege stehen aber, mögen sie bestimmt sein, um für Wagen, Karren oder bloß von Fußgängern benutzt zu werden, unter der unmittelbaren Aufsicht des Forstbeamten. In sofern als sie zu fremden Grundstücken führen, darf er zwar nichts thun, was ihre Benutzung erschweren könnte; doch kann er sie so legen und beschränken, wie es der Vortheil des Forstes verlangt, insofern dadurch kein Nachtheil für diejenigen daraus erwächst, welche das Recht haben, sie zu benutzen. Werden sie jedoch verlegt, so entstehet daraus die Verpflichtung für die Forstverwaltung, die daraus entspringenden mehrere Unterhaltungskosten gegen früher zu tragen, die sonst demjenigen zur Last fallen, welcher sie ausschließlich benutzt, was z. B. der Fall bei Wegen ist, welche zu Waldwiesen und Waldäckern führen, und auf welchen keine Holzabfuhre stattfindet.

Ein Fremder darf die eigentlichen Waldwege nicht benutzen, noch viel weniger aber außerhalb derselben im Walde umhergehen. Der Forstbeamte hat auch das Recht und die Pflicht, die entbehrlichen Waldwege zu verbieten, sie zu vergraben, bei Einschonung zu kassiren und mit Holz anzubauen. Doch muß nicht bloß darauf gesehen werden, daß hinreichende Wege vorhanden sind, um die selbst benutzten Waldprodukte bequem abfahren zu können, sondern auch die

Berechtigten müssen im Stande sein, ihre Gerechtsamen ohne widerrechtliche Erschwerung auszuüben. Man kann ihnen z. B. nicht zumuthen, da, wo sie Waldstreu, Raff- und Lese- oder trockenes Holz mit Zugvieh abholen dürfen, dies aus zu großen Entfernungen an die Wege zu tragen. — Eine feste Bestimmung, bis zu welcher Entfernung die Waldwege von einander gestattet werden müssen, fehlt zwar wohl überall, da gewöhnlich das eigene Bedürfniß des Waldbesitzers schon diesen nöthigt, dieselben nicht zu sehr zu beschränken; doch würde man in den ebenen, überall zugänglichen Landforsten Preußens allenfalls die schon seit rechtsverjährter Zeit ohne Widerspruch eingeführte Jageneintheilung dazu zu Grunde legen können. Nach dieser wird das Innere des Forstes in lauter geschlossene Vierecke getheilt, deren jedes 200 preußische Ruthen oder 1000 geometrische Schritte an jeder Seite groß ist, so daß also die 200 Ruthen auseinander parallel laufenden, sich im rechten Winkel durchschneidenden Gestelle, mit Ausnahme der Landstraßen und Kommunikationswege, die nicht willkürlich geändert werden dürfen, die im Forste zu gestattenden Waldwege bilden. Ein in das Innere eines solchen Jagens oder Vierecks führender Waldweg wird nur gestattet, wenn ihn der Waldbesitzer zur Abfuhre der eigenen Waldprodukte anlegen oder dulden will, und es scheint also, daß man fordern kann, daß der Berechtigte diejenigen Gegenstände, welche er benutzt und zu Wagen abholt, 100 Ruthen oder 500 geometrische Schritt weit an den Weg tragen muß, denn so weit ist der entfernteste Punkt des Jagens vom Gestelle oder Wege entfernt.

Dies kann jedoch nur auf ebene und überall zugängliche Wälder Bezug haben, denn in Gebirgen oder Bruchgegenden, wo man die Wege nicht willkürlich legen kann, würde dies keine Anwendung finden, sondern die alten, oft mit großem

Aufwande hergestellten Waldwege werden erhalten werden müssen.

Die Besserung der Waldwege und Brücken auf denselben, fällt zwar gewöhnlich dem Forsteigenthümer zur Last; doch würde er in jedem Falle auch die Mitwirkung der Berechtigten in Anspruch nehmen können, in sofern diese sie mitbenutzen, und wenn diese vielleicht allein ihre Herstellung zu wünschen veranlaßt sind, werden sie dieselbe auch allein bewirken müssen, da der Waldbesitzer nicht verbunden ist, ihnen auf seine Kosten die Mittel zur Ausübung ihres Rechtes zu verschaffen.

Die Breite der Wege ist verschieden nach dem Gebrauche derselben. Die der Landstraßen und Kommunikationswege wird lediglich durch die Landespolizeibehörde, unter Vorbehalt der Entschädigung des Forsteigenthümers festgesetzt werden können. Für einen bloßen Waldweg können nach dem Allg. Pr. Landrechte nur gefordert werden:

1) für den Fahrweg in gerader Lienie 8 Fuß Breite, bei einer Krümmung 12 Fuß,
2) für einen Karrensteg 4 Fuß,
3) für einen Fußsteg 3 Fuß.

Daß es jedoch nicht immer ein Vortheil für den Forst ist, in thonigem schweren Boden die Wege zu schmal zu machen, wodurch sie oft so schlecht werden, daß die Fuhrleute nothgedrungen ausbeugen müssen, und dann desto mehr Schaden thun, ist am andern Orte ausgeführt *).

Fremde Viehtreiber dürfen nur Landstraßen und Kommunikationswege benutzen, und in sofern diese hinreichend breit sind, müssen sie das Vieh darauf zusammenhalten. Doch wird man ihnen nicht wehren können, an solchen Orten, wo dem Forste durchaus kein Nachtheil erwächst, auch außer dem Wege

---

*) Holztransport, 4te Abtheilung.

mit dem Viehe zu ruhen, oder bei schmalen, nicht mit Gräben eingefaßten Wegen, dasselbe an Stellen, wo keine Schonung ist, sich auch über den Weg hinaus verbreiten zu lassen, in sofern es nur dicht neben demselben hinziehet.

Ablösbar ist eine Wegegerechtigkeit nicht.

Das Recht Steine, Kies, Lehm und Sand aus einem fremden Forste entnehmen zu dürfen.

Der Schaden, welcher durch diese Grundgerechtigkeit entsteht, beschränkt sich darauf, daß der Grund, auf welchem die genannten Materialien gegraben werden, für die Holzzucht verloren geht, und die zu demselben führenden Wege offen bleiben müssen, um von den Berechtigten benutzt zu werden. — So lange alte Gruben und Brüche das Material, welches aus ihnen genommen wird, hinreichend liefern, können dieselben nicht eigenmächtig vom Forstbesitzer oder den Berechtigten verlegt werden, und in jedem Falle müssen sich letztere, wenn sie es von einer andern Stelle als bisher entnehmen wollen, dies vom Forstbedienten anweisen lassen. Es darf jedoch die Gewinnung dieser Gegenstände durch diese Anweisung auch nicht ungebührlich erschwert werden.

Ohne ein besonderes Recht dazu zu haben, darf Niemand im Walde Steine lesen, Lehm, Thon, Sand und Kies graben. Ueberall behält sich jedoch die Regierung vor, die Materialien, welche zur Erbauung oder Unterhaltung der Kunststraßen und öffentlichen Wege gebraucht werden, gegen Entschädigung da wegnehmen zu lassen, wo sie am bequemsten gewonnen werden können.

Im Fall Steinbrüche er tiefe Gruben in der Nähe von Wegen oder häufig besuchten Orten, Gefahr des Hineinstürzens von Menschen oder Thieren fürchten lassen, müssen dieselben verzäunt werden, und der Forstbeamte, als erste Polizeibehörde im Walde, hat darauf zu halten, daß dies geschiehet. — Selbst den häufig durch Verschüttung der Arbeiter in solchen Gruben entstehenden Unglücksfällen muß er dadurch vorzubeugen suchen, daß er der Polizeibehörde davon Anzeige macht, wenn die Beschaffenheit derselben einen Einsturz vermuthen läßt, damit von dieser das Weitere deshalb veranlaßt wird.

Alte verlassene Gruben sind durch Ausfüllung oder Umzäunung in einen solchen Zustand zu setzen, daß keine Unglücks fälle durch sie entstehen können.

Hinsichtlich des Schadens, welcher durch die Benutzung des Rechts auf die Zeidelweide und die Fischerei, vorzüglich weil sie Veranlassung zu Entstehung von Waldfeuern u. s. w. geben, entstehen kann, verweisen wir auf die 4te Abtheilung dieser Schrift, welche diese Gegenstände behandelt.

Wir können zum Schlusse dieses Abschnitts nicht unterlassen, die Forstbeamten nochmals darauf aufmerksam zu machen, daß ein bestehendes Recht, es sei so nachtheilig als es wolle, geachtet werden muß, so weit es ein Recht ist, und daß es weder von einer Regierung verlangt wird, noch moralisch gebilligt werden kann, den Berechtigten in der Benutzung desselben zu behindern, zu bevortheilen, zu chikaniren, selbst wenn man wüßte, daß derselbe es ertragen würde.

Ein Staat ist nur auf das Rechtsverhältniß aller seiner Bürger und dieser zu der Regierung begründet, und die Beamten desselben haben es daher als ihre erste Pflicht anzusehen, alle Rechte überall heilig zu achten.

IV. Von der Ablösung der Waldservitute.

Es ist schon oben der Grundsatz aufgestellt worden: daß die Waldservitute wie jedes andere Eigenthum geschützt werden müssen, und von Seiten des Staats nur soweit ohne Entschädigung des Berechtigten im Allgemeinen beschränkt werden dürfen, als die Erhaltung des Waldes dies erfordert, und jener nicht in seinen anzuerkennenden Rechten und Nutzungen gekränkt und verkürzt wird.

Bei den sich fortdauernd ändernden Kulturverhältnissen des Landes, den abweichenden Grundsätzen wonach, gegen sonst, jetzt Feld- und Waldbau betrieben wird, stellen sich aber sehr häufig die ältern Einrichtungen in dieser Hinsicht als höchst unvortheilhaft für den Staat, wie für alle Betheiligten dar, und es muß die Veranstaltung getroffen werden, daß solche für die jetzigen Zeitverhältnisse unpassende Einrichtungen der Vorzeit gelöset und vortheilhafter geordnet werden können. Jede Regierung ist verpflichtet, dafür zu sorgen, daß das Vorschreiten der höhern Bodenkultur den Bedürfnissen der Zeit gemäß, sich ruhig und gesetzlich entwickeln kann.

Dazu gehört aber auch, daß nicht allein die Aufhebung und anderweitige Ordnung der früheren Servitutverhältnisse in Uebereinstimmung a l l e r Partheien erfolgen kann — denn dies könnte, wenn nicht ein ausdrückliches, nicht denkbares Verbot deshalb erfolgte, auch ohne nähere gesetzliche Bestimmungen stattfinden — sondern daß auch der Widerspruch der Berechtigten auf gesetzliche Art beseitigt werden kann, wenn die bezweckte höhere Kultur des Bodens dies erfordert. Ohne dies würde in den mehrsten Fällen selbst eine wohlthätige Aufhebung der Waldservitute unausführbar sein. Die mehrsten Berechtigungen stehen dem Bauer und ungebildeten Landmanne zu, der am Hergebrachten und an der Gewohnheit klebend, sehr schwer zu einer Aenderung seines Wirthschaftsbetriebes zu bringen ist, und mißtrauisch aus Mangel an Umsicht, gewöhnlich jeder Servitutablösung beharrlichen Widerspruch entgegensetzt.

Es ist aber auch der strengsten Gerechtigkeit gemäß, dem Waldbesitzer die Befugniß zu ertheilen, die Aufhebung eines Vertrags oder einer Verleihung in Antrag zu bringen, wenn diese sich sowohl in Bezug auf das Gesammteinkommen für den Staat, als in Hinsicht des Ertrags für den Besitzer, für den Wald nachtheilig zeigen, sobald derselbe sich bereit erklärt, den Eigenthümer der Berechtigung in jeder Art so vollständig zu entschädigen, daß dieser durchaus dadurch nichts verliert. Jeder Staatsbürger muß sich dieser Forderung zu Gunsten der Bodenkultur auch in allen ähnlichen Fällen unterwerfen, sich des Rechts der Frohnden, der Zehnten begeben, wo diese für ablösbar erklärt worden sind, selbst sein Grundeigenthum zu Staatszwecken abgeben u. s. w. Staatszweck ist aber auch, und zwar ein sehr wichtiger, die Erhöhung der Bodenkultur, um der steigenden Bevölkerung Nahrung und Arbeit zu schaffen.

Wenn man aber auf der einen Seite dem Grundbesitzer das Recht zugestehen muß, fordern zu können, daß der ihm gehörende Forstgrund von den Servituten, welche dessen vortheilhaftere Benutzung hindern, gegen volle Entschädigung des Servitutberechtigten, befreiet werde, so kann man dagegen nicht zugleich diesem die Befugniß zugestehen, gegenseitig verlangen zu dürfen, daß ihm der Grundbesitzer statt der bisher bezogenen Nutzung Grund und Boden abtrete, Geld zahle, den Zustand des Waldes ändere u. s. w. Der Grundeigenthümer ist und bleibt immer der Herr und Besitzer des Grundes, dem alle Verbesserungen der erhöheten Bodenkultur, der geänderten Bewirthschaftung, zwar zukommen, in sofern er sich derselben nicht ausdrücklich begeben und eine Nutzung nicht ganz abgetreten hat, der aber nicht gezwungen werden kann, am wenigsten durch den, welchem er eine Nutzung abtrat, eine andere Wirthschaft als die rechtlich bestehende einzuführen. Der Berechtigte hat nichts zu fordern, als eine ihm überlassene Nutzung, die wenigstens nach Art, wenn auch nicht immer nach Menge, bestimmt ist. Nichts berechtigt ihn, sie in anderer Art, wohl sogar zum Nachtheile des Forstbesitzers, zu verlangen. Es würde gegen alle Rechtsbegriffe streiten, wenn man einem Häusler, dem die Befugniß zustehet, sich im Walde das für den Waldbesitzer ganz werthlose Leseholz sammeln zu dürfen, das Recht einräumen wollte, statt dessen verkäufliches eingeschlagenes Holz zu fordern, oder einem Weideberechtigten, der das Gras im hohen Holze benutzen darf, zugestehen wollte, daß er dafür reine Weide zugetheilt erhielte. Der Eigenthümer kann mit Recht sagen: Du hast deinen Bedarf an Brennholz in Leseholz zu fordern, du bist befugt 10 Kühe durch die Waldweide ernährt zu verlangen, ich will dir statt dessen deinen Bedarf an Brennholz in eingeschlagenem Reisigholz, statt der Waldweide einen besondern Fleck anweisen, auf welchem du 10 Kühe eben so gut und bequem ernähren kannst, als früher auf Grund deines Rechtes. Sobald der Berechtigte sein Brennholz durch Entschädigung eben so sicher, eben so bequem, mit nicht mehr Aufwand als früher, in Zukunft erhält, so ist er mit allen seinen Ansprüchen vollkommen rechtlich abgefunden, er hat keinen Anspruch an einen etwa daraus entspringenden Gewinn des Waldbesitzers, und wenn dieser, vielleicht durch Umwandlung des befreieten Waldes in Ackerland, noch so bedeutend wäre. Niemals wird er etwas Anderes fordern können, als das, was ihm vermöge seiner Berechtigung zugesichert ist; nur fordern kann er, daß dies ihm auch ferner auf eine in keiner Art nachtheiligen Weise fortdauernd gewährt werde. — So lange der Waldbesitzer als Herr und Eigenthümer des Grundes anzusehen ist, können auch nur von diesem die Anträge zur Erhöhung des

Ertrages desselben ausgehen, und nur Schmälernng der rechtlich zu fordernden Nutzung berechtigen den Besitzer von dieser, Einspruch dagegen zu thun, und ihre Wiederherstellung zu verlangen. —

Eben so wenig als dem Berechtigten kann man der Regierung die Befugniß einräumen, die Ablösung der Servitute in dem Walde eines fremden Eigenthümers, auch wider dessen Willen, zu befehlen. Schon nach dem allgemein anerkannten Princip: daß eine Regierung höchstens die Erhaltung des Waldes befehlen, und die Devastation desselben verhindern, keinesweges aber zu einer andern, als der früher bestandenen Wirthschaft, zwingen könne, würde ein Befehl zur Ablösung der Waldservitute unzulässig sein. Es ist aber auch die Regierung so wenig im Stande, zu übersehen, ob in einem fremden Walde derselbe für die Betheiligten oder den Staat vortheilhaft oder nachtheilig sein wird, daß gar der Gedanke an eine wider den Willen der Partheien erzwungene Befreiung des Waldes von Servituten nicht aufkommen kann.

Für die Ausführung des Geschäftes selbst müssen bestimmte Grundsätze, sowohl hinsichtlich der Form des Verfahrens dabei, als in Bezug auf die Ermittelung der Entschädigung, welche dem Berechtigten für Aufgabe seiner Rechte gebührt, aufgestellt werden.

Die Erfahrung hat gelehrt, daß man hinsichts der Form des Verfahrens, so viel als möglich processualischen Weitläufigkeiten zuvorzukommen suchen muß. Wenn Alles in der gewöhnlichen rechtlichen Form vor dem gewöhnlichen Richter, im Wege des Processes bei behaupteten und bestrittenen Anforderungen ermittelt und entschieden werden soll, so ist nicht bloß in der Regel nicht abzusehen, wann und zu welcher Zeit die Sache zur endlichen Entscheidung durch alle Instanzen gelangt, sondern die Kosten werden auch immer so groß, daß sie den gehofften Vortheil ganz erschöpfen, und Viele lieber ganz auf die Auseinandersetzung Verzicht leisten, ehe sie sich den großen Kosten, die sie verursacht, aussetzen. Soll die Sonderung der gemischten Nutzungen eines Waldes wohlthätig für den Landmann werden, so ist die größte Einfachheit bei dem Verfahren, die möglichste Kürze die erste Bedingung. Da man nun auch dabei zugleich die Ueberzeugung gewonnen hat, daß bei allen Gegenständen, bei denen es auf Ermittelung des Werths einer Berechtigung und der dafür zu leistenden Entschädigung, der Richter gewöhnlich nichts thun kann, um die Richtigkeit derselben juristisch festzustellen, vielmehr allein das Gutachten der Sachverständigen bei seinen Entscheidungen zu Grunde legen muß, so hat man in der Regel die gewiß zweckmäßige Anordnung getroffen, kein richterliches Verfahren bei der Feststellung des Werths der Berechtigungen und der dafür zu leistenden Entschädigungen eintreten zu lassen, sondern vielmehr den schiedsrichterlichen Weg durch besonders dazu angestellte Sachverständige (Oekonomie-Commissarien) vorgezogen. Diesen wird dann, um Ungerechtigkeiten zu verhüten, eine Aufsichts- und Revisionsbehörde (nicht eigentlich eine Appellations-Instanz) vorzusetzen sein. Bloß diejenigen Dinge, welche rein richterlich entschieden werden können, wie z. B. über den Umfang und die Ausdehnung einer Berechtigung, müssen, wie sich von selbst verstehet, dem gewöhnlichen Rechtsverfahren vorbehalten bleiben, und als vorhergehende Festsetzung, als Präjudicialfrage, entschieden sein.

Eine sehr wünschenswerthe Sache ist aber dabei noch, daß man so viel als möglich den freiwilligen Einigungen der Partheien den Weg bahnt, wobei nur zu verhüten ist, daß nicht ein Theil dem andern wegen dessen Unkenntniß auf eine grobe Art überlisten und bevortheilen kann. Diesem vorzubeugen ist aber nicht schwer, wenn alle Vergleiche vor der dazu angeordneten Behörde vollzogen werden müssen, und diese verpflichtet ist, jeden Theil über die Folgen des getroffenen Abkommens hinlänglich zu unterrichten, wenn irgend eine Uebervortheilung sich ergiebt oder vermuthen läßt.

Diese freiwillige Uebereinkunft zur Aufhebung unvortheilhafter Verhältnisse, ist schon deshalb jeder durch die Auseinandersetzungs-Commission erzwungenen Separation vorzuziehen, —

weil in der Regel jeder Theil richtiger einsiehet, was ihm zusagt und wünschenswerth ist, als oft die Oekonomie-Commissarien, welche keineswegs mit den örtlichen Wirthschaftsverhältnissen immer so vertrauet sind,

weil auch selbst die Würdigung des Werths der Entschädigung, wie der Berechtigung am richtigsten durch die Betheiligten erfolgen kann, —

weil wenigstens eine freiwillige Einigung mehr Zufriedenheit erzeugt, als eine erzwungene, und vor Allem aber,

weil dadurch die möglichste Kosten-Ersparung erreicht wird.

Die Mittel, wodurch man diese freiwillige Einigung vorbereitet, sind:

1) daß man soviel als möglich sich über den Ertrag der verschiedenen Waldservitute Licht zu verschaffen sucht, und sobald als irgend zuverlässige Durchschnittssätze, für die verschiedenen Verhältnisse passend, haben ermittelt werden können, diese als Erfahrungssätze bekannt macht, um den Interessenten einen Anhalt zu geben, woraus sie ungefähr beurtheilen können, welche Ansprüche der Berechtigte machen kann, zu welcher Entschädigung sich der Belastete wird verstehen müssen.

2) Daß die Grundsätze der Ablösung nach ihrem Hauptprincipe klar, einfach und bestimmt aufgestellt werden, sowohl wie die Theilung gemischter Nutzung erfolgen, als wie die Entschädigung gewährt werden soll, so daß Jeder sie richtig

aufzufassen vermag, und kein Spielraum für willkürliche Deutungen bleibt.

3) Daß hinsichts des Umfanges und der Ausdehnung der Servitute so bestimmte Gesetze, als nur möglich sind, gegeben werden, um auch darin eine, erst durch langwierige Rechtshändel zu beseitigende, Ungewißheit zu vermeiden.

4) Daß man nicht zu viele Beamte bei den Oekonomie-Commissionen anstellt, welche ihre Subsistenz bloß dadurch sichern können, daß sie die Separation zu verewigen und wenigstens möglichst in die Länge zu ziehen suchen. Es gilt hier dieselbe Vorsicht, wie bei der Anstellung zu vieler Advokaten, und vielleicht noch mehr, da die Processe nie aufhören werden, Separationen aber allerdings ihr Ende finden können.

Für die Servitut-Ablösungen jeder Art müssen stets gewisse allgemeine Grundsätze aufgestellt werden, welche man überall bei Entschädiguug der Berechtigten zu Grunde legt. Wir wollen versuchen, diese dem Einzelnen des Verfahrens bei den verschiedenen Berechtigungen vorauszuschicken.

Niemals kann die Aufgabe einer Grundgerechtigkeit verlangt werden, wenn man nicht Demjenigen, welcher sie besitzt, eine Entschädigung für dieselbe bieten kann, wodurch er sich dieselben Gegenstände, für denselben Zweck brauchbar, dadurch mit gleicher Sicherheit zu verschaffen vermag. So muß Derjenige, welcher eine Mühlwelle alle 10 Jahre zu fordern hat, diese mit Sicherheit zu dieser Zeit stets bekommen können; eine Streugerechtigkeit kann nur abgelöset werden, wenn dafür gleich viel Düngungsmaterial gewonnen werden kann, als sie lieferte; eine Weidegerechtigkeit fordert die Sicherung der Erhaltung und Ernährung des nöthigen Viehstandes. Wo diese Sicherung einer gleichen Befriedigung des Bedürfnisses, als die Grundgerechtigkeit gewährte, nicht erfolgen kann, ist die Ablösung derselben unstatthaft, sobald der Berechtigte darauf einzugehen sich weigert.

Es kann derselbe nicht genöthigt werden, aus Veranlassung der Ablösung sein Gewerbe und die Art und Weise des Betriebes seiner Wirthschaft ganz zu ändern, so daß aus einem Ackerwirth ein bloßer Viehzüchter oder Handwerker, aus einem Müller ein Ackerwirth u. s. w. werden müßte.

Eine bloße innere Aenderung der Art und Weise des Betriebes einer Ackerwirthschaft, namentlich der Einführung der Stallfütterung statt der Benutzung der Waldweide, kann jedoch allerdings gefordert werden, in sofern diese Aenderung nicht gegen die bereits landüblichen Wirthschaftsformen streitet und die dadurch entstehenden Einrichtungskosten der Entschädigung beigefüngt werden.

Kein Berechtigter kann zu einer Ablösung gezwungen werden, welche ihn nöthigen würde, einen bewohnten Ort zu verlassen, und sich einzeln entfernt von solchem aufzubauen, selbst wenn ihm die Kosten der Erbauung des neuen abgesonderten Wirthschaftshofes erstattet würden. —

Jeder Bezug von Naturalien, welche nicht unmittelbar in Geld verwandelt werden, wie Holz in der Wirthschaft, als Brenn-, Bau- und Nutzholz verbraucht, Streu, Gras u. s. w. muß durch Abtretung von Grund und Boden abgelöset werden, und Niemand kann gezwungen werden, dafür Geldkapital und Geldrente anzunehmen. Theils schwankt der Preis des Geldes zu sehr im Verhältniß des Preises der Naturalien, so daß diese nicht immer für eine gewisse Rente zu haben sind, theils bildet auch der Bezug dieser Naturalien sehr oft Gelegenheit zur Arbeitsdarstellung für den Berechtigten, die ihm dadurch wiedergegeben werden muß, daß ihm Grund und Boden abgetreten wird — ungerechnet, daß bei dem armen Bauer Geldkapital und Geldrente nur zu oft für die spätern Eigenthümer der Wirthschaft verloren gehen würden, und dieser dann vielleicht ganz außer Stand gesetzt sein würde, diese fortzusetzen und zu erhalten.

Nur diejenigen Nutzungen, die unmittelbar in eine Geldrente verwandelt, als solche schon bezogen werden, z. B. das Recht, die Mast mit fremden Schweinen in dem Walde eines Dritten benutzen zu dürfen u. s. w., werden auch gegen die Durchschnittsrente abgelöset werden können, da sich eben sowohl annehmen läßt, daß der Ertrag der Zukunft gegen den der Gegenwart steigen, als daß er fallen kann.

Bei allen unbestimmten Holznutzungen, welche von dem Zustande des Waldes abhängen, wird hinsichts der Größe derselben, der gegenwärtige Zustand desselben zu Grunde gelegt. Nur allein in dem Falle, wo eine Devastation zum Nachtheile der Berechtigten von diesem behauptet und erwiesen wird, muß die Berechnung des Ertrages der Grundgerechtigkeit von einem Zustande des Waldes ausgehen, welcher so angenommen wird, wie ein nach landüblicher Weise gut bewirthschafteter Wald sein würde. — Die Berechnung des Werthes der Berechtigung auf einen künftig vermutheten bessern oder schlechtern Zustand des Waldes gründen zu wollen, würde in unabsehbare Weitläuftigkeiten und werthlose Speculationen verwickeln. Niemand kann mit Gewißheit voraussagen, wie in Zukunft ein Wald sein wird; die erst in später Zukunft erfolgenden Nutzungen haben für die Gegenwart sehr wenig Werth; es ist aber auch selten der Fall, daß man annehmen könnte, der Wald werde künftig schlechter und unvortheilhafter für den Besitzer werden, als er jetzt ist.

Bei der Weidenutzung dagegen muß man beachten, daß der Weideberechtigte in dem Falle, wenn er gegenwärtig viele nicht mit Holz bestandene Räume und Waldblößen geweidet, welche ihm für sein Vieh eine reichliche Nahrung geben, er eines Theils mehr erhält, als er zu fordern berechtigt ist, da er nur auf die Graserzeugung, wie sie in einem bestandenen

Walde sein kann, Anspruch hat, andern Theils auch, daß er diese größere Nutzung nur sehr kurze Zeit beziehen wird, da er sie durch die dem Forstbesitzer zustehende Einhegung in kürzerer oder längerer Zeit verlieren muß. Mit Recht gehet daher die preußische Gemeinheitstheilung von dem Grundsatze aus: daß, so wie ein devastirter Wald zu Gunsten des Holzberechtigten als mittelmäßig bestanden, bei Berechnung des Werths der Berechtigung angesehen werden muß, dies auch zu Gunsten des Waldbesitzers bei Berechnung des Weideertrages stattfindet.

Eine wichtige Frage ist: ob der Berechtigte verpflichtet ist, sich die Kosten der Gewinnung anrechnen zu lassen, und folglich nur den Netto-Ertrag seiner Nutzung fordern kann, oder ob er nach dem Brutto-Ertrage entschädigt werden muß? Es scheint zwar, als müsse man sich unbedingt dafür entscheiden, daß er nur für das Reineinkommen Ersatz fordern könne, allein dies würde doch nicht immer ganz gerecht sein. Man könnte dann z. B. bei dem Sammeln von Raff- und Leseholz nachweisen, daß wenn man die Arbeit, welche dabei aufgewendet werden muß, wie sie in der Regel bezahlt wird, in Anrechnung bringt, bei der Waldweide die direkten und indirekten Ausgaben und Verluste untersucht, welche das Hüten ges Viehes im Walde verursacht, diese Berechtigungen nicht bloß kein Einkommen, sondern sogar noch einen Verlust und eine Ausgabe erzeugen, woraus sich die Schlußfolge von selbst entwickeln müßte: daß der Waldbesitzer gar keine Entschädigung für die Aufgabe derselben zu geben habe, da sie kein wirkliches Einkommen darbieten. Daß eine solche Annahme offenbar zu den größten Ungerechtigkeiten führen würde, wird wohl nicht erst ausgeführt werden dürfen, da sie nur einen Vorwand abgäbe, ein für den Besitzer durchaus nicht werthloses Eigenthum ohne weitern Ersatz zu rauben. Mit Recht bringt der Landmann und der Arme seine Arbeit oft nur sehr gering, oft gar nicht in Anrechnung, wenn er sich seine Bedürfnisse verschaft, denn er hat nichts als diese, um die Befriedigung derselben möglich zu machen, und kann nicht fragen, wie viel ihm ein Gegenstand davon kostet, welchen er nicht entbehren kann, wenn kein Käufer vorhanden ist, welcher seine Arbeit höher bezahlt, als er sie bei der Erwerbung dieser Sache anbringt. Wie viele unserer Landwirthschaften würden ein Minus ergeben, wenn man alle Ausgaben für Gebäude, für Inventarium berechnen wollte, jede Fuhre und jedes Tagwerk mit Menschen und Zugvieh zum vollen Lohnsatze ansetzen, jedes in sie verwendete Fuder Stroh und Heu als aufgekauft oder zu verkauft annehmen wollte! Solche Rechnungen sind weder praktisch üblich, noch theoretisch zu rechtfertigen.

Es scheint daher, daß man nur die unmittelbaren Ausgaben bei Gewinnung der Forstprodukte in Abrechnung bringen darf, durch deren Wegfall eine direkte Ersparung statt findet. Die bloße Verminderung des Arbeitsaufwandes bei einer Servitutablösung wird entweder gar nicht bei der Berechnung des Bruttoertrages des Rechts in Abzug gebracht werden können, wenn durch dieselbe Arbeit, die nun disponibel wird, durchaus kein Einkommen herzustellen wäre, oder nur nach demselben Grundsatze, wie man den Werth landwirthschaftlicher Arbeiten berechnet, wenn die ersparten Arbeitskräfte dazu verwendet werden können.

Dagegen wird der Grundsatz aufzustellen sein: daß der Grund und Boden, welcher an den Berechtigten als Entschädigung abgetreten wird, stets von ihm zum vollen Werthe, wie er selbst oder jeder andere ihn zu benutzen vermag, annehmen muß. So kann er nicht denselben als Angerweide, bei der Abfindung einer Weidegerechtigkeit abgeschätzt verlangen, wenn er unläugbar als der beste Weizenboden zu Ackerland, oder als hoch rentirende Wiese benutzt werden kann; so wird er nicht widersprechen können, wenn bei der Abtretung von Niederwald zur Ablösung einer Brennholzgerechtsame die Eichengerberrinde, die Reifstöcke u. s. w., die es wirklich giebt, und die verkauft werden können, mit in Anrechnung gebracht werden. Es wird bloß befugt sein müssen, die Entschädigung dann zurückzuweisen, wenn er beweisen kann, nicht die Sicherung der Befriedigung desjenigen Bedürfnisses dadurch zu erhalten, welches durch diese Abtretung befriedigt werden soll.

Besonders aber wird man den Grundsatz aufstellen können, daß man durch Kulturland, auch alle überhaupt ablösbare Grundgerechtigkeiten muß ablösen können, weil sich wohl annehmen läßt, daß man für die Rente, welche dies giebt, sich jede Nutzung, die auf Grund einer Berechtigung bezogen wird, verschaffen kann. Auch ist entschieden diese Art der Entschädigung für Aufgabe von Grundgerechtigkeiten in nationalökonomischer Beziehung die vortheilhafteste weil

1. dabei der Gesammtertrag des Bodens am mehrsten durch die Servitutablösung erhöhet wird,

2. der Waldbesitzer den abzutretenden Grund am höchsten gerechnet erhält.

3. der Berechtigte außer der ihm gerechneten Bodenrente auch noch die nicht in Anrechnung zu bringende Arbeitsrente bezieht

4. er dadurch am sichersten in den Stand gesetzt wird, sein Bedürfniß durch die Entschädigung bleibend eben so gut befriedigen zu können, als früher durch die Berechtigung.

5. Auf diese Weise können dann auch am leichtesten und vortheilhaftesten neue kleine Grundeigenthümer durch Zertheilung der für die vollkommne Bodenkultur zu großen Besitzungen gebildet werden.

Daß diese Vortheile aber allerdings nur dann erreicht werden können, wenn man als Entschädigung so viel als möglich nur den besten Boden, zu Kulturlande geeignet, abgiebt, liegt in der Natur der Sache. Dies liegt aber auch schon im Interresse der Waldeigenthümer, da er mit gutem Boden am wohlfeilsten entschädigt, indem dieser für den Ackerbau einen größern relativen Werth hat als für die Holzzucht.

Dies sind die allgemeinen Grundsätze, auf die man überall wieder im Einzelnen zurückgehen muß, um niemals die Gerechtigkeit und Billigkeit zu verletzen. Man muß sie feststellen, bevor man das Einzelne behandelt, um den leitenden Faden zu erhalten, welcher durch das Labyrinth der vielfach sich widersprechenden Anforderungen der Waldbesitzer und der Berechtigten hindurchführt*)

*) Der Gegenstand ist hier ganz allein nach den Ansichten des Verfassers, ohne daß er sich streng an eine bestehende Gesetzgebung band, behandelt. Mit Beachtung der preußischen Gemeinheitstheilungs-Ordnung hat er denselben früher in den beiden Schriften: Ueber Befreiung der Wälder von Servituten, Züllichau 1841, und Anleitung zur Ablösung der Waldservitute, Berlin 1828. 2. Aufl. Berlin 1844 bearbeitet. Auf diese verweiset er nicht bloß hinsichts der Anwendung und Ausführung des preußischen Gesetzes, sondern auch in so fern eine specielle Erläuterung der hier nur im Allgemeinen aufgestellten Grundsätze durch Rechnung, Zahlen und Beispiele verlangt werden sollte. In diesen Schriften sollte Anleitung zur Anwendung eines bestehenden Gesetzes, ein technischer Kommentar desselben, gegeben werden; hier herrscht die Ansicht vor: die Grundsätze aufzustellen, nach welchen die Vorschriften der Gemeinheitstheilung abgefaßt werden müssen. Wenn daher hier Manches abweichend von jenen Schriften behandelt wird, so ist dies nicht ein Widerspruch, auch nicht eine Aenderung früherer Ansichten, sondern es liegt darin, daß der Verf. hier nicht an die Ideen der preußischen Gemeinheitstheilungs-Ordnung gebunden ist, deren Ansichten er keinesweges überall theilt, und deren schwache Seiten auch wohl hin und wieder nicht zu bestreiten sind. Dem aufmerksamen Leser wird es deshalb auch nicht entgehen, daß hier keinesweges bloß ein Wiederabdruck, oder ein Auszug aus den frühern Schriften gegeben ist, und daß der Verfasser diesen Abschnitt als eine selbstständige Arbeit, die nur allgemein gehaltene Umrisse geben kann, da sie zur allgemeinen Anwendung passend sein soll, zu betrachten Anspruch machen kann.

Wo alle Waldservituten so mit durch das Gesetz beschränkt werden, daß dem Waldeigenthümer die volle Kultur zustehet, ist gar keine Ablösung nöthig.

Bei jeder beabsichtigten Ablösung der Waldservitute sind drei Hauptmomente zu berücksichtigen:

1) Die Feststellung des Umfanges der Berechtigung, in welchem sie ausgeübt werden darf:

2) Der Ertrag, welchen sie innerhalb dieses Umfanges ausübt, giebt oder geben kann.

3) In welcher Art die Entschädigung für ihre Aufgabe gewährt werden muß, um demjenigen, welcher sie besaß, ein gleiches Einkommen dadurch zuzusichern, gleich passend, dieselben Bedürfnisse zu befriedigen, als die Berechtigung bisher gegeben hat. Die Feststellung des Umfangs der Berechtigung muß der Ermittelung des Ertrags derselben stets vorausgehen, da dieser von jenem abhängt. Ist derselbe zweifelhaft so muß er erst, nöthigenfalls auf dem Rechtswege festgestellt werden. Eben so muß eine feste und bestimmte Ordnung der Waldservitute, hinsichts dieses Umfanges in welchem sie ausgeübt werden dürfen, auch jeder Gemeinheitstheilungs-Ordnung vorausgehen, denn ohne dies würde überhaupt kein Urtheil zu fällen sein, ob die Ablösung im Allgemeinen vortheilhaft oder nachtheilig ist.

Der Ertrag mag in Gelde ausgedrückt werden, es kann die Entschädigung dafür in einem Grundstücke von dem Werthe der kapitalisirten Geldrente gegeben werden, wenn dieser Ertrag der Wahrscheinlichkeit gemäß sicher zu jeder Zeit für die berechnete Geldrente des Grundstücks erkauft werden kann. Immer ist aber die Naturalnutzung besonders auszuwerfen, bevor man sie auf ein Geldeinkommen reducirt.

Das Folgende wird die Anwendung dieses Grundsatzes näher ergeben.

Ablösung der Brennholzgerechtigkeiten.

1. Ablösung der festbestimmten Deputat-Brennhölzer.

Sie kann erfolgen:

A. Durch Abtretung von Forstgrund, zu eigner Erziehung und Gewinnung des bisherigen Deputatholzes.

B. Durch Abtretung von Ackerland und Wiesen, um von der Rente, welche diese jährlich als Reineinkommen gewähren, das bisher erhaltene Holz ankaufen zu können.

C. Durch Ablösung mit Torfgrunde.

Zu A. Der Umfang und Ertrag des Rechtes stehen fest; es ist deshalb bloß die Größe der Entschädigung festzusetzen. Sie wird gegeben durch Holzgründe, welche

eine gleiche Masse, gleich brauchbaren Holzes ununterbrochen und nachhaltig, mit gleicher Sicherheit geben, als das bisherige Deputatholz beträgt.

Dabei werden folgende Grundsätze aufzustellen sein.

a) Der Ertrag des Holzgrundes wird nach den Grundsätzen der Taxation und anerkannten Erfahrungstafeln so angenommen, wie er sich von vollen Beständen nach mäßigen Sätzen mit Sicherheit erwarten läßt — folglich die Bodengüte als Grundlage der Berechnung angenommen.

b) Bei allen Beständen, welche noch nicht als voll bestanden angesprochen werden können, wird sowohl für die Kulturkosten als den Zinsenverlust bis dahin, wo dieser volle Bestand hergestellt sein und benutzt werden kann, die berechnete Vergütigung gewährt. Doch kann auch der jetzige Kapitalwerth des abzutretenden Grundstücks, nach den Grundsätzen der Waldwerthberechnung festgestellt werden, um durch Forstgrund ein Kapital zu geben, durch dessen Zinsen der Ankauf des Deputatholzes bewirkt werden kann. Dabei ist aber immer nur eine nachhaltige Benutzung der Bestände vorauszusetzen.

c) Bei dem Bewirthschaftungsplan wird stets nur der möglichst kurze Umtrieb zur Brennholzerzeugung vorausgesetzt.

d) Da der Holzgrund auch geringeres Holz bei der eigenen Bewirthschaftung geben kann, als das Deputatholz ist, z. B. Durchforstungsholz, Reisig, statt Scheit- oder Klobenholz, so wird dies in dem Falle dem Werthe nach ausgeglichen, wenn das geringere Holz noch als benutzbar für den Berechtigten anerkannt wird; es wird gar nicht in Anrechnung gebracht, wenn man dies nicht annehmen kann.

e) Nutzhölzer, welche der abgetretene Wald liefern kann, werden gar nicht in Anrechnung gebracht, da der Umtrieb desselben stets so gering als möglich angenommen wird, es wäre denn, daß ein Verkauf von schwachen Hölzern bereits nach Durchschnittssätzen aus demselben Walde nachgewiesen würde, in welchem Falle der dadurch entstehende höhere Geldertrag desselben, dem Berechtigten angerechnet werden muß.

f) Die Kosten, welche der Empfang des Deputatholzes an Schlagerlöhnen, Stamm- und Anweisegeld, höhern Fuhrlöhnen für entfernteres Holz u. s. w. macht, werden mit denjenigen der Erziehung des Holzes auf eigenem Grunde berechnet und ausgeglichen.

g) Für Gefahren, welche den abgetretenen Wald durch Diebstahl, Feuer, Insekten, Sturm ꝛc. treffen können, wird nichts abgerechnet, da theils Sicherung dagegen möglich ist, theils diese Verringerung des Werths des Waldes, durch die Möglichkeit der Erhöhung seines Natural-Ertrages ausgeglichen werden kann, vorzüglich aber, weil nur solche Ertragssätze als durchschnittlich angenommen werden dürfen, wenn man die Verluste schon in Abrechnung gebracht hat, noch vom Forstgrunde mit Sicherheit erwarten kann.

h) Wäre auf dem abzutretenden Forstgrunde ein größeres oder werthvolleres Materialkapital vorhanden, als zur nachhaltigen Erzeugung der berechneten Naturalrente erforderlich ist, so kann dies so weit es überflüssig dazu ist, nachher noch von dem Waldeigenthümer weggenommen werden.

B. Ablösung durch Acker, Wiesen oder anderes Land, welches eine Geldrente giebt.

a) Sie kann nur erfolgen, wenn der Berechtigte für die berechnete Geldrente mit gleicher Sicherheit sein Bedürfniß an Feuerungsmaterial durch angekauftes Holz, Steinkohlen, Torf und Braunkohlen fortdauernd wird befriedigen können.

b) Die Würdigung des Werths des abzutretenden Ackers geschiehet nach dem Kapitalwerthe, durch Oekonomie-Verständige, mit Rücksicht auf den in der Gegend üblichen Verkaufspreis ermittelt, wobei die etwanigen Urbarmachungskosten in Abrechnung gebracht werden.

c) Die mehrfachen Kosten des Ankaufs des Holzes ꝛc. gegen den bisherigen Empfang des Deputatholzes werden ebenfalls zu Kapital, nach dem landüblichen Zinsfuße, berechnet, um ein gleich großes Kapital in Ackerland ꝛc. abtreten zu können.

d) Bei der Ausgleichung werden überall die Kapitalpreise der Grundstücke nach einem 20jährigen Durchschnitte, wie die Verkaufspreise der Feuerungsmaterialien gleichfalls nach einem Durchschnitte der letzten 20 Jahre, zu Grunde gelegt.

e) Der abzutretende Grund muß jedoch für den Berechtigten so gelegen sein, daß er ihn selbst bewirthschaften und benutzen kann, indem er nicht nöthig hat, anzunehmen, wenn er nicht eine Naturalrente davon zu beziehen im Stande ist.

C. Ablösung durch Abtretung eines Torfbruchs.

a) Um eine Deputatholzgerechtigkeit durch Torfgrund ablösen zu können, muß nachgewiesen werden, daß derselbe die Brennstoffmasse, welche das Deputatholz liefert, mindestens 200mal enthält, oder daß 200 Jahre lang jährlich so viel Torf gewonnen werden kann, daß das Deputatholz für eben so viel Zeit vollkommen dadurch ersetzt wird. Man wird dann annehmen können, daß in diesem Zeitraume der Torf entweder wieder nachwächst, oder der ausgestochene Grund zu Acker, Wiese oder Holzgrund benutzt werden kann, und die bisherige Holzrente dadurch gedeckt wird.

b) Um die Erfüllung der obigen Bedingung nachzuweisen, muß die Mächtigkeit und Güte des Torflagers untersucht, und die Brenngüte des Torfs mit der des zu liefernden Deputatholzes verglichen werden *).

c) Die Kosten der Gewinnung des Torfes, entstehend aus der Entwässerung, dem Stechen und Trocknen, müssen mit ihrem Mehrbetrage gegen die des Bezugs des Deputatholzes entweder durch einen zu verkaufenden Ueberschuß der Torfgewinnung und einer daraus entstehenden Geldrente, oder durch ein an den Berechtigten zu zahlendes Kapital gedeckt werden.

2) Ablösung der nach Menge und Beschaffenheit unbestimmten Brennholzgerechtigkeiten.

A. Wenn der Berechtigte alles Brennholz, was er bedarf, zu fordern hat.

Es kommt hierbei bloß auf Ermittelung der Größe des Bedarfs an, indem dann die dazu nöthige Holzmasse ganz in gleicher Art wie oben bei festbestimmtem Deputatholze nachgewiesen ist, abgelöset werden kann, und nur darauf zu achten ist, daß der Berechtigte zur Entschädigung weder besseres Holz zu fordern hat, als er bisher bezog, noch verlangen kann, daß er es mit geringerm Arbeits- und Kosten-Aufwande erhält, als früher auf den Grund seiner Berechtigung.

Dazu muß

a) festgestellt werden, zu welchem Gebrauche der Berechtigte das Brennholz zu fordern befugt ist, ob bloß zur gewöhnlichen häuslichen Konsumtion der Heizung der

---

*) Siehe 4te Abtheilung dieser Schrift, Artikel Torfwirthschaft.

Stuben, zum Kochen, Backen, Schlachten, Bleichen, Obstdarren, Flachsrösten u. s. w., oder auch zum Betriebe eines Gewerbes, als: der Gastwirthschaft, dem Bleichen, Backen, Schlachten, Kalk- urd Ziegelbrennen, Brauen, Branntweinbrennen u. s. w.;

b) die landüblichen, wirthschaftlichen, polizeilichen und rechtlichen Einschränkungen, deren er sich in Hinsicht der Zahl der zu heizenden Stuben, der vielleicht gegen sonst vergrößerten Wirthschaft, oder des ausgedehnteren Gewerbes unterwerfen muß, sind ebenfalls zu bestimmen, um dann

c) danach die jährliche Holzrente auszumitteln, welche er rechtlich zu fordern hat. Von dieser gehen

d) die Gewinnungskosten ab, welche bisher aufgewandt werden mußten, um das Holz für den Bedarf zu erlangen, worauf dann

e) die jährliche Nettorente kapitalisirt wird.

B. Wenn das Recht, Holz aus einem fremden Walde zu entnehmen, bloß durch die Beschaffenheit desselben bedingt wird.

Niemals ist es möglich, genau auszumitteln, wie viel aus einem Walde an Raff- und Leseholz, schwachen Durchforstungsholze, Windbruch, Spänen u. s. w. erfolgen kann*); man kann sich bloß darauf beschränken, zu untersuchen: wie hoch der Berechtigte erfahrungsmäßig seine Berechtigung nutzte, wobei Zeiten, die ihm ungewöhnlich günstig gewesen sind, als: Insektenschaden, Windbruch, ungewöhnlich starker Holzeinschlag für längere Zeit vertheilt werden können, in sofern der Waldbesitzer den außergewöhnlichen Ertrag nachzuweisen vermag. Dies geschiehet schon dadurch, daß man den Ertrag der Holzungs-

---

*) Die Nachweisung des Ertrags eines Waldes von bloßem Raff- und Leseholz. Siehe Krit. Blätter für Forstwissenschaft. 20. Bd. 2. Heft.

gerechtigkeit, wo möglich für eine lange Reihe von Jahren nntersucht.

Es giebt in der Regel nur ein Mittel, diese Untersuchung vorzunehmen: indem man den Verbrauch der Berechtigten feststellt (nach dem ermittelten Bedarfe), und untersucht, was sie dazu auf anderweitige Art als durch die Benutzung ihrer Brennholzgerechtigkeit erworben und angekauft haben, um den Rest des Bedarfes dann als durch diese gewonnen, anzunehmen.

Ein Theil der Konsumtion kann erworben sein:

durch Holz, auf eigenen Grundstücken erzogen, durch Kopfholz in Hecken, auf Rainen, aus Gärten u. s. w., durch Abgänge von alten Zäunen, verbrauchtem Ackergeräth, alten Gebäuden,

durch Abgänge bei dem Gewerbe der Holzarbeiter, Tischler, Stellmacher, Zimmerleute, Schindelmacher u. dgl.,

durch Ankauf,

durch Entwendung und widerrechtliche Ausdehnung der Brennholzgerechtigkeit,

durch Benutzung von Surrogaten, Stroh, Stoppeln, Lohkuchen, auf den Triften und Feldern wachsendem Heidekraut, Besenpfriem und andern brennbaren Stoffen.

Betrifft die Untersuchung eine ganze Gemeinde, so sind die Nichtberechtigten, so wie diejenigen, welche Holz zu ihrem Gewerbe bedürfen, und dies nicht auf Grund der Holzgerechtigkeit fordern können, von der Berechnung des Bedarfs derselben auszuscheiden. Eben so ist anzunehmen, daß, wenn sich kein Holz mehr im Walde vorfindet, welches die Berechtigten an sich nehmen dürfen, und ein Theil derselben hat die Berechtigung deshalb bisher gar nicht ausgeübt, der Ertrag derselben nicht so groß sein kann, daß alle Mitglieder der Gemeinde ihren Bedarf dadurch erhalten können.

Der größte Theil des auf Grund dieser Holzberechtigungen auf dem Forste entnommenen Holzes, wird stets in schwachem Reis-, Stock- und Astholze bestehen; die Entschädigung kann sich deshalb auch nur auf Holz von gleichem Werthe erstrecken.

Nur in seltenem Falle wird es möglich sein, den bisherigen Ertrag des Rechtes dadurch zu bestimmen, daß man die aus dem Walde jährlich abgeholte Zahl von Fudern, Trag- und Karrenlasten ermittelt, die durchschnittliche Holzmasse eines Fuders u. s. w. nach dem Gewichte feststellt, und dies Holz von geringerem Werthe, hinsichts seiner Brenngüte auf Klafter- oder Reisholz reducirt. Wo es jedoch möglich ist, ein genügendes Resultat hinsichts der Menge des alljährlich aus dem Walde abgeholten Holzes zu erlangen, verdient dies Verfahren vor jedem andern den Vorzug.

In wie fern die Gewinnungskosten von dem Brutto-Ertrage des Rechts in Abzug gebracht werden können, muß der nähern Untersuchung der Verhältnisse vorbehalten bleiben. In jedem Falle aber kann verlangt werden, daß bei Abtretung der Entschädigung eine gleiche Menge Arbeit, als die Sammlung des Holzes bisher verlangte, auch von dem Berechtigten ferner aufgewendet werden muß, und nicht in Abrechnung vom Brutto-Ertrage der Entschädigung gebracht zu werden braucht. So würden die Stechungskosten von Torf, bei Abtretung eines Torfbruches, eben so wenig gerechnet werden können, als die Sammlungskosten des Raff- und Leseholzes in Abzug gebracht werden dürfen, wenn die Leute, denen das Recht zu dieser Sammlung zustehet, nicht im Stande sind, durch diese Arbeit irgend Etwas zu verdienen und sie nicht anderweitig verkaufen können. Auch die Kulturkosten des abgetretenen Holzlandes, der Einschlag und die Anfuhre des Holzes können ebenfalls vom Ertrage des Forstgrundes nicht in Abzug kommen. — Der Arbeitsaufwand kann überall gerechnet und ausgeglichen werden, so weit es möglich ist; nur darf diese Arbeit nicht in Geld verwandelt und vom Brutto-Ertrage, des gleichfalls zu Gelde gerechneten Rechts in Abzug gebracht werden, wo dieser Umsatz der Arbeit in Geld unausführbar ist. Auch da, wo es in Anrechnung gebracht werden kann, darf dies nur nach den Lohnsätzen geschehen, zu welchen die gerechnete Arbeit mit Sicherheit jeder Zeit verwerthet werden kann.

Wenn der Fall eintritt, daß nicht, wie hier vorausgesetzt wurde, die ganze Berechtigung von einem Walde abgelöset und dieser ganz befreit werden soll, sondern wenn man die Ablösung nur theilweise, von einzelnen Stücken, z. B. zur Rodung zu Acker und Wiese, bezweckt, so muß immer auf die angegebene Art zuerst der Ertrag des ganzen Waldes ausgemittelt werden, um dann dasjenige zu bestimmen, was nach Verhältniß der Beschaffenheit der einzelnen Theile auf diese zu rechnen ist. — Dies kann dann leicht durch eine Holzrente in Reis-, Stock- und ähnlichem geringen Holze, welche auf den nicht befreieten Wald genommen wird, den Berechtigten ersetzt werden.

Soll eine Brennholzberechtigung mit Holzgrund, auf welchem entweder eine ganze Gemeinde oder jeder Einzelne, den frühern Ertrag derselben selbst erziehet, abgefunden werden, so eignet sich dazu:

Kopfholz,

Niederwald oder

Nadelholz (vorzüglich Kiefern) im kurzen Umtriebe, oder schnell wachsendes Laubholz im Hochwaldbetriebe.

Kopfhölzer scheinen für eine Bauernwirthschaft schon um deshalb am passendsten, weil sie auf jedem noch so kleinen Flecke erzogen werden können, und weil sie die Weidenutzung nicht ausschließen.

Niederwälder müssen groß genug sein, um in jährlichen Schlägen bewirthschaftet und gehörig geschont werden zu können. —

Ein Gleiches gilt auch von dem Nadelholze, den Birken, Erlen und andern schnell wachsenden Laubhölzern, die in einem solchen Verhältnisse der Altersklassen zur Entschädigung abgetreten werden müssen, daß die Schläge darin jährlich in benutzbarem Holze geführt werden können.

Oft ist man nicht im Stande, den Holzgrund in einem solchen Zustande abzugeben, daß er zur Führung jährlicher Schläge, und zur Lieferung der als Entschädigung bestimmten Holzquantität bereits vollkommen geeignet ist. Er enthält vielleicht noch Blößen, ein unpassendes Verhältniß der Altersklassen, noch nicht zu benutzendes Kopfholz, oder dieses soll wohl gar auch noch erst erzogen werden. Am zweckmäßigsten wird dies durch Uebernahme einer Holzrente auf den befreieten Forst bis zu einem gewissen Zeitpunkte, zu welchem der abgetretene Holzgrund vollkommen eingerichtet sein kann, ausgeglichen, die dann später wegfällt, wenn die Einrichtung beendigt sein kann.

3) Ablösung des Rechts, einzelne auf fremdem Grunde stehende Bäume, oder anderes daselbst wachsendes Holz benutzen zu dürfen. —

Dieses für den Belasteten gewöhnlich sehr drückende, für den Berechtigten selten viel Werth habende, für die Wald- wie Feldkultur im Allgemeinen immer gleich nachtheilige Recht, kann unter verschiedenen Verhältnissen vorkommen.

A. Indem der Berechtigte die Befugniß hat, die Strauchhölzer, das weiche Holz, die Dornen u. s. w. in einem Walde zu benutzen.

Die Ermittelung des Ertrages erfolgt nach den als bekannt vorauszusetzenden Regeln der Taxation, indem die Holzgattung, auf welche sich das Recht erstreckt, auf eine solche

Fläche reducirt wird, welche sie einnehmen würde, wenn sie in gleicher Menge wie jetzt einzeln im Walde vertheilt, auf einem Flecke zusammenstände, und indem man durch Untersuchungen feststellt, wie viel Ein Morgen, der auf diese Weise bestandenen Forstfläche bei dem Alter, in welchem das Holz gewöhnlich benutzt wird, Ertrag geben kann.

Bei der Bestimmung dieses Ertrages ist aber allerdings auf die ungünstigen Verhältnisse, unter denen sich die Holzgattung, auf welche sich das Recht erstreckt, oft vorfindet, z. B. in der Beschattung erwachsend, der nöthigen Schonung entbehrend, Rücksicht zu nehmen.

Die Entschädigung erfolgt am zweckmäßigsten durch Abtretung einer Forstfläche, welche, wenn gleich mit anderem vortheilhafterem Holz bestanden, denselben Holzertrag giebt oder geben kann, als auf diese Weise derjenige der Berechtigung nach Maßgabe des vorhandenen Holzbestandes, festgestellt worden ist. —

B. Erstreckt sich das Recht darauf, Bäume, z. B. Eichen, welche oft als Regale vorbehalten sind, benutzen zu dürfen, so wird ein Unterschied zu machen sein,

a) ob der Grundeigenthümer das Aufwachsen dieser Bäume nicht verhindern darf,

b) oder ob er befugt ist, diese, so wie sie sich als junge Pflanzen zeigen, zu vernichten.

a) Das Erste ist der Fall, wenn diese Bäume im Walde vorkommen, wo der Waldbesitzer nicht bloß alle diejenigen aufwachsen lassen muß, welche von Natur erwachsen, sondern wo wohl auch dem Eigenthümer der Bäume das Recht zustehet, sie in einer solchen Menge nachzupflanzen, daß der Vorrath davon stets unverändert bleibt. Die Ablösung und Entschädigung würde in diesem Falle so erfolgen müssen:

daß der Eigenthümer der Bäume diese sämmtlich einschlägt, und der jetzt darin vorhandene Durchschnittszuwachs als

Holzrente capitalisirt wird, um das Entschädigungskapital zu bilden. Es versteht sich von selbst, das dabei auch der Werth des Vorrathes und Zuwachses des vorhandenen Holzes ermittelt, und in einem gleichen Holzvorrathe und Zuwachse durch Abtretung eines Forstgrundstückes mit dem darauf stehenden Holze gegeben werden kann, wobei der Geldertrag zu Grunde gelegt wird.

b) Es kommt aber auch noch das Recht vor, das auf fremden Aeckern, Wiesen und Weiden aufwachsende Holz benutzen zu dürfen. Die Eigenthümer derselben sind befugt, diese Felder zu beackern, die Wiesen mit der Sense abzuhauen, die Weiden zu behüten, und dadurch das Aufwachsen von Holz ganz zu verhindern; es ist also dieses Recht durchaus keines, welches man als einen bestimmten Ertrag gebend, ansehen könnte. Indem jedoch die schlechten Aecker oft die Mühe des Ackerns nicht belohnen, die Wiesen sich mit schwer zu vertilgender Wurzelbrut von Dornen überziehen, in denen wieder bessere Hölzer, z. B. Eichen, erwachsen, auch selbst das Vieh nicht immer Erlen und diese schützenden Dornen vertilgt, giebt die Berechtigung oft ein zufälliges Einkommen, welches nicht als ganz werthlos angesehen werden kann.

Die preußische Gemeinheitstheilungs-Ordnung bestimmt (§. 128) die Ablösung so: daß das darauf stehende Holz von dem Eigenthümer desselben weggenommen werden, und dieser Ein Procent des Werths des zur Zeit der Auseinandersetzung vorhandenen Vorrathes, als Entschädigung für Aufgabe des Rechts erhalten soll.

Dies ist allerdings etwas Willkürliches, schwerlich auf eine Berechnung Gegründetes. Vielleicht dürfte, mit Rücksicht auf die Wahrscheinlichkeit und Möglichkeit, ob zu erwarten ist, daß der Grundeigenthümer das Aufwachsen von Holz künftig verhindern wird oder kann, besser auf den vorhandenen Durchschnittszuwachs und die Nutzung, welche das Recht bisher gewährt hat, die Berechnung der Entschädigung gegründet werden.

C. In dem Falle, wo der Waldeigenthümer den Oberbaum, der Berechtigte das Unterholz beziehet, muß nach den Regeln der Taxation der Ertrag des Unterholzes, wie er jetzt ist, ermittelt werden, um die Entschädigung danach zu gewähren. Die zur Nachzucht des Oberbaumes erforderlichen Laßreiser werden dann in Abzug gebracht.

4) **Ablösung des Rechts, auf fremden Weidegrunde Holz pflanzen zu dürfen.**

Es ist anzunehmen, daß die Pflanzung, sowohl in Hinsicht der Holzgattung, als der Benutzungsart des gepflanzten Holzes, auf die für den Berechtigten vortheilhafteste Art bewirkt werden darf, *in sofern die Weidenutzung dessen, welchem der Weidegrund gehört, nicht darunter leidet.* Sind die Pflanzungen bereits vorhanden, so wird die jährliche Rente derselben, nach Abzug der Unterhaltungskosten, nach den Regeln der Taxation leicht zu ermitteln sein.

Sollten sie, ganz oder theilweis, erst angelegt werden, so ist zu berechnen, wie groß der gegenwärtige Werth der künftig zu erwartenden Rente, mit Abrechnung der Zinsen, sein wird, indem sowohl die Größe derselben, als die Zeit des Eingehens festgestellt wird.

Der Zinsfuß ist der landübliche. Dem gewöhnlichen Verfahren bei Servitutablösungen gemäß, werden nur einfache Zinsen in Rechnung gestellt werden können, obwohl sich mit Grund Zinses-Zinsen vertheidigen lassen, und eigentlich die richtigen sind.

Die zur Anlage der Pflanzungen zu machenden Ausgaben, werden unleugbar zur Berechnung kommen müssen; jedoch wird dabei nicht bloß die wohlfeilste Art, wie sie der Besitzer des Pflanzrechtes bewirken kann, zu Grunde gelegt werden müssen, sondern es wird auch darauf Rücksicht zu nehmen sein, in wiefern er vielleicht durch eigene Arbeit, oder diejenige seines sonst vielleicht nicht zu beschäftigenden Gesindes, ohne baare Ausgaben zu bewirken vermag. In diesem Falle wird der obige Grundsatz: daß eine anzuwendende Arbeit nur dann als Geldausgabe zu rechnen ist, wenn sie zu Gelde verwerthet werden kann, eintreten. In keinem Falle aber kann die Rechnung so gestellt werden, daß man dadurch beweisen wollte, das Pflanzrecht habe gar keinen Werth, weil die Anpflanzung der Bäume mehr koste, als eintrage, und es müsse deshalb auch von demjenigen, welcher es besitzt, ohne Entschädigung aufgegeben werden. Es bildet zu jeder Zeit ein Eigenthum, und selbst ein nutzbares, da der Besitzer selbst und mit seinem Gesinde, seinen Kindern pflanzen kann, ohne daß er sich die Arbeit in Anrechnung bringt, welches niemals Jemanden ohne eine billige Entschädigung genommen werden kann, die desto mehr verlangt werden darf, als gewöhnlich dem Eigenthümer des Grundes durch die Ablösung dieser Gerechtigkeit ein beträchtlicher Gewinn erwächst, indem ihm dadurch die freie Disposition und vortheilhaftere Benutzung möglich wird.

5. Ablösung des Rechtes auf Leuchtkien.

In den sandigen Gegenden Norddeutschlands, wo die Kiefer große Strecken einnimmt, der schlechte Boden theils keine Erbauung von Oelfrüchten gestattet, theils die Bewohner auch zu arm sind, um sich Erleuchtungsmaterial zu verschaffen, wird das harzreiche Holz der Kiefer, vorzüglich vom Stocke, in gleicher Art zur Erleuchtung benutzt, wie dies in andern Gegenden mit den Leuchtspänen der Fall ist. Gewöhnlich dürfen die Brennholz-Berechtigten den dazu nöthigen Kien unentgeltlich aus dem Forste nehmen. Dies ist auch als unschädlich anzusehen, wenn nur bei der Gewinnung desselben keine Pflanzen verletzt werden dürfen, und die Schonungen, in denen dergleichen stehen, gegen Beschädigung geschützt sind.

Rechnet man hierzu, daß die Ablösung verhältnißmäßig hoch zu stehen kommt, indem dafür eine Rente, gewöhnlich in Ackerland, gegeben werden muß, für welche die Erleuchtung künftig bestritten werden kann, so wird sie wohl nur in dem Falle der Umwandlung eines Waldes empfohlen werden können *).

In gleicher Art wird das Recht, Holz zu Leuchtspähnen fordern zu können, wo es vorkommt, abzulösen sein.

Ablösung des Rechts, freies Bau- und Nutzholz fordern zu können.

Der Umfang und Werth des Rechtes ergiebt sich

a) aus der Größe der Gebäude und Maschinen, der Menge des Geräthes 2c., zu welchem freies Holz gefordert werden kann, in sofern die Menge dieses Holzes nicht schon ohnehin bestimmt worden ist. Die Quantität des zur Anfertigung dieser Gegenstände, wenn sie neu erbauet oder angefertigt werden, ist durch Sachverständige festzustellen.

b) Eine andere Untersuchung betrifft die Dauer derselben, oder wie lange Zeit verfließen wird, bis sie wieder unbrauchbar geworden sind und wieder neu angefertigt werden müssen. Hierbei nimmt man aber nicht bloß auf den gewöhnlichen Lauf der Dinge Rücksicht, sondern auch auf die Zufälle, wodurch eine Zerstörung derselben bewirkt werden kann. In der Regel ist jedoch das Feuer das Einzige, welches man zu beachten hat, und die größere oder geringere

*) Siehe Pfeil's Anleitung zur Ablösung der Waldservitute, 2te Aufl. S. 84.

Gefahr der Feuersbrünste wird dabei nach der Assekuranzprämie berechnet.

c) Nicht allein zur neuen Erbauung und Anfertigung wird aber Holz erfordert, sondern auch zur Unterhaltung und Reparatur für die angenommene Zeit der Dauer. Ist diese Reparatur schon jetzt nöthig, so muß dasjenige Holz voraus gegeben werden, welches gebraucht wird, um die Gebäude in einen vollkommenen Zustand zu setzen, eben so wie dasjenige, welches zur Herstellung ganz abzubrechender und neu zu erbauender Gebäude zur Zeit der Auseinandersetzung, als bereits fälliges, oder von dem Berechtigten schon jetzt zu verlangendes Holz, abgegeben werden muß, bevor die Berechnung der durchschnittlich zu gebenden Bauholzrente erfolgen kann. Dies ist deshalb unerläßlich, damit der Bauholz-Berechtigte die ihm ausgeworfene Rente aufsammeln kann, um sie zum Ankaufe des nöthigen Holzes zu verwenden. Würde ihm nur eine Rente (in unten nachgewiesener Art) als Entschädigung gegeben, und er müßte sogleich die ganze Ausgabe zum Ankaufe des Holzes machen, so würde er das Kapital der Rente zu verwenden genöthigt sein, und für spätere Fälle außer Stand gesetzt werden, seinen Bau- oder Nutzholz-Bedarf durch die Entschädigung zu bestreiten.

d) Das als Entschädigung zu gewährende Kapital wird nun in folgender Art berechnet: Man bestimmt den Kaufpreis des zum Neubau erforderlichen Holzes, so wie denjenigen des erforderlichen Reparaturholzes — setzt die Zeit fest, wo der Neubau und die Reparatur eintreten wird — und ermittelt ein Kapital, von welchem mit zugeschlagenen Zinsen zu der Zeit, wo die Ausgabe für Bauholz hiernach eintreten wird, diese gedacht werden kann, und dabei ein solcher Kapitalrest übrig bleibt, daß wenn abermals eine Ausgabe für Bauholz nöthig wird, diese fortwährend gedeckt wird, und also das Kapital fortwährend die Mittel zum Einkaufe des Bauholzes liefert. Die nähere Anleitung zu dieser Berechnung findet man in: Eytelweins Anleitung zur Ermittelung der Dauer und Unterhaltungskosten der Gebäude und Bau-Ablösungs-Kapitalien. Berlin 1831 bei Reimer.

Einen Wald als Entschädigung für das freie Bauholzrecht abtreten zu wollen, indem jährlich diese ermittelte Bauholzrente und nicht mehr geschlagen werden könnte, ist eben so unmöglich, als es für den Berechtigten ungenügend sein würde.

Unmöglich, indem ein Wald nicht bloß Bauholz liefert, sondern vielmehr bei weitem zum größten Theile auch Brennholz; zugleich auch noch

ungenügend, weil sich keine Waldwirthschaft denken ließe, bei welcher in einem Walde, der gerade nicht mehr Holz giebt, als diese Bau- oder Nutzholzrente, das Holz, was gebraucht wird, stets in der verlangten Beschaffenheit vorräthig gehalten werden könnte, und folglich dem Berechtigten keine Sicherheit gewährt werden kann, daß er stets aus diesem ihm abgetretenen Walde sein Bedürfniß künftig eben so sicher, als bisher, befriedigen kann.

Es muß deshalb diese Bau- oder Nutzholzrente stets in ein Kapital oder Geldrente umgewandelt werden, oder ein Grundstück, gleichviel ob Feld, Wiese oder Wald, gegeben werden, welches denselben Ertrag giebt, so daß für denselben, wenn er aufgesammelt wird, das Holz angekauft werden kann. Dies ist auch um so zulässiger, als der Berechtigte es in seiner Gewalt hat, durch die Versicherung seiner Gebäude rc. gegen Feuersgefahr sich in den Stand zu setzen, dieselben zu jeder Zeit wieder von dieser Geldrente aufbauen zu können, wenn die Nothwendigkeit dazu früher eintritt, als nach der berechneten Dauer der Gebäude und des demgemäß aufgesammelten Ertrags der abgetretenen Grundstücke angenommen wurde.

Dafür wird die Entschädigung um so viel erhöhet, als die kapitalisirte Assekuranzprämie beträgt.

Von der Ablösung der Mastgerechtigkeit.

Der Ertrag dieses Rechts kann mit Sicherheit nur aus der Untersuchung entnommen werden, was es bisher eingebracht hat. Entweder die eingenommenen Mastgelder, oder die Zahl der eingefehmten Schweine muß für eine so lange Reihe von Jahren, als es möglich ist, ermittelt werden, um die jährliche Durchschnittsrente, oder die jährliche Durchschnittszahl der Schweine zu ermitteln.

Sollte das nicht von jedem Jahre speciell nachgewiesen werden können, so muß wenigstens untersucht werden, wie oft im Durchschnitt in dem zu befreienden Forste auf volle, halbe, Sprengmast zu rechnen ist, um nach den bisherigen Erfahrungssätzen den Ertrag der ganzen, oder halben Sprengmast zu bestimmen, und so den Durchschnittsertrag für Ein Jahr zu suchen. Ohne Rücksicht auf die etwanige Verminderung der Masthölzer, da diese gesetzlich nicht ohne Ersatz vermindert werden dürfen, so lange die Mastgerechtigkeit auf einem Walde lastet, vielmehr wieder nachgezogen werden müssen, so wie man welche einschlägt, wird dann die auf diese Weise ermittelte Durchschnittsrente der Vergangenheit, als abzulösen angenommen, nachdem der zu ermittelnde Kostenaufwand, um sie zu erhalten, in Abzug gebracht worden ist. —

Nach der preußischen Gemeinheitstheilungs-Ordnung kann diese Gerechtigkeit gegen eine Geldrente abgelöset werden.

Eben so einfach würde die Ablösung auch sein, wenn so viel Land zum Kartoffelbaue abgetreten würde, um eine gleiche

Anzahl Schweine jährlich fett machen zu können, als bisher in der Mast geleistet, durchschnittlich gerechnet, werden konnten. Kaum würde dabei sogar nur eine Ausgleichung der Kosten nöthig werden, indem zwar diejenigen des Kartoffelbaues größer sind, derselbe aber auch eine bei weitem sichere Mastung gewährt.

Von der Ablösung der Theerschwelerei-Gerechtigkeit.

Der Ertrag der Theerschwelerei stellt sich in einer bloßen Geldrente unmittelbar dar, und es ist bloß die Frage zu beantworten: ob diese sich in der Zukunft bedeutend vergrößern kann? — um, im Fall dies nicht ist, sie auch gegen eine bloße fixirte Geldrente, nach dem bisherigen ermittelten Durchschnittsertrage ablösen zu können.

Kaum läßt es sich erwarten, daß die Theerpreise so bedeutend steigen werden, daß man ein beträchtlich erhöhetes Einkommen durch eine Theerschwelerei in Zukunft erwarten kann. Die großen nordischen Waldungen liefern diesen Artikel in einem großen Ueberflusse; es ist selbst die Gewinnung desselben durch Verkohlung im verschlossenen Raume, durch stärkere Benutzung auch des weniger harzreichen Stockholzes, sogar durch vorhergehendes Schälen und Abwelken des Holzes auf dem Stamme, noch einer so großen Vermehrung fähig, daß es wenigstens nicht als wahrscheinlich angenommen werden kann, daß die Produkte der Theerschwelerei in einer zu übersehenden Zeit sehr im Preise steigen werden. Ist dies aber nicht, so muß der Reinertrag derselben in Zukunft eher sich vermindern als steigen, weil das sehr harzreiche Holz, welches die größte Ausbeute giebt, immer seltener wird. —

Es scheint deshalb auch kein begründeter Einwurf gegen

eine Ablösung durch eine, auf den von dieser Gerechtigkeit befreieten Forstgrund eingetragene hypothekarische Rente, gemacht werden zu können, wenn der Forsteigenthümer nicht die Zahlung eines Kapitals oder die Abtretung eines gleichen Ertrag gebenden Grundstückes vorziehet.

Bei der Ermittelung des Reinertrages kann man: entweder den Ertrag der Vergangenheit — oder denjenigen der Gegenwart und Zukunft zu Grunde legen. Das Erstere scheint in allen denjenigen Fällen das Richtigere zu sein, wo der Zustand des Forstes von einer Beschaffenheit war, daß ein regelmäßiger Einschlag darin stattfand und stattfinden konnte. Nur dann, wenn die Theerschwelerei entweder einen ungewöhnlich hohen Ertrag in der letzten Zeit lieferte, der sich nicht im regelmäßigen Zustande des Waldes auch ferner erwarten läßt, z. B. nach einem Raupenfraße, nach ungewöhnlich starkem Einschlage des alten Holzes, oder auch im entgegengesetzten Falle, wo der Theerschweler wegen Mangel an altem Holze zwar in der letzten Vergangenheit sein Recht wenig nutzen konnte, dazu aber in der nächsten Zukunft bessere Aussicht hat, wird man nicht vermeiden können, eine Berechnung anzulegen, was der Wald in einem regelmäßigen Zustande wohl jährlich an Holz, für die Theerschwelerei benutzbar, liefern kann.

Wenn man wissen will, was eine Theerschwelerei bisher gebracht hat, stellt man die Zahl der jedes Jahr gemachten Brände, für so viele Jahre als möglich, fest, um die jährliche Durchschnittszahl zu erhalten. In gleicher Art ermittelt man den Durchschnittsertrag eines Brandes an Theer und Kohlen, welches die rohe Materialeinnahme ergiebt. Die Brutto-Geldeinnahme für einen Brand, wird sich ebenfalls für diese Produkte durchschnittlich ermitteln lassen, wenn man einen Mittelpreis aus den oft sehr schwankenden Preisen einer Reihe von Jahren ausziehet, und davon die ungewöhnlich hohen Preise bei sehr starkem Schiffsbaue, und die sehr niedrigen bei stokkender Rhederei ausscheidet, die sich wohl in einigen Jahren zeigen. Der Kostenaufwand an Gewinnung des Kiens, Roder-, Putzer- und Fuhrlohn, Schwelholz und Schwelungskosten bleibt sich in der Regel sehr gleich, und sind für den Brand festzustellen, während die Zinsen des Kapitals der Anlage der Gebäude und der Erbauung des Ofens, so wie der Unterhaltung derselben für ein Jahr ausgeworfen, und auf die jährlich zu machenden Brände so vertheilt werden, daß Dasjenige, was auf einen Brand zu rechnen ist, mit den übrigen Ausgaben von dem Rohertrage desselben in Abrechnung gebracht wird.

So erhält man das reine Geldeinkommen Eines Brandes, und da die jährlich zu machenden Brände nach einem Durchschnittssatze festgestellt sind, den Betrag der Jahresrente, welche der Theerschweeler bisher auf Grund seiner Gerechtsame genossen hat, wovon dann noch der etwa von ihm zu zahlende Forstzins in Abrechnung kommt.

Um zu bestimmen, wie viel der Forst wahrscheinlich in Zukunft an solchem Holze, welches für die Theerschwelerei brauchbar ist, wird liefern können, muß

a) der nachhaltige Einschlag an 100- bis 120 jährigen Baumholze, da dies erst brauchbares Stockholz liefert, festgestellt werden; —

b) die Masse des davon zur Rodung kommenden Stockholzes, nach den bekannten Verhältnißsätzen ausgeworfen — und dann

c) untersucht werden, der wievielste Theil dieses Stockholzes wohl als harzreich genug angenommen werden kann, um zur Theerschwelerei brauchbar zu sein.

Sobald die Holzmasse untersucht ist, welche der Ofen jedesmal faßt, ergiebt sich daraus die Zahl der Brände welche von dem jährlichen Einschlage durchschnittlich zu erwarten sind.

Im Uebrigen bleibt sich das Verfahren bei Untersuchung des Reinertrages der Theerschwelerei, mit dem oben Ausgeführten gleich.

Von der Ablösung des Harzscharrens.

Auch diese Gerechtigkeit stellt sich in einer unmittelbar davon zu ziehenden Geldrente dar, und das oben Angeführte gilt auch hier.

In gleicher Art kann man entweder die durchschnittliche Nutzung der Vergangenheit untersuchen, um danach die Entschädigung zu berechnen, oder den Ertrag, der sich in der Zukunft erwarten läßt.

In der vierten Abtheilung dieser Schrift ist da, wo von dem Holzscharren gehandelt wurde, die Anleitung zur Berechnung des Ertrags schon gegeben, weshalb wir die Wiederholung hier vermeiden.

Eben so wird auf dieselbe auch hinsichts der Berechnung des jetzigen oder künftigen Ertrags einer Theerschwelerei zurückverwiesen.

Von der Ablösung der Weidegerechtigkeit.

Unter allen Grundgerechtigkeiten, welche abgelöset werden, kommt die Waldweide am häufigsten vor, und doch ist man durchaus noch nicht überall hinsichts der Grundsätze dabei einverstanden. Es ist um so mehr zu wünschen, daß deshalb etwas Bestimmtes vorgeschrieben werde, als die Fälle nicht selten sind, wo durch ein falsches Verfahren bei der Ablösung, oft der größte Theil des Forstes für den Waldbesitzer verloren gehet. —

Zuerst ist festzusetzen, wie viel Fläche der Waldbesitzer bei einer regelmäßigen Wirthschaft stets in Schonung haben darf. Diese Schonungsfläche muß, als mit der Waldweide gar nicht belastet, betrachtet werden, denn sie ist als für den Weideberechtigten gar nicht vorhanden anzusehen. Wo sie z. B. $\frac{1}{3}$ der Waldfläche beträgt, da können nur $\frac{2}{3}$ als mit der Weide belastet angenommen werden, und das $\frac{1}{3}$ ist für den Waldbesitzer vorweg als hütungsfrei zu betrachten und von der Weidefläche abzurechnen. Doch muß dies in einer Art geschehen, daß diese Schonungsfläche mit Rücksicht auf die Güte der Weide ausgesondert wird, so daß man gleich viele gute und schlechte dazu ziehet, und z. B. $\frac{1}{3}$ des gesammten Weidewerthes als dem Waldbesitzer als Entschädigung für sein Schonungsrecht zukommend annimmt.

Am einfachsten ist das Verfahren, wenn man die Zahl der Kuhweiden ermittelt, welche der ganze Wald einschließlich der Schonungsfläche enthält, und dann einen verhältnißmäßigen Theil der Entschädigung für diese in Abzug bringt, so daß z. B. wenn das ganze Weiderevier 120 Kuhweiden enthält und die gesetzliche Schonungsfläche beträgt ein Viertheil des ganzen Waldes, nur für 90 Kuhweiden entschädigt zu werden braucht.

Hat der Waldbesitzer das Mastrecht im Laubholz-Hochwalde und Mittelwalde, so muß er zugleich noch für die Befugniß, in der Mastzeit Schonung zu verlangen, und das Weidevieh hinausweisen zu können, Entschädigung erhalten, oder was gleich ist, der Weideberechtigte hat keinen Anspruch auf diejenige Weide, welche in der Mastzeit von ihm ohnehin nicht benutzt werden darf.

Um den Werth der Weide in der Mastzeit zu bestimmen, wird

a) untersucht, wie viele Tage in einem Mastjahre die Weide nicht benutzt werden darf (im Preußischen vom 24. August an nicht mehr);

b) auf wie viel Fläche sich die Mastschonung erstreckt; —

c) wie oft die Mastschonung eintritt; —

d) wie viel die durch die Mastschonung verloren gehende Weide auf diese Art vom ganzen Weidewerth beträgt, um dies von diesem abrechnen zu können.

Z. B. die Mastschonung dauert vom 24. August bis zum letzten September, so ist nach Mayer die Weide in diesem Zeitraume zu $\frac{5}{23}$ des Weidewerths des ganzen Jahres anzusprechen, und wenn alle 5 Jahre Mastschonung eingelegt wird, so verliert der Weideberechtigte dadurch durchschnittlich $\frac{1}{28}$ des Weidewerths in denjenigen Revieren, welche in Mastschonung kommen. Nehmen wir an, daß bei 120jährigem Umtriebe im Buchen-Hochwalde alles 60- bis 120jährige Holz in Mastschonung kommt, und nur das 20- bis 60jährige, also $\frac{1}{3}$ des ganzen Waldes in der Mastzeit behütet werden darf, so würden bei 14000 Morgen Weideterrain, nach Abzug der Schonungsfläche, im obigen Falle 300 Morgen auf die Mastschonung zu rechnen, und bereits als weidefrei anzunehmen sein, den $\frac{1}{28}$ von 14000 beträgt 500, und $\frac{3}{5}$ von diesen sind 300. Wäre alle Jahr Mastschonung eingelegt, so gingen 1500 Morgen ab, so wie im Mittelwalde, wo keine Altersklasse behütet werden kann, die vollen 500 Morgen bei alle 5 Jahre wiederkehrender Mastschonung abgerechnet werden müssen.

Von dem Waldgrunde, welcher nach Abzug dieser Schonungsfläche, als mit der Weide belastet angesehen werden muß, ist zu untersuchen, wie groß der Weidewerth desselben ist, — wozu sehr verschiedenartige Wege offen stehen.

Im Allgemeinen gehet man dabei zuerst stets von dem Grundsatze aus, daß der Weideertrag zwar nach dem gegenwärtigen Zustände des Waldes gewürdigt wird, daß aber etwa darin vorhandenen Blößen oder Räumden nicht zum vollen Ertrage für den Berechtigten berechnet werden können, sondern nur zu einem solchen, wie er ihn als mittelmäßig mit Holz bestanden, geben würde. Dies ist theils deshalb gerecht, und selbst billig, weil diese Blößen in der Regel bald in Schonung kommen, und mit einem dichten Holzbestande in Anbau gebracht werden, theils unerläßlich, wenn die Abfindung durch raumen (von Holz abgeräumten) Weidegrund erfolgen soll, weil sonst die Blößen dem Weideberechtigten für immer ohne alle Entschädigung abgetreten werden müßten. Da derselbe bloß die Weide im bestandenen Walde zu fordern hat, so ist es bloß als ein günstiger, vorübergehender Zufall zu betrachten, welchen er nicht in Rechnung bei der Abfindung bringen darf, wenn gerade zu dieser Zeit sich viele Waldblößen, die er behütet, vorfinden.

Eine zweite Bedingung bei der Berechnung des Weidewerths muß man zu Gunsten des Waldbesitzers dadurch machen, daß, was er auch mit Recht fordern kann, alles dasjenige von demselben abgezogen werde, was deren Ertrag schmälert. Dahin gehören Ueberschwemmungen der Weide in den Flußthälern, deren Einfluß auf den Werth derselben oft sehr beträchtlich ist, und der nach den in dieser Hinsicht gemachten Erfahrungen gewürdigt werden muß, indem man auszumitteln sucht, wie oft während der Weidezeit in einer möglichst langen Reihe von Jahren Ueberschwemmungen eintraten, und auf wie lange Zeit sie die Weide unbenutzbar machten. Eben so ist auch die Ungesundheit derselben, die Entfernung von dem Wohnorte des Berechtigten, die Wirkung des Bergsteigens auf den Milchertrag, so wie alles dasjenige, was den Werth der Weide vermindert, nicht außer Acht zu lassen.

Wo ein Weideberechtigter nur eine gewisse Zeit des Jahres sein Weiderecht auszuüben befugt ist, muß eine Bestimmung des Verhältnisses des Weidewerths in den verschiedenen Jahreszeiten stattfinden, wie es schon der hannöversche Landes-Oekonomierath Mayer (Gemeinheitstheilung, III. Bd.) gegeben hat.

Die Art und Weise, den Werth der Weide zu berechnen, kann auf doppelte Art stattfinden:

1) indem man die Bestimmungen deshalb ganz allein auf die vorliegenden oder zu ermittelnden Erfahrungssätze begründet; —

2) indem man dabei die eigenthümliche Ernährungsfähigkeit des Waldbodens zu Grunde legt, und nur den nachtheiligen Einfluß der Beschattung durch das Holz in Abzug bringt. Gewöhnlich wird diese Art des Verfahrens mit dem Ausdrucke: Bonitirung bezeichnet.

Unbedingt ist die bisherige Erfahrung über die Ernährungsfähigkeit der gesammten Waldweide jeder Berechnung, gegründet auf Bonitirung derselben, vorzuziehen, wenn man es vermag, brauchbare Erfahrungssätze zu sammeln. Dazu gehört aber:

a) daß der Wald zu der Zeit, aus welcher die Erfahrungen zur Berechnung des wirklichen Weidewerths genommen werden sollen, in einem normalen Zustande war, d. h. in einem solchen, wie er bei der Bonitirung anzunehmen oder vorauszusetzen ist. Hatte er daher mehr Blößen und Räumden, als man bei der Bonitirung zugestehen würde, so geben die Erfahrungen ein für den Waldbesitzer zu nachtheiliges, von ihm nicht anzunehmendes Resultat.

b) Es ist dabei nöthig, eben sowohl die Zahl des wirklich auf der in Rede stehenden Waldweide ernährten Viehes zu kennen, als die Zahl der Tage in jeder Jahreszeit, an welchen dieselbe von diesem Viehe ausschließlich benutzt wurde, und sich dies darauf ernährte. —

Räumt man aber dann ein, daß der Wald in einem

normalen Weidezustande war, oder erkennt der Waldbesitzer an, daß sein gegenwärtiger Zustand als Norm bei der Berechnung des Weideertrages angenommen werden kann — kennt man die Zahl der Tage, an welchen sich eine bestimmte Zahl von Vieh entweder ganz allein, oder selbst auch mit Unterstützung einiger Fütterung im Stalle, darauf ernährt hat — so ist die Berechnung des Werths der Weide, wie der dafür zu gebenden Entschädigung, sehr einfach. Man tritt dann so viel raumen Weidegrund oder Acker zur Stallfütterung ab, als nöthig ist, nach den ziemlich feststehenden Sätzen der Ertragsfähigkeit der Angerweide oder des Ackers bei dem Futterbaue, damit eine gleiche Zahl von Vieh eine gleiche Zahl von Tagen, darauf oder davon ernährt werden kann. Ist zu erweisen, daß zur vollen Ernährung noch Stallfutter verwendet ist, so wird dies in Abrechnung gebracht. Z. B. es wird jedem Stücke Rindvieh des Abends bei der Rückkehr von der Weide eine Bürde Gras 10 Pfund schwer, vorgelegt, und man setzt das zur Ernährung desselben erforderliche grüne Futter für jedes Stück zu 100 Pfund an, so würde für die Zeit, wo diese Fütterung stattfindet, anzunehmen sein, daß nur $\frac{9}{10}$ der vollen Ernährung durch die Weide geliefert wird.

Muß der Waldbesitzer anerkennen, daß alles berechtigte Vieh volle Nahrung im Walde während der ganzen Weidezeit fand, so ist nichts nöthig, als die Zahl desselben festzustellen und eine Fläche abzutreten, auf welcher das dafür erforderliche Futter erzeugt wird.

Sobald nicht auszumitteln ist, wie viele Tage erfahrungsmäßig bisher eine bestimmte Anzahl von Vieh auf dem zu befreienden Weidegrunde ernährt wurde, bleibt nur die Bonitirung desselben übrig, um aus der Productionsfähigkeit des Bodens, dem Feuchtigkeitsgrade, und aller auf den Graswuchs Einfluß habenden Dinge, auf dessen Ernährungsfähigkeit zu schließen, indem man dabei die bekannten Erfahrungssätze über diejenige der reinen Angerweide zu Grunde legt. Gewöhnlich wird dabei von der Ernährung des Rindviehes ausgegangen, und für andere Viehgattungen ein gewisses Verhältniß angenommen, so daß man z. B. auf eine Kuh 10 Schafe rechnet; wenn also 10 Kühe auf der Weide ernährt werden können, dies gleich 100 Schafen zu rechnen ist, was sich jedoch nach dem Verhältnisse des Gewichts des Viehes ändert.

Man hat in dieser Hinsicht folgende 10 Bodenklassen gebildet, indem man die nachstehende Fläche in jeder, als zur Ernährung einer Kuh während der ganzen Weidezeit hinreichend, annimmt, wenn der Boden frei vom Holze, und reine Angerweide ist:

1ste Klasse 2 Morgen, 2te Klasse 2,4 Morg. 3te Kl. 3,4 Morg., 4te Kl. 5 Morg., 5te Kl. 6 Morg., 6te Kl. 7,4 Morg., 7te Kl. 10,6 Morg., 8te Kl. 16 Morg., 9te Kl. 32 Morg., 10te Kl. 64 Morg.

Diese Klassen festzustellen, oder auch neue und abweichende hinsichts der darin anzunehmenden Fläche zu bilden, ist Sache der Oeconomie-Commissarien.

Von dieser Ernährungsfähigkeit des unbeschirmten, bloß dem Graswuchse gewidmeten Bodens, geht bei der Waldweide aber noch dasjenige ab, was die Beschattung in Bezug auf den Graswuchs Schaden thut. In einem ganz geschlossenen Buchen- oder Fichten-Hochwalde, wo der Boden dicht mit Laub und Nadeln bedeckt ist, wächst gar kein Gras, und wenn derselbe auch in die erste Klasse zu setzen wäre, wo man nur 2 Morgen zur vollen Ernährung einer Kuh bei unbeschirmter Weide rechnet. In den weniger Schatten gebenden Birken, den lichten Kiefern- und Eichenwäldern, wird zwar ebenfalls der Graswuchs leiden, allein bei weitem nicht in einem Maaße, wie bei Buchen und Fichten, welche im vollen Schlusse stehen. Es hat aber auch das im Schatten erwachsene Gras nicht den Werth für die Ernährung des Viehes, wie dasjenige, was im vollen Sonnenlichte erwachsen ist, worauf ebenfalls Rücksicht genommen werden muß. Eine sehr wichtige Untersuchung ist deshalb: die Einwirkung der Beschattung auf die Graserzeugung festzustellen. Es geschiehet, indem die Sachverständigen in jedem Forstorte festsetzen, um wie viel er weniger Gras bringt, als der Boden erzeugen würde, wenn er frei vom Holze wäre, wobei die Blößen und Räumden so angenommen werden, als wenn auf ihnen wenigstens der halbe normale Holzbestand sich vorfände.

In einem ganz geschlossenen Bestande der dunkelbelaubten Bäume, in Buchen, Fichten, Tannen, Hainbuchen und Linden, ist gar kein Graswuchs. Bei 0,9 des vollen Bestandes ist der Weidewerth nur 0,05 desjenigen des sensenreinen Bodens, bei 0,8 d. v. B. 10 Procent, bei 0,75 und 18,7 Procent. Drei Viertheile des vollen Bestandes sind aber als ein nur mittelmäßiger Holzbestand anzusehen, den man nach der Preußischen Gemeinheitstheilung überall befugt ist, anzunehmen *).

Bei Kiefern ändert sich dies, so wie bei allen andern licht belaubten Holzarten, in dem man selbst bei vollem Bestande den Werth der beschatteten Weide zu 10 Procent des sensenreinen Boden annehmen kann, bei 0,9 des Bestandes zu 10% bei 0,8 zu 28%, bei 0,75 zu 32,5%.

Wenn daher bei einem mittelmäßig bestandenen Buchenwalde der sensenreine Boden 100 Kuhweiden enthielt, so würden davon abgehen

a) wegen der Schonung 25 Kuhweide,

b) die bleibenden 75 Kuhweiden würden aber wegen der Beschattung auf 20,3 Kuhweiden reducirt werden, wenn keine Mastschonung in Abzug zu bringen ist. Betrüg

*) Die nähere Ausführung in der Schrift und Anleitung zur Ablösung der Waldservitute. Berlin 1844.

diese $\frac{1}{28}$ des gesammten Weiderechts, so würden die Kuhweiden, die der Berechtigte zu fordern hat, auch noch um so viel vermindert werden müssen.

Was die Art und Weise der Entschädigung für die aufzugebende Waldweide betrifft, so kann man nur von dem einfachen Grundsatze ausgehen, daß dadurch der Weideberechtigte in den Stand gesetzt werden muß, das Vieh, welches er bisher in den Wald getrieben hat, künftig eben so gut durch diese Entschädigung zu ernähren.

Wenn man diesen Gesichtspunkt fest hält, so wird man finden, daß Schafweiden allerdings in der Regel nur durch abgeräumten Weidegrund, welcher auch ferner behütet wird, abgefunden werden können, indem Stallfütterung bei Schafen nur noch selten üblich ist, und schwerlich ein Weideberechtigter gezwungen werden könnte, sie wieder seinen Willen einzuführen. Bloß bei größern Gütern, wo für die Schäferei Dreesch- oder Brachweiden liegen bleiben, würde vielleicht auch die Schafweide durch als Acker gerechneten Waldgrund ablösbar werden.

Dabei darf man aber nicht unbeachtet lassen, daß der schlechte Boden häufig mit seinem schirmenden und schützenden Holzbestande auch seinen ganzen Graswuchs verliert, und daß also nur Boden von einer so guten Beschaffenheit abgetreten werden darf, um als Angerweide benutzt zu werden, daß sich annehmen läßt, er werde seine Productionskraft auch als solche erhalten.

Die Pferde- und Rindviehweide wird aber unstreitig in allen Fällen, wo der abzutretende Grund zum Futterbaue benutzbar ist, zu diesem angerechnet werden können, indem man einzuführende Stallfütterung voraussetzt, und gewiß mit Unrecht bestimmt die preußische Gemeinheitstheilungs-Ordnung überall die Abtretung von raumer Weide. Es kann wohl nur einer Servitutablösung die allgemeine Idee untergelegt werden, daß dadurch eine höhere Bodenkultur herbeigeführt werden soll. Die neue Erschaffung einer Menge von Angerweiden, welche wieder gemeinschaftlich von den Gemeindemitgliedern benutzt werden, kann wohl unmöglich diesem Zwecke entsprechen, nachdem man schon seit langer Zeit das Unvortheilhafte dieser Angerweiden anerkannt, und auf ihre Theilung und Benutzung als Ackerland gedrungen hat. Wollte man aber von der Idee ausgehen, daß dem Weideberechtigten das abzutretende Land nur als niedrig rentirender Grund gerechnet werden soll, ihm aber freigestellt bleibt, es höher zu Acker oder Wiese zu nutzen, so wäre dies eine schreiende Ungerechtigkeit gegen den Waldbesitzer. Gewiß kann dieser fordern, daß der von ihm abzutretende Boden von demjenigen, welcher ihn erhält, zu dem Werthe angenommen werden muß, zu welchem er zu benutzen ist, und dies hier um so mehr, da bei der Stallfütterung derselbe Zweck weit besser erreicht wird, als durch die Weide. Einen Morgen zu 12 Groschen Weidenutzung abtreten zu müssen, den der Berechtigte, der ihn so angerechnet erhält, alsbald vielleicht zu 3 Rthlr. als Acker und Wiese nutzt, und dabei sein Vieh weit besser ernährt als früher, wäre Etwas, was die Gerechtigkeit und Billigkeit im hohen Grade verletzen würde, indem man dem Berechtigten mehr gäbe, als er zu fordern hat, und den Grundeigenthümer nöthigt, den abzutretenden Boden weit unter seinem wahren Werthe wegzugeben. — Man kann daher gewiß in jeder Gemeinheitstheilungs-Ordnung in Hinsicht der Art und Weise der zu gewährenden Entschädigung die Bestimmung aufnehmen: daß der dem Berechtigten abzutretende Grund von ihm zu einer Nutzungsweise angenommen werden muß, wie diese am vortheilhaftesten und zweckmäßigsten zur Erreichung des Zwecks anzunehmen ist, zu welchem die Abtretung erfolgt. —

Wo der Boden so schlecht und er weder zum Futterbau noch als raume Angerweide zu benutzen ist, da kann man nur durch Kapital oder Rente entschädigen, wenn die Ablösung durchaus erfolgen soll.

Von der Streugerechtigkeit.

Dieses lästige Servitut kommt beinahe stets nur in solchen Gegenden vor, welche bei einem magern Ackerboden, der keinen hinreichenden Futterbau gestattet, zugleich auch Mangel an Wiesen haben. Die Bewohner werden dann genöthigt, das gewonnene Stroh, statt es einzustreuen, zu verfuttern, und dann den Mangel an Streumaterial durch gesammeltes Laub, Moos und ähnliche Dinge zu ersetzen. In den Gebirgen, wo zwar kein Stroh, sondern nur Heu gewonnen wird, ist das Laub schon der Reinlichkeit und Wärme in den Ställen wegen, beinahe noch unentbehrlicher, und wird daselbst auch oft sehr theuer bezahlt. Der Acker in Sandgegenden erhält durch das Streurechen einen Zuschuß an Düngungsmitteln, welche freilich dem Walde entzogen werden. —

Eine Ablösung der Streugerechtigkeit läßt sich nur denken, wenn man die Berechtigten in den Stand setzt, ihren Acker eben so gut ohne Streunutzung im Düngungszustande zu erhalten, als mit dieser, oder wenn man ein anderes Streumaterial dafür anweisen kann. Man wird so wenig eine Entschädigung in Gelde bieten können, wenn nicht das Düngungs- und Streumaterial zu jeder Zeit mit Sicherheit dafür eingekauft werden kann, als eine Ausgleichung durch Abtretung von Holzgrund versuchen dürfen, indem dadurch dem Bedürfnisse des Berechtigten nicht genügt würde. Die Existenz desselben hängt von der Erhaltung seiner Wirthschaft, seines Viehstandes ab, und wenn das Streumaterial dazu unentbehrlich ist, so muß es entweder dem Berechtigten gelassen, oder durch Etwas ersetzt werden, was dieselben Dienste leistet, als die Streu. Man kann eine Nutzung des Waldes nicht geradezu aufheben wollen, welche in vielen Gegenden oft weit wichtiger ist, als selbst die des Holzes, und welche allein es ist, die den Landmann in den Stand setzt, seinem Ackerlande den nöthigen Ertrag abzugewinnen, um sich erhalten zu können, und seinen Wirthschaftsbetrieb sicher zu stellen.

Die beste Entschädigung, welche man in Sandgegenden für die Aufgabe der Streugerechtigkeit bieten kann, sind gewöhnlich Brücher, welche in Wiesen umgewandelt werden. Indem die Leute mehr Heu gewinnen, können sie das Stroh einstreuen, vermehren auch durch das Heu selbst die Düngungsmittel, und sind so im Stande, das bisher entzogene Streumaterial entbehren zu können. In ähnlicher Art kann Acker zum Klee- und Futterbaue überhaupt abgetreten werden, auf dem Winterfutter gebauet wird, oder durch welchen der Berechtigte sich auch wohl in den Stand gesetzt siehet, Stallfütterung einzuführen, und so seine Dungmittel zu vermehren.

In einzelnen Fällen würde auch wohl das bloße Einräumen der Gräserei in Brüchern, das Aushauen der Bruchstreu im Winter, eine Entschädigung darbieten, die dem Belasteten weniger kostet, und dem Berechtigten vollkommen genügen kann. Auch selbst durch Hackstreu von den Schlägen läßt sich in einzelnen Fällen der Streubedarf befriedigen. Noch leichter würde aber die Streuablösung zu bewirken sein, wenn die Berechtigten die Torferde als Erdstreu zu benutzen sich entschließen, und man zu diesem Zwecke Torfbrücher abgeben kann.

In den höhern Gebirgsgegenden, wo gar kein Ackerbau mehr ist, wo auch wohl die Wiesen nicht mehr auszudehnen sind, kann Streunutzung in der Regel gar nicht abgelöset werden, denn das Laub ist dort ganz unentbehrlich zum Einstreuen, wenn nicht die so sehr empfohlene Torferde als Streu- oder Düngungsmaterial benutzt wird. Es muß dann wenigstens darauf gesehen werden, daß es so geordnet wird, daß der Wald dabei noch erhalten werden kann*).

Der Ertrag der Streugerechtigkeit kann in doppelter Art ermittelt werden:

1) indem man untersucht, was der Wald an Streu jährlich geben kann, und annimmt, daß dies der bezogenen Streunutzung gleich zu rechnen ist — oder

2) wenn man untersucht, wie viel aus dem Walde nothwendig Düngungszuschuß geliefert werden muß, um den Kulturzustand des berechtigten Gutes zu erhalten, und dem Bedürfnisse desselben zu genügen.

Die erste Art der Ausmittelung ist nur dann statthaft wenn nicht bloß der Berechtigte alles Laub und alle Waldstreu, welche in einem Walde erzeugt wird, soweit die Distrekte darin dem Streurechen unterworfen sind, zu fordern hat, sondern erweislich auch dies alles sammelt, wohl gar noch auf ein Mehreres Anspruch macht, oder es zu bedürfen vorgiebt. Es muß dann

a) bestimmt werden, bis zu welchem Alter die Streuschonung zu verlangen ist, und von welcher Zeit an die Streu gesammelt werden darf, um die dem Streurechen unterworfene Fläche festzusetzen;

b) durch Versuche von Probesammlungen ausgemittelt werden, wie viele Waldstreu sich erfahrungsmäßig jährlich im Holze von verschiedenem Alter, einen mittelmäßigen Holzbestand, wie er gewöhnlich vorkommt, vorausgesetzt, sammeln läßt, um einen Durchschnittssatz zu erhalten, den man als Streuertrag für den Morgen rechnen kann. Die lückenhaften Bestände reducirt man dann auf den normalen Holzbestand, wenn auch in ihnen die Streu benutzt wird. Doch darf dabei

---

*) Man vergleiche hierüber: Kasthofer, Bemerkungen auf einer Alpenreise.

nicht vergessen werden, daß bei der gewöhnlichen Art der Streusammlung niemals das ganze abfallende Laub u. s. w. gewonnen werden kann, wie es bei einer sorgfältigen Probesammlung wohl geschiehet, daß vieles vom Winde weggewehet wird, anderes auf der Erde liegen bleibt, das zu dünne liegende auch wohl gar nicht gesammelt wird. Noch weniger aber darf dabei die sich oft in mehreren Jahren nur langsam erzeugende Bodenbedeckung von Moosen, Haidekraut u. dgl. als jährliche Nutzung in Rechnung kommen. Es muß deshalb von den Resultaten der Probesammlungen immer ein verhältnißmäßiger Theil als von dem Berechtigten nicht zu benutzen, in Abzug kommen, jenachdem die Streusammlung mehr oder weniger sorgfältig stattfindet.

c) Endlich ist der Düngungswerth der Waldstreu, nach dem Gewichte derselben im trockenen Zustande, im Verhältnisse zu demjenigen des Strohes festzusetzen, um danach die Größe des Entschädigungs-Quantums berechnen zu können.

Beispiel. Wenn in einem Kieferwalde von 120jährigem Umtriebe das Holz bis zum 60sten Jahre mit Streurechen verschont werden muß, so ist die Hälfte als diesem unterworfen anzunehmen, so daß also z. B. von 6000 Morgen 3000 Morgen zum Streusammeln benutzt würden. Nehmen wir an, es sei gefunden, daß 1 Morgen 60jähriges Holz, geschlossen bestanden, 700 Pfund Nadeln, 80jähriges 600 Pf., 100jähriges 500 Pf. jedes Jahr liefern könnte, so wäre dies durchschnittlich 600 Pf. die man noch, wegen vorfallender Unvollkommenheiten im Holzbestande um $\frac{1}{3}$ herabsetzte, und also zu 400 Pf. berechnete. Würden diese ganz rein herausgenommen, so daß nicht anzunehmen wäre, daß Etwas davon im Walde zurückbliebe, so betrüge die jährliche Streunutzung von 3000 Morgen à 400 Pfund etwa 10,900 Zentner, und wenn man 2 Zentner Nadelstreu im Werth von 1 Zentner Stroh rechnet, müßte eine Entschädigung gegeben werden, welche gleich viel Dungwerth lieferte, als 5500 Zentner Stroh haben. —

Hierbei wollen wir bemerken, daß Herr ꝛc. Hartig den Nadelabfall in Kiefern, auf gutem Boden, bei 60= —120jährigem Holze, jährlich zu 1000 Pfund, im mittelmäßigen zu 700 Pf., im schlechten zu 440 Pf. annimmt. In Buchen und Fichten dürfte die Masse wenigstens gleich sein, überall geschlossene Bestände vorausgesetzt, bei andern sich lichter stellenden Hölzern geringer. Bei Berechnung des Werthes der Streu, rechnet man gewöhnlich 1 Zentner Stroh gleich: 1½ Zentner Moos, 2 Zentner Nadelstreu, 3 Zentner Laubstreu. Daß die oben angeführte Streumenge beinahe niemals ganz von dem Berechtigten gewonnen wird, muß nochmals ausdrücklich bemerkt werden. — Die Angabe der Streumenge bei Hartig, ist in dem guten Boden gleich mit den frühern Annahmen des Verf., im mittelmäßigen Boden durchschnitlich 124 Pfund, im schlechten 90 Pfund größer, als der Verf. sie gab.

Nur sehr selten kann jedoch eine solche Berechnungsweise des Ertrags des Streurechtes erfolgen, weil sie in der Regel den Waldbesitzer verletzen würde. Die Fälle, wo die Berechtigten die Streu so rein aus dem Walde herausnehmen können oder dürfen, daß man annehmen müßte, sie benutzten alles abfallende Laub in den Distrikten, welche ihnen zugänglich sind, vollständig, sind wohl höchst selten, und nur als Ausnahmen zu betrachten. In der Regel producirt doch der Wald, so weit er mit dem Streurechte belastet ist, mehr Streu, als die Berechtigten theils an sich nehmen dürfen, theils auch wirklich sammeln, da sie dieselbe weder benutzen können, noch sich die Kosten der vollständigen Sammlung bezahlen würden.

Es ist deshalb in der Regel weit zweckmäßiger, zu untersuchen: wie viel das berechtigte Gut an Zuschuß von Dün=

gungsmaterial vom Walde fordern kann, um im vollen Kulturzustande erhalten zu werden, und die dazu nöthige Quantität der Streu als den Ertrag der Berechtigung anzunehmen. Vorzüglich ist dies als mit der preußischen Gesetzgebung übereinstimmend anzusehen, weil nach dieser das Streurechen überhaupt nur in dem Falle, und nach dem Maaße gestattet zu werden braucht, wie es zur Erhaltung der berechtigten Grundstücke als unentbehrlich angesehen werden muß.

Zu dieser Untersuchung muß

a) bestimmt werden, ob das berechtigte Gut als verpflichtet angesehen werden kann, alles gewonnene Stroh, Heu u. s. w. selbst zu konsumiren, oder ob es davon verkaufen, und das Verkaufte durch die Waldstreu ersetzen darf. In der Regel wird der Verkauf nicht verhindert werden können, denn so wenig man dem Landmann verbieten kann, Kohl, Rüben, Kartoffeln zu verkaufen, wodurch er doch auch an Düngung verliert, eben so wenig wird man berechtigt sein, ihm den Verkauf von Stroh und Heu zu untersagen, und statt dessen Waldstreu aus dem Walde zu holen.

b) Aus der Größe der Ackerfläche, dem normalen Viehstande, verglichen mit dem Gewinne an Stroh, Heu und Futtergewächsen, wird sich der Düngungsbedarf wie Düngungsgewinn des berechtigten Gutes durch Sachverständige leicht ermitteln lassen, und dabei ergeben, ob das Gewonnene hinreicht, den Düngungszustand des Gutes zu erhalten, oder wie viel dazu aus dem Walde an Zuschuß durch Waldstreu verlangt werden muß.

Ist dieser nöthige Zuschuß einmal festgestellt, so wird es nicht schwer sein, durch die Bonitirung von Wiesengrund die Ermittelung zu erhalten, wie viel Morgen davon erforderlich sind, ihn in Heugewinn zu gewähren, eben so, wie viel Morgen fruchtbaren Kleelandes oder andern Ackers zur Erbauung von Futtergewächsen passend, was zu bestimmen dann reine Sache der Oeconomie-Commissarien ist. Daß keine Entschädigung durch schlechtes Sandland erfolgen kann, welches abermals einen Zuschuß an Düngung verlangen würde, und so den Bedarf an Waldstreu nur vermehren müßte, statt ihn zu vermindern, wird keiner weitern Auseinandersetzung bedürfen. Eben so kann keine Abtretung von Holzgrund zur unausgesetzten Streunutzung stattfinden, denn was der gesammte Wald allenfalls noch liefern konnte, kann der einzelne kleinere Theil nicht nachhaltig geben, und das darauf wachsende Holz kann nicht für den Zweck der Düngung benutzt werden.

Eine passende Ablösung läßt sich nur denken, wenn die Ackerwirthschaft, welche bisher die Streu benutzte, in den Stand gesetzt wird, durch geänderten Wirthschaftsbetrieb den Düngerbedarf künftig allein zu gewinnen, und den Wald mit seinem Zuschusse entbehren zu können. In wiefern dies möglich ist, müssen die Oeconomen bestimmen, eben so wie die Mittel, wodurch dieser Zweck erreicht werden kann. — Für den Forstwirth konnte hier bloß im Allgemeinen die Ansicht entwickelt werden, welcher die Ablösung des Streurechens nothwendig unterworfen werden muß, um ihn in den Stand zu setzen, gleich von vorn herein zu beutrheilen, bevor er noch den Antrag dazu macht, ob er im Besitze der zu fordernden Entschädigungsmittel ist, und so hoffen darf, den Berechtigten auf eine Art abzufinden, wie dieser nothwendig es verlangen muß.

Im Uebrigen verweisen wir wegen des Einzeln des Ablösungsgeschäfts nochmals auf die schon erwähnten Schriften des Verfassers, über Servitutablösungen nach preußischem Gesetze.

Anhang

für preußische Forstbeamte, die Nachweisung der wichtigsten forstpolizeilichen Bestimmungen in den preußischen Staaten enthaltend.

Es ist eine schwierige, für Denjenigen, welchem nicht alle Registraturen zugänglich sind, beinahe gar nicht zu lösende Aufgabe, in Preußen die überall geltenden forstpolizeilichen Bestimmungen nachzuweisen.

Erst seit dem Jahre 1806 in den alten Provinzen, und seit 1815 in den damit wieder vereinigten oder neu zugekommenen Ländern, bestehen bestimmte Quellen, aus denen man alle gesetzlichen Vorschriften herleiten und nachweisen kann, und gelten die wichtigsten Bestimmungen für die ganze Monarchie gleichmäßig.

Früher war die Provinzial-Gesetzgebung, vorzüglich in Forstsachen, außerordentlich verschieden, und oft war es sehr schwer, zu wissen, ob ein, selbst in die anerkannte Gesetzsammlung aufgenommenes Gesetz, für eine Provinz als geltend angesehen werden konnte oder nicht. Schlesien hatte stets, von 1742 bis 1806, seine eigene Gesetzgebung, und die Gesetze in Mylius Ediktensammlung haben wenigstens in Forstsachen gar keine Beziehung auf dasselbe. Aber auch Ost- und Westpreußen, die Kur- und Neumark, Magdeburg und Halberstadt, Pommern, Cleve, Mark und Ravensberg, hatten nicht bloß ihre besonderen Forstordnungen, sondern auch eine Menge bloß für die Provinz erlassenener Gesetze. — So ist zwar eigentlich das Gesetz vom 22sten Juni 1800, welches die Bestrafung der mehrsten Frevel ordnet, nur für Pommern erlassen, und obwohl es auch für die Kur- und Neumark oft in Anspruch genommen, ja sogar im Hoffmannschen Repertorium der Brandenburgischen Landesgesetze als gültig aufgeführt worden ist, so haben sich doch die Gerichte bald geweigert, es in dieser Provinz anzuwenden, bald in Ermangelung anderweitiger Bestimmungen sich auch wohl darauf bezogen.

Weit schlimmer ist aber noch die Verwirrung in den Theilen der Monarchie, welche 1806 davon getrennt, oder erst 1815 damit vereinigt wurden. In den Westphälisch gewordenen Landestheilen wird Manches noch von den forstpolizeilichen Vorschriften des Königreichs Westphalen erhalten; in den sächsischen und rheinischen Provinzen, im ehemals Schweden gehörigen Pommern (Reg. Bez. Stralsund) und dem ehemaligen Großherzogthum Warschau, ist keinesweges die frühere Provinzial-Gesetzgebung ganz aufgehoben, denn selbst da, wo das allgemeine Landrecht eingeführt ist, verweiset dies stets auf die Provinzial-Forstordnungen, und hebt überhaupt keinesweges die Provinzial-Gesetzgebung auf.

Noch übler aber ist es in den Rheinprovinzen, wo das allgemeine Landrecht noch nicht eingeführt worden ist. In dem kleinen Striche, welcher 1669 schon mit Frankreich vereinigt war, dürfte unleugbar die Ordonnance von diesem Jahre und die ganze später erfolgte französische Gesetzgebung in Kraft sein, in sofern sie nicht seit 1815 durch ein Gesetz direkt oder indirekt aufgehoben worden ist. Für den Theil des linken Rheinufers aber, welcher erst nach 1793 mit Frankreich vereinigt wurde, ist der französische Forstcodex eigentlich niemals durch ein bestimmtes Gesetz eingeführt worden, und er war mehr durch die Praxis der Verwaltungsbehörden in Kraft getreten, als durch eine formelle gesetzliche Verordnung, weshalb die preußischen Behörden auch denselben nicht als gesetzlich gültig betrachten. (Siehe über die Gültigkeit des französischen Forstcodex: Kamptz Annalen XI. Bd. 2tes Heft, Seite 487, XII. Bd. 4tes Heft, S. 1084). Daraus würde nun erfolgen, daß die Forstordnungen aller der kleinen Länder, woraus die Rheinprovinzen zusammengesetzt worden sind, wieder in Kraft träten, denn sonst würde der Richter oft gar keine Norm zur Entscheidung in vielen Fällen haben (und hat sie auch wohl nicht), da keine der preußischen, alten Forstordnungen hier anwendbar ist.

Fügen wir noch hinzu, daß eine große Menge älterer Gesetze durch die gänzlich in der neuern Zeit geänderte Kulturgesetzgebung bald direkt, bald indirekt aufgehoben sind, letzteres, indem zwar nicht ein ausdrücklich es anders bestimmendes Gesetz erlassen wurde, aber indem doch das ältere ganz im Widerspruche mit dem Geiste der neuern Gesetzgebung stehet. Man darf nur die Kompilation, welche Zeller *) ohne alle Kritik zusammengeschrieben hat, in die Hand nehmen, um zu sehen, wie vorsichtig man ein älteres Gesetz aus Mylius Ediktensammlung ꝛc. als zu beachtend anführen muß. Daß die Holzausfuhr jetzt erlaubt ist, daß die Vorschriften über die Kämmereiforsten und Unterthanenwälder nicht mehr gelten u. s. w., hätte Hr. Zeller freilich wohl wissen, und veraltete Gesetze deshalb ausscheiden können, da ihre Aufhebung direkt durch die neue Steuergesetzgebung, das Kulturedikt, die Städteordnung u. s. w. erfolgt ist. Dagegen ist aber der Mastzwang, wonach die Unterthanen 5 Meilen in der Runde um

---

*) Die Forst-, Jagd- und Fischerei-Polizei in den preuß. Staaten Ein Handbuch ꝛc. von Zeller. 3 Bände, Quedlinburg 1830, bei Basse.

her, bei einem Mastjahre die Schweine in die Königl. Forsten zu bringen gezwungen waren, zwar niemals direkt aufgehoben, aber man würde einen Forstbedienten für wahnsinnig halten, der das Mastpatent von 1679, das Mastedikt vom 28. Juli 1710 und die Forstordnung von 1720 in den Marken, in dieser Hinsicht geltend machen wollte, da der Geist der Gesetzgebung sich ganz geändert hat. — Aeltere Gesetze können deshalb nur mit der größten Vorsicht als geltend angesehen werden, da dies nur dann geschehen kann, wenn sie nicht auf diese Weise indirekt aufgehoben worden sind.

Im Allgemeinen bemerken wir deshalb ausdrücklich, hinsichts der Anwendbarkeit der angeführten Gesetze, Folgendes:

Die ganze ältere Forstgesetzgebung in Preußen ist so sehr im Widerspruche mit der neuern Kulturgesetzgebung seit 1808, daß ihre Kenntniß eher einen historischen als praktischen Werth hat, und man sehr vorsichtig sein muß, wenn man auf ein Gesetz vor dieser Zeit, selbst in den ältern preußischen Provinzen, sich berufen will. Der Zweck dieser Mittheilung ist mehr, eine Notiz zu geben, daß ein Gesetz über diesen Gegenstand da ist, als behaupten zu wollen, daß die Behörden dessen Gültigkeit anerkennen werden. Dazu kommt noch, daß die mehrsten der angeführten Gesetze sich nur auf einzelne Provinzen beziehen.

Die in Mylius Ediktensammlung stehenden Gesetze gelten, in sofern nicht eine Provinz darin benannt worden ist, für welche das Gesetz besonders gegeben wurde, für die alten Provinzen des preuß. Staats, mit Ausschluß Schlesiens, welches seine eigene Gesetzsammlung von 1740 bis 1806 unter dem Titel hat: Sammlung aller in dem souverainen Herzogthume Schlesien und der Grafschaft Glatz publicirten Ordnungen 2c., Breslau bei Korn; später (von 1771) Sammlung alter und neuer Schlesischer Provinzialgesetze, Breslau, Korn. Doch sind diese Gesetzsammlungen in Forstsachen wenig beachtungswerth, da die Forstordnung von 1756 und deren spätere Declaration das Geltende alles enthält.

Das allgemeine Landrecht hat Gültigkeit, mit allen dazu gehörigen Gesetzen, bis an das rechte Rheinufer, worüber Strombecks Ergänzungen, 1ster Theil, das Nähere enthalten (S. 1 — 38), worin die Ausnahmen, so wie die Einführungstermine speciell nachgewiesen sind.

Am linken Rheinufer gilt zum großen Theile noch die französische, obwohl vielfach modificirte Gesetzgebung.

Hinsichts der Provinzial-Forstgesetze vor der Vereinigung der Landestheile mit dem preußischen Staat, welche 1815 hinzugekommen sind, enthalten die Beiträge zur Statistik des preuß. Staats, Berlin 1821 (aus dem statistischen Büreau), die Nachweisung der frühern Landeshoheit, und nöthigenfalls würde man über einzelne Orte noch vollständige Auskunft über den frühern Besitzstand in v. Lancizolle's Nachweisung des Territorialbesitzes in Deutschland vor der französischen Revolution, finden können. Im 18ten Bde. des Moserschen Forst-Archivs, Ulm 1796, findet man dann eine ziemlich vollständige Nachweisung aller einzelnen deutschen Forstordnungen, auf welche hinsichts der ältern Forstgesetzgebung zurückzugehen ist. Die Märkergedinge u. s. w. sind dagegen in den Forstrechts-Schriftstellern zerstreuet. Die Forst- und Jagdgesetze der Nassauischen Lande, von denen ein Theil an Preußen gekommen ist, sind durch Laurop und Behlen, Hadamar 1828, gesammelt und herausgegeben.

Außer den eigentlichen Forstpolizei-Gesetzen sind auch noch einige rein administrative Vorschriften, die Staats-Forstverwaltung betreffend, mit aufgenommen worden, weil deren Kenntniß dem preußischen Staats-Forstbeamten nöthig ist. Man darf jedoch nicht vergessen, daß die Gerichte bloßen administrativen Vorschriften keine Gesetzeskraft beilegen, wenn es Streitigkeiten zwischen dem Fiscus und den Berechtigten u. s. w.

betrifft. Auch hat natürlich nur auf diejenigen Verwaltungs-Vorschriften Bezug genommen werden können, welche durch den Druck öffentlich bekannt gemacht worden sind. —

Jeder, welcher einigermaßen im Stande ist, die Schwierigkeit dieser beabsichtigten Nachweisung zu beurtheilen, wird den Verfasser wegen deren Unvollkommenheit entschuldigen. Es ist zu wünschen und zu hoffen, daß bei der beabsichtigten Revision der Forstpolizei-Gesetzgebung nicht bloß dieselbe in mehr Einklang mit der Gesetzgebung überhaupt gebracht wird, sondern daß auch alle wirklich noch geltenden Gesetze, für jede Provinz in der Provinzial-Forstordnung klar und übersichtlich zusammengestellt werden.

Einige ältere Gesetze, von denen man eben so wenig sagen kann, daß sie aufgehoben sind, als daß man mit Bestimmtheit darauf rechnen dürfte, daß sie noch überall von den Gerichten als gültig anerkannt werden, sind mit einem * bezeichnet.

Die Abkürzungen der Gesetzsammlungen, welche angeführt wurden, sind folgende:

Allgemeines Landrecht füt die preußischen Staaten. A. L. R. (Theil Th., Titel Tit.)

Mylius Edikten-Sammlung der preußischen Landesgesetze. M. E. S., und dessen neue Sammlung. M. N. E. S.

Kamptz Annalen der innern Staatsverwaltung Preußens, Berlin 1817—1831. K. A.

Hoffmanns Repertorium der Preußisch-Brandenburgischen Landesgesetze, Züllichau bei Darnemann. H. R.

Gesetz-Sammlung für Preußen. G. S.

Amts-Blätter. A. B.

Hermes Handbuch der Forst- und Jagdgesetze in den preußischen Rheinlanden am linken Rheinufer, Aachen 1830. H. H.

Repertorium der Polizei-Gesetze, von Heide, Halle 1820. H. P. G.

Ergänzungen des Allgemeinen Landrechts von Strombeck, Leipzig, Brockhaus. E. G. St.

Ministerial- für die innere Verwaltung des Preuß. Staats. M. B.

Die schon früher in der ersten Abtheilung dieser Schrift (Repertorium der forstwissenschaftlichen Literatur) bereits angeführten Forstordnungen u. s. w. sind, um Wiederholungen zu vermeiden, nicht nochmals aufgenommen worden, und es ist bloß auf dieses Repertorium zurückgewiesen.

Daß die Privatsammlungen, z. B. Hermes Handbuch u. s. w. nur benutzt werden können, um sich von dem Inhalte eines Gesetzes zu unterrichten, daß der Richter sie aber nicht bei seinem Urtheile berücksichtigen kann, da hier bloß die officiellen Gesetzsammlungen beachtet werden dürfen, wird wohl kaum einer Erwähnung bedürfen.

I. Gesetze zur Verhütung von Wasserschäden, Vorfluth-Ordnung, Deich-, Damm- und Flußpolizei.

1. Vorfluth-Gesetze.

Edikt vom 6. Juli 1793. M. E. S.

Vorfluth-Edikt vom 15. Nov. 1811. G. S. 1811 Nr. 23.

Publikandum der Königl. Reg. zu Königsberg vom 8. März 1816. K. A. II. 1.

Verordnung der Königl. Reg. zu Merseburg vom 11. Juli 1816. A. B. 1816 Nr. 24.

Verordnung der Königl. Reg. zu Reichenbach vom 14. Nov. 1816 A. B. 1816 Nr. 30.

Allg. Ld. R. Th. I. Tit. 8 §. 96 sq.

K. A. 1833. II. 517. IV. 1069.

2. Flußpolizei.

Graben-, Deich-, und Uferordnungen betreffend. Siehe 1. Abth. d. Repert. S. 143 u. 144.

Außerdem:

Graben- und Schau-Ordnung für den Lug, die Randow genannt, zwischen Pommern und der Uckermark, vom 23. Juli 1738. M. E. S.

Deich-Ordnung für die Saaldeiche, vom 9. Sept. 1778. M. N. E. S. 1778.

Wasser- und Ufer-Ordnung für den Ruhrstrom in der Grafschaft Mark vom 10. März 1781. M. N. E. S. 1781.

Graben- und Schau-Ordnung des Rutheflusses vom 19. Septbr. 1781. M. N. E. S. 1781.

Cirkular-Verfügung wegen Abwendung der Wasserschäden an den Elbdeichen, der Magdeburger Krieges- und Domänenkammer vom 30. Nov. 1798. H. P. G. 3 Bd. S. 13.

Deich- 2c. Ordnung für den Warthebruch vom 27. März 1802. H. P. G. 3. B. S. 60.

Publikandum der Königl. Reg. in Breslau, den Klodnitzkanal betreffend, vom 4. Aug. 1812. A. B. 1812. Nr. 27.

Deich- und Uferordnung für Ostpreußen und Litthauen vom 14. April 1806. G. S. 1837. S. 57.

Kabinetsordre über Erhaltung Benutzung der Deiche, vom 27. Febr. 1816. G. S. 1816. Nr. 6. E. G. St. 2. Th. S. 620.

Strom- und Ufer-Ordnung für den Lippefluß vom 2. Mai 1817. K. A. I. 2.

Verfügung wegen Ausführung der Uferbauten. K. A. 1837. I. 80.

Schonung, die Buhnen betreffend.

Patent wegen Schonung der Buhnen v. 12. Juli 1727. M. E. S.

Deklaration desselben v. 9. Aug. 1793. M. N. E. S. IX. 1641.

Ministerial-Rescript vom 12. Mai 1818. K. A. II. 1. S. 503.

Holzabgabe zum Bau der Rheinufer, aus den Privatforsten. H. H. S. 563.

Flößerei betreffend.

Edikt vom 24. Juni 1724. M. E. S.

Publikandum vom 27. Aug. 1784. M. E. S.

Regulativ vom 15. März 1787. H. R. 3te Forts. Anh. S. 513.

Flößerei auf der Oder. Breslauer A. B. 1814. Nr. 39.

Allg. Ld. R. Th. II. Tit. 15. §. 57. sq.

Holzflößerei auf dem Rheine. G. S. 1831. S. 95—131.

Leinpfade betreffend.

Allg. Ld. R. Th. II. Tit. 15. §. 57 sq.

Für das linke Rheinufer. H. H. S. 115. 498. K. A. 1834. III. 853.

Alluvionen (Benutzung und Anbau) betreffend.

Allg. Ld. R. Th. I. Tit. 9.

Französische Gesetzgebung. H. H. S. 421.

II. Flugsand und dessen Bindung.

* Cirkular vom 23. Januar 1768.	M. N. E. S.
* — — 18. Octbr. 1768.	
* — — 17. Juli 1782.	

Verfügung der Stettiner Reg. vom 18. Apr. 1818. K. A. 1818.
Dieselbe der Stralsunder Reg. vom gleichen Dat. das.
Gesetz über die Rechte der nach 1810 erbauten Windmühlen. G. S.
Beschützung der Dünenpflanzungen. Publikandum der Königl. Reg. zu Danzig vom 31. Mai 1821. K. A. V. 2. S. 447.

III. Waldfeuer, dessen Entstehung und Löschung.

Kohlen=Ordnung vom 18. Juni 1779. M. N. C. S. 6. Bd. S. 1422. Verordnung für Pommern vom 22. Juni 1800. H. R.
Amtsblatt des Rör=Departements vom 22. Nov. 1814.
Kabinetsordre vom 31. Aug. 1815. G. S. 1816. (das Tabacksrauchen in den Wäldern betreffend).
Publikandum der Königl. Reg. in Königsberg vom 20. März 1818. K. A. II. 1.
Publikandum der Kgl. Reg. in Köln vom 25. Aug. 1818; vom 20 Aug. 1820; vom 2. Sept. 1822. K. A. II. 3. u. VI. 2.
Publikandum der Königl. Reg. in Cöslin vom 15. Januar 1819. K. A. III. 2.
Publikandum der Königl. Reg. in Posen vom 16. März 1825. K. A. IX. 2.
Verordnung für Westpreußen. K. A. IX. 2.
Die verschiedenen Forst=Ordnungen für die östlichen Provinzen; siehe Pfeil Rep. für Forstwissenschaft. S. 92.
Allg. Ld. R. Th. I. Tit. 20. §. 1551 sq.
M. N. C. S. I. S. 130; III. S. 391; V. S. 191. VI. S. 191.
Französische Gesetzgebung. H. H. S. 106. 295. 531.
Ministerialblatt 1843. S. 112. 263.

IV. Schaden durch Wildprett.

Siehe die Jagdgesetzgebung Preußens in den krit. Bl. für Forstwissensch. III. 2. S. 174.
Gesetz über Benutzung der Jagden auf dem linken Rheinufer. G. S. 1830.

V. Schaden durch Forst=Insekten.

Verbot des Sammelns der Ameiseneier in den Marken und Pommern, vom 26. Aug. 1796, u. 15. Juli 1800. H. R. 3. Forts. S. 287.

* Cirkular wegen Verminderung der Kienraupen v. 25. Aug. 1798. M. N. C. S.

Die Schonung der Dohlen und Krammetsvögel in den Marken und Pommern, vom 26. Aug. 1799 und 24. Sept. 1800. H. R. 3. Forts.

Rescripte der Ministerien des Innern und der Finanzen vom 20. Febr. 1821 und 3. Febr. 1827, über die Mitwirkung der Holzberechtigten zur Vertilgung der Forstinsekten. K. A. ders. Jahre.

Abändernde Verfügung vom Jahre 1831. K. A. 1831.

Publikandum der Königl. Reg. zu Posen, die Vertilgung der schädlichen Holzraupen betreffend, vom 17. März 1827. K. A. XI. 1. S. 76.

Ministerial-Verfügung über Vertilgung der Heuschrecken, vom 27. Juli 1827. K. A. XI. 3. S. 658.

Vertilgung des Kiensprossenwicklers. K. A. XIII. 3. S. 507.

— des Borkenkäfers. K. A. XIV. 2. S. 300.

Schonung der Nester der Vögel für den Stralsunder Reg. Bez. K. A. V. 3. S. 386.

Vorschriften zur Vertilgung der Kieferraupen und der Heranziehung der Anwohner des Waldes. K. A. 1838. II. 304. 1839. II. 316. M. B. 1840. 199. 425. 1841. S. 45. 249.

Verbot des Sammelns der Ameiseneier. K. A. 1838. II. 303.

Schonung der Vögel zur Raupenvertilgung. K. A. 1832. III. 643.

VI. Kontrole der Communal-Forsten.

Die Verwaltung der den Gemeinden und öffentlichen Anstalten gehörigen Forsten in den Provinzen Sachsen, Westphalen, Cleve-Berg und Niederrhein betreffend. Verordnung vom 24. Dec. 1816. G. S. 1817. Nr. 6.

Die Königl. Forstbeamten müssen sich Aufträgen der Regierungen bei der Communal-Forstverwaltung unterziehen. Ministerial-Verfügung an die Regierungen über dem linken Elbufer, vom 3. Febr. 1818. K. A. II. S. 46.

Instruktion zur Verwaltung der Communal-Forsten. Regierungs-Verfügung der Reg. zu Coblenz vom 25. Sept. 1819. K. A. III. 3. S. 670.

Die Haubergs-Ordnung für die Grafschaft Sayn-Altenkirchen betreffend. K. A. V. 3. S. 582.

Den Städten, welche die Städte-Ordnung vom Jahre 1808 besitzen, steht die Verwaltung ihrer Forsten zu. S. S./ Städte-Ordnung E. G. St. 2. Th.

Verbot des Schaf- und Ziegenhaltens in den Communalforsten der Rheinprovinz. K. A. 1838. II. 340.

Die Verwaltung der Gemeinde- und Institut-Waldungen in der Rheinprovinz. K. A. 1839. I. 23.

Anmerk. Die Privatforsten stehen zwar nach dem Kultur-Edikt vom 14. September 1811 nicht unter Kontrole der Staatsbehörden, doch sind diejenigen Rittergutsbesitzer, welche einem Kreditsysteme beigetreten, und deren Güter und Forsten mit Pfandbriefen belastet sind, verpflichtet, sich bei Bewirthschaftung derselben den Vorschriften des Kredit-Reglements zu unterwerfen, auf welches bei vorfallenden Untersuchungen Bezug genommen werden muß. Auch würde für die Rheinprovinzen die Ministerial-Verfügung vom 31. März 1826 zu beachten sein. K. A. X. 1. S. 35.

VII. Devastation der Forsten.

Ueber eine Devastationsuntersuchung nach preuß. Gesetzen, s. Krit. Bl. für Forstwissensch. III. 1. Leipzig, bei Baumgärtner.

Theilung der Privatforsten. K. A. 1837. II. 386.

VIII. Grenzen.

Anfertigung der Grenzzeichen, Grenzkarten, Revision der Grenzen betreffend.

Instruktion für Geometer vom 10. Octbr. 1780 und

Nachtrag vom 24. Decbr. 1783.

Allgemeines Reglement für Feldmesser vom 29. April 1813.

Instruktion für die Königl. preuß. Revierförster v. 2. April 1817. §. 83.

Publikandum für Ostpreußen und Litthauen vom 1. Februar 1819. K. A. III. 1. S. 65.

Instruktion für die Königl. preuß. Forstgeometer v. 13. Juli 1819.

Vermessung benachbarter Grundstücke an Königl. Forstgrenzen. Verfügung der General-Commission von Pommern vom 22. Oct.

1824. K. A. VIII. 4. S. 1026. Kabinetsordre vom 6. Febr. 1826. K. A. X. 2.

Die Sicherung der Forstgrenzen durch Forststrafarbeiter s. Verwendung der Forststrafarbeiter.

Grenzen im Allgemeinen betreffend.

Allg. Ld. R. Th. I. Tit. 8 und 9; Th. I. Tit. 17. 5r Abschn.

Französische Gesetzgebung. H. H. im Register Art. Grenzbezeichnung u. s.

IX. Bestrafung der Holzentwendungen.

a. Gemeiner Holzdiebstahl.

Gesetz vom 7. Juni 1821. G. S. 1821.

Deklaration dieses Gesetzes vom 6. März 1827. G. S. 1827.

Nöthige Atteste zum Holzverkaufe in die Städte ꝛc. K. A. I. 1.; II. 1 und 3.; VIII. 3.; XIV. 1. G. S. vom 30. Juni 1839 M. B. 1840. S. 30 u. 490. K. A. 1839. I. 31. II. 326. M. B. 1841. 251.

b. Ausführung der Bestrafung durch Forststrafarbeiter ꝛc. und deren Verwendung.

Gesetzsamml. 1834. S. 67. M. B. 1840. S. 199. 1841. S. 306. 1843. S. 54. K. A. 1837. II. 336. III. 612.

Gesetzsamml. 1834. S. 67. 1835. 135. 1842. S. 111. K. A. 1833. II. 315. III. S. 13. 1834. IV. 954. 1835. II. 354. IV. 954. 1835. II. 354. IV. 939. K. A. 1822. II. 622.

c. Schwerer Holzdiebstahl.

*Publikandum vom 1. Octbr. 1787. Die Entwendung der Nummer- und Schlagpfähle betreffend.

Gesetz vom 7. Juni 1821 §. 32. sq.

Allg. Ld. R. Th. II. Tit. 20.

d. Vereinbarung Preußens mit fremden Staaten zur Bestrafung der an den Grenzen vorfallenden Forstfrevel.

Gesetzsammlung: Königreich Sachsen. 1835. 223. Sachsen-Altenburg 1832. 111. S. Koburg-Gotha 1834. 15. S. Meiningen 1831. S. 158. Waldeck 1831. 50. Reuß-Plauen 1834. 129. Mecklenburg 1838. S. 30. 31. Braunschweig 1839. 67. Anhalt-Bernburg 1839. 252. Oesterreich 1842. 112, so wie mit allen übrigen deutschen Bundesstaaten in der Gesetzsammlung von 1822 bis 1831.

Verjährung der Holzstrafen.

K. A. VII. 2. S. 284.

Visitation der Gebäude nach Holz.

K. A. III. 2. S. 344 und IX. 2. S. 327.

Waffengebrauch gegen Holz- und Wilddiebe.

Gesetz vom 31. März 1837. G. S. 1837. S. 65. Instruktion dazu vom 17. April 1837. K. A. 1838. II. 325. M. B. 1840. S. 198. 1841. S. 95. 252. 1842. S. 167. 1843. S. 251.

Widersetzlichkeit gegen die Forstbeamten.

Gesetzsamml. 1837. S. 67.

X. Forstfrevel und deren Bestrafung.

Beschädigung des Holzes durch Klopfen, Schälen, Ringeln betreffend.

*Publikandum vom 21. Sept. 1765. M. N. C. S.
*Edikt vom 3. Mai 1770. M. N. C. S.
*Verordnung vom 22. Juni 1800. für Pommern. H. R.
*Französische Gesetzgebung H. H. S. 145. 299. 306. 527. 528.
Allg. Ld. R. Th. II. Tit. 20. §. 210. 211. 1488. sq.

Entwendung von Holzprodukten und deren Bestrafung.

Gesetzsamml. 1839. S 173. 1838. 431. K. A. 1839. II. 319. M. B. 1840. S. 66.

Bestrafung der Forstpolizeivergehen durch die Forstpolizeibehörde und Forstpolizeigerichte.

K. A. 1833. II. 314. III. 613. 1838. I. 58.

Beschädigung der an die Wege gepflanzten Bäume.

*Publikandum vom 27. April 1745. M. C. S. auch H. P. G. 3. Bd. S. 462.

Publikandum vom 21. Sept. 1765. M. C. S.

Verordnung der Reg. von Ostpreußen vom 20. April 1811. A. B. 1811. Nr. 2.

Verordnung d. Reg. und des Oberlandesgerichts von Pommern, vom 18. Juli 1811. H. P. G. 3. Bd. S. 463.

Cultur-Edikt vom 14. Sept. 1811. §. 35.

Publikandum der Königl. Reg. in Reichenbach. K. A. I. 1. S. 260.

Verordnung der Königl. Reg. in Posen vom 22. Sept. 1816. A. B. 1816. Nr. 8., und vom 2. Octbr. 1816. A. B. 1816. Nr. 24.

Verordnung der Königl. Reg. in Merseburg vom 23. Mai 1818. A. B. 1818. Nr. 21.

Ministerial-Rescript vom 11. Dec. 1818. K. A. X. 1. S. 127.

Publikandum der Königl. Reg. in Oppeln vom 28. Febr. 1819. K. A. III. 1. S. 71.

Ministerial-Rescript vom 25. Oct. 1820. K. A. IV. 4. S. 888, und vom 30. Jan. 1826. K. A. X. 1. S. 127.

Allg. Ld. R. Th. II. Tit. 20.

Beschälen der Bäume.

M. B. 1840.

Verbot des Besenreis-Schneidens

Publikandum vom 3. Febr. 1802. M. N. C. S. 1802. auch H. P. G. 3. Bd. S. 486.

Desgl. der Königl. Reg. zu Erfurt v. 8. Juni 1817. K. A. 1. 1.

Verordnung der Königl. Reg. zu Königsberg. K. A. II. 3. S. 661.

Rescript wegen Einbringung der Besen in die Städte, vom 7. Sept. 1818. H. P. G. 3. Bd. S. 488.

Verbot des Abschneidens junger Hölzer verschiedener Art.

*Edikt, die Verfertigung von Peitschenstöcken aus jungen Eichen verbietend, vom 15. Aug. 1722; 21. Mai 1739; 19. Juli 1770. M. C. S. und M. N. C. S.

* Cirkular, das Verbot des jährlichen Maiensetzens betreffend, vom 11. Juli 1744. M. C. S., und vom 14. Sept. 1769. M. N. C. S. auch H. P. G. 3. Bd. S. 481.

Edikt das Abschneiden von Quirlen betreffend, vom 6. Jan. 1773. K. A. I. 1. S. 66., auch H. R. S. 392.

Publikandum desgl., vom 6. März und vom 8. Okt. 1789. H. R. S. 396.

Publikandum, die Beschädigung junger Bäume betreffend, vom 13. Mai 1773. M. N. C. S. 1773. S. 129.

Publikandum wegen des den Schiffern untersagten Ausschneidens der Eichen zu Wieden ꝛc., vom 23. Sept. 1791. Hahn, Handbuch zur Kenntniß des preuß. Polizei- und Cameralwesens. 2. Bd. S. 205.

Verbot des Abhauens von Holz zur Ausschmückung der Häuser ꝛc. bei Festlichkeiten, am Rhein. H. H. S. 360.

Publikandum der Königl. Reg. zu Breslau, das Abschneiden von Sommer (junger Zweige) betreffend, vom 17. März 1817. K. A. I. 1.

Publikandum der Königl. Reg. zu Erfurt, das Abschneiden von Quirlen und andere Mißbräuche betreffend, vom 8. Juni 1817. K. A. I. 1.

* Rescript des Ministeriums des Innern, die Verfertigung von Pfeifenröhren aus jungen Baumschüssen betreffend, vom 8. Juli 1817. K. A. I. 3.

Entwendung der Tannen zu Christbäumen. K. A. 1837. II. 337.

Entwendung des Ginsters K. A. 1834. III. S. 1.

Verbot und Bestrafung des unbefugten Harzscharrens K. A. 1837. IV. 909. 1838. IV. 882.

Kompetenz der Friedensgerichte in den Rheinprovinzen, über geringe Forstfrevel zu erkennen. Gesetz vom 7. Juni 1821. G. S. 1821. Nr. 9.

Das Aufsuchen von Heidelbeeren, Erdbeeren und Schwämmen betreffend.

Publikandum für die Kurmark vom 4. April 1803. M. N. C. S., auch H. P. G. S. 491.

Rescript des Justizministers vom 22. Sept. 1822. v. Kamptz Jahrbücher 20r Bd. S. 78.

Anordnung zur Sammlung der Waldbeeren und Früchte. K. A. 1837. III. 611.

Verordnung über die Waldrebenutzungen. Gesetzsammlung 1843. S. 92.

Grasschneiden und dessen Verbot.

Rescript, das Grasschneiden verbietend, vom 5. März 1770. H. R. S. 285, und vom 10. Juli 1797 das.

Verordnung für Pommern vom 22. Juni 1800. H. R.

Siehe Forstordnungen.

XI. Bestrafung der Hütungsfrevel und deren Verhütung.

Siehe Forstordnungen.

a. Verhütung der Schadenhütungen.

Rescript vom 11. Jan. 1790. M. N. C. S. VIII. S. 2853. (Befriedigung der Schonungen).

Verordnung für Pommern vom 22. Juni 1800. §. 2. H. R.

Verbot des Nacht- und Einzelnhütens. Kultur-Edikt v. 14. Sept. 1811. §. §. 32 bis 39.

Fremde Viehtreiber dürfen nicht in Nebenwegen und Schonungen hüten. M. N. C. S. X. 1497. — Merseburger A. B. 1816. Nr. 19.

Verfügung der Königl. Reg. zu Gumbinnen vom 20. Juni 1821. K. A. V. 2. S. 332.

Ministerial-Verfügung vom 30. October 1828. K. A. XII. 4. S. 993.

Befriedigung der Schonungen. Allg. Ld. R. Th. I. Tit. 22. §. 179.

Verbot der Ziegenhütung in den Gesetzen vom 7. Febr. 1685.; vom 17. Juni 1690.; vom 18. Sept. 1705.; vom 27. Nov. 1719.; vom 24. Nov. 1794. M. C. S. und N. C. S. — in sämmtlichen Forstordnungen; — H. H. S. 57. 298. 299.; — Allg. Ld. R. Th. I. Tit. 22. §. 130.

Ausübung der Waldweide. K. A. 1835. I. 53. K. A. 1837. II. 335.

Verbot des Ziegen- oder Schaafhütens in den Communalforsten der Rheinprovinz. K. A. 1838. II. 340.

b. Bestrafung der Hirten, Pfändung des Viehes.

Publikandum vom 18. September 1784.
Rescript vom 11. Januar 1790.
Verordnung für Pommern vom 22. Juni 1800. und vom 8. April 1806.
} M. N. C. S.

Kultur-Edikt vom 14. Sept. 1811. §. §. 32 bis 35.

Rescript des Finanzministeriums, Pfandgeld für Gänse betreffend, vom 3. Novbr. 1827. K. A. VIII. 4. S. 27.

Pfändung des Viehes. Allg. Ld. R. Th. I. Tit. 14. §. §. 424 bis 429 und Th. I. Tit. 22. §. 180 sq.

Sämmtliche Forstordnungen.

Gesetzgebung am linken Rheinufer. H. H. S. 151. 301. 302. 305. 505. 516. 644.

XII. Vom Umfange der Weidegerechtigkeit.

Kultur-Edikt vom 14. Sept. 1811.

H. H. S. 52 bis 60. 354 bis 358. 391 bis 433. 458 bis 460. 473 bis 480. 601.

Zuweilen wird auch zurückgegangen auf:

Das Königl. Westphälische Dekret der General-Forstadministration vom 29. März 1808. Tit. XVII. §. §. 175. 176. (S. Laurop Annalen I. 2s und 3s Heft) — Die Königl. Sächsischen Bestimmungen über die in den Forsten auszuübenden Gerechtsame, vom 30. Juli 1813 ꝛc. (Codex Augusteus), Leipzig 1792; Schilling, Handbuch des im Königreiche Sachsen gültigen Forst- und Jagdrechts, Leipzig 1827.)

Festsetzung der Hütungstermine auf bestimmte Jahrestage. Verordnung v 31. Aug. 1800. M. N. C. S.; C. G. St. 1. Sammlung §. 882 sq.

Allg. Ld. R. Th. I. Tit. 22. §. 87 sq.

Vermehrung des Viehstandes, welcher im Walde gehütet wird. M. N. C. S. X. S. 1430.

Die Weidegerechtigkeit der Domainenbauern in Ost-, Westpreußen und Litthauen. Verordnung wegen der Immediat-Einsassen in Ostpreußen ꝛc. vom 27. Juli 1808.

Abfindung der ohne Eigenthum erblichen bäuerlichen Besitzer, die Waldweide betreffend. C. G. St. §. §. 1624. 1632.

Bei Dismembrationen der Bauergüter ꝛc. kann die Waldweide nicht mit getheilt werden, sondern sie bleibt bei dem Hauptgute. C.

G. St. §. 1764. Deklaration vom 29. Mai 1816. G. S.; K. A. I. 4.; II. 3.; IV. 1.

Dämme, Buhnen ꝛc. dürfen nicht behütet werden. Siehe Flußpolizei.

Mastungsreviere müssen mit der Hutung verschont bleiben. Allg. Ld. R. Th. I. Tit. 22. §. 188.

Auf Rohr, Schilf, das Recht des Abmähens, kann der Hütungsberechtigte keinen Anspruch machen. Allg. Ld. R. Th. I. Tit. 22. §. 132.

Schonungsanlagen auf Ländereien, die bei Gemeinheitstheilungen geistlichen Gütern zufallen. K. A. 1836. I. 117.

XIII. Gräserei-Gerechtigkeit.

Bedarf eines besondern Besitztitels.

Edikte vom $\frac{5}{24}$ März 1770 und vom 27. Januar 1797. M. N. E. S.

Forstordnung für Litthauen. Tit. XIV. §. 12.

Darf nur mit Blattsicheln ausgeübt werden. Allg. Ld. R. Thl. I. Tit. 8. §. 91.

Grundsätze der Ablösung und Entschädigung dafür. K. A. VII. 3. S. 602.

XIV. Laubstreifeln zu Futter.

Verbot durch die schlesische Forstordnung §. 8 d. — durch die sächsischen Bestimmungen im Herzogthum Sachsen verboten, s. oben Königl. Sächsische Gesetzgebung; — im Erfurter Reg. Bez. K. A. I. 2. S. 77.

XV. Holzungsgerechtsame.

1. Raff- und Leseholz.

Was dazu gehört. Allg. Ld. R. Th. I. Tit. 22. §. 215 sq.

Beschränkung auf den Bedarf. Kultur-Edikt vom 14. Sept. 1811. §. 26.

Bestimmungen hinsichts desselben in der Kur- und Neumark. Verordnung vom 18. August 1806. E. G. St. 1. Th. S. 294.; H. R. 2. Bd. S. 177 bis 179.

Cirkular-Verordnung, das Verbot der Beile betreffend, vom 22. Juni 1800. H. R. 3. Fortſ. Anhang. S. 569.

Brennholzgerechtigkeit kann bei Dismembrationen nicht getheilt werden. G. S. 1816.

Reſcript des Finanzminiſters vom 10. Dèc. 1823. K. A. VIII. 3. S. 720. Das Verbot, die Holzſchläge bis nach Beendigung derſelben zum Sammeln des Raff- und Leſeholzes zu betreten.

Daſſelbe in der Miniſterial-Verfügung vom 17. Mai 1824. H. R. 3. Fortſ.

Die Sammlung betreffend Verfügung im Reg. Bez. Merſeburg. K. A. VII. S. 605.

Die Holzgerechtigkeiten betreffend. H. H. S. 60 bis 66. 106. 391. bis 400.

Rechte der Schutzunterthanen. E. G. St. §. §. 1528. 1538.

Desgl. auf Gutsforſten. Edikt, die gutsherrlichen Verhältniſſe betr., vom 14. Sept. 1811.

Verabfolgung von Raff- und Leſeholz an Arme. K. A. 1832. IV. 874. 1837. II. 332.

2. Heidemiethe in den Marken.

Verordnung vom 18. Aug. 1806. M. N. E. S. XII. S. 718.

Märkiſche Forſtordnung. Tit. 4. H. R. 3. Fortſ.

3. Ueber die verſchiedenen Holzungsgerechtigkeiten.

Allg. Ld. R. Th. I. Tit. 22. §. 197 sq.

Gemeinheitstheilungsordnung §. 123 sq.

Kultur-Edikt vom 14. Sept. 1811.

Edikt, die gutsherrlichen Verhältniſſe betreffend.

4. Recht auf feſt beſtimmtes Deputatholz.

Umwandlung in Torf, Kabinetsordre vom 3. Oct. 1801. M. N. E. S. XI. S. 535.

Zur Ausgleichung des Maßes alter Deputatklaftern mit dem neuern Maße iſt zu benutzen:

Eytelwein, Vergleichung der preuß. Maße und Gewichte. Berlin 1810. Nachtrag 1817.

5. Das Recht auf Freibauholz.

Allg. Ld. R. Th. I. Tit. 22. §. 208 sq., desgl. die verschiedenen Forstordnungen.

Verpflichtung, Forstdienste für das Freibauholz zu leisten. Publikandum v. 17. Jan. 1789. M. N. E. S. VII. S. 3009.

Verbot der Schrootholzbauten vom 13. Aug. 1790. M. N. E. S. VIII. S. 2966.

Die Abfuhre betreffend. Publikandum vom 15. Mai 1793. Hahn, Handbuch 2r Bd. S. 207.

Reglement wegen Anordnung einer immediaten Forst- und Bau-Commission rc. vom 15. Sept. 1798. M. N. E. S. X. S. 1742 rc., die Freibauholz-Abgabe betreffend.

Westpreuß. Forstordnung vom 8. Oct. 1805. Tit. 2.

Gesetz für Westpreußen vom 16. Sept. 1806.; — für den Regierungs-Bez. Bromberg. K. A. VIII. 1. S. 64.; — für denselben. K. A. III. 2. S. 346.

Verordnung, Bauholz der Immediat-Einsassen von Ostpreußen betreffend, vom 27. Juli 1808. E. G. St. §. 1553.

Bauholz auf den Grundstücken der Tecklenburger Eigengehörigen. E. G. St. Th. 1. S. 477.

Größe der Gebäude auf den Königl. Domainen rc. K. A. XIV. 3. S. 504.

Freibauholz-Abgabe. K. A. XIV. 2.

Bestimmungen wegen der Verabfolgung des Holzes zur nicht vollen Bezahlung: Kabinets-Ordre vom 29. Sept. 1802. Verf. des General-Direktoriums, 19. Nov. 1802, wegen zu Grundlegung der Taxen von bestimmten Jahren, wonach in der Kur- und Altmark die Taxe vom 5. Juli 1792, in der Neumark die vom 24. Dec. 1799.; in Pommern vom 7. Dec. 1799.; in Ostpreußen vom 25. Sept. 1787 und Aug. 1796.; in Litthauen vom 10. Aug. 1790 und 31. Juli 1792.; in Westpreußen vom 16. Sept. 1778.; im Netzdistrikte vom 29. Dec. 1788 zu Grunde gelegt wird. H. R. 3. Forts. S. 297.

Verordnungen über die freie Bauholzabgabe. K. A. 1831. I. 94. 1837. II. 331. 1836. II. 300. 1834. II. 318.

Hölzerne Dachrinnen sind verboten. K. A. 1837. I. 245. 1835. I. 282.

In wiefern die Bedachung mit hölzernen Schindeln erlaubt ist. K. A. 1836. II. 431.

Kontrole des freien Bauholzes. M. B. 1843. S. 187.

Einreichung der Baupläne zur Abgabe von freiem Bauholze. M. B. 1840. S. 197.

XVI. Streugerechtigkeit.

Allg. Ld. R Th. I. Tit. §. 92 und Th. I. Tit. 22. §. 221.

Für den Reg. Bez. Frankfurt. K. A. I. 1.

Erfurt. K. A. VII. 3.

Merseburg. K. A. VII. 3.

H. H. S. 445. 622.

Verordnung über die Waldstreubenutzung. Gesetzs. 1843. S. 92. K. A. 1838. IV. 884.

Plaggen- und Bultenhieb betreffend.

Gemeinheitstheilungsordnung. (Beschränkung §. 166.)

XVII. Mastgerechtigkeit.

Allg. Ld. R. Th. I. Tit. 22. §. 187 sq.

H. H. S. 52 bis 60. 328. 391.

Siehe Forstordnungen.

Freischweine, wenn sie eingenommen werden müssen. H. R. 3. Forts. Rescript vom 15. Nov. 1753 und vom 7. Juli 1795.

XVIII. Wegegerechtigkeit und Wegebausachen.

Von deren Gebrauch und Beschaffenheit. Allg. Ld. R. Th. I. Tit. 22. §. 63 sq.

Freie Bauholzabgabe zu Brücken. K. A. 1835. I. 94.

Straßen- und Wegebesserungs-Reglement vom 23. März 1764. M. C. S.

Aeltere Wege-Reglements in Pommern. M. C. S. I. S. 335.

Cleve und Mark id. I. S. 391.

Churmark id. III. S. 379.

Preußen id. III. S. 435.; IV. S. 981.; VIII. S. 2477.

Halberstadt id. VI. a. S. 6241.

Westpreußen und Netzdistrikt id. X. S. 315.

Landstraßen= und Wege=Reglement für Schlesien und die Grafschaft Glatz vom 11. Jan. 1767.

Neuere Reg.=Verfügungen: Breslau, vom 6. Novbr. 1811. A. B. 1811. Nr. 30.
Reichenbach, vom 29. März 1817. K. A. I. 1 und 2.; II. 3.
Oppeln, vom 10. Apr. 1817. K. A. I. 2.; A. B. 1816. Nr. 22.
Gumbinnen, vom 12. April 1817. K. A. I. 2 und II. 2.
Stralsund, vom 16. Nov. 1817. K. A. I. 4.; II. 2.
Liegnitz, vom 19. März 1818. K. A. II. 2.

Rescript des Königl. Geheimen Staatsministeriums über Herstellung der Wege, vom 22. Mai 1818. K. A. II. 2.

Herstellung der Wegweiser: Patent vom 13. Juli 1701 and 22. Oct. 1712. M. C. C.

Breslauer A. B. 1811. Nr. 14.
Düsseldorfer A. B. 1816. Nr. 4.
Cölner A. B. 1816. Nr. 9.
Coblenzer A. B. 1816. Nr. 16.
Erfurter A. B 1816. Nr. 21.
Merseburger A. Bl. 1817. Nr. 17.
Münster A. B. 1818 vom 11. Febr.

K. A. 1837. IV. 1084. 1838. III. 588.

Beschädigung der Wegweiser. Allg. Ld. R. Th. II. Tit. 20. §. 1490.; K. A. XIV. 1. S. 175.

Zu dem Kunststraßenbaue müssen Kies und Steine verabfolgt werden. Kabinetsordre vom 11. Juni 1825. G. S. und 29. Febr. 1828. K. A. XII. 2. S. 546.

Bepflanzung der Wege mit Bäumen. K. A. II. 2 und 3. (Siehe oben Wegebesserung.)

Feste Taxe für die dazu aus den Königl. Forsten abzugebenden Baumpfähle.

Circular=Rescript des Königl. Finanzministeriums vom 12. Decbr. 1828. K. A. XII. 4. S. 902.

Verbot der Beschädigung der Abzugsgräben. K. A. I. 1. S. 261.

Straßen durch die Forsten in den ehemaligen französischen Provinzen. H. H. S. 113. 498. 677.

Unterhaltung der Communalstraßen in den Forsten. K. A. 1836. III. 707.

Verbot des Befahrens des Forstgrundes. K. A. 1836. IV. 849.

XIX. Pfändung überhaupt.

Pfändung der Forstcontravenienten in der Kur- und Neumark. Rescript vom 26. Nov. 1800. E. G. St. 1. Th. S. 168.

Abgabe der Pfänder an die Ortsbürgermeister. E. G. St. 1. Th. S. 168. Allg. Ld. R. Th. 1. Tit. 14. Abschn. 4.

Wo die Pfändung zulässig ist. K. A. 1839. III. 563.

Behandlung der Pfandbücher. K. A. 1839. II. 321.

XX. Gemeinheitstheilung (Servitut-Ablösung).

Gemeinheitstheilungsordnung vom 7. Jan. 1821. G. S.

Auch alle darauf Bezug habenden Deklarationen und andere Gesetze, zusammengestellt in

Jonas, Sammlung aller auf Gemeinheitstheilung Bezug habenden preuß. Gesetze. Berlin 1828. 2 Bde.

Ferner gehören hierher:

Instruktion der General-Commission in Breslau. 1841.

Dieselbe — — — Pommern. 1842.

Dieselbe der Regierung zu Frankfurt. 1843.

Dieselbe für die Kurmark 1833.

Kochs Agrargesetze 1843.

Dönniges Landeskulturgesetzgebung Preußens 1842.

Kretschmer Oeconomia forensis. 1832.

Dessen Concordanz der Agrargesetze. 1840.

Klebe, Grundsätze der Gemeinheitstheilung 1833.

XXI. Unterricht der Lehrlinge und Ertheilung der Lehrbriefe.

Ausstellung der Lehrbriefe betreffend.

*Publikandum vom 12. Nov. 1783. M. N. C. S. S. 2512.

Instruktion für Oberförster vom 21. April 1817. §. 19.

für Revierförster §. 20.

Ministerialverfügung vom 18. Juli 1820. K. A. IV. 3. S. 511. Desgl. vom 21. März 1831. §. 7.

Prüfung nnd Anstellung betreffend.

K. A. III. 3. S. 644 und 4. S. 911.; VI. 3. S. 863.; VII. 4. S. 863.; VIII. 1. S. 715.; IX. 3. S. 927.

Prüfung der Forstbedienten der Standesherren. Ministerial-Verfügung vom 6. März 1822. K. A. VI. 1. S. 69.

Bedingung der Gymnasialzeugnisse, Nr. I. und II. betreffend, um als Referendarius oder Oberförster im Staatsdienste angestellt zu werden. K. A. VIII. 1. S. 58.; IX. 4. S. 927.; Verfügung vom 21. März 1831.

Berechtigung des Fußjägercorps auf Unterförsterstellen. K. A. X. 2. S. 325.

XXII. Allgemeine Pflichten der Beamten. (Bestrafung und Entlassung ꝛc.)

Allg. Ld. R. Th. I. Tit. 14. Th. II. Tit. 10. 14. 18. Strombeck Ergänzungen 2r Th. S. 399 ꝛc.

Bestrafung ꝛc. Th. II. Tit. 20.

Entlassung auf administrativem Wege. Kabinetsordre v. 12. April 1822.; 21. Febr. 1823. G. S.

Rangordnung der Civilbeamten vom 7. Febr. 1817. G. S.

Kamptz Annalen der innern Staatsverwaltung, das Ministerialblatt enthalten eine Menge administrativer Vorschriften in Bezug auf diesen Gegenstand, die für Forstbeamte ziemlich vollständig zusammengestellt sind in: Schedens Encyklopädie der Preußischen Staats-Forst-Verwaltungskunde 1r Th. Königsberg bei Bon.

XXIII. Kenntniß der Instruktionen *).

Instruktion zur Geschäftsführung für die Regierungen in den Königl. Preuß. Staaten, vom 23. Oct. 1817. G. S.

Anweisung für die Regierungen in den Rheinprovinzen, über ihre

*) Diese Instruktionen und die, die Verwaltung betreffenden Verfügungen können nur so weit mitgetheilt werden, als sie gedruckt und öffentlich bekannt gemacht worden sind.

und der Gerichte gegenseitige Amtsbefugnisse v. 20. Juli 1818. Rhein. A. B. vom Jahre 1818.

Kabinetsordre, enthaltend die hauptsächlichsten Bestimmungen in Betreff des Geschäftsganges bei der Forstadministration, vom 20. Januar 1820. H. H. S. 92.

Cirkular=Verfügung des Königl. Finanzministeriums an die Regierungen vom 7. Febr. 1820.

Anweisung zur Geschäftsführung der Regierungen vom 31. Dec. 1825. G. S. 1826. Nr. 1.

Dienstinstruktionen für die Unterförster und Waldwärter, vom 21. April 1817. Dienstinstruktionen für die Revierförster, v. 21. April 1817. Dienstinstruktionen für die Oberförster v. 21. April 1817. Dienstinstruktionen für die Forstkassen v. 21. April 1817, mit Rücksicht auf die Cirkular=Verfügung vom 7. Febr. 1820.	Hartigs Archiv 1817.

Instruktion für die Ober=Rechnungskammer vom 18. Dec. 1824. K. A. IX. 1.

Kassen=Edikt v. 30. Mai 1769, Kassen=Regulativ v. 17. März 1828.

XXIV. Diäten und Reisekosten.

Reglement vom 28. Febr. 1816, aufgehoben durch das abgeänderte Gesetz vom 25. Juni 1825. G. S. 1825.

XXV. Pensionirung und Sterbemonat.

Strombeck Ergänz. 2r Th. S. 409. 808 ꝛc.

Kabinetsordre vom 31. Aug. 1824. K. A. VIII. 4. 967. K. A. XIII. 1. 2. 3.

Civil=Pensionsreglement vom 30. April 1825. K. A.

XXVI. Unterhaltung der Dienstgebäude.

Regulativ vom 3. Juli 1788.

Regulativ der Unterhaltungskosten in den Dienstgebäuden der Staatsbeamten, vom 18. Oct. 1822. (abgedruckt in Wöhners Handbuch des preuß. Kassen= und Rechnungswesens. Berlin 1824. S. 571.) E. G. St. 1. Th. S. 271.

Forstdienstgebäude dürfen nicht vergrößert werden.

Cirkular=Rescript vom 24. Nov. 1795. M. E. S. X. S. 787.
Circular=Verfügung des Königl. Finanzministeriums vom 7. Febr. 1820.
Kabinetsordre vom 3. Nov. 1822.
K. A. I. S. 66. 67.
Magdeburger A. B. 1823. S. 263,
Ministerial=Rescript vom 28. Oct. 1823.
K. A. VII. 4. S. 803.
Rescript des Finanzministers vom 28. Febr. 1825.

XXVII. Erwerbung von Grundstücken durch Forstbediente in der Nähe der Forsten.

Verbot, Kabinetsordre vom 5. Sept. 1821. G. S. 1821.

XXVIII. Adjunction auf Forstbedientenstellen.

Verbot, Kabinetsordre vom 9. Aug. 1809. M. N. E. S. XII. S. 830.

XXIX. Verbot in der Rheinprovinz in der Nähe der Waldungen zu bauen.

K. A. 1835. II. 504.
Hinsichts einer Menge Vorschriften, hinsichts des Verhaltens der Forstbeamten in ihrer Dienstführung, muß auf die schon erwähnte Encyklopädie von Scheden verwiesen werden.

Gedruckt bei Julius Sittenfeld in Berlin.

Erfahrungs-Tafeln

über

Massengehalt der in Deutschland in reinen Beständen vorkommenden Holzarten

in verschiedenem Alter für Hoch- und Niederwald

mit Angabe

des Nutzungsprozents, des Durchschnittszuwachses und Werthnutzungsprozents.

Nach den Angaben

des

Ober-Forstraths Dr. W. Pfeil

zusammengestellt

von

F. W. Schneider,

Prof. an der Königl. Preuß. höheren Forst-Lehranstalt

Berlin.

Verlag von Veit und Comp.

1843.

Erläuterungen

zu den

beigegebenen Holz=Ertragstafeln.

Um Mißdeutungen zu vermeiden, wird es nöthig sein, den Gesichtspunkt festzustellen, aus dem die nachfolgenden Ertragstafeln zu betrachten sind. Dabei wird zugleich auf dasjenige aufmerksam gemacht werden müssen, was dadurch nicht bezweckt werden soll. Sie sollen zuerst nicht die Holzmassen nachweisen, welche unter den verschiedenartigsten Verhältnissen mit Sicherheit von einem normalen Bestande in Deutschland in einem bestimmten Alter erwartet werden können. Diese können nach Boden und Clima so verschieden sein, daß man eine große Menge von Klassen bilden müßte, wenn man nur darnach alle Ertragsdifferenzen in den Ertragstafeln umfassen wollte, ungerechnet der größeren oder geringeren Ungewißheit, den möglichen Ertrag junger normaler Bestände im höheren Alter noch mit Sicherheit zu erhalten, was ebenfalls nicht unbeachtet bleiben kann. Dies wird sich am besten aus der Uebersicht ergeben, wie die verschiedenen beachtungswerthesten Schriftsteller den Ertrag der verschiedenen Holzgattungen, ausschließlich der Durchforstung, angegeben haben. Wir geben diese in Cubikfußen des jährlichen Durchschnittsertrages bei der vortheilhaftesten Umtriebszeit, da sich dabei die Vergleichung am besten machen läßt. Der Ober-Forstrath König giebt den jährlichen Durchschnittsertrag der Kiefer, ausschließlich der Durchforstung, in zehn Boden-klassen zu

79, 72, 64, 56, 48, 40, 32, 24, 16, 8 Cubikfuß an,

worin aber wohl die ganze Holzerzeugung begriffen ist.

Der Ober-Forstrath Cotta bildete zuerst*) ebenfalls 10 Boden-Klassen für die Kiefer und nahm für diese einen jährlichen Durchschnittsertrag von

65, 58, 52, 46, 40, 34, 28, 22, 16, 10 Cubikfuß an.

Später reducirte er diese 10 Klassen auf 5, welche er zu

58, 46, 35, 23, 12 Cubikfuß annimmt.

Hartig setzt den Ertrag seiner 5 Boden-Klassen ohne Durchforstung, Reis- und Stockholz zu

42, 37, 32, 27, 20 Cubikfuß an.

Klauprecht rechnet ihn im Spessart für 5 Boden-Klassen zu

55, 45, 37, 30, 27 Cubikfuß jährlich.

Der Forst-Inspector Huber will einen Durchschnittsertrag von 90—122 Cubikfuß jährlich in den Bairischen Alpen gefunden haben.

Diese Differenzen des Ertrages von 8 bis 100 Cubikfuß jährlich und noch mehr in den Erfahrungstafeln alle umfassen zu wollen, würde eine zu große Menge Boden-Klassen nöthig machen. Selbst wenn man 20 machte, wäre doch noch zwischen zweien immer eine Ertragsdifferenz von gegen 5 Cubikfuß jährlichem Durchschnittszuwachse oder bei 120 jährigem Umtriebe von 600 Cubikfuß Vorrath, was leicht nöthig machen könnte, noch eine Zwischen-Klasse einzuschieben, um die jungen Bestände richtig zu berechnen.

Die hier mitgetheilten Erfahrungstafeln sollen nun aber keinesweges die Ertragsfähigkeit des Waldbodens von ganz Deutschland, auf welchem Kiefern gebaut werden, umfassen. Sie beziehen sich nur auf eine Klasse desselben, auf den

*) Waldbau, 2te Auflage.

Sandboden des nördlichen und nordöstlichen Deutschlands, so weit er Meeresboden ist. Aber auch hier ist nicht einmal die ganze Holzerzeugung berechnet, denn nicht blos, daß die ganze Durchforstung nach den angegebenen Erträgen bei normalen Beständen zugesetzt werden muß, so ist in den Beständen über 60 Jahr auch alles Reisholz unter 2 Zoll, und alles Stockholz unberücksichtigt geblieben, da ersteres in den Staatsforsten beinahe nirgends benutzt wird, und letzteres bald mehr bald weniger rein gerodet wird, und deshalb sehr ungleiche Erträge liefert. Die Erfahrungstafeln geben nur die Holzmasse ausschließlich des Reis- und Stockholzes an, auf die man von regelmäßigen Beständen von 60 Jahr und darüber wirklich in diesem Boden an Scheit- und Knüppelholz wird rechnen können, wenn sich dieselben bis in das angegebene Alter voll erhalten. In dem Maaße, wie zu fürchten ist, daß dies nicht der Fall ist, werden die Erträge noch ermäßigt werden müssen.

Für den bessern Gebirgs- und fruchtbaren Lehmboden wird man andere, wie z. B. die Cotta'schen Tafeln zu Hülfe nehmen müssen, denn hier ändern sich nicht blos die Erträge überhaupt, sondern auch der Gang des Zuwachses wird ein anderer sein.

Aehnliche Bemerkungen müssen zu den Ertragstafeln für Fichten gemacht werden. Sie zeigen die Holzmassen welche man mit Sicherheit im bunten Sandsteine *) erwarten kann. Schon im Urgebirge derselben Waldgegend, in welcher dieselben entworfen sind, ändern sich diese Ertragsätze, indem man daselbst für 5 Boden-Klassen,

68, 61, 52, 41, 28 Cubikfuß Durchschnittszuwachs

rechnen kann, und im Sandsteingebirge nur

63, 55, 47, 38, 26 Cubikf. Durchschnittszuwachs.

Viele Forstmänner haben aber auch noch weit höhere Erträge in Fichten gefunden als diese sind.

*) Sie sind in den Beständen des Thüringer Waldes mit großer Sorgfalt gemacht und bei der Ertragsberechnung der dortigen Preußischen Forsten angewandt worden.

Hartig, welcher seine Untersuchungen im Schlesischen Gebirge und im Harze angestellt hat, bildet danach 5 Bodenklassen und giebt ihnen ohne Durchforstung

79, 70, 60, 52, 34 Cubikfuß Durchschnittszuwachs.

König nimmt diesen für 10 Ertragsklassen zu

88, 79, 70, 61, 52, 44, 35, 26, 17, 9 Cubikfuß an.

Cotta in seinen ersten Erfahrungstafeln hat auch 10 Klassen mit

66, 60, 53, 47, 40, 34, 28, 22, 15, 9 Cubikfuß Durchschnittszuwachs.

Später hat er diese in 5 mit

58, 47, 35, 23, 12 Cubikfuß zusammengezogen.

Der Sigmaringen'sche Oberforstmeister Karl nimmt sogar einen Durchschnittsertrag von 155 Cubikfuß jährlich für die beste Bodenklasse an.

Aber auch viele andere Forstmänner haben einen Ertrag von mehr als 90, 120 Cubikfuß und darüber in normalen Fichtenbeständen der bessern Bodenklassen gefunden. *) Es liegt daher klar vor Augen, daß eine Erfahrungstafel, die auf der einen Seite alle Ertragsdifferenzen der Fichtenbestände in ganz Deutschland umfassen, auf der andern doch aber auch die Klassen so enthalten sollte, daß keine zu große Differenz zwischen mit einander grenzenden läge, mindestens 25 und selbst 30 Klassen enthalten müsse; denn zwischen 9 und 155 Cubikfuß jährlichen Durchschnittsertrags liegt eine Holzmasse von 14600 Cubikfuß für den Preußischen Morgen, im 100jährigen Alter. Dagegen dürfte sich der Gang des Zuwachses im höhern Alter mehr auf allen Bodenklassen gleich bleiben.

Wenn wir nun aber annehmen, daß in den gegebenen beiden Erfahrungstafeln der Gang des Zuwachses für Kiefern und Fichten richtig dargestellt ist, — und wenn

*) Siehe darüber Kritische Blätter für Forstwissensch. 8. Bd. 1. Hft. S. 92.

wir die erstere Holzgattung blos auf Sandboden betrachten, so glauben wir dies, — so scheint es auch nicht nöthig zu sein, die Zahl der Bodenklassen so weit zu vermehren, als es nöthig wäre, um alle möglichen Ertragsdifferenzen darin zu umfassen. Wenn man dann nur einige normale Bestände im benutzbaren Alter von 50, 60, 70 und mehr Jahren vorfindet, so wird man sich aus der Holzmasse, die sie enthalten, sehr leicht die Abtriebserträge berechnen können, wenn man denselben Gang des Zuwachses annimmt. Nur muß man dabei allerdings bedingen, daß diejenigen normalen Bestände, die man zum Anhalte nimmt, hinsichtlich ihres Alters nicht zu weit vom Benutzungsalter abliegen. Aus der Holzmasse eines 60jährigen Kiefernortes wird man dann mit ziemlicher Sicherheit bei allen Bodenarten, in denen derselbe Gang des Zuwachses stattfindet, auf die Holzmasse schließen können, die ein 80- oder 90jähriger Bestand hat, aber freilich oft nicht mehr mit Sicherheit auf die, welche man von dem 120jährigen erwarten kann. Dazu würde man schon einen 80- bis 90jährigen normal bestandenen Ort haben müssen.

Ein 60jähriger Ort in der zweiten Bodenklasse soll 1885 Cubikfuß enthalten, ein solcher in der dritten 1480, und der erste dann im 90jährigen Alter 2774 Cubikfuß, der zweite 2141 Cubikfuß geben. Fände man nun einen 60jährigen Bestand, der 1682 Cubikfuß Masse enhält, also zwischen beiden mitten inne stände, so würde man ihn auch wohl mit Grund im 90sten Jahre mit 2457 Cubikfuß berechnen können.

Der Fichtenboden 1ster Klasse ist hier mit 3864 Cubikfuß im 70sten und 6160 Cubikfuß im 100sten Jahre angesetzt. Fände man nun einen Bestand, der mit 70 Jahren, nach herausgenommener Durchforstung 4000 Cubikfuß enthält, so würde man den 100jährigen Abtriebsertrag auch wohl zu 6377 Cubikfuß berechnen können.

So werden überall, wo man einen gleichen Gang des Zuwachses annehmen kann, diese Erfahrungstafeln benutzt werden können, um neue Ertragsklassen nach der gefundenen

Holzmasse einzelner normaler Bestände zu bilden. Sie können aber natürlich dabei nur ganz falsche Resultate liefern, wenn der Gang des Zuwachses ein anderer ist. Dieselbe Holzmasse im 60jährigen Alter giebt im Sandboden, wo sich die Kiefer frühzeitig licht stellt, in 100 Jahren einen geringern Vorrath als im Lehmboden, wo sie sich geschlossen erhält. Die Erfahrungstafeln für Eichenhochwald sind ganz weggeblieben. Die Gründe dafür sind folgende:

Die Erträge der hohen Umtriebszeiten von 200 und mehr Jahren, wie sie früher wohl gegeben wurden, können weder auf örtlichen Untersuchungen wirklich gefundener Holzmassen beruhen, noch kann man von den Zahlen, die sie nachweisen, irgend einen vernünftigen Gebrauch machen. Reine Eichenbestände von 160 Jahren und darüber sind in ganz Deutschland im normalen Zustande gar nicht mehr, und am allerwenigsten auf den schlechteren Bodenklassen zu finden; diese Tafeln können also nicht auf Holzmassen, wie sie wirklich in der Natur erfolgen und vorgefunden wurden, sich gründen, sondern nur bloße Rechnungszahlen enthalten. Dann wird man aber auch besser thun, bei ältern Eichenbeständen, bei der Taxation sich an die vorhandene Masse und deren Zuwachs zu halten, als an die Erfahrungstafeln, um ihren künftigen Ertrag für die nächste Zeit zu bestimmen. Für junge Bestände, die erst in der Zukunft benutzt werden sollen, kann man aber auch allenfalls die Ertragstafeln der Buche benutzen, um gutachtlich ihren Ertrag voraus zu bestimmen. Die verschiedenen Schriftsteller, welche für beide Holzgattungen Ertragssätze gegeben haben, bestimmen diese ziemlich gleichmäßig in folgender Art:

König für 6 Bodenklassen in Preußischen Cubikfuß für den Morgen

Eichen	50.	43.	38.	33.	28.	24.	Durchschnittsertrag.
Buchen	48.	45.	40.	35.	30.	25.	

Cotta für 5 Bodenklassen

Eichen	38.	31.	23.	15.	8.	neuere Ertragstafeln.
Buchen	37.	30.	22.	15.	8.	

Hartig für 5 Bodenklassen:

Eichen	32.	29.	25.	25.	20.
Buchen	29.	26.	26.	23.	18.

Dies gilt allerdings wohl nur für Gebirgsboden, denn in dem bessern Flußboden gewährt die Eiche oft einen viel größern Zuwachs, als hier angegeben, und es kann dieser hier 60 bis 70 und mehr Cubikfuß erreichen. Dies läßt sich aber nur von jüngeren Beständen bis 60 und 70 Jahr alt nachweisen, die älteren geschlossenen fehlen, und man kann noch nicht bestimmt sagen, wie sich die Eiche im höheren Alter licht stellt, und der Zuwachs sinkt.

Fügt man hierzu noch, daß die Eiche überhaupt in Zukunft schwerlich in reinen Beständen in größerer Ausdehnung gezogen werden wird, sondern mehr in der Vermischung mit andern Holzarten, da sie sich in dieser in jeder Beziehung vortheilhafter stellt, so wird es sich wohl rechtfertigen, wenn hier keine Erfahrungstafeln für Eichen gegeben wurden.

Auch die Buche schwankt im Ertrage nach der Bodengüte und dem Klima ungemein. Auf dem besten Kalkboden in Süddeutschland werden Erträge bis zu 70 und 80 Cubikfuß jährlich nachgewiesen. *) In den Vorbergen des Harzes und dessen Umgebungen hat man einen Durchschnittsertrag von 126 Cubikfuß **) vom Kalenberger Waldmorgen oder 74 Cubikfuß nach Preußischem Maße bei voller Benutzung nachgewiesen. Es nehmen für die Buche Ertrag an:

Klauprecht	60.	50.	40.	30.	21½.
Klein	54.		40.		
Seutter	70.	80.			
Hundeshagen	59.	53.	48.	43.	
Linz	55.	50.			
Wedekind	65.	60.			

Die hier beigegebenen Ertragstafeln werden die Mittelsätze des Ertrags geben, wie sie gewöhnlich in Norddeutschland vorkommen.

*) Siehe Kritische Blätter 8. Bd. 1. Heft S. 112.

**) Herr Oberförster von Berg in Lauterberg.

Für Tannen, Lerchen, Ahorn, Ulmen, Eschen und Hainbuchen sind gar keine Erfahrungstafeln gegeben. Einmal, weil in der That wohl die Bestände fehlen, in denen sie für verschiedene Bodenklassen mit Zuverlässigkeit entworfen werden könnten, und dann auch, weil wohl zu wenig reine junge Bestände in Deutschland von diesen Holzgattungen gefunden werden, um sie zu bedürfen. Ostpreußen bedarf allerdings solcher vielleicht für Hainbuchen und Eschen, die dort herrschende Laubhölzer sind; diese müssen aber auch dort noch erst entworfen werden.

Uebrigens wird man bequem die Tanne der Fichte, die Ulme, Esche, den Ahorn, der Eiche oder Buche, mit denen sie gewöhnlich vermischt vorkommen, anschließen können, obgleich nicht zu bestreiten ist, daß der Gang des Zuwachses in ihnen ein anderer ist. Wird die Hainbuche in der Durchforstung aus der Buche oder Eiche gehauen, so kann man die Durchforstungssätze dieser Holzgattungen unbedenklich beibehalten. Bildet sie einen Theil der Abtriebserträge im 100- bis 120jährigen Alter, so wird dieser für sie um vielleicht 8 bis 12 Procent gegen Buche und Eiche ermäßigt werden müssen — je besser der Boden ist desto mehr.

Die Lerche ist in ihrer Holzproduction nach dem Standorte ungeheuer verschieden, und auch der Gang des Zuwachses ein unendlich abweichender. Allgemeine Erfahrungstafeln für sie zu geben, dürfte daher sehr gewagt sein. Man wird nur die an Ort und Stelle über ihren Ertrag gemachten Erfahrungen benutzen können, um denjenigen der jungen Bestände vorauszubestimmen.

Die übrigen Erfahrungstafeln für Birken-Hochwald, so wie für Erlen-, Linden-, Buchen-, Hainbuchen- und Haseln-Niederwald, weichen im Gange des Zuwachses und im Verhältnisse des Ertrages gegen den Hochwald bedeutend von den bisher angenommenen Ertragssätzen ab. Besonders wird es auffallen, daß der Zuwachs vorzüglich bei Birken und weichen Hölzern schon so früh sinkt und der Vorrath sich sehr wenig vermehrt. Der Verfasser glaubt aber, daß die Erfahrungstafeln, welche dies anders darstellen, wenigstens für Sandboden falsch sind und hier beides richtiger dargestellt ist, wenn er auch natürlich nicht vermeint, daß in ihnen alle Differenzen des Ertrages umfaßt sind, und sie für alle andere Standortsverhältnisse passen. Einwände gegen den hier dargestellten Gang des Zuwachses würde er nur gelten lassen, wenn sie sich auf genaue örtliche Untersuchungen stützen.

Was die Sortimente betrifft, in welchen die hier angegebenen Holzmassen erfolgen werden, so läßt sich darüber wenig sagen.

Die Menge des Nutzholzes wird durch den Absatz und Wuchs des Holzes bedingt, und sie kann sich auf wenige Procente der gesammten Holzmasse beschränken, in geschlossenen Nadelholzbeständen von gutem Wuchse aber auch wohl bis auf 70 Procent ausdehnen.

Das Verhältniß des Scheit-, Knüppel- und Reisholzes ändert sich nicht blos nach dem Alter des Holzes, dem geschlossnen oder räumlichen Stande, in dem es erwuchs, fortwährend ab, sondern auch die Art des Einschlages ist sehr abweichend. In den Staatsforsten der östlichen Provinzen Preußens wird von dem Nadelholze in der Regel gar kein Reisholz unter 3 Zoll Durchmesser benutzt, und deshalb ist auch der Reisholzertrag der alten Bestände in den beigegebenen Erfahrungstafeln nicht mit aufgenommen. Wo der Baum dagegen voll benutzt und das Reisholz eingeschlagen wird, kann man die darin angegebenen Holzmassen für Fichten und Kiefern in geschlossenen Beständen

im Alter von 60—80 Jahren	um 10	Procent,
= = = 80—100 =	= 8	=
= = = 100—120 =	= 6—7	=

erhöhen.

Junge Nadelholzbestände unter 50 bis 60 Jahren können nur mit Vortheil benutzt werden, wenn alles Reisholz in ihnen absetzbar ist, und ist daher auch bei ihnen in Rechnung gestellt. Es konnte bei den ältern Beständen unbeachtet bleiben, ohne daß ein wesentlicher Einfluß auf die Darstellung des Ganges des Zuwachses dadurch erfolgte, weil die Holzerzeugung im Reisholze im höhern Alter des Nadelholzes nur sehr gering ist, und das Verhältniß des jährlichen Zuwachses zur vorhandenen Holzmasse in einem Baume ziemlich dasselbe bleibt, ob man dabei das Reisholz berücksichtigt oder nicht.

Bei dem Laubholze ist das Verhältniß zwischen Reisholz und Knüppelholz sehr ungleich. Die Eiche hat nur wenig schwache und mehr starke Zweige, bei der Hainbuche, Buche, Birke sind diese mehr ruthenförmig und fallen deshalb mehr in die Reißiggebunde. Auch hängt es natürlich sehr davon ab, wie das Holz aufgearbeitet wird, und ob man mehr oder weniger schwaches oder starkes Holz zu dem einen oder dem andern Sortimente verwendet.

Noch weniger kann man aber ein bestimmtes Verhältniß zwischen dem Stockholze und dem Schaft-, Knüppel- und Reisholze angeben. Zuerst sind die Holzgattungen darin sehr verschieden, da die Fichte z. B. wohl leicht noch einmal so viel Wurzelholz haben mag wie die Birke. Dann wird das Holz aber auch sehr ungleich gehauen, gerodet und gesetzt. Bald läßt man den Stamm länger stehen, bald kürzer, bald werden die Wurzeln mehr, bald weniger rein gerodet, und dann ist auch die Holzmasse in den Klaftern sehr ungleich. Es ist daher besser, die örtlichen Erfahrungssätze bei Veranschlagung des Stockholzertrages zum Grunde zu legen, als daß man ihn nach Erfahrungstafeln bestimmt.

Folgende Tabelle wird das Verhältniß des Kloben-, Knüppel- und Reisholzes bei voller Benutzung für haubares Holz ungefähr angeben. Es sind dabei 5 Klassen des Baumholzes gemacht, je nachdem es sehr geschlossen oder mehr frei erwuchs und also die Schaftholzmasse mehr oder weniger dominirend ist. Dasselbe ändert sich übrigens nicht blos nach dem Alter des Holzes, sondern auch nach der Länge des Baumes, die wieder sehr durch den Standort bedingt wird.

Holzgattung.	Umtrieb.	Klasse.	Procente d. oberirdisch. Holzmasse.			
			Kloben- Holz	Knüppel- Holz	Reis- Holz	
Eiche	160	I.	0,79	0,15	0,06	Das reingerodete Stockholz kann 15 bis 20 Procent der oberirdischen Holzmasse betragen.
		II.	0,72	0,18	0,10	
		III.	0,68	0,21	0,11	
		IV.	0,61	0,25	0,14	
		V.	0,60	0,25	0,15	
Buche	120	I.	0,76	0,12	0,12	Der Stockholzertrag ist gewöhnlich wegen der vielen schwachen Wurzeln etwas geringer als bei der Eiche.
		II.	0,70	0,15	0,15	
		III.	0,64	0,18	0,18	
		IV.	0,58	0,21	0,21	
		V.	0,53	0,24	0,23	
Birke	60	I.	0,82	0,04	0,14	Das Stockholz beträgt nur 10 bis 12 Procent der oberirdischen Holzmasse.
		II.	0,80	0,05	0,15	
		III.	0,76	0,07	0,17	
		IV.	0,72	0,09	0,19	
		V.	0,70	0,10	0,20	
Fichte	120	I.	0,96	0,04		Reisholz ist in der Erfahrungstafel nicht gerechnet. Das Stockholz kann 20 bis 28 Procent der oberirdischen Holzmasse betragen.
		II.	0,95	0,05		
		III.	0,94	0,06		
		IV.	0,93	0,07		
	100	V.	0,91	0,09		
Kiefer	120	I.	0,92	0,08		Das Stockholz kann 18 bis 22 Procent betragen.
		II.	0,90	0,10		
		III.	0,88	0,12		
		IV.	0,85	0,15		
	100	V.	0,84	0,16		

In diesen Erfahrungstafeln sind nirgends die Durchforstungserträge beachtet, welche doch so wichtig sind und so große Holzmassen liefern. Der Grund, warum blos die Abtriebserträge berücksichtigt wurden, ist ein doppelter. Einmal der, daß man die nachhaltige Benutzung eines Waldes eigentlich immer nur auf die Abtriebserträge gründen und die Durchforstung blos diesen für die gegenwärtige Zeit, wo man die Größe derselben genau übersehen kann, zurechnen sollte, in welchem Falle man die Vorausbestimmung derselben nach den Erfahrungstafeln also gar nicht erst nöthig hat. Dann aber auch, daß sie so unendlich verschieden sein können, und dabei auch oft so unsicher sind, daß es schwer, wo nicht unmöglich ist, solche Zahlen zu geben, wodurch die von ihnen zu erwartende Holzmasse mit Sicherheit vorausbestimmt wird.

Abgesehen davon, daß das Verhältniß des Abtriebsertrages zu den Durchforstungserträgen ein sehr verschiedenes nach den Holzgattungen ist, was allerdings die Erfahrungstafeln nachweisen könnten, so ändern sich dieselben aber auch vielfach bei ein und derselben Holzgattung nach einer Menge von Verhältnissen, die sich kaum alle aufführen lassen. Nur auf die wichtigsten soll hier aufmerksam gemacht werden, um die Richtigkeit dieser Behauptung darzuthun.

1. Je mehr Boden und Klima den geschlossenen Stand des Holzes bis in das höhere Alter begünstigen, desto größer werden die Abtriebserträge und desto kleiner die Erträge der Durchforstung sein. Umgekehrt wachsen diese in dem Maße mehr im Verhältniß zu den Abtriebserträgen, jemehr die Bestände Neigung zur Lichtstellung zeigen.

2. Darin liegt es denn auch, daß die Durchforstung einen desto größeren Theil der summarischen Erzeugung bildet, je länger der Umtrieb ist, einen desto kleinern je früher der Bestand zur vollen Benutzung kommt. In Birken bei 80- bis 100jährigem Umtrieb beträgt die Durchforstung, wenn sie voll benutzt wird, vielleicht 0,60 bis 0,75 der gesammten Holzerzeugung. Darin liegt es denn auch, daß hier auf schlechtem Boden eine unverhältnißmäßig geringe Vermehrung des Vorrathes erfolgt, und der Durchschnittszuwachs so rasch und so stark sinkt, wenn man blos die Abtriebserträge durch die Jahre des Alters theilt. Eine Fichtenpflanzung von einzelnen Pflanzen zeigt in demselben Alter ein ganz anderes Verhältniß des Ertrages der Abtriebsschläge zu denen der Durchforstung.

3. Der mehr oder weniger geschlossene Stand ist darauf ebenfalls von großem Einflusse. Daß eine dichte Saat mehr Durchforstungsholz liefert wie eine 6fußige Verbandpflanzung, eine Fichtenbüschelpflanzung mehr als einzelne Pflanzen, fällt in das Auge. Dabei können aber deren Abtriebserträge wenig verschieden sein.

4. Der Zustand eines Bestandes kann ebenfalls auf die Menge des Durchforstungsholzes Einfluß haben. Eine Buchenschonung in der Jugend mit viel Weichholz durchsprengt, giebt mehr als eine solche nur hart Holz habend, ein in Hochwald umzuwandelnder Ausschlagwald mehr als ein Bestand aus Samen erwachsen.

5. Sehr entscheidend ist darin der frühere oder spätere Beginn der Durchforstung, die öftere oder seltenere Wiederholung derselben. Wo man schon mit dem zwanzigsten Jahre alles entbehrlich werdende Holz benutzt, kann man natürlich auf mehr rechnen, als wo man erst mit dem sechszigsten anfängt; eben so wie man da mehr erhält, wenn man jede einzelne Stange so wie sie trocken oder überflüssig wird, einschlägt, als da wo man nur alle 20 oder 30 Jahre eine allgemeine Durchhauung vornehmen kann.

6. Man kann den Grundsatz haben, nur das ganz unterdrückte Holz, was schon abstirbt, herauszunehmen, oder auch den, jedem einzelnen Baume, der den künftigen Bestand bilden soll, den vollen Wachsraum zu verschaffen. Die Holzmasse, welche das eine Verfahren liefert, wird sehr verschieden von der sein, die man bei dem andern erhält.

7. Man kann mit weit weniger Sicherheit auf den vollen Durchforstungs- als auf den Abtriebsertrag rechnen.

Eine absterbende Stange wird leichter gestohlen, wie ein dominirender Baum. Servituten und Dieberei äußern daher weit größern Einfluß auf die Durchforstungs-, wie auf die Abtriebserträge.

Hiernach wird in das Auge fallen:

wie wenig man im Stande ist, allgemeine Sätze zu geben, nach denen man im Stande ist, die wahrscheinlichen Holzmassen, welche die Durchforstung liefern wird, durch die Erfahrungstafeln voraus zu bestimmen —

wie unzulässig es ist, die Nachhaltigkeit zum größten Theil durch diese, von Beständen, die noch gar nicht vorhanden sind, zu decken, wie dies Hartig that —

wie unverantwortlich ein Taxator handelt, der dies

thut, da gar keine Nothwendigkeit dazu vorhanden ist, indem man sie bei jeder doch unvermeidlich werdenden Taxationsrevision nach dem wirklichen Zustande der Bestände jedesmal den Abtriebserträgen zurechnen kann.

Doch mögen hier noch einige Nachweisungen von der verschiedenen Holzmasse, welche die Durchforstung liefern kann, folgen, um das Gesagte zu bestätigen.

Nach den Untersuchungen, welche Hartig im 7ten Bande seines Archivs S. 46 über den vollen Ertrag eines normal bestandenen Kiefernortes auf gutem Boden mittheilt, beträgt ausschließlich des Stockholzes der Abtriebsertrag eines 120jährigen Bestandes 5000 Cubikfuß, die Durchforstung bis dahin 2090 Cubikfuß, folglich diese etwa 42 Procent des Abtriebsertrages oder 29 Procent der summarischen Erzeugung.

In den Erfahrungstafeln, welche Hartig entwarf, ist das Verhältniß der Durchforstung zu dem Abtriebsertrage bei drei Bodenklassen, guter, mittler und schlechter Boden, in folgender Art angenommen.

Holzgattung.	Bodenklasse.	Umtriebszeit.	Ein Morgen giebt Cubikfuß		Die Durchforstung beträgt Procente		Die Durchforstung beginnt
			Abtriebsertrag.	Durchforstung.	des Abtriebsertrages.	der gesammt. Erzeugung.	
Kiefer	I.	120	5000	1280	0,26	0,20	mit 60 Jahren.
	II.	120	3900	1010	0,26	0,21	
	III.	100	2000	702	0,35	0,26	
Fichte	I.	120	9500	2520	0,27	0,21	mit 30 Jahren.
	II.	120	7250	1540	0,21	0,18	
	III.	100	3400	840	0,25	0,20	
Eiche	I.	200	4125	4500	1,09	0,52	mit 60 Jahren.
	II.	200	3375	3630	1,08	0,52	
	III.	120	2425	445	0,18	0,16	
Buche	I.	120	4100	1010	0,25	0,20	mit 60 Jahren.
	II.	120	3400	865	0,25	0,20	
	III.	100	1925	220	0,11	0,10	
Birke	I.	60	2650	210	0,08	0,07	mit 40 Jahren.
	II.	60	1900	140	0,07	0,07	
	III.	60	1400	70	0,05	0,05	

Holz-gattung.	Bodenklasse.	Umtriebszeit.	Ein Morgen giebt Cubikfuß		Die Durchforstung beträgt Procente		Die Durchforstung beginnt
			Abtriebs-ertrag.	Durch-forstung.	des Abtriebs-ertrages.	der gesammt. Erzeugung.	
Eichen	Mittelmäßiger Boden.	120	3458	1009	0,29	0,23	Nach Königs Forsttafeln S. 119.
Buchen		100	3000	900	0,30	0,23	
Birken		50	1140	180	0,16	0,14	
Fichten		100	5280	1320	0,25	0,20	
Kiefern		80	3480	720	0,21	0,17	
Eichen	Sehr gut.	120	5184	1512	0,29	0,23	Nach König.
Buchen		100	4500	1350	0,30	0,23	
Birken		50	1520	240	0,16	0,14	
Fichten		100	8100	2250	0,28	0,22	
Kiefern		100	7920	1980	0,25	0,20	

Wollte man nach den hier gegebenen Erfahrungstafeln den Etat entweder nach dem Durchschnittszuwachse, oder dadurch festsetzen, daß man den Vorrath mit dem Nutzungsprocente multiplicirte, so würde natürlich beides um die Durchforstung erhöhet werden müssen.

Wollte man die hier gegebenen Abtriebs- und Durchforstungserträge beibehalten, so würde sich der Ertrag der hier aufgeführten Holzarten nach drei Bodenklassen in folgender Art ändern, je nachdem man die Durchforstung zurechnet oder wegläßt:

Uebersicht

der Durchschnittserträge und der Nutzungsfaktoren des Hochwaldes,

je nachdem man die Durchforstungen hinzurechnet oder wegläßt.

Holz-gattung.	Umtriebszeit.	Iste Bodenklasse.				Umtriebszeit.	IIIte Bodenklasse.				Umtriebszeit.	Vte Bodenklasse.				Bemerkungen.
		Ohne Durchforstung.		Mit Durchforstung.			Ohne Durchforstung.		Mit Durchforstung.			Ohne Durchforstung.		Mit Durchforstung.		
		Durchschn. Zuwachs. Cbfß.	Nutzungs-Faktor.	Durchschn. Zuwachs. Cbfß.	Nutzungs-Faktor.		Durchschn. Zuwachs. Cbfß.	Nutzungs-Faktor.	Durchschn. Zuwachs. Cbfß.	Nutzungs-Faktor.		Durchschn. Zuwachs. Cbfß.	Nutzungs-Faktor.	Durchschn. Zuwachs. Cbfß.	Nutzungs-Faktor.	
Buchen	120	44	0,01906	55	0,02382	120	29,4	0,01906	36,7	0,02382	100	14,2	0,02336	15,8	0,02593	
Birken	60	45	0,03004	48,6	0,03244	60	20,9	0,02545	22,4	0,02723	60	5	0,02081	5,2	0,02185	
Kiefern	120	33,9	0,01588	42,7	0,02001	120	21,8	0,01555	27,5	0,01959	100	10,5	0,01837	14,2	0,02480	
Kiefern	100	35,7	0,01995	41,8	0,02334	100	23,1	0,01947	27	0,02278	80	11,3	0,02421	12	0,02566	Durchforst. resp. 17, 17 u. 6 % nach Hartig.
Fichten	120	63,5	0,01846	80,6	0,02344	120	47	0,01851	56,9	0,02240	100	26	0,01997	32,5	0,02496	
Fichten	100	61,6	0,02246	75,2	0,02740	100	46,1	0,02287	54,9	0,02722	80	28,7	0,02857	32,7	0,03257	Durchforst. resp. 22, 19 u. 14 % nach Hartig.

Das Hinzurechnen der Durchforstung nach den Erfahrungstafeln bleibt aber immer etwas Unsicheres und Gewagtes, und es verdient unbedingt den Vorzug immer nur, man setze den Etat fest wie man wolle, ihn auf die Abtriebserträge zu gründen, und die Durchforstung nur nach wirklicher Schätzung für die nächste Zeit, für die man ihren Ertrag übersehen kann, diesen hinzuzurechnen.

In den frühern von dem Verfasser aufgestellten Erfahrungstafeln war er der Idee gefolgt, das Maximum und Minimum der gesammten Holzerzeugung, wie man sie in Deutschland, bei voller Benutzung derselben, gefunden hatte, zu umfassen. Dies hat ihm viele Angriffe, besonders vom Herrn Oberforstmeister Smalian zugezogen, der dies Maximum zu hoch fand, weil ihm jede Literatur außer der mathematischen eben so fremd ist, als die Natur des Holzes selbst, die sich nicht in Formeln zwingen läßt, in denen er allein lebt.

Die oben angeführten Erträge, wie sie die verschiedenen beachtungswerthesten Schriftsteller angeben, zeigen genugsam, wenn man sie mit jenen Erfahrungstafeln vergleicht, daß sie noch lange nicht das Maximum der wirklich gefundenen Holzerzeugung enthalten, und in sofern ein Einwand gegen sie ganz unbegründet war. Dagegen hat sich der Verf. seit den 25 Jahren, wo er sie für sich entwarf, überzeugt, daß der in ihnen angedeutete Gang des Zuwachses, welcher derselbe ist, den alle unsere berühmtesten Schriftsteller annehmen, nicht immer richtig war, und er ist demgemäß auch hier geändert worden. Ebenso ist er auch zu der Ueberzeugung gelangt, daß es ganz unausführbar ist, Erfahrungstafeln zu geben, die jeder Forstwirth in ganz Deutschland ohne Weiteres benutzen könne, indem er sich die passende Bodenklasse aussucht. Er hat sich daher beschränkt, mehr Beispiele geben zu wollen, wie sich die Holzerzeugung bei den verschiedenen Holzarten auf verschiedenem Boden stellt, und macht die Forderung, daß die Holzmassen, welche man von normalen Beständen zu erwarten hat, für jeden Forst durch örtliche Untersuchungen bestimmt werden müssen.

Die speciellen Berechnungen hat der Herr Professor Schneider die Güte gehabt zu übernehmen, der Verfasser erklärt sich aber verantwortlich für die allgemeinen Ertragssätze und den angenommen Zuwachsgang.

Tafel 1.

Buchen-Hochwald (nach Cotta).

I. Bodenklasse. (Gut.)

Alter.	Holzmasse. Cbfß.	Durchschnittszuwachs, Zuwachsprocent, normaler Vorrath und Nutzungsfaktor.	Alter.	Holzmasse. Cbfß.	Durchschnittszuwachs, Zuwachsprocent, normaler Vorrath und Nutzungsfaktor.
1	6		31	821	
2	15		32	862	
3	27	Im 10ten Jahre:	33	904	Im 40sten Jahre:
4	41	Durchschn.-Zuw. 15,2 C'	34	946	Durchschn. Zuw. 30 C'
5	56	Zuwachsprocent 16,9	35	988	Zuwachsprocent 3,6
6	73	Norm. Vorrath 701 C'	36	1030	Norm. Vorrath 19909 C'
7	91	Nutzungsfaktor 0,21683	37	1073	Nutzungsfaktor 0,06027
8	110		38	1116	
9	130		39	1158	
10	152		40	1200	
11	175		41	1242	
12	199		42	1285	
13	224	Im 20sten Jahre:	43	1328	Im 50sten Jahre:
14	251	Durchschn.-Zuw. 21,4 C'	44	1372	Durchschn.-Zuw. 33 C'
15	279	Zuwachsprocent 7,8	45	1417	Zuwachsprocent 2,4
16	308	Norm. Vorrath 3666 C'	46	1462	Norm. Vorrath 34327 C'
17	337	Nutzungsfactor 0,11675	47	1508	Nutzungsfaktor 0,04801
18	367		48	1555	
19	397		49	1601	
20	428		50	1648	
21	459		51	1695	
22	492		52	1743	
23	526	Im 30sten Jahre:	53	1790	Im 60sten Jahre:
24	559	Durchschn. Zuw. 26 C'	54	1837	Durchschn.-Zuw. 35,5 C'
25	593	Zuwachsprocent 5,4	55	1885	Zuwachsprocent 2,4
26	628	Norm. Vorrath 9811 C'	56	1934	Norm. Vorrath 53434 C'
27	664	Nutzungsfaktor 0,07960	57	1983	Nutzungsfactor 0,03984
28	702		58	2031	
29	741		59	2080	
30	781		60	2129	

Fortsetzung.

(Buchen-Hochwald. I.)

Alter.	Holzmasse. Cbfß.	Durchschnittszuwachs, Zuwachsprocent, normaler Vorrath und Nutzungsfaktor.	Alter.	Holzmasse. Cbfß.	Durchschnittszuwachs, Zuwachsprocent, normaler Vorrath und Nutzungsfaktor.
61	2179		91	3747	
62	2229		92	3801	
63	2279		93	3856	
64	2328	Im 70sten Jahre:	94	3910	Im 100sten Jahre:
65	2377	Durchschn.-Zuw. 37,6 C'	95	3964	Durchschn.-Zuw. 42,4 C'
66	2427	Zuwachsprocent 1,9	96	4018	Zuwachsprocent 1,3
67	2478	Norm. Vorrath 77467 C'	97	4073	Nrm. Vorrath 181013 C'
68	2528	Nutzungsfaktor 0,03394	98	4127	Nutzungsfaktor 0,02340
69	2579		99	4181	
70	2629		100	4236	
71	2680		101	4290	
72	2731		102	4344	
73	2782		103	4397	
74	2834	Im 80sten Jahre:	104	4450	Im 110ten Jahre:
75	2887	Durschn.-Zuw. 39,4 C'	105	4502	Durchschn.-Zuw. 43,3 C'
76	2939	Zuwachsprocent 1,7	106	4555	Zuwachsprocent 1,1
77	2992	Nrm. Vorrath 106609 C'	107	4608	Nrm. Vorrath 226295 C'
78	3045	Nutzungsfaktor 0,02958	108	4660	Nutzungsfaktor 0,02105
79	3099		109	4712	
80	3153		110	4764	
81	3207		111	4816	
82	3261		112	4868	
83	3314		113	4920	
84	3368	Im 90sten Jahre:	114	4971	Im 120sten Jahre:
85	3422	Durchschn.-Zuw. 41 C'	115	5023	Durchschn.-Zuw. 44 C'
86	3476	Zuwachsprocent 1,5	116	5075	Zuwachsprocent 0,9
87	3529	Nrm. Vorrath 141100 C'	117	5126	Nrm. Vorrath 276774 C'
88	3583	Nutzungsfaktor 0,02617	118	5177	Nutzungsfactor 0,01906
89	3638		119	5227	
90	3693		120	5276	

Tafel 2.

Buchen-Hochwald.

II. Bodenklasse. (Ziemlich gut.)

(I. neue, IX. alte Cott. Klasse.)

Alter.	Holzmasse. Cbfß.	Durchschnittszuwachs, Zuwachsprocent, normaler Vorrath und Nutzungsfaktor.	Alter.	Holzmasse. Cbfß.	Durchschnittszuwachs, Zuwachsprocent, normaler Vorrath und Nutzungsfaktor.
1	6		31	685	
2	14		32	719	
3	24		33	754	
4	35	Im 10ten Jahre:	34	789	Im 40sten Jahre:
5	48	Durchschn.=Zuw. 12,8 C'	35	824	Durchschn.=Zuw. 25 C'
6	62	Zuwachsprocent 16,4	36	859	Zuwachsprocent 3,6
7	77	Norm. Vorrath 597 C'	37	894	Norm. Vorrath 16618 C'
8	93	Nutzungsfaktor 0,21441	38	930	Nutzungsfaktor 0,06018
9	110		39	965	
10	128		40	1000	
11	147		41	1035	
12	167		42	1071	
13	188		43	1107	
14	210	Im 20sten Jahre:	44	1144	Im 50sten Jahre:
15	233	Durchschn.=Zuw. 17,8 C'	45	1181	Durchschn.=Zuw. 27,5 C'
16	257	Zuwachsprocent 7,9	46	1219	Zuwachsprocent 2,9
17	281	Norm. Vorrath 3074 C'	47	1257	Norm. Vorrath 28637 C'
18	306	Nutzungsfaktor 0,11614	48	1296	Nutzungsfactor 0,04798
19	331		49	1335	
20	357		50	1374	
21	383		51	1413	
22	410		52	1453	
23	438		53	1493	
24	466	Im 30sten Jahre:	54	1532	Im 60sten Jahre:
25	495	Durchschn.=Zuw. 21,7 C'	55	1572	Durchschn.=Zuw. 29,6 C'
26	524	Zuwachsprocent 5,3	56	1613	Zuwachsprocent 2,4
27	554	Norm. Vorrath 8199 C'	57	1654	Norm. Vorrath 44572 C'
28	586	Nutzungsfaktor 0,07940	58	1694	Nutzungsfaktor 0,03985
29	618		59	1735	
30	651		60	1776	

Fortsetzung.

(Buchen-Hochwald. II.)

Alter.	Holzmasse. Cbfß.	Durchschnittszuwachs, Zuwachsprocent, normaler Vorrath und Nutzungsfaktor.	Alter.	Holzmasse. Cbfß.	Durchschnittszuwachs, Zuwachsprocent, normaler Vorrath und Nutzungsfaktor.
61	1817	Im 70sten Jahre: Durchschn.-Zuw. 31,3 C' Zuwachsprocent 2,0 Norm. Vorrath 64611 C' Nutzungsfaktor 0,03393	91	3124	Im 100sten Jahre: Durchschn.-Zuw. 35,3 C' Zuwachsprocent 1,3 Nrm. Vorrath 150952 C' Nutzungsfaktor 0,02340
62	1859		92	3169	
63	1900		93	3215	
64	1941		94	3260	
65	1982		95	3305	
66	2024		96	3350	
67	2066		97	3396	
68	2108		98	3441	
69	2150		99	3486	
70	2192		100	3532	
71	2235	Im 80sten Jahre: Durchschn.-Zuw. 32,9 C' Zuwachsprocent 1,7 Norm. Vorrath 88911 C' Nutzungsfaktor 0,02957	101	3577	Im 110ten Jahre: Durchschn.-Zuw. 36,1 C' Zuwachsprocent 1,1 Nrm.-Vorrath 188708 C' Nutzungsfaktor 0,02105
72	2277		102	3622	
73	2320		103	3666	
74	2363		104	3710	
75	2407		105	3754	
76	2451		106	3798	
77	2495		107	3842	
78	2539		108	3886	
79	2584		109	3929	
80	2629		110	3972	
81	2674	Im 90sten Jahre: Durchschn.-Zuw. 34,2 C' Zuwachsprocent 1,5 Nrm. Vorrath 117674 C' Nutzungsfaktor 0,02617	111	4016	Im 120sten Jahre: Durchschn.-Zuw. 36,7 C' Zuwachsprocent 0,9 Nrm. Vorrath 230796 C' Nutzungsfaktor 0,01906
82	2719		112	4059	
83	2764		113	4102	
84	2809		114	4145	
85	2854		115	4188	
86	2899		116	4231	
87	2943		117	4274	
88	2988		118	4316	
89	3034		119	4358	
90	3079		120	4399	

Tafel 3.

Buchen = Hochwald.

III. Bodenklasse. (Mittelmäßig.)

(II. neue, VII. alte Cott. Klasse.)

Alter.	Holz= masse. Cbfß.	Durchschnittszuwachs, Zuwachsprocent, normaler Vorrath und Nutzungsfaktor.	Alter.	Holz= masse. Cbfß.	Durchschnittszuwachs, Zuwachsprocent, normaler Vorrath und Nutzungsfaktor.
1	6		31	549	
2	13		32	576	
3	21	Im 10ten Jahre:	33	604	Im 40sten Jahre:
4	30	Durchschn.=Zuw. 10,4 C'	34	632	Durchschn.=Zuw. 20 C'
5	40	Zuwachsprocent 15,6	35	660	Zuwachsprocent 3,6
6	51	Norm. Vorrath 494 C'	36	688	Norm. Vorrath 13328 C'
7	63	Nutzungsfaktor 0,21053	37	716	Nutzungsfaktor 0,06002
8	76		38	744	
9	90		39	772	
10	104		40	800	
11	119		41	829	
12	135		42	857	
13	152	Im 20sten Jahre:	43	887	Im 50sten Jahre:
14	169	Durchschn.=Zuw. 14,3 C'	44	916	Durchschn.=Zuw. 22 C'
15	187	Zuwachsprocent 7,9	45	946	Zuwachsprocent 2,9
16	206	Norm. Vorrath 2483 C'	46	976	Norm. Vorrath 22952 C'
17	225	Nutzungsfaktor 0,11518	47	1007	Nutzungsfaktor 0,04793
18	245		48	1037	
19	265		49	1069	
20	286		50	1100	
21	307		51	1132	
22	328		52	1163	
23	350	Im 30sten Jahre:	53	1195	Im 60sten Jahre:
24	373	Durchschn.=Zuw. 17,4 C'	54	1227	Durchschn.=Zuw. 23,7 C'
25	396	Zuwachsprocent 5,5	55	1259	Zuwachsprocent 2,4
26	420	Norm. Vorrath 6587 C'	56	1292	Norm. Vorrath 35712 C'
27	444	Nutzungsfaktor 0,07925	57	1324	Nutzungsfaktor 0,03982
28	469		58	1357	
29	495		59	1389	
30	522		60	1422	

Fortsetzung.

(Buchen-Hochwald. III.)

Alter.	Holzmasse. Cbfß.	Durchschnittszuwachs, Zuwachsprocent, normaler Vorrath und Nutzungsfaktor.	Alter.	Holzmasse. Cbfß.	Durchschnittszuwachs, Zuwachsprocent, normaler Vorrath und Nutzungsfaktor.
61	1455		91	2501	
62	1488		92	2538	
63	1521		93	2574	
64	1554	Im 70sten Jahre:	94	2610	Im 100sten Jahre:
65	1587	Durchschn.-Zuw. 25,1 C'	95	2646	Durchschn.-Zuw. 28,3 C'
66	1621	Zuwachsprocent 2,0	96	2683	Zuwachsprocent 1,3
67	1654	Norm. Vorrath 51755 C'	97	2719	Nrm. Vorrath 120887 C'
68	1687	Nutzungsfaktor 0,03391	98	2755	Nutzungsfaktor 0,02339
69	1721		99	2792	
70	1755		100	2828	
71	1789		101	2864	
72	1823		102	2900	
73	1858		103	2935	
74	1892	Im 80sten Jahre:	104	2970	Im 110ten Jahre:
75	1927	Durchschn.-Zuw. 26,3 C'	105	3006	Durchschn.-Zuw. 28,9 C'
76	1962	Zuwachsprocent 1,7	106	3041	Zuwachsprocent 1,1
77	1998	Norm. Vorrath 71211 C'	107	3076	Nrm. Vorrath 151117 C'
78	2033	Nutzungsfaktor 0,02956	108	3111	Nutzungsfaktor 0,02105
79	2069		109	3146	
80	2105		110	3181	
81	2141		111	3215	
82	2177		112	3250	
83	2213		113	3284	
84	2249	Im 90sten Jahre:	114	3319	Im 120sten Jahre:
85	2285	Durchschn.-Zuw. 27,4 C'	115	3353	Durchschn.-Zuw. 29,4 C'
86	2321	Zuwachsprocent 1,5	116	3388	Zuwachsprocent 1,0
87	2357	Norm. Vorrath 94241 C'	117	3422	Nrm. Vorrath 184816 C'
88	2393	Nutzungsfaktor 0,02616	118	3456	Nutzungsfaktor 0,01906
89	2429		119	3489	
90	2465		120	3523	

Tafel 4.

Buchen-Hochwald.

IV. Bodenklasse. (Sehr mittelmäßig.)

(III. neue, V. alte Cott. Klasse.)

Alter.	Holzmasse. Cbfß.	Durchschnittszuwachs, Zuwachsprocent, normaler Vorrath und Nutzungsfaktor.	Alter.	Holzmasse. Cbfß.	Durchschnittszuwachs, Zuwachsprocent, normaler Vorrath und Nutzungsfaktor.
1	5	Im 10ten Jahre: Durchschn.-Zuw. 8 C' Zuwachsprocent 15,9 Norm. Vorrath 391 C' Nutzungsfaktor 0,20460	31	412	Im 40sten Jahre: Durchschn.-Zuw. 15 C' Zuwachsprocent 3,6 Norm. Vorrath 10035 C' Nutzungsfaktor 0,05989
2	11		32	433	
3	18		33	453	
4	25		34	474	
5	33		35	496	
6	41		36	517	
7	50		37	538	
8	59		38	559	
9	69		39	580	
10	80		40	601	
11	91	Im 20sten Jahre: Durchschn.-Zuw. 10,7 C' Zuwachsprocent 8,0 Norm. Vorrath 1891 C' Nutzungsfaktor 0,11370	41	623	Im 50sten Jahre: Durchschn.-Zuw. 16,5 C' Zuwachsprocent 2,9 Norm. Vorrath 17263 C' Nutzungsfaktor 0,04785
12	103		42	644	
13	115		43	666	
14	128		44	688	
15	141		45	710	
16	155		46	733	
17	169		47	756	
18	184		48	779	
19	199		49	803	
20	215		50	826	
21	230	Im 30sten Jahre: Durchschn.-Zuw. 13,1 C' Zuwachsprocent 5,4 Norm. Vorrath 4972 C' Nutzungsfaktor 0,07884	51	850	Im 60sten Jahre: Durchschn.-Zuw. 17,8 C' Zuwachsprocent 2,4 Norm. Vorrath 26847 C' Nutzungsfaktor 0,03978
22	247		52	874	
23	263		53	898	
24	280		54	922	
25	297		55	946	
26	315		56	970	
27	333		57	994	
28	352		58	1019	
29	372		59	1043	
30	392		60	1068	

Fortsetzung.

(Buchen-Hochwald. IV.)

Alter.	Holz-masse. Cbfß.	Durchschnittszuwachs, Zuwachsprocent, normaler Vorrath und Nutzungsfaktor.	Alter.	Holz-masse. Cbfß.	Durchschnittszuwachs, Zuwachsprocent, normaler Vorrath und Nutzungsfaktor.
61	1093		91	1879	
62	1117		92	1906	
63	1142		93	1933	
64	1168	Im 70sten Jahre:	94	1960	Im 100sten Jahre:
65	1192	Durchschn.-Zuw. 18,8 C'	95	1987	Durchschn.-Zuw. 21,2 C'
66	1217	Zuwachsprocent 1,9	96	2015	Zuwachsprocent 1,3
67	1242	Norm. Vorrath 38896 C'	97	2042	Norm.-Vorrath 90822 C'
68	1267	Nutzungsfaktor 0,03389	98	2070	Nutzungsfaktor 0,02339
69	1293		99	2097	
70	1318		100	2124	
71	1344		101	2151	
72	1370		102	2178	
73	1396		103	2205	
74	1421	Im 80sten Jahre:	104	2231	Im 110ten Jahre:
75	1448	Durchschn.-Zuw. 19,8 C'	105	2258	Durchschn.-Zuw. 21,7 C'
76	1474	Zuwachsprocent 1,7	106	2284	Zuwachsprocent 1,1
77	1500	Norm. Vorrath 53511 C'	107	2310	Nrm. Vorrath 113528 C'
78	1527	Nutzungsfaktor 0,02955	108	2337	Nutzungsfaktor 0,02104
79	1554		109	2363	
80	1581		110	2389	
81	1608		111	2415	
82	1635		112	2441	
83	1662		113	2467	
84	1689	Im 90sten Jahre:	114	2493	Im 120sten Jahre:
85	1716	Durchschn.-Zuw. 20,6 C'	115	2519	Durchschn.-Zuw. 22 C'
86	1743	Zuwachsprocent 1,5	116	2544	Zuwachsprocent 1,0
87	1770	Norm. Vorrath 70809 C'	117	2570	Nrm. Vorrath 138840 C'
88	1798	Nutzungsfaktor 0,02615	118	2596	Nutzungsfaktor 0,01906
89	1825		119	2621	
90	1852		120	2646	

Tafel 5.

Buchen-Hochwald.

V. Bodenklasse. (Gering.)

(IV. neue, III. alte Cott. Klasse.)

Alter.	Holzmasse. Cbfß.	Durchschnittszuwachs, Zuwachsprocent, normaler Vorrath und Nutzungsfaktor.	Alter.	Holzmasse. Cbfß.	Durchschnittszuwachs, Zuwachsprocent, normaler Vorrath und Nutzungsfaktor.
1	4		31	276	
2	9		32	289	
3	14		33	303	
4	20	Im 10ten Jahre:	34	317	Im 40sten Jahre:
5	26	Durchschn.-Zuw. 5,7 C'	35	331	Durchschn.-Zuw. 10 C'
6	32	Zuwachsprocent 14,0	36	346	Zuwachsprocent 3,6
7	38	Norm. Vorrath 294 C'	37	360	Norm. Vorrath 6760 C'
8	44	Nutzungsfaktor 0,19388	38	374	Nutzungsfaktor 0,05947
9	50		39	388	
10	57		40	402	
11	64		41	416	
12	71		42	431	
13	79		43	445	
14	87	Im 20sten Jahre:	44	460	Im 50sten Jahre:
15	96	Durchschn.-Zuw. 7,2 C'	45	475	Durchschn.-Zuw. 11 C'
16	105	Zuwachsprocent 7,5	46	490	Zuwachsprocent 2,8
17	114	Norm. Vorrath 1312 C'	47	506	Norm. Vorrath 11593 C'
18	124	Nutzungsfaktor 0,10976	48	521	Nutzungsfactor 0,04761
19	134		49	537	
20	144		50	552	
21	154		51	568	
22	165		52	584	
23	176		53	600	
24	187	Im 30sten Jahre:	54	616	Im 60sten Jahre:
25	199	Durchschn.-Zuw. 8,7 C'	55	632	Durchschn.-Zuw. 11,9 C'
26	211	Zuwachsprocent 5,2	56	649	Zuwachsprocent 2,3
27	223	Norm. Vorrath 3374 C'	57	665	Norm. Vorrath 18000 C'
28	236	Nutzungsfaktor 0,07765	58	681	Nutzungsfaktor 0,03967
29	249		59	698	
30	262		60	714	

Fortsetzung.

(Buchen-Hochwald. V.)

Alter.	Holz-masse. Cbfß.	Durchschnittszuwachs, Zuwachsprocent, normaler Vorrath und Nutzungsfaktor.	Alter.	Holz-masse. Cbfß.	Durchschnittszuwachs, Zuwachsprocent, normaler Vorrath und Nutzungsfaktor.
61	731		81	1075	
62	747		82	1093	
63	764		83	1111	
64	780	Im 70sten Jahre:	84	1130	Im 90sten Jahre:
65	797	Durchschn.-Zuw. 12,6 C'	85	1148	Durchschn.-Zuw. 13,8 C'
66	814	Zuwachsprocent 1,8	86	1166	Zuwachsprocent 1,5
67	831	Norm. Vorrath 26058 C'	87	1184	Norm. Vorrath 47397 C'
68	848	Nutzungsfaktor 0,03381	88	1202	Nutzungsfaktor 0,02612
69	865		89	1220	
70	881		90	1238	
71	898		91	1256	
72	916		92	1275	
73	933		93	1293	
74	951	Im 80sten Jahre:	94	1311	Im 100sten Jahre:
75	968	Durschn.-Zuw. 13,2 C'	95	1329	Durchschn.-Zuw. 14,2 C'
76	986	Zuwachsprocent 1,7	96	1347	Zuwachsprocent 1,3
77	1003	Norm. Vorrath 35830 C'	97	1366	Norm. Vorrath 60780 C'
78	1021	Nutzungsfaktor 0,02950	98	1384	Nutzungsfaktor 0,02336
79	1039		99	1402	
80	1057		100	1420	

Tafel 6.

Birken=Hochwald.

I. Bodenklasse.

Alter.	Holzmasse. Cbfß.	Durchschnittszuwachs, Zuwachsprocent, normaler Vorrath und Nutzungsfaktor.	Alter.	Holzmasse. Cbfß.	Durchschnittszuwachs, Zuwachsprocent, normaler Vorrath und Nutzungsfaktor.
1	31	Im 5ten Jahre:	31	1605	Im 35sten Jahre:
2	65	Durchschn.=Zuw. 35,8 C'	32	1658	Durchschn.=Zuw. 51,8 C'
3	101	Zuwachsprocent 28,8	33	1710	Zuwachsprocent 2,9
4	139	Nrm. Vorrath 515 C'	34	1761	Norm. Vorrath 31213 C'
5	179	Nutzungsfactor 0,34757	35	1812	Nutzungsfaktor 0,05805
6	222	Im 10ten Jahre:	36	1863	Im 40sten Jahre:
7	269	Durchschn.=Zuw. 43 C'	37	1914	Durchschn.=Zuw. 51,6 C'
8	319	Zuwachsprocent 15,3	38	1964	Zuwachsprocent 2,4
9	373	Nrm. Vorrath 2128 C'	39	2014	Norm. Vorrath 41031 C'
10	430	Nutzungsfaktor 0,20207	40	2063	Nutzungsfaktor 0,05028
11	488	Im 15ten Jahre:	41	2111	Im 45sten Jahre:
12	547	Durchschn.=Zuw. 48,1 C'	42	2158	Durchschn.=Zuw. 50,8 C'
13	606	Zuwachsprocent 8,6	43	2203	Zuwachsprocent 1,8
14	664	Nrm. Vorrath 5154 C'	44	2246	Norm. Vorrath 52035 C'
15	721	Nutzungsfaktor 0,13989	45	2286	Nutzungsfactor 0,04393
16	778	Im 20sten Jahre:	46	2323	Im 50sten Jahre:
17	834	Durchschn.=Zuw. 50,1 C'	47	2359	Durchschn.=Zuw. 49,1 C'
18	891	Zuwachsprocent 5,9	48	2393	Zuwachsprocent 1,3
19	947	Norm. Vorrath 9607 C'	49	2425	Norm. Vorrath 63991 C'
20	1003	Nutzungsfaktor 0,10440	50	2456	Nutzungsfaktor 0,03838
21	1059	Im 25sten Jahre:	51	2486	Im 55sten Jahre:
22	1114	Durchschn.=Zuw. 51,2 C'	52	2515	Durchschn.=Zuw. 47,1 C'
23	1169	Zuwachsprocent 4,5	53	2542	Zuwachsprocent 0,9
24	1224	Norm. Vorrath 15452 C'	54	2567	Norm. Vorrath 76692 C'
25	1279	Nutzungsfaktor 0,08277	55	2591	Nutzungsfactor 0,03378
26	1334	Im 30sten Jahre:	56	2615	Im 60sten Jahre:
27	1388	Durchschn.=Zuw. 51,7 C'	57	2638	Durchschn.=Zuw. 45 C'
28	1443	Zuwachsprocent 3,6	58	2660	Zuwachsprocent 0,8
29	1498	Nrm. Vorrath 22667 C'	59	2682	Norm. Vorrath 89990 C'
30	1552	Nutzungsfaktor 0,06847	60	2703	Nutzungsfaktor 0,03004

Tafel 7.

Birken-Hochwald.

II. Bodenklasse.

Alter.	Holzmasse. Cbfß.	Durchschnittszuwachs, Zuwachsprocent, normaler Vorrath und Nutzungsfaktor.	Alter.	Holzmasse. Cbfß.	Durchschnittszuwachs, Zuwachsprocent, normaler Vorrath und Nutzungsfaktor.
1	20	Im 5ten Jahre:	31	1308	Im 35sten Jahre:
2	43	Durchschn.-Zuw. 26,2 C'	32	1352	Durchschn.-Zuw. 42,3 C'
3	69	Zuwachsprocent 33,7	33	1395	Zuwachsprocent 2,9
4	98	Nrm. Vorrath 361 C'	34	1438	Nrm. Vorrath 25082 C'
5	131	Nutzungsfaktor 0,36288	35	1480	Nutzungsfaktor 0,05901
6	167	Im 10ten Jahre:	36	1520	Im 40sten Jahre:
7	205	Durchschn.-Zuw. 33,1 C'	37	1558	Durchschn.-Zuw. 41,5 C'
8	245	Zuwachsprocent 15,3	38	1594	Zuwachsprocent 2,0
9	287	Norm. Vorrath 1596 C'	39	1628	Norm. Vorrath 33043 C'
10	331	Nutzungsfaktor 0,20739	40	1661	Nutzungsfaktor 0,05027
11	377	Im 15ten Jahre:	41	1693	Im 45sten Jahre:
12	425	Durchschn.-Zuw. 38,1 C'	42	1725	Durchschn.-Zuw. 40,3 C'
13	474	Zuwachsprocent 9,2	43	1756	Zuwachsprocent 1,6
14	523	Norm. Vorrath 3966 C'	44	1786	Nrm. Vorrath 41818 C'.
15	571	Nutzungsfaktor 0,14397	45	1815	Nutzungsfaktor 0,04340
16	618	Im 20sten Jahre:	46	1843	Im 50sten Jahre:
17	666	Durchschn.-Zuw. 40,2 C'	47	1870	Durchschn.-Zuw. 38,9 C'
18	713	Zuwachsprocent 6,1	48	1896	Zuwachsprocent 1,2
19	759	Norm. Vorrath 7527 C'	49	1921	Nrm. Vorrath 51293 C'
20	805	Nutzungsfaktor 0,10695	50	1945	Nutzungsfaktor 0,03792
21	851	Im 25sten Jahre:	51	1967	Im 55sten Jahre:
22	898	Durchschn.-Zuw. 41,4 C'	52	1987	Durchschn.-Zuw. 37,1 C'
23	944	Zuwachsprocent 4,6	53	2005	Zuwachsprocent 0,8
24	990	Norm. Vorrath 12246 C'	54	2022	Nrm. Vorrath 61312 C'
25	1036	Nutzungsfaktor 0,08460	55	2038	Nutzungsfaktor 0,03324
26	1082	Im 30sten Jahre:	56	2053	Im 60sten Jahre:
27	1127	Durchschn.-Zuw. 42,1 C'	57	2067	Durchschn.-Zuw. 35,1 C'
28	1173	Zuwachsprocent 3,7	58	2080	Zuwachsprocent 0,6
29	1218	Norm. Vorrath 18109 C'	59	2093	Norm. Vorrath 71710 C'
30	1263	Nutzungsfaktor 0,06974	60	2105	Nutzungsfaktor 0,02935

Tafel 8.

Birken-Hochwald.

III. Bodenklasse.

Alter.	Holzmasse. Cbfß.	Durchschnittszuwachs, Zuwachsprocent, normaler Vorrath und Nutzungsfaktor.	Alter.	Holzmasse. Cbfß.	Durchschnittszuwachs, Zuwachsprocent, normaler Vorrath und Nutzungsfaktor.
1	11	Im 5ten Jahre:	31	987	Im 35sten Jahre:
2	25	Durchschn.-Zuwachs 16 C'	32	1019	Durchschn.-Zuw. 31,5 C'
3	41	Zuwachsprocent 35,6	33	1049	Zuwachsprocent 2,3
4	59	Normal. Vorrath 216 C'	34	1077	Norm. Vorrath 18594 C'
5	80	Nutzungsfaktor 0,37037	35	1102	Nutzungsfaktor 0,05927
6	104	Im 10ten Jahre:	36	1125	Im 40sten Jahre:
7	131	Durchschn.-Zuw. 22,9 C'	37	1146	Durchschn.-Zuw. 29,9 C'
8	161	Zuwachsprocent 18,0	38	1164	Zuwachsprocent 1,3
9	194	Norm. Vorrath 1035 C'	39	1180	Norm. Vorrath 24404 C'
10	229	Nutzungsfaktor 0,22126	40	1195	Nutzungsfaktor 0,04897
11	266	Im 15ten Jahre:	41	1207	Im 45sten Jahre:
12	304	Durchschn.-Zuw. 27,9 C'	42	1216	Durchschn.-Zuw. 27,5 C'
13	343	Zuwachsprocent 10,0	43	1224	Zuwachsprocent 0,5
14	381	Norm.-Vorrath 2748 C'	44	1231	Norm. Vorrath 30519 C'
15	419	Nutzungsfaktor 0,15247	45	1237	Nutzungsfaktor 0,04053
16	456	Im 20sten Jahre:	46	1243	Im 50sten Jahre:
17	493	Durchschn.-Zuw. 30,1 C'	47	1248	Durchschn.-Zuw. 25,2 C'
18	529	Zuwachsprocent 6,5	48	1252	Zuwachsprocent 0,2
19	565	Norm. Vorrath 5393 C'	49	1255	Norm. Vorrath 36775 C'
20	602	Nutzungsfaktor 0,11163	50	1258	Nutzungsfaktor 0,03421
21	638	Im 25sten Jahre:	51	1260	Im 55sten Jahre:
22	673	Durchschn.-Zuw. 31,2 C'	52	1262	Durchschn.-Zuw. 23 C'
23	709	Zuwachsprocent 4,7	53	1263	Zuwachsprocent 0
24	744	Norm. Vorrath 8936 C'	54	1263	Norm. Vorrath 43086 C'
25	779	Nutzungsfaktor 0,08718	55	1263	Nutzungsfaktor 0,02931
26	815	Im 30sten Jahre:	56	1262	Im 60sten Jahre:
27	850	Durchschn.-Zuw. 31,8 C'	57	1262	Durchschn.-Zuw. 20,9 C'
28	885	Zuwachsprocent 3,7	58	1261	Zuwachsprocent — 0,2
29	920	Norm. Vorrath 13360 C'	59	1259	Norm. Vorrath 49387 C'
30	954	Nutzungsfaktor 0,07141	60	1257	Nutzungsfaktor 0,02545

Tafel 9.

Birken = Hochwald.

IV. Bodenklasse.

Alter.	Holzmasse. Cbfß.	Durchschnittszuwachs, Zuwachsprocent, normaler Vorrath und Nutzungsfaktor.	Alter.	Holzmasse. Cbfß.	Durchschnittszuwachs, Zuwachsprocent, normaler Vorrath und Nutzungsfaktor.
1	5	Im 5ten Jahre:	31	630	Im 35sten Jahre:
2	13	Durchschn.=Zuw. 10,2 C'	32	644	Durchschn.=Zuw. 19,4 C'
3	23	Zuwachsprocent 41,7	33	657	Zuwachsprocent 1,6
4	36	Norm. Vorrath 128 C'	34	669	Norm. Vorrath 12170 C'
5	51	Nutzungsfaktor 0,39844	35	680	Nutzungsfaktor 0,05588
6	68	Im 10ten Jahre:	36	690	Im 40sten Jahre:
7	87	Durchschn.=Zuw. 15,2 C'	37	698	Durchschn.=Zuw. 17,7 C'
8	107	Zuwachsprocent 17,8	38	704	Zuwachsprocent 0,3
9	129	Norm. Vorrath 671 C'	39	708	Norm. Vorrath 15680 C'
10	152	Nutzungsfaktor 0,22653	40	710	Nutzungsfaktor 0,04528
11	176	Im 15ten Jahre:	41	710	Im 45sten Jahre:
12	200	Durchschn.=Zuw. 18,4 C'	42	708	Durchschn.=Zuw 15,3 C'
13	225	Zuwachsprocent 10,4	43	704	Zuwachsprocent — 1,3
14	250	Norm. Vorrath 1798 C'	44	697	Norm. Vorrath 19187 C'
15	276	Nutzungsfaktor 0,15350	45	688	Nutzungsfaktor 0,03586
16	302	Im 20sten Jahre:	46	679	Im 50sten Jahre:
17	329	Durchschn.=Zuw. 20,5 C'	47	669	Durchschn.=Zuw. 12,7 C'
18	357	Zuwachsprocent 6,8	48	658	Zuwachsprocent — 2,0
19	384	Norm. Vorrath 3580 C'	49	646	Norm. Vorrath 22472 C'
20	410	Nutzungsfaktor 0,11453	50	633	Nutzungsfaktor 0,02817
21	435	Im 25sten Jahre:	51	619	Im 55sten Jahre:
22	459	Durchschn.=Zuw. 21 C'	52	604	Durchschn. Zuw. 10,1 C'
23	482	Zuwachsprocent 4,2	53	588	Zuwachsprocent — 3,0
24	504	Norm. Vorrath 5985 C'	54	571	Norm. Vorrath 25408 C'
25	525	Nutzungsfaktor 0,08772	55	554	Nutzungsfaktor 0,02180
26	545	Im 30sten Jahre:	56	538	Im 60sten Jahre:
27	564	Durchschn.=Zuw. 20,5 C'	57	521	Durchschn. Zuw. 7,8 C'
28	582	Zuwachsprocent 2,7	58	505	Zuwachsprocent — 3,5
29	599	Norm. Vorrath 8890 C'	59	488	Norm. Vorrath 27931 C'
30	615	Nutzungsfaktor 0,06918	60	471	Nutzungsfaktor 0,01686

Tafel 10.

Birken-Hochwald.

V. Bodenklasse.

Alter.	Holzmasse. Cbfß.	Durchschnittszuwachs, Zuwachsprocent, normaler Vorrath und Nutzungsfaktor.	Alter.	Holzmasse. Cbfß.	Durchschnittszuwachs, Zuwachsprocent, normaler Vorrath und Nutzungsfaktor.
1	3	Im 5ten Jahre:	31	293	Im 35sten Jahre:
2	7	Durchschn.-Zuw. 6 C'	32	299	Durchschn.-Zuw. 9,1 C'
3	13	Zuwachsprocent 42,9	33	305	Zuwachsprocent 1,9
4	21	Norm. Vorrath 74 C'	34	311	Norm. Vorrath 5984 C'
5	30	Nutzungsfaktor 0,40541	35	317	Nutzungsfaktor 0,05297
6	41	Im 10ten Jahre:	36	323	Im 40sten Jahre:
7	53	Durchschn.-Zuw. 8,9 C'	37	328	Durchschn.-Zuw. 8,5 C'
8	65	Zuwachsprocent 15,6	38	333	Zuwachsprocent 1,2
9	77	Norm. Vorrath 399 C'	39	338	Norm. Vorrath 7648 C'
10	89	Nutzungsfaktor 0,22306	40	342	Nutzungsfaktor 0,04472
11	101	Im 15ten Jahre:	41	346	Im 45sten Jahre:
12	114	Durchschn.-Zuw. 9,9 C'	42	349	Durchschn.-Zuw. 7,9 C'
13	126	Zuwachsprocent 8,0	43	351	Zuwachsprocent 0,3
14	138	Norm. Vorrath 1027 C'	44	353	Norm. Vorrath 9401 C'
15	149	Nutzungsfaktor 0,14508	45	354	Nutzungsfaktor 0,03766
16	160	Im 20sten Jahre:	46	355	Im 50sten Jahre:
17	171	Durchschn.-Zuw. 10,1 C'	47	355	Durchschn.-Zuw. 7 C'
18	182	Zuwachsprocent 5,2	48	354	Zuwachsprocent — 0,9
19	193	Norm. Vorrath 1936 C'	49	352	Norm. Vorrath 11166 C'
20	203	Nutzungsfaktor 0,10486	50	349	Nutzungsfaktor 0,03126
21	213	Im 25sten Jahre:	51	346	Im 55sten Jahre:
22	223	Durchschn.-Zuw. 10 C'	52	342	Durchschn.-Zuw. 6 C'
23	232	Zuwachsprocent 3,7	53	338	Zuwachsprocent — 1,5
24	241	Norm. Vorrath 3095 C'	54	334	Norm. Vorrath 12855 C'
25	250	Nutzungsfaktor 0,08078	55	329	Nutzungsfaktor 0,02559
26	258	Im 30sten Jahre:	56	324	Im 60sten Jahre:
27	266	Durchschn.-Zuw. 9,6 C'	57	319	Durchschn.-Zuw. 5 C'
28	273	Zuwachsprocent 2,5	58	313	Zuwachsprocent — 2,3
29	280	Norm. Vorrath 4459 C'	59	307	Norm. Vorrath 14418 C'
30	287	Nutzungsfaktor 0,06436	60	300	Nutzungsfaktor 0,02081

Tafel 11.

K i e f e r n.

I. Bodenklasse.

Alter.	Holzmasse. Cbfß.	Durchschnittszuwachs, Zuwachsprocent, normaler Vorrath und Nutzungsfaktor.	Alter.	Holzmasse. Cbfß.	Durchschnittszuwachs, Zuwachsprocent, normaler Vorrath und Nutzungsfaktor.
1	21		31	988	
2	43		32	1028	
3	65		33	1068	
4	88	Im 10ten Jahre:	34	1109	Im 40sten Jahre:
5	112	Durchschn.-Zuw. 24,7 C'	35	1150	Durchschn.-Zuw. 34 C'
6	137	Zuwachsprocent 13,3	36	1191	Zuwachsprocent 3,2
7	163	Norm. Vorrath 1284 C'	37	1233	Norm. Vorrath 24997 C'
8	190	Nutzungsfaktor 0,19237	38	1275	Nutzungsfaktor 0,05437
9	218		39	1317	
10	247		40	1359	
11	277		41	1401	
12	308		42	1443	
13	339		43	1486	
14	371	Im 20sten Jahre:	44	1529	Im 50sten Jahre:
15	404	Durchschn.-Zuw. 28,7 C'	45	1572	Durchschn.-Zuw. 35,8 C'
16	437	Zuwachsprocent 6,7	46	1615	Zuwachsprocent 2,5
17	470	Norm. Vorrath 5508 C'	47	1658	Norm. Vorrath 40934 C'
18	504	Nutzungsfaktor 0,10439	48	1701	Nutzungsfaktor 0,04368
19	539		49	1744	
20	575		50	1788	
21	611		51	1832	
22	647		52	1876	
23	683		53	1919	
24	720	Im 30sten Jahre:	54	1962	Im 60sten Jahre:
25	757	Durchschn.-Zuw. 31,6 C'	55	2004	Durchschn.-Zuw. 36,8 C'
26	794	Zuwachsprocent 4,3	56	2046	Zuwachsprocent 1,8
27	832	Norm. Vorrath 13279 C'	57	2088	Norm. Vorrath 61170 C'
28	870	Nutzungsfaktor 0,07139	58	2129	Nutzungsfaktor 0,03613
29	909		59	2170	
30	948		60	2210	

Fortsetzung.

(Kiefern. I.)

Alter.	Holzmasse. Cbfß.	Durchschnittszuwachs, Zuwachsprocent, normaler Vorrath und Nutzungsfaktor.	Alter.	Holzmasse. Cbfß.	Durchschnittszuwachs, Zuwachsprocent, normaler Vorrath und Nutzungsfaktor.
61	2250		91	3314	
62	2290		92	3344	
63	2329	Im 70sten Jahre:	93	3374	Im 100sten Jahre:
64	2368	Durchschn.-Zuw. 37,1 C′	94	3404	Durchschn.-Zuw. 35,7 C′
65	2407	Zuwachsprocent 1,4	95	3433	Zuwachsprocent 0,8
66	2445	Norm. Vorrath 85418 C′	96	3462	Nrm. Vorrath 179219 C′
67	2483	Nutzungsfaktor 0,03039	97	3491	Nutzungsfaktor 0,01995
68	2521		98	3519	
69	2559		99	3547	
70	2596		100	3575	
71	2633		101	3602	
72	2670		102	3629	
73	2707	Im 80sten Jahre:	103	3656	Im 110ten Jahre:
74	2743	Durchschn.-Zuw. 36,9 C′	104	3682	Durchschn.-Zuw. 34,9 C′
75	2779	Zuwachsprocent 1,2	105	3708	Zuwachsprocent 0,7
76	2815	Norm. Vorrath 113375 C′	106	3734	Nrm. Vorrath 216416 C′
77	2850	Nutzungsfaktor 0,02606	107	3759	Nutzungsfaktor 0,01772
78	2885		108	3784	
79	2920		109	3809	
80	2955		110	3834	
81	2989		111	3858	
82	3023		112	3882	
83	3057	Im 90sten Jahre:	113	3906	Im 120sten Jahre:
84	3090	Durchschn.-Zuw. 36,5 C′	114	3930	Durchschn.-Zuw. 33,9 C′
85	3123	Zuwachsprocent 1,0	115	3954	Zuwachsprocent 0,5
86	3156	Nrm. Vorrath 144756 C′	116	3977	Nrm. Vorrath 256058 C′
87	3188	Nutzungsfaktor 0,02268	117	4000	Nutzungsfaktor 0,01588
88	3220		118	4023	
89	3252		119	4045	
90	3283		120	4067	

Tafel 12.

K i e f e r n.

II. Bodenklasse.

Alter.	Holz-masse. Cbfß.	Durchschnittszuwachs, Zuwachsprocent, normaler Vorrath und Nutzungsfaktor.	Alter.	Holz-masse. Cbfß.	Durchschnittszuwachs, Zuwachsprocent, normaler Vorrath und Nutzungsfaktor.
1	17		31	836	
2	35		32	870	
3	54		33	904	
4	74	Im 10ten Jahre:	34	938	Im 40sten Jahre:
5	95	Durchschn.-Zuw. 21,1 C'	35	972	Durchschn.-Zuw. 28,7 C'
6	117	Zuwachsprocent 13,4	36	1007	Zuwachsprocent 3,2
7	139	Norm. Vorrath 1090 C'	37	1042	Norm. Vorrath 21189 C'
8	162	Nutzungsfaktor 0,19358	38	1077	Nutzungsfaktor 0,05418
9	186		39	1112	
10	211		40	1148	
11	237		41	1184	
12	263		42	1220	
13	290		43	1256	
14	317	Im 20sten Jahre:	44	1292	Im 50sten Jahre:
15	345	Durchschn.-Zuw. 24,4 C'	45	1329	Durchschn.-Zuw. 30,3 C'
16	373	Zuwachsprocent 6,3	46	1366	Zuwachsprocent 2,6
17	402	Norm. Vorrath 4697 C'	47	1403	Norm. Vorrath 34671 C'
18	431	Nutzungsfaktor 0,10411	48	1440	Nutzungsfactor 0,04370
19	460		49	1477	
20	489		50	1515	
21	519		51	1553	
22	549		52	1591	
23	579		53	1629	
24	610	Im 30sten Jahre:	54	1666	Im 60sten Jahre:
25	641	Durchschn.-Zuw. 26,8 C'	55	1703	Durchschn.-Zuw. 31,4 C'
26	673	Zuwachsprocent 4,3	56	1740	Zuwachsprocent 1,9
27	705	Norm. Vorrath 11283 C'	57	1777	Norm. Vorrath 51877 C'
28	737	Nutzungsfaktor 0,07117	58	1813	Nutzungsfaktor 0,03634
29	770		59	1849	
30	803		60	1885	

Fortsetzung.

(Kiefern II.)

Alter.	Holzmasse. Cbfß.	Durchschnittszuwachs, Zuwachsprocent, normaler Vorrath und Nutzungsfaktor.	Alter.	Holzmasse. Cbfß.	Durchschnittszuwachs, Zuwachsprocent, normaler Vorrath und Nutzungsfaktor.
61	1920		91	2798	
62	1955		92	2822	
63	1990	Im 70sten Jahre:	93	2846	Im 100sten Jahre:
64	2025	Durchschn.=Zuw. 31,8 C'	94	2869	Durchschn.=Zuw. 30 C'
65	2059	Zuwachsprocent 1,5	95	2892	Zuwachsprocent 0,7
66	2093	Norm. Vorrath 72618 C'	96	2915	Nrm. Vorrath 152147 C'
67	2126	Nutzungsfaktor 0,03061	97	2938	Nutzungsfaktor 0,01975
68	2159		98	2961	
69	2191		99	2983	
70	2223		100	3005	
71	2255		101	3027	
72	2286		102	3049	
73	2317	Im 80sten Jahre:	103	3070	Im 110ten Jahre:
74	2347	Durchschn.=Zuw. 31,5 C'	104	3091	Durchschn.=Zuw. 29,2 C'
75	2377	Zuwachsprocent 1,1	105	3112	Zuwachsprocent 0,6
76	2406	Norm. Vorrath 96513 C'	106	3133	Nrm. Vorrath 183365 C'
77	2435	Nutzungsfaktor 0,02609	107	3154	Nutzungsfactor 0,01753
78	2463		108	3174	
79	2491		109	3194	
80	2518		110	3214	
81	2545		111	3234	
82	2571		112	3254	
83	2597	Im 90sten Jahre:	113	3273	Im 120sten Jahre:
84	2623	Durchschn.=Zuw. 30,8 C'	114	3292	Durchschn.=Zuw. 28,3 C'
85	2649	Zuwachsprocent 0,9	115	3311	Zuwachsprocent 0,5
86	2674	Nrm. Vorrath 123118 C'	116	3330	Nrm. Vorrath 216559 C'
87	2699	Nutzungsfaktor 0,02253	117	3348	Nutzungsfactor 0,01571
88	2724		118	3366	
89	2749		119	3384	
90	2774		120	3402	

Tafel 13.

K i e f e r n.

III. Bodenklasse.

Alter.	Holzmasse. Cbfß.	Durchschnittszuwachs, Zuwachsprocent, normaler Vorrath und Nutzungsfaktor.	Alter.	Holzmasse. Cbfß.	Durchschnittszuwachs, Zuwachsprocent, normaler Vorrath und Nutzungsfaktor.
1	14		31	666	
2	29		32	693	
3	44	Im 10ten Jahre:	33	720	Im 40sten Jahre:
4	60	Durchschn.=Zuw. 16,5 C'	34	747	Durchschn.=Zuw. 22,9 C'
5	76	Zuwachsprocent 13,0	35	775	Zuwachsprocent 3,3
6	93	Nrm. Vorrath 865 C'	36	803	Norm. Vorrath 16834 C'
7	110	Nutzungsfaktor 0,19075	37	831	Nutzungsfaktor 0,05441
8	128		38	859	
9	146		39	887	
10	165		40	916	
11	185		41	944	
12	206		42	973	
13	227	Im 20sten Jahre:	43	1001	Im 50sten Jahre:
14	249	Durchschn.=Zuw. 19,3 C'	44	1030	Durchschn.=Zuw. 24,1 C'
15	271	Zuwachsprocent 6,6	45	1059	Zuwachsprocent 2,5
16	293	Norm. Vorrath 3701 C'	46	1088	Norm. Vorrath 27574 C'
17	316	Nutzungsfaktor 0,10457	47	1117	Nutzungsfaktor 0,04370
18	339		48	1147	
19	363		49	1176	
20	387		50	1205	
21	411		51	1234	
22	435		52	1263	
23	460	Im 30sten Jahre:	53	1291	Im 60sten Jahre:
24	485	Durchschn.=Zuw. 21,3 C'	54	1319	Durchschn.=Zuw. 24,7 C'
25	510	Zuwachsprocent 4,2	55	1347	Zuwachsprocent 1,8
26	535	Norm. Vorrath 8937 C'	56	1374	Norm. Vorrath 41165 C'
27	561	Nutzungsfaktor 0,07150.	57	1401	Nutzungsfaktor 0,03595
28	587		58	1428	
29	613		59	1454	
30	639		60	1480	

Fortsetzung.

(Kiefern. III.)

Alter.	Holzmasse. Cbfß.	Durchschnittszuwachs, Zuwachsprocent, normaler Vorrath und Nutzungsfaktor.	Alter.	Holzmasse. Cbfß.	Durchschnittszuwachs, Zuwachsprocent, normaler Vorrath und Nutzungsfaktor.
61	1506		91	2159	
62	1532		92	2177	
63	1558		93	2195	
64	1583	Im 70sten Jahre:	94	2212	Im 100sten Jahre:
65	1608	Durchschn.-Zuw. 24,7 C'	95	2229	Durchschn.-Zuw. 23,1 C'
66	1633	Zuwachsprocent 1,4	96	2246	Zuwachsprocent 0,7
67	1658	Nrm. Vorrath 57361 C'	97	2263	Nrm. Vorrath 118847 C'
68	1682	Nutzungsfaktor 0,03016	98	2280	Nutzungsfactor 0,01947
69	1706		99	2297	
70	1730		100	2314	
71	1753		101	2331	
72	1776		102	2347	
73	1799		103	2363	
74	1822	Im 80sten Jahre:	104	2379	Im 110ten Jahre:
75	1844	Durchschn.-Zuw. 24,4 C'	105	2395	Durchschn.-Zuw. 22,5 C'
76	1866	Zuwachsprocent 1,1	106	2411	Zuwachsprocent 0,6
77	1888	Norm. Vorrath 75899 C'	107	2427	Nrm. Vorrath 142876 C'
78	1909	Nutzungsfaktor 0,02571	108	2443	Nutzungsfaktor 0,01732
79	1930		109	2459	
80	1951		110	2474	
81	1971		111	2489	
82	1991		112	2504	
83	2011		113	2519	
84	2030	Im 90sten Jahre:	114	2534	Im 120sten Jahre:
85	2049	Durchschn.-Zuw. 23,8 C'	115	2549	Durchschn.-Zuw. 21,8 C'
86	2068	Zuwachsprocent 0,8	116	2563	Zuwachsprocent 0,5
87	2087	Norm. Vorrath 96475 C'	117	2577	Nrm. Vorrath 168426 C'
88	2105	Nutzungsfaktor 0,02219	118	2591	Nutzungsfaktor 0,01555
89	2123		119	2605	
90	2141		120	2619	

Tafel 14.

K i e f e r n.

IV. Bodenklasse.

Alter.	Holz-masse. Cbfß.	Durchschnittszuwachs, Zuwachsprocent, normaler Vorrath und Nutzungsfaktor.	Alter.	Holz-masse. Cbfß.	Durchschnittszuwachs, Zuwachsprocent, normaler Vorrath und Nutzungsfaktor.
1	11		31	505	
2	22		32	525	
3	33		33	546	
4	45	Im 10ten Jahre:	34	567	Im 40sten Jahre:
5	57	Durchschn.-Zuw. 12,6 C'	35	588	Durchschn.-Zuw. 17,3 C'
6	70	Zuwachsprocent 13,5	36	609	Zuwachsprocent 3,3
7	83	Norm. Vorrath 655 C'	37	630	Norm. Vorrath 12767 C'
8	97	Nutzungsfaktor 0,19237	38	651	Nutzungsfaktor 0,05436
9	111		39	672	
10	126		40	694	
11	141		41	716	
12	157		42	737	
13	173		43	758	
14	189	Im 20sten Jahre:	44	780	Im 50sten Jahre:
15	206	Durchschn.-Zuw. 14 6 C'	45	801	Durchschn.-Zuw. 18,1 C'
16	223	Zuwachsprocent 6,5	46	822	Zuwachsprocent 2,4
17	240	Norm. Vorrath 2809 C'	47	843	Norm. Vorrath 20879 C'
18	257	Nutzungsfaktor 0,10431	48	864	Nutzungsfaktor 0,04339
19	275		49	885	
20	293		50	906	
21	311		51	927	
22	330		52	947	
23	349		53	967	
24	368	Im 30sten Jahre:	54	987	Im 60sten Jahre:
25	387	Durchschn.-Zuw. 16,2 C'	55	1007	Durchschn.-Zuw. 18,4 C'
26	406	Zuwachsprocent 4,3	56	1027	Zuwachsprocent 1,7
27	425	Norm. Vorrath 6780 C'	57	1047	Norm. Vorrath 31046 C'
28	445	Nutzungsfaktor 0,07153	58	1067	Nutzungsfaktor 0,03559
29	465		59	1086	
30	485		60	1105	

Fortsetzung.

(Kiefern. IV.)

Alter.	Holzmasse. Cbfß.	Durchschnittszuwachs, Zuwachsprocent, normaler Vorrath und Nutzungsfaktor.	Alter.	Holzmasse. Cbfß.	Durchschnittszuwachs, Zuwachsprocent, normaler Vorrath und Nutzungsfaktor.
61	1124		91	1585	
62	1142		92	1597	
63	1160		93	1609	
64	1178	Im 70sten Jahre:	94	1621	Im 100sten Jahre:
65	1196	Durchschn.=Zuw. 18,3 C'	95	1633	Durchschn.=Zuw. 16,9 C'
66	1213	Zuwachsprocent 1,3	96	1645	Zuwachsprocent 0,7
67	1230	Norm. Vorrath 43080 C'	97	1657	Norm. Vorrath 88267 C'
68	1247	Nutzungsfaktor 0,02971	98	1669	Nutzungsfaktor 0,01916
69	1264		99	1680	
70	1280		100	1691	
71	1296		101	1702	
72	1312		102	1713	
73	1328		103	1724	
74	1344	Im 80sten Jahre:	104	1735	Im 110ten Jahre:
75	1360	Durchschn.=Zuw. 17,9 C'	105	1746	Durchschn.=Zuw. 16,4 C'
76	1376	Zuwachsprocent 1,1	106	1757	Zuwachsprocent 0,6
77	1391	Norm. Vorrath 56750 C'	107	1768	Nrm. Vorrath 105779 C'
78	1406	Nutzungsfaktor 0,02530	108	1779	Nutzungsfaktor 0,01701
79	1421		109	1789	
80	1436		110	1799	
81	1451		111	1809	
82	1465		112	1819	
83	1479		113	1829	
84	1493	Im 90sten Jahre:	114	1839	Im 120sten Jahre:
85	1507	Durchschn.=Zuw. 17,5 C'	115	1849	Durchschn.=Zuw. 15,8 C'
86	1521	Zuwachsprocent 0,8	116	1858	Zuwachsprocent 0,4
87	1534	Nrm.=Vorrath 71880 C'	117	1867	Nrm. Vorrath 124301 C'
88	1547	Nutzungsfaktor 0,02188	118	1876	Nutzungsfaktor 0,01522
89	1560		119	1884	
90	1573		120	1892	

Tafel 15.

Kiefern.

V. Bodenklasse.

Alter.	Holz-masse. Cbfß.	Durchschnittszuwachs, Zuwachsprocent, normaler Vorrath und Nutzungsfaktor.	Alter.	Holz-masse. Cbfß.	Durchschnittszuwachs, Zuwachsprocent, normaler Vorrath und Nutzungsfaktor.
1	7	Im 10ten Jahre: Durchschn.-Zuw. 8,6 C' Zuwachsprocent 13,2 Norm. Vorrath 448 C' Nutzungsfaktor 0,19196	31	344	Im 40sten Jahre: Durchschn.-Zuw. 11,8 C' Zuwachsprocent 3,3 Norm. Vorrath 8698 C' Nutzungsfaktor 0,05438
2	15		32	358	
3	23		33	372	
4	31		34	386	
5	39		35	400	
6	48		36	415	
7	57		37	429	
8	66		38	444	
9	76		39	458	
10	86		40	473	
11	96	Im 20sten Jahre: Durchschn.-Zuw. 9,9 C' Zuwachsprocent 6,4 Norm. Vorrath 1913 C' Nutzungsfaktor 0,10403	41	488	Im 50sten Jahre: Durchschn.-Zuw. 12,2 C' Zuwachsprocent 2,0 Norm. Vorrath 14192 C' Nutzungsfaktor 0,04284
12	107		42	502	
13	118		43	516	
14	129		44	530	
15	140		45	544	
16	151		46	557	
17	163		47	570	
18	175		48	583	
19	187		49	596	
20	199		50	608	
21	212	Im 30sten Jahre: Durchschn.-Zuw. 11 C' Zuwachsprocent 4,4 Norm. Vorrath 4619 C' Nutzungsfaktor 0,07144	51	620	Im 60sten Jahre: Durchschn.-Zuw. 12 C' Zuwachsprocent 1,5 Norm. Vorrath 20911 C' Nutzungsfaktor 0,03453
22	225		52	632	
23	238		53	644	
24	251		54	656	
25	264		55	667	
26	277		56	678	
27	290		57	689	
28	303		58	700	
29	316		59	711	
30	330		60	722	

Fortsetzung.

(Kiefern. V.)

Alter.	Holzmasse. Cbfß.	Durchschnittszuwachs, Zuwachsprocent, normaler Vorrath und Nutzungsfaktor.	Alter.	Holzmasse. Cbfß.	Durchschnittszuwachs, Zuwachsprocent, normaler Vorrath und Nutzungsfaktor.
61	732		91	987	
62	742		92	994	
63	752		93	1001	
64	762	Im 70sten Jahre:	94	1008	Im 100sten Jahre:
65	772	Durchschn.-Zuw. 11,7 C'	95	1015	Durchschn.-Zuw. 10,5 C'
66	782	Zuwachsprocent 1,1	96	1022	Zuwachsprocent 0,6
67	792	Nrm. Vorrath 28675 C'	97	1029	Nrm. Vorrath 56994 C'
68	801	Nutzungsfaktor 0,02856	98	1035	Nutzungsfactor 0,01837
69	810		99	1041	
70	819		100	1047	
71	828		101	1053	
72	837		102	1059	
73	846		103	1065	
74	855	Im 80sten Jahre:	104	1071	Im 110ten Jahre:
75	864	Durchschn.-Zuw. 11,3 C'	105	1077	Durchschn.-Zuw. 10, C'
76	872	Zuwachsprocent 0,9	106	1083	Zuwachsprocent 0,5
77	880	Norm. Vorrath 37345 C'	107	1089	Nrm. Vorrath 67788 C'
78	888	Nutzungsfaktor 0,02421	108	1094	Nutzungsfaktor 0,01629
79	896		109	1099	
80	904		110	1104	
81	912		111	1109	
82	920		112	1114	
83	928		113	1119	
84	936	Im 90sten Jahre:	114	1124	Im 120sten Jahre:
85	944	Durchschn.-Zuw. 10,9 C'	115	1129	Durchschn.-Zuw. 9,6 C'
86	952	Zuwachsprocent 0,7	116	1134	Zuwachsprocent 0,4
87	959	Norm. Vorrath 46815 C'	117	1139	Nrm. Vorrath 79103 C'
88	966	Nutzungsfaktor 0,02093	118	1144	Nutzungsfaktor 0,01459
89	973		119	1149	
90	980		120	1154	

Tafel 16.

Fichten auf gutem Lehmboden. (Nach Karl.)

Alter.	Holzmasse. Cbfß.	Durchschnittszuwachs, Zuwachsprocent, normaler Vorrath und Nutzungsfaktor.	Alter.	Holzmasse. Cbfß.	Durchschnittszuwachs, Zuwachsprocent, normaler Vorrath und Nutzungsfaktor.
1	31		31	1931	
2	63		32	2028	
3	96		33	2126	
4	131	Im 10ten Jahre:	34	2226	Im 40sten Jahre:
5	168	Durchschn.-Zuw. 38,3 C'	35	2327	Durchschn.-Zuw. 71,3 C'
6	207	Zuwachsprocent 14,3	36	2429	Zuwachsprocent 4,0
7	248	Norm. Vorrath 1952 C'	37	2533	Norm. Vorrath 47166 C'
8	290	Nutzungsfaktor 0,19621	38	2638	Nutzungsfaktor 0,06049
9	335		39	2744	
10	383		40	2853	
11	433		41	2963	
12	485		42	3075	
13	540		43	3189	
14	597	Im 20sten Jahre:	44	3305	Im 50sten Jahre:
15	657	Durchschn.-Zuw. 49,6 C'	45	3423	Durchschn.-Zuw. 80,8 C'
16	719	Zuwachsprocent 7,8	46	3542	Zuwachsprocent 3,2
17	784	Norm. Vorrath 8932 C'	47	3664	Norm. Vorrath 82065 C'
18	851	Nutzungsfaktor 0,11117	48	3787	Nutzungsfaktor 0,04922
19	921		49	3912	
20	993		50	4039	
21	1067		51	4169	
22	1144		52	4302	
23	1224		53	4437	
24	1306	Im 30sten Jahre:	54	4575	Im 60sten Jahre:
25	1389	Durchschn.-Zuw. 61,2 C'	55	4716	Durchschn.-Zuw. 91,2 C'
26	1475	Zuwachsprocent 5,3	56	4860	Zuwachsprocent 3,0
27	1563	Norm. Vorrath 23331 C'	57	5008	Nrm. Vorrath 130081 C'
28	1652	Nutzungsfaktor 0,07869	58	5160	Nutzungsfaktor 0,04208
29	1743		59	5315	
30	1836		60	5474	

Fortsetzung.

(Fichten nach Karl.)

Alter.	Holzmasse. Cbfß.	Durchschnittszuwachs, Zuwachsprocent, normaler Vorrath und Nutzungsfaktor.	Alter.	Holzmasse. Cbfß.	Durchschnittszuwachs, Zuwachsprocent, normaler Vorrath und Nutzungsfaktor.
61	5637	Im 70sten Jahre: Durchschn.-Zuw. 104,4 C' Zuwachsprocent 2,9 Nrm. Vorrath 194534 C' Nutzungsfaktor 0,03758	81	9886	Im 90sten Jahre: Durchschn.-Zuw. 137,5 C' Zuwachsprocent 2,4 Nrm. Vorrath 391079 C' Nutzungsfaktor 0,03164
62	5805		82	10147	
63	5977		83	10413	
64	6153		84	10682	
65	6333		85	10955	
66	6519		86	11232	
67	6709		87	11512	
68	6905		88	11796	
69	7105		89	12084	
70	7310		90	12375	
71	7520	Im 80sten Jahre: Durchschn.-Zuw. 120,4 C' Zuwachsprocent 2,7 Nrm. Vorrath 279997 C' Nutzungsfaktor 0,03439	91	12671	Im 100sten Jahre: Durchschn.-Zuw. 154,6 C' Zuwachsprocent 2,1 Nrm. Vorrath 531572 C' Nutzungsfaktor 0,02909
72	7735		92	12969	
73	7955		93	13270	
74	8180		94	13574	
75	8410		95	13882	
76	8645		96	14192	
77	8884		97	14506	
78	9128		98	14823	
79	9377		99	15142	
80	9629		100	15464	

Tafel 17.

Fichten auf buntem Sandsteingebirge.

(Grafschaft Henneberg.)

I. Bodenklasse. (Gut.)

Alter.	Holzmasse. Cbfß.	Durchschnittszuwachs, Zuwachsprocent, normaler Vorrath und Nutzungsfaktor.	Alter.	Holzmasse. Cbfß.	Durchschnittszuwachs, Zuwachsprocent, normaler Vorrath und Nutzungsfaktor.
1	13		31	1420	
2	38		32	1476	
3	68		33	1532	
4	104	Im 10ten Jahre:	34	1588	Im 40sten Jahre:
5	144	Durchschn.-Zuw. 35,8 C'	35	1645	Durchschn.-Zuw. 48,2 C'
6	185	Zuwachsprocent 14,0	36	1702	Zuwachsprocent 3,0
7	227	Nrm. Vorrath 1721 C'	37	1759	Norm. Vorrath 35795 C'
8	270	Nutzungsfaktor 0,20802	38	1816	Nutzungsfaktor 0,05392
9	314		39	1873	
10	358		40	1930	
11	403		41	1987	
12	448		42	2044	
13	494		43	2101	
14	540	Im 20sten Jahre:	44	2158	Im 50sten Jahre:
15	587	Durchschn.-Zuw. 41,5 C'	45	2215	Durchschn.-Zuw. 50,2 C'
16	634	Zuwachsprocent 6,4	46	2273	Zuwachsprocent 2,5
17	682	Norm. Vorrath 7852 C'	47	2332	Norm. Vorrath 58259 C'
18	731	Nutzungsfaktor 0,10583	48	2391	Nutzungsfaktor 0,04312
19	781		49	2451	
20	831		50	2512	
21	882		51	2573	
22	934		52	2635	
23	986		53	2697	
24	1038	Im 30sten Jahre:	54	2760	Im 60sten Jahre:
25	1091	Durchschn.-Zuw. 45,5 C'	55	2823	Durchschn.-Zuw. 52,5 C'
26	1145	Zuwachsprocent 4,2	56	2887	Zuwachsprocent 2,2
27	1199	Norm. Vorrath 19054 C'	57	2952	Norm. Vorrath 86836 C'
28	1254	Nutzungsfaktor 0,07159	58	3017	Nutzungsfaktor 0,03628
29	1309		59	3083	
30	1364		60	3150	

Fortsetzung.

(Fichten. I.)

Alter.	Holz-masse. Cbfß.	Durchschnittszuwachs, Zuwachsprocent, normaler Vorrath und Nutzungsfaktor.	Alter.	Holz-masse. Cbfß.	Durchschnittszuwachs, Zuwachsprocent, normaler Vorrath und Nutzungsfaktor.
61	3218		91	5500	
62	3287		92	5573	
63	3357		93	5646	
64	3428	Im 70sten Jahre:	94	5720	Im 100sten Jahre:
65	3500	Durchschn.-Zuw. 55,2 C'	95	5793	Durchschn.-Zuw. 61,6 C'
66	3572	Zuwachsprocent 2,0	96	5867	Zuwachsprocent 1,2
67	3644	Nrm. Vorrath 122213 C'	97	5940	Nrm. Vorrath 274243 C'
68	3717	Nutzungsfaktor 0,03162	98	6014	Nutzungsfaktor 0,02246
69	3790		99	6087	
70	3864		100	6160	
71	3939		101	6234	
72	4015		102	6307	
73	4092		103	6381	
74	4170	Im 80sten Jahre:	104	6454	Im 110ten Jahre:
75	4249	Durchschn.-Zuw. 58,1 C'	105	6528	Durchschn.-Zuw. 62,7 C'
76	4328	Zuwachsprocent 1,8	106	6601	Zuwachsprocent 1,1
77	4408	Norm. Vorrath 165121 C'	107	6675	Nrm. Vorrath 339888 C'
78	4488	Nutzungsfaktor 0,02816	108	6748	Nutzungsfaktor 0,02029
79	4569		109	6822	
80	4650		110	6895	
81	4731		111	6969	
82	4811		112	7042	
83	4890		113	7116	
84	4968	Im 90sten Jahre:	114	7189	Im 120sten Jahre:
85	5046	Durchschn.-Zuw. 60,3 C'	115	7262	Durchschn.-Zuw. 63,5 C'
86	5123	Zuwachsprocent 1,4	116	7334	Zuwachsprocent 0,9
87	5200	Nrm. Vorrath 215943 C'	117	7406	Nrm. Vorrath 412853 C'
88	5276	Nutzungsfaktor 0,02513	118	7478	Nutzungsfaktor 0,01846
89	5351		119	7549	
90	5426		120	7620	

Tafel 18.

Fichten auf buntem Sandsteingebirge.

(Grafschaft Henneberg.)

II. Bodenklasse. (Ziemlich gut.)

Alter.	Holzmasse. Cbfß.	Durchschnittszuwachs, Zuwachsprocent, normaler Vorrath und Nutzungsfaktor.	Alter.	Holzmasse. Cbfß.	Durchschnittszuwachs, Zuwachsprocent, normaler Vorrath und Nutzungsfaktor.
1	11		31	1198	
2	34		32	1245	
3	60		33	1293	
4	90	Im 10ten Jahre:	34	1341	Im 40sten Jahre:
5	122	Durchschn.-Zuw. 29,7 C'	35	1390	Durchschn.-Zuw. 41 C'
6	155	Zuwachsprocent 14,2	36	1439	Zuwachsprocent 3,2
7	189	Norm. Vorrath 1442 C'	37	1488	Norm. Vorrath 30247 C'
8	224	Nutzungsfaktor 0,20596	38	1538	Nutzungsfaktor 0,05422
9	260		39	1589	
10	297		40	1640	
11	335		41	1692	
12	374		42	1745	
13	414		43	1798	
14	455	Im 20sten Jahre:	44	1851	Im 50sten Jahre:
15	496	Durchschn.-Zuw. 35,2 C'	45	1905	Durchschn.-Zuw. 43,7 C'
16	537	Zuwachsprocent 6,3	46	1960	Zuwachsprocent 2,7
17	579	Norm. Vorrath 6621 C'	47	2015	Norm. Vorrath 49597 C'
18	621	Nutzungsfaktor 0,10648	48	2071	Nutzungsfactor 0,04406
19	663		49	2128	
20	705		50	2185	
21	748		51	2243	
22	791		52	2302	
23	834		53	2362	
24	878	Im 30sten Jahre:	54	2423	Im 60sten Jahre:
25	922	Durchschn.-Zuw. 38,4 C'	55	2485	Durchschn.-Zuw. 46,7 C'
26	967	Zuwachsprocent 4,3	56	2547	Zuwachsprocent 2,4
27	1012	Norm. Vorrath 16086 C'	57	2610	Norm. Vorrath 74787 C'
28	1058	Nutzungsfaktor 0,07155	58	2674	Nutzungsfaktor 0,03751
29	1104		59	2739	
30	1151		60	2805	

Fortsetzung.

(Fichten. II.)

Alter.	Holz-masse. Cbfß.	Durchschnittszuwachs, Zuwachsprocent, normaler Vorrath und Nutzungsfaktor.	Alter.	Holz-masse. Cbfß.	Durchschnittszuwachs, Zuwachsprocent, normaler Vorrath und Nutzungsfaktor.
61	2872		91	4906	
62	2941		92	4968	
63	3010		93	5030	
64	3080	Im 70sten Jahre:	94	5092	Im 100sten Jahre:
65	3150	Durchschn.-Zuw. 50 C'	95	5154	Durchschn.-Zuw. 54,6 C'
66	3220	Zuwachsprocent 2,0	96	5216	Zuwachsprocent 1,1
67	3290	Nrm. Vorrath 106640 C'	97	5277	Nrm. Vorrath 242934 C'
68	3360	Nutzungsfaktor 0,03282	98	5338	Nutzungsfaktor 0,02248
69	3430		99	5399	
70	3500		100	5460	
71	3570		101	5521	
72	3640		102	5582	
73	3710		103	5643	
74	3780	Im 80sten Jahre:	104	5704	Im 110ten Jahre:
75	3850	Durchschn.-Zuw. 52,5 C'	105	5765	Durchschn.-Zuw. 55,2 C'
76	3921	Zuwachsprocent 1,7	106	5826	Zuwachsprocent 1,0
77	3991	Nrm. Vorrath 145494 C'	107	5887	Nrm. Vorrath 300883 C'
78	4061	Nutzungsfaktor 0,02887	108	5947	Nutzungsfaktor 0,02016
79	4131		109	6007	
80	4200		110	6067	
81	4268		111	6127	
82	4335		112	6187	
83	4401		113	6247	
84	4466	Im 90sten Jahre:	114	6307	Im 120sten Jahre:
85	4531	Durchschn.-Zuw. 53,8 C'	115	6367	Durchschn.-Zuw. 55,5 C'
86	4595	Zuwachsprocent 1,3	116	6426	Zuwachsprocent 0,9
87	4658	Nrm. Vorrath 191094 C'	117	6485	Nrm. Vorrath 364835 C'
88	4720	Nutzungsfaktor 0,02535	118	6544	Nutzungsfaktor 0,01825
89	4782		119	6602	
90	4844		120	6660	

Tafel 19.

Fichten auf buntem Sandsteingebirge.

(Grafschaft Henneberg.)

III. Bodenklasse. (Mittelmäßig.)

Alter.	Holzmasse. Cbfß.	Durchschnittszuwachs, Zuwachsprocent, normaler Vorrath und Nutzungsfaktor.	Alter.	Holzmasse. Cbfß.	Durchschnittszuwachs, Zuwachsprocent, normaler Vorrath und Nutzungsfaktor.
1	10	Im 10ten Jahre: Durchschn.=Zuw. 23 C' Zuwachsprocent 13,3 Norm. Vorrath 1151 C' Nutzungsfaktor 0,19983	31	919	Im 40sten Jahre: Durchschn.=Zuw. 32,6 C' Zuwachsprocent 3,6 Norm. Vorrath 23340 C' Nutzungsfaktor 0,05591
2	30		32	959	
3	52		33	1000	
4	75		34	1042	
5	100		35	1085	
6	125		36	1128	
7	150		37	1171	
8	176		38	1215	
9	203		39	1260	
10	230		40	1305	
11	258	Im 20sten Jahre: Durchschn.=Zuw. 26,5 C' Zuwachsprocent 6,4 Norm. Vorrath 5066 C' Nutzungsfaktor 0,10462	41	1352	Im 50sten Jahre: Durchschn.=Zuw. 36,5 C' Zuwachsprocent 3,1 Norm. Vorrath 39185 C' Nutzungsfaktor 0,04657
12	287		42	1402	
13	316		43	1452	
14	345		44	1503	
15	375		45	1555	
16	405		46	1608	
17	435		47	1662	
18	466		48	1716	
19	498		49	1770	
20	530		50	1825	
21	563	Im 30sten Jahre: Durchschn.=Zuw. 29,3 C' Zuwachsprocent 4,4 Nrm. Vorrath 12256 C' Nutzungsfaktor 0,07180	51	1880	Im 60sten Jahre: Durchschn.=Zuw. 39,7 C' Zuwachsprocent 2,4 Norm. Vorrath 60475 C' Nutzungsfaktor 0,03936
22	596		52	1935	
23	630		53	1990	
24	665		54	2045	
25	700		55	2100	
26	735		56	2156	
27	771		57	2212	
28	807		58	2268	
29	843		59	2324	
30	880		60	2380	

Fortsetzung.

(Fichten. III.)

Alter.	Holzmasse. Cbfß.	Durchschnittszuwachs, Zuwachsprocent, normaler Vorrath und Nutzungsfaktor.	Alter.	Holzmasse. Cbfß.	Durchschnittszuwachs, Zuwachsprocent, normaler Vorrath und Nutzungsfaktor.
61	2436		91	4115	
62	2492		92	4170	
63	2548	Im 70sten Jahre:	93	4225	Im 100sten Jahre:
64	2604	Durchschn.-Zuw. 42 C'	94	4280	Durchschn.-Zuw. 46,1 C'
65	2660	Zuwachsprocent 1,9	95	4335	Zuwachsprocent 1,2
66	2716	Nrm. Vorrath 87355 C'	96	4390	Nrm. Vorrath 201540 C'
67	2772	Nutzungsfaktor 0,03366	97	4445	Nutzungsfactor 0,02287
68	2828		98	4500	
69	2884		99	4555	
70	2940		100	4610	
71	2996		101	4664	
72	3052		102	4718	
73	3108	Im 80sten Jahre:	103	4772	Im 110ten Jahre:
74	3164	Durchschn.-Zuw. 43,7 C'	104	4825	Durchschn.-Zuw. 46,7 C'
75	3220	Zuwachsprocent 1,6	105	4878	Zuwachsprocent 1,0
76	3276	Nrm. Vorrath 119835 C'	106	4931	Nrm. Vorrath 250576 C'
77	3332	Nutzungsfaktor 0,02921	107	4984	Nutzungsfaktor 0,02051
78	3388		108	5036	
79	3444		109	5088	
80	3500		110	5140	
81	3556		111	5191	
82	3612		112	5242	
83	3668	Im 90sten Jahre:	113	5293	Im 120sten Jahre:
84	3724	Durchschn.-Zuw. 45,1 C'	114	5343	Durchschn.-Zuw. 47 C'
85	3780	Zuwachsprocent 1,4	115	5393	Zuwachsprocent 0,9
86	3836	Nrm. Vorrath 157915 C'	116	5443	Nrm. Vorrath 304747 C'
87	3892	Nutzungsfaktor 0,02571	117	5493	Nutzungsfaktor 0,01851
88	3948		118	5542	
89	4004		119	5591	
90	4060		120	5640	

Tafel 20.

Fichten auf buntem Sandsteingebirge.
(Grafschaft Henneberg.)
IV. Bodenklasse. (Sehr mittelmäßig.)

Alter.	Holzmasse. Cbfß.	Durchschnittszuwachs, Zuwachsprocent, normaler Vorrath und Nutzungsfaktor.	Alter.	Holzmasse. Cbfß.	Durchschnittszuwachs, Zuwachsprocent, normaler Vorrath und Nutzungsfaktor.
1	9	Im 10ten Jahre: Durchschn.-Zuw. 17 C' Zuwachsprocent 13,3 Nrm. Vorrath 861 C' Nutzungsfaktor 0,19744	31	748	Im 40sten Jahre: Durchschn.-Zuw. 26,7 C' Zuwachsprocent 3,7 Norm. Vorrath 18612 C' Nutzungsfaktor 0,05749
2	24		32	782	
3	40		33	816	
4	57		34	850	
5	75		35	885	
6	93		36	921	
7	112		37	958	
8	131		38	995	
9	150		39	1032	
10	170		40	1070	
11	191	Im 20sten Jahre: Durchschn.-Zuw. 20,5 C' Zuwachsprocent 7,0 Norm. Vorrath 3823 C' Nutzungsfaktor 0,10725	41	1109	Im 50sten Jahre: Durchschn.-Zuw. 29,8 C' Zuwachsprocent 3,2 Norm. Vorrath 31558 C' Nutzungsfaktor 0,04721
12	212		42	1149	
13	234		43	1189	
14	257		44	1229	
15	281		45	1270	
16	306		46	1312	
17	331		47	1355	
18	357		48	1399	
19	383		49	1444	
20	410		50	1490	
21	438	Im 30sten Jahre: Durchschn.-Zuw. 23,8 C' Zuwachsprocent 4,8 Norm. Vorrath 9555 C' Nutzungsfaktor 0,07483	51	1536	Im 60sten Jahre: Durchschn.-Zuw. 32,9 C' Zuwachsprocent 2,6 Norm. Vorrath 49093 C' Nutzungsfaktor 0,04027
22	467		52	1583	
23	496		53	1630	
24	525		54	1678	
25	555		55	1727	
26	586		56	1776	
27	618		57	1826	
28	650		58	1876	
29	682		59	1926	
30	715		60	1977	

Fortsetzung.

(Fichten. IV.)

Alter.	Holz=masse. Cbfß.	Durchschnittszuwachs, Zuwachsprocent, normaler Vorrath und Nutzungsfaktor.	Alter.	Holz=masse. Cbfß.	Durchschnittszuwachs, Zuwachsprocent, normaler Vorrath und Nutzungsfaktor.
61	2029		91	3419	
62	2082		92	3458	
63	2135	Im 70sten Jahre:	93	3497	Im 100sten Jahre:
64	2189	Durchschn.=Zuw. 35,7 C'	94	3536	Durchschn.=Zuw. 37,7 C'
65	2242	Zuwachsprocent 2,0	95	3575	Zuwachsprocent 1,0
66	2294	Nrm. Vorrath 71749 C'	96	3614	Nrm. Vorrath 167313 C'
67	2345	Nutzungsfaktor 0,03480	97	3653	Nutzungsfaktor 0,02253
68	2396		98	3692	
69	2447		99	3731	
70	2497		100	3770	
71	2547		101	3808	
72	2597		102	3846	
73	2646	Im 80sten Jahre:	103	3884	Im 110ten Jahre:
74	2695	Durchschn.=Zuw. 37,1 C'	104	3922	Durchschn.=Zuw. 37,7 C'
75	2743	Zuwachsprocent 1,5	105	3960	Zuwachsprocent 0,9
76	2790	Norm. Vorrath 99380 C'	106	3998	Nrm. Vorrath 207103 C'
77	2836	Nutzungsfaktor 0,02989	107	4036	Nutzungsfaktor 0,02004
78	2881		108	4074	
79	2926		109	4112	
80	2970		110	4150	
81	3013		111	4188	
82	3055		112	4226	
83	3097	Im 90sten Jahre:	113	4263	Im 120sten Jahre:
84	3139	Durchschn.=Zuw. 37,6 C'	114	4300	Durchschn.=Zuw. 37,7 C'
85	3180	Zuwachsprocent 1,2	115	4337	Zuwachsprocent 0,8
86	3221	Nrm. Vorrath 131368 C'	116	4374	Nrm. Vorrath 250654 C'
87	3261	Nutzungsfaktor 0,02573	117	4411	Nutzungsfaktor 0,01803
88	3301		118	4448	
89	3341		119	4484	
90	3380		120	4520	

Tafel 21.

Fichten auf buntem Sandsteingebirge.

(Grafschaft Henneberg.)

V. Bodenklasse. (Gering.)

Alter.	Holzmasse. Cbfß.	Durchschnittszuwachs, Zuwachsprocent, normaler Vorrath und Nutzungsfaktor.	Alter.	Holzmasse. Cbfß.	Durchschnittszuwachs, Zuwachsprocent, normaler Vorrath und Nutzungsfaktor.
1	8		31	614	
2	17		32	643	
3	27		33	672	
4	38	Im 10ten Jahre:	34	701	Im 40sten Jahre:
5	50	Durchschn.-Zuw. 12,2 C'	35	731	Durchschn.-Zuw. 22,2 C'
6	63	Zuwachsprocent 15,1	36	761	Zuwachsprocent 3,7
7	77	Norm. Vorrath 599 C'	37	792	Norm. Vorrath 14928 C'
8	91	Nutzungsfaktor 0,20367	38	823	Nutzungsfaktor 0,05942
9	106		39	855	
10	122		40	887	
11	139		41	920	
12	157		42	954	
13	175		43	988	
14	193	Im 20sten Jahre:	44	1023	Im 50sten Jahre:
15	212	Durchschn.-Zuw. 15,9 C'	45	1059	Durchschn.-Zuw. 24,8 C'
16	232	Zuwachsprocent 7,4	46	1095	Zuwachsprocent 3,1
17	253	Norm. Vorrath 2848 C'	47	1131	Norm. Vorrath 25713 C'
18	274	Nutzungsfaktor 0,11166	48	1168	Nutzungsfactor 0,04830
19	296		49	1205	
20	318		50	1242	
21	342		51	1280	
22	367		52	1319	
23	392		53	1358	
24	418	Im 30sten Jahre:	54	1398	Im 60sten Jahre:
25	444	Durchschn.-Zuw. 19,5 C'	55	1439	Durchschn.-Zuw. 27,3 C'
26	471	Zuwachsprocent 5,2	56	1480	Zuwachsprocent 2,4
27	499	Norm. Vorrath 7449 C'	57	1521	Norm. Vorrath 40310 C'
28	527	Nutzungsfaktor 0,07853	58	1561	Nutzungsfaktor 0,04068
29	556		59	1601	
30	585		60	1640	

Fortsetzung.

(Fichten. V.)

Alter.	Holzmasse. Cbfß.	Durchschnittszuwachs, Zuwachsprocent, normaler Vorrath und Nutzungsfaktor.	Alter.	Holzmasse. Cbfß.	Durchschnittszuwachs, Zuwachsprocent, normaler Vorrath und Nutzungsfaktor.
61	1679		81	2324	
62	1717		82	2347	
63	1755	Im 70sten Jahre:	83	2369	Im 90sten Jahre:
64	1793	Durchschn.-Zuw. 28,6 C'	84	2390	Durchschn.-Zuw. 27,7 C'
65	1830	Zuwachsprocent 1,7	85	2410	Zuwachsprocent 0,6
66	1866	Norm. Vorrath 58763 C'	86	2429	Nrm. Vorrath 104661 C'
67	1901	Nutzungsfaktor 0,03412	87	2446	Nutzungsfaktor 0,02379
68	1936		88	2462	
69	1971		89	2476	
70	2005		90	2490	
71	2039		91	2504	
72	2072		92	2517	
73	2104	Im 80sten Jahre:	93	2530	Im 100sten Jahre:
74	2135	Durchschn.-Zuw. 28,7 C'	94	2543	Durchschn.-Zuw. 26 C'
75	2165	Zuwachsprocent 1,1	95	2555	Zuwachsprocent 0,3
76	2194	Norm. Vorrath 80518 C'	96	2566	Nrm. Vorrath 130227 C'
77	2222	Nutzungsfaktor 0,02857	97	2575	Nutzungsfaktor 0,01997
78	2249		98	2584	
79	2275		99	2592	
80	2300		100	2600	

Tafel 22.

Birken-Niederwald.

I. Bodenklasse.

Alter.	Holzmasse. Cbfß.	Durchschnittszuwachs, Zuwachsprocent, normaler Vorrath und Nutzungsfaktor.	Alter.	Holzmasse. Cbfß.	Durchschnittszuwachs, Zuwachsprocent, normaler Vorrath und Nutzungsfaktor.
1	30	Im 5ten Jahre:	16	781	Im 20sten Jahre:
2	67	Durchschn.-Zuw. 39,6 C'	17	838	Durchschn.-Zuw. 50 C'
3	108	Zuwachsprocent 30,3	18	894	Zuwachsprocent 5,5
4	152	Nrm. Vorrath 555 C'	19	948	Norm. Vorrath 9801 C'
5	198	Nutzungsfactor 0,35676	20	1000	Nutzungsfaktor 0,10203
6	246	Im 10ten Jahre:	21	1049	Im 25sten Jahre:
7	295	Durchschn.-Zuw. 44,8 C'	22	1094	Durchschn.-Zuw. 48,2 C'
8	345	Zuwachsprocent 13,1	23	1134	Zuwachsprocent 2,9
9	396	Norm. Vorrath 2285 C'	24	1170	Norm. Vorrath 15452 C'
10	448	Nutzungsfactor 0,19606	25	1204	Nutzungsfaktor 0,07792
11	501	Im 15ten Jahre:	26	1236	Im 30sten Jahre:
12	555	Durchschn.-Zuw. 48,2 C'	27	1266	Durchschn.-Zuw. 44,9 C'
13	610	Zuwachsprocent 8,6	28	1295	Zuwachsprocent 1,9
14	666	Norm. Vorrath 5340 C'	29	1322	Norm. Vorrath 21918 C'
15	723	Nutzungsfaktor 0,13539	30	1347	Nutzungsfaktor 0,06146

Tafel 23.

Birken-Niederwald.

II. Bodenklasse.

1	23	Im 5ten Jahre:	16	618	Im 20sten Jahre:
2	50	Durchschn.-Zuw. 30 C'	17	664	Durchschn.-Zuw. 39,9 C'
3	80	Zuwachsprocent 31,6	18	710	Zuwachsprocent 5,7
4	114	Norm. Vorrath 417 C'	19	755	Norm. Vorrath 7711 C'
5	150	Nutzungsfaktor 0,35971	20	798	Nutzungsfaktor 0,10349
6	188	Im 10ten Jahre:	21	837	Im 25sten Jahre:
7	227	Durchschn.-Zuw. 35 C'	22	873	Durchschn.-Zuw. 38,2 C'
8	267	Zuwachsprocent 13,6	23	904	Zuwachsprocent 2,6
9	308	Norm. Vorrath 1757 C'	24	931	Norm. Vorrath 12211 C'
10	350	Nutzungsfaktor 0,19920	25	955	Nutzungsfaktor 0,07821
11	393	Im 15ten Jahre:	26	977	Im 30sten Jahre:
12	437	Durchschn.-Zuw. 38,1 C'	27	997	Durchschn.-Zuw. 34,9 C'
13	481	Zuwachsprocent 8,7	28	1015	Zuwachsprocent 1,5
14	526	Norm. Vorrath 4166 C'	29	1032	Norm. Vorrath 17279 C'
15	572	Nutzungsfaktor 0,13730	30	1047	Nutzungsfaktor 0,06059

Tafel 24.

Birken-Niederwald.

III. Bodenklasse.

Alter.	Holzmasse. Cbfß.	Durchschnittszuwachs, Zuwachsprocent, normaler Vorrath und Nutzungsfaktor.	Alter.	Holzmasse. Cbfß.	Durchschnittszuwachs, Zuwachsprocent, normaler Vorrath und Nutzungsfaktor.
1	19	Im 5ten Jahre:	16	548	Im 20sten Jahre:
2	42	Durchschn.-Zuw. 25 C'	17	585	Durchschn.-Zuw. 34 C'
3	67	Zuwachsprocent 31,6	18	619	Zuwachsprocent 4,6
4	95	Norm. Vorrath 348 C'	19	651	Norm. Vorrath 6680 C'
5	125	Nutzungsfaktor 0,35920	20	681	Nutzungsfaktor 0,10195
6	156	Im 10ten Jahre:	21	709	Im 25sten Jahre:
7	189	Durchschn.-Zuw. 30 C'	22	735	Durchschn.-Zuw. 31,9 C'
8	224	Zuwachsprocent 14,9	23	759	Zuwachsprocent 2,3
9	261	Norm. Vorrath 1478 C'	24	780	Norm. Vorrath 10461 C'
10	300	Nutzungsfaktor 0,20298	25	798	Nutzungsfaktor 0,07628
11	340	Im 15ten Jahre:	26	811	Im 30sten Jahre:
12	381	Durchschn.-Zuw. 33,9 C'	27	821	Durchschn.-Zuw. 28,1 C'
13	423	Zuwachsprocent 9,0	28	830	Zuwachsprocent 0,7
14	466	Norm. Vorrath 3596 C'	29	837	Norm. Vorrath 14603 C'
15	508	Nutzungsfaktor 0,14127	30	843	Nutzungsfaktor 0,05773

Tafel 25.

Birken-Niederwald.

IV. Bodenklasse.

1	16	Im 5ten Jahre:	16	316	Im 20sten Jahre:
2	35	Durchschn.-Zuw. 19,4 C'	17	332	Durchschn.-Zuw. 18,7 C'
3	55	Zuwachsprocent 27,6	18	347	Zuwachsprocent 3,6
4	76	Norm. Vorrath 279 C'	19	361	Norm. Vorrath 4108 C'
5	97	Nutzungsfaktor 0,34767	20	374	Nutzungsfaktor 0,09104
6	118	Im 10ten Jahre:	21	386	Im 25sten Jahre:
7	138	Durchschn.-Zuw. 20 C'	22	397	Durchschn.-Zuw. 17 C'
8	159	Zuwachsprocent 11,7	23	407	Zuwachsprocent 1,9
9	179	Norm. Vorrath 1073 C'	24	416	Norm. Vorrath 6138 C'
10	200	Nutzungsfaktor 0,18639	25	424	Nutzungsfaktor 0,06908
11	221	Im 15ten Jahre:	26	431	Im 30sten Jahre:
12	242	Durchschn.-Zuw. 19,9 C'	27	437	Durchschn.-Zuw. 15 C'
13	262	Zuwachsprocent 6,4	28	442	Zuwachsprocent 0,7
14	281	Norm. Vorrath 2378 C'	29	446	Norm. Vorrath 8343 C'
15	299	Nutzungsfaktor 0,12574	30	449	Nutzungsfaktor 0,05382

Tafel 26.

Birken-Niederwald.

V. Bodenklasse.

Alter.	Holzmasse. Cbfß.	Durchschnittszuwachs, Zuwachsprocent, normaler Vorrath und Nutzungsfaktor.	Alter.	Holzmasse. Cbfß.	Durchschnittszuwachs, Zuwachsprocent, normaler Vorrath und Nutzungsfaktor.
1	9	Im 5ten Jahre:	16	219	Im 20sten Jahre:
2	20	Durchschn.-Zuw. 12,2 C'	17	227	Durchschn.-Zuw. 12,1 C'
3	32	Zuwachsprocent 32,6	18	233	Zuwachsprocent 1,7
4	46	Norm. Vorrath 168 C'	19	238	Norm. Vorrath 2786 C'
5	61	Nutzungsfaktor 0,36310	20	242	Nutzungsfaktor 0,08686
6	77	Im 10ten Jahre:	21	246	Im 25sten Jahre:
7	93	Durchschn.-Zuw. 14 C'	22	249	Durchschn.-Zuw. 10,4 C'
8	109	Zuwachsprocent 12,0	23	253	Zuwachsprocent 1,2
9	125	Norm. Vorrath 712 C'	24	257	Norm. Vorrath 4051 C'
10	140	Nutzungsfaktor 0,19663	25	260	Nutzungsfaktor 0,06418
11	155	Im 15ten Jahre:	26	263	Im 30sten Jahre:
12	170	Durchschn.-Zuw. 13,9 C'	27	265	Durchschn.-Zuw. 9 C'
13	184	Zuwachsprocent 6,1	28	267	Zuwachsprocent 0,7
14	197	Norm. Vorrath 1627 C'	29	269	Nrm. Vorrath 5386 C'
15	209	Nutzungsfaktor 0,12846	30	271	Nutzungsfaktor 0,05032

Tafel 27.

Erlen=Niederwald.

I. Bodenklasse.

Alter.	Holz=masse. Cbfß.	Durchschnittszuwachs, Zuwachsprocent, normaler Vorrath und Nutzungsfaktor.	Alter.	Holz=masse. Cbfß.	Durchschnittszuwachs, Zuwachsprocent, normaler Vorrath und Nutzungsfaktor.
1	48	Im 5ten Jahre:	21	1260	Im 25sten Jahre:
2	100	Durchschn.=Zuw. 55 C'	22	1319	Durchschn.=Zuw. 59,8 C'
3	155	Zuwachsprocent 28,5	23	1378	Zuwachsprocent 4,0
4	214	Norm. Vorrath 792 C'	24	1437	Norm. Vorrath 19346 C'
5	275	Nutzungsfaktor 0,34722	25	1495	Nutzungsfaktor 0,07728
6	338	Im 10ten Jahre:	26	1552	Im 30sten Jahre:
7	403	Durchschn.=Zuw. 60 C'	27	1609	Durchschn.=Zuw. 59,4 C'
8	469	Zuwachsprocent 12,1	28	1667	Zuwachsprocent 3,3
9	535	Norm. Vorrath 3137 C'	29	1724	Norm. Vorrath 27679 C'
10	600	Nutzungsfaktor 0,19127	30	1781	Nutzungsfaktor 0,06434
11	663	Im 15ten Jahre:	31	1839	Im 35sten Jahre:
12	724	Durchschn.=Zuw. 60,1 C'	32	1896	Durchschn.=Zuw. 59,1 C'
13	784	Zuwachsprocent 7,0	33	1954	Zuwachsprocent 2,9
14	843	Norm. Vorrath 7053 C'	34	2011	Norm. Vorrath 37448 C'
15	902	Nutzungsfaktor 0,12789	35	2069	Nutzungsfaktor 0,05525
16	962	Im 20sten Jahre:	36	2127	Im 40sten Jahre:
17	1021	Durchschn.=Zuw. 60 C'	37	2185	Durchschn.=Zuw. 58,9 C'
18	1081	Zuwachsprocent 5,3	38	2242	Zuwachsprocent 2,5
19	1140	Nrm. Vorrath 12457 C'	39	2300	Norm. Vorrath 48660 C'
20	1200	Nutzungsfaktor 0,09633	40	2358	Nutzungsfaktor 0,04846

Tafel 28.

Erlen-Niederwald.

II. Bodenklasse.

Alter.	Holz-masse. Cbfß.	Durchschnittszuwachs, Zuwachsprocent, normaler Vorrath und Nutzungsfaktor.	Alter.	Holz-masse. Cbfß.	Durchschnittszuwachs, Zuwachsprocent, normaler Vorrath und Nutzungsfaktor.
1	44	Im 5ten Jahre:	21	1132	Im 25sten Jahre:
2	91	Durchschn.-Zuw. 50 C'	22	1186	Durchschn.-Zuw. 53,8 C'
3	141	Zuwachsprocent 28,9	23	1239	Zuwachsprocent 4,0
4	194	Norm. Vorrath 720 C'	24	1292	Norm. Vorrath 17409 C'
5	250	Nutzungsfaktor 0,34722	25	1344	Nutzungsfaktor 0,07720
6	308	Im 10ten Jahre:	26	1396	Im 30sten Jahre:
7	367	Durchschn.-Zuw. 54 C'	27	1448	Durchschn.-Zuw. 53,3 C'
8	426	Zuwachsprocent 11,6	28	1499	Zuwachsprocent 3,2
9	484	Nrm. Vorrath 2845 C'	29	1549	Nrm. Vorrath 24900 C'
10	540	Nutzungsfaktor 0,18981	30	1599	Nutzungsfaktor 0,06422
11	595	Im 15ten Jahre:	31	1649	Im 35sten Jahre:
12	649	Durchschn.-Zuw. 54 C'	32	1698	Durchschn.-Zuw. 52,7 C'
13	703	Zuwachsprocent 7,1	33	1747	Zuwachsprocent 2,7
14	756	Nrm. Vorrath 6358 C'	34	1796	Norm. Vorrath 33634 C'
15	810	Nutzungsfaktor 0,12740	35	1844	Nutzungsfaktor 0,05483
16	864	Im 20sten Jahre:	36	1892	Im 40sten Jahre:
17	918	Durchschn.-Zuw. 53,9 C'	37	1939	Durchschn.-Zuw. 52 C'
18	972	Zuwachsprocent 5,3	38	1986	Zuwachsprocent 2,3
19	1025	Nrm. Vorrath 11216 C'	39	2033	Nrm. Vorrath 43563 C'
20	1079	Nutzungsfaktor 0,09620	40	2079	Nutzungsfaktor 0,04772

Tafel 29.

Erlen-Niederwald.

III. Bodenklasse.

Alter.	Holzmasse. Cbfß.	Durchschnittszuwachs, Zuwachsprocent, normaler Vorrath und Nutzungsfaktor.	Alter.	Holzmasse. Cbfß.	Durchschnittszuwachs, Zuwachsprocent, normaler Vorrath und Nutzungsfaktor.
1	40	Im 5ten Jahre:	21	971	Im 25sten Jahre:
2	83	Durchschn.-Zuw. 44 C'	22	1016	Durchschn.-Zuw. 45,9 C'
3	127	Zuwachsprocent 27,2	23	1061	Zuwachsprocent 3,9
4	173	Norm. Vorrath 643 C'	24	1105	Norm. Vorrath 14925 C'
5	220	Nutzungsfaktor 0,34215	25	1148	Nutzungsfaktor 0,07692
6	268	Im 10ten Jahre:	26	1190	Im 30sten Jahre:
7	317	Durchschn.-Zuw. 46 C'	27	1231	Durchschn.-Zuw. 44,9 C'
8	365	Zuwachsprocent 11,4	28	1270	Zuwachsprocent 2,9
9	413	Norm. Vorrath 2466 C'	29	1309	Norm. Vorrath 21272 C'
10	460	Nutzungsfaktor 0,18654	30	1347	Nutzungsfaktor 0,06332
11	506	Im 15ten Jahre:	31	1386	Im 35sten Jahre:
12	553	Durchschn.-Zuw. 46,2 C'	32	1424	Durchschn.-Zuw. 43,9 C'
13	599	Zuwachsprocent 7,3	33	1462	Zuwachsprocent 2,5
14	646	Norm. Vorrath 5463 C'	34	1500	Norm. Vorrath 28581 C'
15	693	Nutzungsfaktor 0,12685	35	1537	Nutzungsfaktor 0,05378
16	739	Im 20sten Jahre:	36	1574	Im 40sten Jahre:
17	786	Durchschn.-Zuw. 46,2 C'	37	1610	Durchschn.-Zuw. 42,9 C'
18	832	Zuwachsprocent 5,2	38	1646	Zuwachsprocent 2,1
19	879	Norm. Vorrath 9624 C'	39	1681	Norm. Vorrath 36808 C'
20	925	Nutzungsfaktor 0,09611	40	1716	Nutzungsfaktor 0,04662

Tafel 30.

Erlen = Niederwald.

IV. Bodenklasse.

Alter.	Holzmasse. Cbfß.	Durchschnittszuwachs, Zuwachsprocent, normaler Vorrath und Nutzungsfaktor.	Alter.	Holzmasse. Cbfß.	Durchschnittszuwachs, Zuwachsprocent, normaler Vorrath und Nutzungsfaktor.
1	35	Im 5ten Jahre:	21	841	Im 25sten Jahre:
2	72	Durchschn.=Zuw. 38 C'	22	880	Durchschn.=Zuw. 39,8 C'
3	110	Zuwachsprocent 27,5	23	919	Zuwachsprocent 3,9
4	149	Norm. Vorrath 556 C'	24	957	Nrm. Vorrath 12943 C'
5	190	Nutzungsfaktor 0,34173	25	994	Nutzungsfaktor 0,07680
6	232	Im 10ten Jahre:	26	1031	Im 30sten Jahre:
7	275	Durchschn.=Zuw. 40 C'	27	1067	Durchschn.=Zuw. 39 C'
8	317	Zuwachsprocent 11,4	28	1102	Zuwachsprocent 2,9
9	359	Norm. Vorrath 2139 C'	29	1136	Nrm. Vorrath 18448 C'
10	400	Nutzungsfaktor 0,18700	30	1169	Nutzungsfaktor 0,06337
11	440	Im 15ten Jahre:	31	1202	Im 35sten Jahre:
12	480	Durchschn.=Zuw. 40,1 C'	32	1235	Durchschn.=Zuw. 38 C'
13	521	Zuwachsprocent 7,1	33	1267	Zuwachsprocent 2,4
14	561	Norm. Vorrath 4742 C'	34	1299	Norm. Vorrath 24781 C'
15	601	Nutzungsfaktor 0,12674	35	1330	Nutzungsfaktor 0,05367
16	642	Im 20sten Jahre:	36	1361	Im 40sten Jahre:
17	682	Durchschn.=Zuw. 40,1 C'	37	1392	Durchschn.=Zuw. 37 C'
18	722	Zuwachsprocent 5,2	38	1422	Zuwachsprocent 2,0
19	762	Nrm. Vorrath 8352 C'	39	1452	Norm. Vorrath 31889 C'
20	802	Nutzungsfaktor 0,09602	40	1481	Nutzungsfaktor 0,04644

Tafel 31.

Erlen=Niederwald.

V. Bodenklasse.

Alter.	Holz-masse. Cbfß.	Durchschnittszuwachs, Zuwachsprocent, normaler Vorrath und Nutzungsfaktor.	Alter.	Holz-masse. Cbfß.	Durchschnittszuwachs, Zuwachsprocent, normaler Vorrath und Nutzungsfaktor.
1	29	Im 5ten Jahre:	21	714	Im 25sten Jahre:
2	60	Durchschn.=Zuw. 32 C'	22	748	Durchschn.=Zuw. 33,9 C'
3	92	Zuwachsprocent 28,0	23	782	Zuwachsprocent 3,9
4	125	Norm. Vorrath 466 C'	24	815	Norm. Vorrath 10985 C'
5	160	Nutzungsfactor 0,34335	25	847	Nutzungsfaktor 0,07711
6	196	Im 10ten Jahre:	26	878	Im 30sten Jahre:
7	233	Durchschn.=Zuw. 34 C'	27	908	Durchschn.=Zuw. 33,1 C'
8	269	Zuwachsprocent 11,5	28	937	Zuwachsprocent 2,8
9	305	Norm. Vorrath 1809 C'	29	965	Norm. Vorrath 15665 C'
10	340	Nutzungsfaktor 0,18795	30	992	Nutzungsfaktor 0,06333
11	374	Im 15ten Jahre:	31	1018	Im 35sten Jahre:
12	408	Durchschn.=Zuw. 34 C'	32	1043	Durchschn.=Zuw. 31,7 C'
13	442	Zuwachsprocent 7,1	33	1067	Zuwachsprocent 1,9
14	476	Norm. Vorrath 4019 C'	34	1089	Norm. Vorrath 20992 C'
15	510	Nutzungsfaktor 0,12690	35	1110	Nutzungsfaktor 0,05288
16	544	Im 20sten Jahre:	36	1130	Im 40sten Jahre:
17	578	Durchschn.=Zuw. 34 C'	37	1149	Durchschn.=Zuw. 30 C'
18	612	Zuwachsprocent 5,3	38	1167	Zuwachsprocent 1,4
19	646	Norm. Vorrath 7079 C'	39	1184	Norm. Vorrath 26823 C'
20	680	Nutzungsfaktor 0,09606	40	1201	Nutzungsfaktor 0,04478

Tafel 32.

Erlen=Niederwald.

VI. Bodenklasse.

Alter.	Holzmasse. Cbfß.	Durchschnittszuwachs, Zuwachsprocent, normaler Vorrath und Nutzungsfaktor.	Alter.	Holzmasse. Cbfß.	Durchschnittszuwachs, Zuwachsprocent, normaler Vorrath und Nutzungsfaktor.
1	24	Im 5ten Jahre:	21	545	Im 25sten Jahre:
2	49	Durchschn.=Zuw. 25 C'	22	570	Durchschn.=Zuw. 25,8 C'
3	74	Zuwachsprocent 26,3	23	596	Zuwachsprocent 4,0
4	99	Norm. Vorrath 371 C'	24	621	Norm. Vorrath 8405 C'
5	125	Nutzungsfaktor 0,33693	25	646	Nutzungsfaktor 0,07686
6	151	Im 10ten Jahre:	26	670	Im 30sten Jahre:
7	178	Durchschn.=Zuw. 26 C'	27	693	Durchschn.=Zuw. 25,3 C'
8	206	Zuwachsprocent 11,6	28	715	Zuwachsprocent 2,8
9	233	Norm. Vorrath 1399 C'	29	737	Norm. Vorrath 11978 C'
10	260	Nutzungsfaktor 0,18585	30	758	Nutzungsfaktor 0,06328
11	286	Im 15ten Jahre:	31	778	Im 35sten Jahre:
12	312	Durchschn.=Zuw. 26 C'	32	797	Durchschn.=Zuw. 24 C'
13	338	Zuwachsprocent 7,1	33	814	Zuwachsprocent 1,4
14	364	Norm. Vorrath 3089 C'	34	829	Nrm. Vorrath 16037 C'
15	390	Nutzungsfaktor 0,12625	35	841	Nutzungsfaktor 0,05244
16	416	Im 20sten Jahre:	36	851	Im 40sten Jahre:
17	442	Durchschn.=Zuw. 25,9 C'	37	860	Durchschn.=Zuw. 22 C'
18	468	Zuwachsprocent 5,3	38	868	Zuwachsprocent 0,7
19	493	Norm. Vorrath 5427 C'	39	875	Norm. Vorrath 20372 C'
20	519	Nutzungsfaktor 0,09563	40	881	Nutzungsfaktor 0,04325

Tafel 33.

Erlen-Niederwald.

VII. Bodenklasse.

Alter.	Holzmasse. Cbfß.	Durchschnittszuwachs, Zuwachsprocent, normaler Vorrath und Nutzungsfaktor.	Alter.	Holzmasse. Cbfß.	Durchschnittszuwachs, Zuwachsprocent, normaler Vorrath und Nutzungsfaktor.
1	18	Im 5ten Jahre:	21	441	Im 25sten Jahre:
2	38	Durchschn.-Zuw. 20 C'	22	462	Durchschn.-Zuw. 20,9 C'
3	58	Zuwachsprocent 26,6	23	483	Zuwachsprocent 3,8
4	79	Norm. Vorrath 293 C'	24	503	Norm. Vorrath 6792 C'
5	100	Nutzungsfaktor 0,34130	25	522	Nutzungsfaktor 0,07686
6	122	Im 10ten Jahre:	26	540	Im 30sten Jahre:
7	145	Durchschn.-Zuw. 21 C'	27	557	Durchschn.-Zuw. 20 C'
8	167	Zuwachsprocent 11,1	28	573	Zuwachsprocent 2,2
9	189	Norm. Vorrath 1126 C'	29	587	Norm. Vorrath 9649 C'
10	210	Nutzungsfaktor 0,18650	30	600	Nutzungsfaktor 0,06218
11	231	Im 15ten Jahre:	31	613	Im 35sten Jahre:
12	252	Durchschn.-Zuw. 21 C'	32	625	Durchschn.-Zuw. 18,8 C'
13	273	Zuwachsprocent 7,1	33	637	Zuwachsprocent 1,5
14	294	Norm. Vorrath 2491 C'	34	648	Nrm. Vorrath 12830 C'
15	315	Nutzungsfaktor 0,12646	35	658	Nutzungsfaktor 0,05129
16	336	Im 20sten Jahre:	36	666	Im 40sten Jahre:
17	357	Durchschn.-Zuw. 21 C'	37	672	Durchschn.-Zuw. 17 C'
18	378	Zuwachsprocent 5,3	38	676	Zuwachsprocent 0,4
19	399	Norm. Vorrath 4381 C'	39	679	Norm. Vorrath 16205 C'
20	420	Nutzungsfaktor 0,09587	40	682	Nutzungsfaktor 0,04209

Tafel 34.

Erlen-Niederwald.

VIII. Bodenklasse.

Alter.	Holzmasse. Cbfß.	Durchschnittszuwachs, Zuwachsprocent, normaler Vorrath und Nutzungsfaktor.	Alter.	Holzmasse. Cbfß.	Durchschnittszuwachs, Zuwachsprocent, normaler Vorrath und Nutzungsfaktor.
1	12	Im 5ten Jahre:	21	273	Im 25sten Jahre:
2	25	Durchschn.-Zuw. 13 C'	22	286	Durchschn.-Zuw. 12,8 C'
3	38	Zuwachsprocent 27,5	23	298	Zuwachsprocent 3,5
4	51	Norm. Vorrath 191 C'	24	310	Norm. Vorrath 4214 C'
5	65	Nutzungsfactor 0,34031	25	321	Nutzungsfaktor 0,07617
6	78	Im 10ten Jahre:	26	331	Im 30sten Jahre:
7	91	Durchschn.-Zuw. 13 C'	27	340	Durchschn.-Zuw. 12,1 C'
8	104	Zuwachsprocent 11,1	28	349	Zuwachsprocent 2,0
9	117	Norm. Vorrath 711 C'	29	357	Norm. Vorrath 5955 C'
10	130	Nutzungsfaktor 0,18284	30	364	Nutzungsfaktor 0,06113
11	143	Im 15ten Jahre:	31	371	Im 35sten Jahre:
12	156	Durchschn.-Zuw. 13 C'	32	377	Durchschn.-Zuw. 11 C'
13	169	Zuwachsprocent 7,1	33	382	Zuwachsprocent 0,3
14	182	Norm. Vorrath 1556 C'	34	384	Norm. Vorrath 7854 C'
15	195	Nutzungsfaktor 0,12532	35	385	Nutzungsfaktor 0,04902
16	208	Im 20sten Jahre:	36	384	Im 40sten Jahre:
17	221	Durchschn.-Zuw. 13 C'	37	381	Durchschn.-Zuw. 9 C'
18	234	Zuwachsprocent 5,3	38	376	Zuwachsprocent — 2,2
19	247	Norm. Vorrath 2726 C'	39	369	Norm. Vorrath 9725 C'
20	260	Nutzungsfaktor 0,09538	40	361	Nutzungsfaktor 0,03712

Tafel 35.

Erlen-Niederwald.

IX. Bodenklasse.

Alter.	Holzmasse. Cbfß.	Durchschnittszuwachs, Zuwachsprocent, normaler Vorrath und Nutzungsfaktor.	Alter.	Holzmasse. Cbfß.	Durchschnittszuwachs, Zuwachsprocent, normaler Vorrath und Nutzungsfaktor.
1	8	Im 5ten Jahre:	21	194	Im 25sten Jahre:
2	18	Durchschn.-Zuw. 10 C'	22	200	Durchschn.-Zuw. 8,7 C'
3	29	Zuwachsprocent 28,2	23	206	Zuwachsprocent 2,4
4	39	Norm. Vorrath 144 C'	24	212	Norm. Vorrath 3076 C'
5	50	Nutzungsfaktor 0,34722	25	217	Nutzungsfaktor 0,07055
6	60	Im 10ten Jahre:	26	222	Im 30sten Jahre:
7	70	Durchschn.-Zuw. 10 C'	27	226	Durchschn.-Zuw. 7,9 C'
8	80	Zuwachsprocent 11,1	28	230	Zuwachsprocent 1,3
9	90	Norm. Vorrath 544 C'	29	234	Norm. Vorrath 4225 C'
10	100	Nutzungsfaktor 0,18382	30	237	Nutzungsfaktor 0,05609
11	110	Im 15ten Jahre:	31	240	Im 35sten Jahre:
12	120	Durchschn.-Zuw. 9,8 C'	32	242	Durchschn.-Zuw. 7 C'
13	129	Zuwachsprocent 6,5	33	243	Zuwachsprocent 0
14	138	Norm. Vorrath 1188 C'	34	244	Norm. Vorrath 5438 C'
15	147	Nutzungsfaktor 0,12374	35	244	Nutzungsfaktor 0,04487
16	156	Im 20sten Jahre:			
17	164	Durchschn.-Zuw. 9,3 C'			
18	172	Zuwachsprocent 3,9			
19	180	Norm. Vorrath 2047 C'			
20	187	Nutzungsfaktor 0,09135			

Tafel 36.

Erlen-Niederwald.

X. Bodenklasse.

Alter.	Holzmasse. Cbfß.	Durchschnittszuwachs, Zuwachsprocent, normaler Vorrath und Nutzungsfaktor.	Alter.	Holzmasse. Cbfß.	Durchschnittszuwachs, Zuwachsprocent, normaler Vorrath und Nutzungsfaktor.
1	4	Im 5ten Jahre:	16	79	Im 20sten Jahre:
2	9	Durchschn.-Zuw. 5 C'	17	83	Durchschn.-Zuw. 4,6 C'
3	14	Zuwachsprocent 25,0	18	87	Zuwachsprocent 3,3
4	20	Norm. Vorrath 72 C'	19	90	Norm. Vorrath 1029 C'
5	25	Nutzungsfaktor 0,34722	20	93	Nutzungsfaktor 0,09038
6	30	Im 10ten Jahre:	21	96	Im 25sten Jahre:
7	35	Durchschn.-Zuw. 5 C'	22	99	Durchschn.-Zuw. 4,3 C'
8	40	Zuwachsprocent 11,1	23	102	Zuwachsprocent 2,9
9	45	Norm. Vorrath 272 C'	24	104	Norm. Vorrath 1537 C'
10	50	Nutzungsfaktor 0,18382	25	107	Nutzungsfaktor 0,06962
11	55	Im 15ten Jahre:	26	110	Im 30sten Jahre:
12	60	Durchschn.-Zuw. 5 C'	27	112	Durchschn.-Zuw. 4 C'
13	65	Zuwachsprocent 7,1	28	115	Zuwachsprocent 1,7
14	70	Norm. Vorrath 597 C'	29	117	Norm. Vorrath 2110 C'
15	75	Nutzungsfaktor 0,12563	30	119	Nutzungsfaktor 0,05640

Tafel 37.

Eichen-Niederwald.

I. Bodenklasse.

Alter.	Holzmasse. Cbfß.	Durchschnittszuwachs, Zuwachsprocent, normaler Vorrath und Nutzungsfaktor.	Alter.	Holzmasse. Cbfß.	Durchschnittszuwachs, Zuwachsprocent, normaler Vorrath und Nutzungsfaktor.
1	37	Im 5ten Jahre:	16	606	Im 20sten Jahre:
2	75	Durchschn.-Zuw. 38 C'	17	641	Durchschn.-Zuw. 37 C'
3	113	Zuwachsprocent 25,8	18	675	Zuwachsprocent 4,7
4	151	Norm. Vorrath 566 C'	19	708	Norm. Vorrath 7937 C'
5	190	Nutzungsfaktor 0,33569	20	741	Nutzungsfaktor 0,09336
6	228	Im 10ten Jahre:	21	773	Im 25sten Jahre:
7	266	Durchschn.-Zuw. 38,1 C'	22	805	Durchschn.-Zuw. 36 C'
8	305	Zuwachsprocent 11,1	23	837	Zuwachsprocent 3,6
9	343	Norm. Vorrath 2089 C'	24	869	Norm. Vorrath 12121 C'
10	381	Nutzungsfaktor 0,18238	25	900	Nutzungsfaktor 0,07425
11	420	Im 15ten Jahre:	26	931	Im 30sten Jahre:
12	458	Durchschn.-Zuw. 38 C'	27	961	Durchschn.-Zuw. 35 C'
13	496	Zuwachsprocent 6,9	28	991	Zuwachsprocent 2,8
14	533	Norm. Vorrath 4566 C'	29	1021	Norm. Vorrath 17075 C'
15	570	Nutzungsfaktor 0,12484	30	1050	Nutzungsfaktor 0,06149

Tafel 38.

Eichen-Niederwald.

II. Bodenklasse.

1	32	Im 5ten Jahre:	16	525	Im 20sten Jahre:
2	65	Durchschn.-Zuw. 33 C'	17	556	Durchschn.-Zuw. 32 C'
3	98	Zuwachsprocent 25,0	18	585	Zuwachsprocent 4,6
4	132	Norm. Vorrath 492 C'	19	613	Norm. Vorrath 6887 C'
5	165	Nutzungsfaktor 0,33537	20	641	Nutzungsfaktor 0,09307
6	198	Im 10ten Jahre:	21	669	Im 25sten Jahre:
7	232	Durchschn.-Zuw. 33,1 C'	22	696	Durchschn.-Zuw. 31 C'
8	265	Zuwachsprocent 11,1	23	723	Zuwachsprocent 3,5
9	298	Norm. Vorrath 1816 C'	24	749	Norm. Vorrath 10499 C'
10	331	Nutzungsfaktor 0,18227	25	775	Nutzungsfaktor 0,07382
11	365	Im 15ten Jahre:	26	801	Im 30sten Jahre:
12	398	Durchschn.-Zuw. 32,9 C'	27	826	Durchschn.-Zuw. 30 C'
13	431	Zuwachsprocent 6,7	28	851	Zuwachsprocent 2,7
14	463	Norm. Vorrath 3967 C'	29	876	Norm. Vorrath 14753 C'
15	494	Nutzungsfaktor 0,12453	30	900	Nutzungsfaktor 0,06100

Tafel 39.

Eichen-Niederwald.

III. Bodenklasse.

Alter.	Holzmasse. Cbfß.	Durchschnittszuwachs, Zuwachsprocent, normaler Vorrath und Nutzungsfaktor.	Alter.	Holzmasse. Cbfß.	Durchschnittszuwachs, Zuwachsprocent, normaler Vorrath und Nutzungsfaktor.
1	27	Im 5ten Jahre:	16	444	Im 20sten Jahre:
2	55	Durchschn.-Zuw. 28 C'	17	469	Durchschn.-Zuw. 27 C'
3	83	Zuwachsprocent 25,0	18	493	Zuwachsprocent 4,4
4	112	Norm. Vorrath 417 C'	19	517	Norm. Vorrath 5830 C'
5	140	Nutzungsfaktor 0,33573	20	540	Nutzungsfaktor 0,09262
6	168	Im 10ten Jahre:	21	563	Im 25sten Jahre:
7	197	Durchschn.-Zuw. 28,1 C'	22	585	Durchschn.-Zuw. 26 C'
8	225	Zuwachsprocent 11,1	23	607	Zuwachsprocent 3,3
9	253	Norm. Vorrath 1541 C'	24	629	Norm. Vorrath 8864 C'
10	281	Nutzungsfaktor 0,18235	25	650	Nutzungsfaktor 0,07333
11	310	Im 15ten Jahre:	26	671	Im 30sten Jahre:
12	338	Durchschn.-Zuw. 27,9 C'	27	691	Durchschn.-Zuw. 25 C'
13	366	Zuwachsprocent 6,6	28	711	Zuwachsprocent 2,6
14	393	Norm. Vorrath 3367 C'	29	731	Nrm. Vorrath 12418 C'
15	419	Nutzungsfaktor 0,12444	30	750	Nutzungsfaktor 0,06040

Tafel 40.

Eichen-Niederwald.

IV. Bodenklasse.

1	22	Im 5ten Jahre:	16	364	Im 20sten Jahre:
2	45	Durchschn.-Zuw. 23 C'	17	384	Durchschn.-Zuw. 22 C'
3	68	Zuwachsprocent 25,0	18	403	Zuwachsprocent 4,3
4	92	Norm. Vorrath 342 C'	19	422	Nrm. Vorrath 4780 C'
5	115	Nutzungsfaktor 0,33626	20	440	Nutzungsfactor 0,09205
6	138	Im 10ten Jahre:	21	458	Im 25sten Jahre:
7	162	Durchschn.-Zuw. 23,1 C'	22	475	Durchschn.-Zuw. 21 C'
8	185	Zuwachsprocent 11,1	23	492	Zuwachsprocent 3,1
9	208	Norm. Vorrath 1266 C'	24	509	Norm. Vorrath 7239 C'
10	231	Nutzungsfaktor 0,18246	25	525	Nutzungsfactor 0,07252
11	255	Im 15ten Jahre:	26	541	Im 30sten Jahre:
12	278	Durchschn.-Zuw. 22,9 C'	27	556	Durchschn.-Zuw. 20 C'
13	301	Zuwachsprocent 6,5	28	571	Zuwachsprocent 2,4
14	323	Norm. Vorrath 2767 C'	29	586	Norm. Vorrath 10093 C'
15	344	Nutzungsfaktor 0,12432	30	600	Nutzungsfaktor 0,05945

Tafel 41.

Eichen-Niederwald.

V. Bodenklasse.

Alter.	Holzmasse. Cbfß.	Durchschnittszuwachs, Zuwachsprocent, normaler Vorrath und Nutzungsfaktor.	Alter.	Holzmasse. Cbfß.	Durchschnittszuwachs, Zuwachsprocent, normaler Vorrath und Nutzungsfaktor.
1	16	Im 5ten Jahre:	16	253	Im 20sten Jahre:
2	33	Durchschn.-Zuw. 17 C'	17	265	Durchschn.-Zuw. 15 C'
3	50	Zuwachsprocent 25,0	18	277	Zuwachsprocent 3,8
4	68	Norm. Vorrath 252 C'	19	289	Norm. Vorrath 3385 C'
5	85	Nutzungsfaktor 0,33730	20	300	Nutzungsfaktor 0,08863
6	102	Im 10ten Jahre:	21	311	Im 25sten Jahre:
7	120	Durchschn.-Zuw. 17 C'	22	321	Durchschn.-Zuw. 14 C'
8	137	Zuwachsprocent 10,4	23	331	Zuwachsprocent 2,6
9	154	Norm. Vorrath 935 C'	24	341	Norm. Vorrath 5039 C'
10	170	Nutzungsfaktor 0,18182	25	350	Nutzungsfaktor 0,06946
11	185	Im 15ten Jahre:	26	356	Im 30sten Jahre:
12	200	Durchschn.-Zuw. 16 C'	27	359	Durchschn.-Zuw. 12 C'
13	214	Zuwachsprocent 5,7	28	360	Zuwachsprocent 0
14	227	Norm. Vorrath 2001 C'	29	360	Norm. Vorrath 6834 C'
15	240	Nutzungsfaktor 0,11994	30	360	Nutzungsfaktor 0,05268

Tafel 42.

Buchen= und Hainbuchen=Niederwald.

I. Bodenklasse.

Alter.	Holz=masse. Cbfß.	Durchschnittszuwachs, Zuwachsprocent, normaler Vorrath und Nutzungsfaktor.
1	18	Im 5ten Jahre:
2	37	Durchschn.=Zuw. 20 C'
3	57	Zuwachsprocent 28,2
4	78	Norm. Vorrath 290 C'
5	100	Nutzungsfaktor 0,34483
6	123	Im 10ten Jahre:
7	147	Durchschn.=Zuw. 22 C'
8	171	Zuwachsprocent 12,8
9	195	Norm. Vorrath 1146 C'
10	220	Nutzungsfaktor 0,19197
11	245	Im 15ten Jahre:
12	270	Durchschn.=Zuw. 23,1 C'
13	295	Zuwachsprocent 8,1
14	320	Norm. Vorrath 2622 C'
15	346	Nutzungsfaktor 0,13196
16	372	Im 20sten Jahre:
17	398	Durchschn.=Zuw. 24 C'
18	425	Zuwachsprocent 6,2
19	452	Norm. Vorrath 4749 C'
20	480	Nutzungsfaktor 0,10107

Alter.	Holz=masse. Cbfß.	Durchschnittszuwachs, Zuwachsprocent, normaler Vorrath und Nutzungsfaktor.
21	509	Im 25sten Jahre:
22	539	Durchschn.=Zuw. 25 C'
23	569	Zuwachsprocent 4,7
24	598	Norm. Vorrath 7590 C'
25	626	Nutzungsfaktor 0,08248
26	653	Im 30sten Jahre:
27	679	Durchschn.=Zuw. 25,1 C'
28	704	Zuwachsprocent 3,3
29	729	Norm. Vorrath 11108 C'
30	753	Nutzungsfaktor 0,06779
31	778	Im 35sten Jahre:
32	803	Durchschn.=Zuw. 25 C'
33	827	Zuwachsprocent 2,8
34	852	Norm. Vorrath 15244 C'
35	876	Nutzungsfaktor 0,05747
36	901	Im 40sten Jahre:
37	926	Durchschn.=Zuw. 25 C'
38	950	Zuwachsprocent 2,5
39	975	Norm. Vorrath 19995 C'
40	999	Nutzungsfaktor 0,04996

Tafel 43.

Buchen= und Hainbuchen=Niederwald.

II. Bodenklasse.

Alter.	Holz=masse. Cbfß.	Durchschnittszuwachs, Zuwachsprocent, normaler Vorrath und Nutzungsfaktor.	Alter.	Holz=masse. Cbfß.	Durchschnittszuwachs, Zuwachsprocent, normaler Vorrath und Nutzungsfaktor.
1	16	Im 5ten Jahre:	21	466	Im 25sten Jahre:
2	33	Durchschn.=Zuw. 18 C'	22	493	Durchschn.=Zuw. 23 C'
3	51	Zuwachsprocent 28,6	23	521	Zuwachsprocent 4,7
4	70	Norm. Vorrath 260 C'	24	548	Norm. Vorrath 6931 C'
5	90	Nutzungsfaktor 0,34615	25	574	Nutzungsfaktor 0,08282
6	111	Im 10ten Jahre:	26	599	Im 30sten Jahre:
7	133	Durchschn.=Zuw. 20 C'	27	623	Durchschn.=Zuw. 23,1 C'
8	155	Zuwachsprocent 13,0	28	647	Zuwachsprocent 3,4
9	177	Norm. Vorrath 1036 C'	29	670	Norm. Vorrath 10163 C'
10	200	Nutzungsfaktor 0,19305	30	693	Nutzungsfaktor 0,06819
11	223	Im 15ten Jahre:	31	716	Im 35sten Jahre:
12	246	Durchschn.=Zuw. 21,1 C'	32	739	Durchschn.=Zuw. 22,9 C'
13	269	Zuwachsprocent 8,2	33	761	Zuwachsprocent 2,6
14	292	Norm. Vorrath 2382 C'	34	783	Nrm. Vorrath 13965 C'
15	316	Nutzungsfaktor 0,13266	35	803	Nutzungsfaktor 0,05750
16	340	Im 20sten Jahre:	36	821	Im 40sten Jahre:
17	364	Durchschn.=Zuw. 22 C'	37	837	Durchschn.=Zuw. 22 C'
18	389	Zuwachsprocent 6,3	38	852	Zuwachsprocent 1,5
19	414	Norm. Vorrath 4329 C'	39	866	Norm. Vorrath 18220 C'
20	440	Nutzungsfaktor 0,10164	40	879	Nutzungsfaktor 0,04824

Tafel 44.

Buchen- und Hainbuchen-Niederwald.

III. Bodenklasse.

Alter.	Holzmasse Cbfß.	Durchschnittszuwachs, Zuwachsprocent, normaler Vorrath und Nutzungsfaktor.	Alter.	Holzmasse Cbfß.	Durchschnittszuwachs, Zuwachsprocent, normaler Vorrath und Nutzungsfaktor.
1	14	Im 5ten Jahre:	21	419	Im 25sten Jahre:
2	29	Durchschn.-Zuw. 16 C'	22	440	Durchschn.-Zuw. 20 C'
3	45	Zuwachsprocent 29,0	23	460	Zuwachsprocent 4,2
4	62	Norm. Vorrath 230 C'	24	480	Norm. Vorrath 6192 C'
5	80	Nutzungsfactor 0,34783	25	500	Nutzungsfaktor 0,08075
6	99	Im 10ten Jahre:	26	520	Im 30sten Jahre:
7	118	Durchschn.-Zuw. 17,8 C'	27	540	Durchschn.-Zuw. 19,9 C'
8	138	Zuwachsprocent 12,7	28	559	Zuwachsprocent 3,1
9	158	Norm. Vorrath 921 C'	29	578	Norm. Vorrath 8985 C'
10	178	Nutzungsfaktor 0,19327	30	596	Nutzungsfaktor 0,06633
11	199	Im 15ten Jahre:	31	612	Im 35sten Jahre:
12	220	Durchschn.-Zuw. 19 C'	32	627	Durchschn.-Zuw. 19,1 C'
13	241	Zuwachsprocent 8,4	33	641	Zuwachsprocent 2,0
14	263	Norm. Vorrath 2129 C'	34	654	Norm. Vorrath 12186 C'
15	285	Nutzungsfaktor 0,13387	35	667	Nutzungsfaktor 0,05473
16	307	Im 20sten Jahre:	36	679	Im 40sten Jahre:
17	330	Durchschn.-Zuw. 19,9 C'	37	691	Durchschn.-Zuw. 18 C'
18	353	Zuwachsprocent 5,9	38	702	Zuwachsprocent 1,3
19	376	Norm. Vorrath 3893 C'	39	712	Norm. Vorrath 15691 C'
20	398	Nutzungsfaktor 0,10223	40	721	Nutzungsfaktor 0,04595

Tafel 45.

Buchen- und Hainbuchen-Niederwald.

IV. Bodenklasse.

Alter.	Holzmasse Cbfß.	Durchschnittszuwachs, Zuwachsprocent, normaler Vorrath und Nutzungsfaktor.	Alter.	Holzmasse Cbfß.	Durchschnittszuwachs, Zuwachsprocent, normaler Vorrath und Nutzungsfaktor.
1	12	Im 5ten Jahre:	21	331	Im 25sten Jahre:
2	25	Durchschn.-Zuw. 14 C'	22	343	Durchschn.-Zuw. 15 C'
3	39	Zuwachsprocent 29,6	23	354	Zuwachsprocent 2,7
4	54	Norm. Vorrath 200 C'	24	365	Norm. Vorrath 5009 C'
5	70	Nutzungsfaktor 0,35000	25	375	Nutzungsfaktor 0,07487
6	85	Im 10ten Jahre:	26	385	Im 30sten Jahre:
7	101	Durchschn.-Zuw. 15 C'	27	394	Durchschn.-Zuw. 14 C'
8	117	Zuwachsprocent 12,8	28	403	Zuwachsprocent 1,9
9	133	Norm. Vorrath 786 C'	29	412	Norm. Vorrath 7023 C'
10	150	Nutzungsfaktor 0,19084	30	420	Nutzungsfaktor 0,05980
11	167	Im 15ten Jahre:	31	428	Im 35sten Jahre:
12	185	Durchschn.-Zuw. 15,9 C'	32	435	Durchschn.-Zuw. 13 C'
13	203	Zuwachsprocent 8,1	33	442	Zuwachsprocent 1,3
14	221	Norm. Vorrath 1801 C'	34	449	Norm. Vorrath 9232 C'
15	239	Nutzungsfaktor 0,13270	35	455	Nutzungsfaktor 0,04929
16	256	Im 20sten Jahre:	36	461	Im 40sten Jahre:
17	273	Durchschn.-Zuw. 15,9 C'	37	466	Durchschn.-Zuw. 12 C'
18	289	Zuwachsprocent 4,6	38	471	Zuwachsprocent 0,8
19	304	Norm. Vorrath 3241 C'	39	476	Norm. Vorrath 11586 C'
20	318	Nutzungsfaktor 0,09812	40	480	Nutzungsfaktor 0,04143

Tafel 46.

Buchen- und Hainbuchen-Niederwald.

V. Bodenklasse.

Alter.	Holzmasse. Cbfß.	Durchschnittszuwachs, Zuwachsprocent, normaler Vorrath und Nutzungsfaktor.	Alter.	Holzmasse. Cbfß.	Durchschnittszuwachs, Zuwachsprocent, normaler Vorrath und Nutzungsfaktor.
1	10	Im 5ten Jahre:	21	271	Im 25sten Jahre:
2	21	Durchschn.-Zuw. 12 C'	22	280	Durchschn.-Zuw. 12,2 C'
3	33	Zuwachsprocent 30,4	23	288	Zuwachsprocent 2,7
4	46	Norm. Vorrath 170 C'	24	296	Norm. Vorrath 4228 C'
5	60	Nutzungsfaktor 0,35294	25	304	Nutzungsfaktor 0,07190
6	74	Im 10ten Jahre:	26	312	Im 30sten Jahre:
7	88	Durchschn.-Zuw. 13,2 C'	27	319	Durchschn.-Zuw. 11,3 C'
8	102	Zuwachsprocent 12,8	28	326	Zuwachsprocent 2,1
9	117	Norm. Vorrath 683 C'	29	333	Norm. Vorrath 5858 C'
10	132	Nutzungsfaktor 0,19327	30	340	Nutzungsfaktor 0,05804
11	147	Im 15ten Jahre:	31	347	Im 35sten Jahre:
12	163	Durchschn.-Zuw. 13,9 C'	32	353	Durchschn.-Zuw. 10,6 C'
13	179	Zuwachsprocent 7,2	33	359	Zuwachsprocent 1,4
14	195	Norm. Vorrath 1576 C'	34	365	Norm. Vorrath 7652 C'
15	209	Nutzungsfaktor 0,13261	35	370	Nutzungsfaktor 0,04835
16	222	Im 20sten Jahre:	36	375	Im 40sten Jahre:
17	233	Durchschn.-Zuw. 13,1 C'	37	380	Durchschn.-Zuw. 9,8 C'
18	243	Zuwachsprocent 3,6	38	384	Zuwachsprocent 0,8
19	253	Norm. Vorrath 2789 C'	39	388	Norm. Vorrath 9570 C'
20	262	Nutzungsfaktor 0,09394	40	391	Nutzungsfaktor 0,04086

Tafel 47.

Haseln, Aspen, Linden, Weiden.

I. Bodenklasse.

Alter.	Holzmasse. Cbfß.	Durchschnittszuwachs, Zuwachsprocent, normaler Vorrath und Nutzungsfaktor.	Alter.	Holzmasse. Cbfß.	Durchschnittszuwachs, Zuwachsprocent, normaler Vorrath und Nutzungsfaktor.
1	38	Im 5ten Jahre:	11	435	Im 15ten Jahre:
2	78	Durchschn.=Zuw. 40 C'	12	466	Durchschn.=Zuw. 36 C'
3	118	Zuwachsprocent 25,8	13	494	Zuwachsprocent 4,0
4	159	Norm. Vorrath 593 C'	14	519	Norm. Vorrath 4654 C'
5	200	Nutzungsfaktor 0,33727	15	540	Nutzungsfaktor 0,11603
6	241	Im 10ten Jahre:	16	558	Im 20sten Jahre:
7	282	Durchschn.=Zuw. 40 C'	17	572	Durchschn.=Zuw. 30 C'
8	322	Zuwachsprocent 10,5	18	583	Zuwachsprocent 1,4
9	362	Norm. Vorrath 2200 C'	19	592	Norm. Vorrath 7559 C'
10	400	Nutzungsfaktor 0,18182	20	600	Nutzungsfaktor 0,07938

Tafel 48.

Haseln, Aspen, Linden, Weiden.

II. Bodenklasse.

1	31	Im 5ten Jahre:	11	358	Im 15ten Jahre:
2	64	Durchschn.=Zuw. 33 C'	12	384	Durchschn.=Zuw. 30 C'
3	97	Zuwachsprocent 26,0	13	408	Zuwachsprocent 4,7
4	131	Norm. Vorrath 488 C'	14	430	Norm. Vorrath 3845 C'
5	165	Nutzungsfaktor 0,33811	15	450	Nutzungsfaktor 0,11704
6	199	Im 10ten Jahre:	16	467	Im 20sten Jahre:
7	233	Durchschn.=Zuw. 33 C'	17	480	Durchschn.=Zuw. 25 C'
8	266	Zuwachsprocent 10,4	18	488	Zuwachsprocent 1,0
9	299	Norm. Vorrath 1815 C'	19	495	Norm. Vorrath 6275 C'
10	330	Nutzungsfaktor 0,18182	20	500	Nutzungsfaktor 0,07968

Tafel 49.

Haseln, Aspen, Linden, Weiden.

III. Bodenklasse.

Alter.	Holzmasse. Cbfß.	Durchschnittszuwachs, Zuwachsprocent, normaler Vorrath und Nutzungsfaktor.	Alter.	Holzmasse. Cbfß.	Durchschnittszuwachs, Zuwachsprocent, normaler Vorrath und Nutzungsfaktor.
1	25	Im 5ten Jahre:	11	292	Im 15ten Jahre:
2	52	Durchschn.=Zuw. 27 C'	12	312	Durchschn.=Zuw. 24 C'
3	79	Zuwachsprocent 26,2	13	330	Zuwachsprocent 4,0
4	107	Norm. Vorrath 398 C'	14	346	Norm. Vorrath 3125 C'
5	135	Nutzungsfaktor 0,33920	15	360	Nutzungsfaktor 0,11520
6	163	Im 10ten Jahre:	16	372	Im 20sten Jahre:
7	191	Durchschn.=Zuw. 27 C'	17	382	Durchschn.=Zuw. 20 C'
8	218	Zuwachsprocent 10,2	18	390	Zuwachsprocent 1,0
9	245	Norm. Vorrath 1485 C'	19	396	Norm. Vorrath 5065 C'
10	270	Nutzungsfaktor 0,18182	20	400	Nutzungsfaktor 0,07897

Tafel 50.

Haseln, Aspen, Linden, Weiden.

IV. Bodenklasse.

1	18	Im 5ten Jahre:	11	216	Im 15ten Jahre:
2	38	Durchschn.=Zuw. 20 C'	12	230	Durchschn.=Zuw. 17,3 C'
3	58	Zuwachsprocent 26,6	13	242	Zuwachsprocent 3,2
4	79	Norm. Vorrath 293 C'	14	252	Norm. Vorrath 2300 C'
5	100	Nutzungsfaktor 0,34130	15	260	Nutzungsfaktor 0,11304
6	121	Im 10ten Jahre:	16	267	Im 20sten Jahre:
7	142	Durchschn.=Zuw. 20 C'	17	272	Durchschn.=Zuw. 14 C'
8	162	Zuwachsprocent 9,9	18	276	Zuwachsprocent 0,7
9	182	Norm. Vorrath 1100 C'	19	278	Nrm. Vorrath 3673 C'
10	200	Nutzungsfaktor 0,18182	20	280	Nutzungsfactor 0,07623

Tafel 51.

Haseln, Aspen, Linden, Weiden.

V. Bodenklasse.

Alter.	Holz-masse. Cbfß.	Durchschnittszuwachs, Zuwachsprocent, normaler Vorrath und Nutzungsfaktor.	Alter.	Holz-masse. Cbfß.	Durchschnittszuwachs, Zuwachsprocent, normaler Vorrath und Nutzungsfaktor.
1	13	Im 5ten Jahre:	11	162	Im 15ten Jahre:
2	28	Durchschn.-Zuw. 15 C'	12	171	Durchschn.-Zuw. 12,2 C'
3	43	Zuwachsprocent 27,1	13	177	Zuwachsprocent 1,1
4	59	Nrm. Vorrath 218 C'	14	181	Norm. Vorrath 1696 C'
5	75	Nutzungsfaktor 0,34404	15	183	Nutzungsfaktor 0,10790
6	91	Im 10ten Jahre:	16	184	Im 20sten Jahre:
7	106	Durchschn.-Zuw. 15 C'	17	184	Durchschn.-Zuw. 9 C'
8	121	Zuwachsprocent 10,3	18	183	Zuwachsprocent — 1,1
9	136	Norm. Vorrath 822 C'	19	182	Norm. Vorrath 2609 C'
10	150	Nutzungsfaktor 0,18248	20	180	Nutzungsfaktor 0,06899

Tafel 52.

Vergleichung der Massen- und Werth-Nutzungsfaktoren für Buchen I. Bodenklasse.

Alter.	Massenwerth eines Morg. thl.	sg.	Werth des normalen Vorraths. thlr.	sg.	Massennutzungsfaktor.	Werthnutzungsfaktor.
10	5	2	23	11	0,21683	0,21683
20	14	8	122	6	0,11675	0,11675
30	26	1	327	1	0,07960	0,07960
40	42	—	680	14	0,06027	0,06172
50	57	20	1185	3	0,04801	0,04866
60	86	13	1960	22	0,03984	0,04408
70	106	22	2936	11	0,03394	0,03635
80	150	15	4327	17	0,02958	0,03478
90	176	9	5974	4	0,02617	0,02951
100	216	11	8012	16	0,02340	0,02700
110	243	8	10325	4	0,02105	0,02356
120	302	5	13215	20	0,01906	0,02286

Bemerkungen.

Diese und die folgende Tafel sollen ein Beispiel geben, wie der mit dem Alter steigende Werth des Holzes auf den Nutzungsfaktor einwirken kann. Zu diesem Zweck sind neben den Massen-Nutzungsfaktoren der 1. und 11. Tafel die Nutzungsfaktoren des Werthes zusammengestellt worden, welche sich aus folgenden angenommenen Werths- und Sortimentsverhältnissen ergeben haben: bis 20 Jahre Reisholz à 30 C' p. Schock à 1 Thlr. — 40 Jahre: 20% Knüppel à 60 C' p. Klafter à 2 Thlr. 15 Sgr. — 60 Jahre: 20% Kloben à 70 C' p. Klafter à 4 Thlr., 30% Knüppel, 50% Reisholz. — 80 Jahre: 50% Kloben, 30% Knüppel, 20% Reisholz. — 100 Jahre: 5% Nutzholz à 80 C' p. Klafter à 8 Thlr., 50% Kloben, 30% Knüppel, 15% Reisholz. — 120 Jahre: 10% Nutzholz 10 Thlr. p. Klafter, 55% Kloben, 20% Knüppel, 15% Reisholz. — Die Berechnung auf Grund dieser Annahme ist so geführt, daß, vom 20sten Jahre an, für das erste Jahrzehend jedes 20jährigen Abschnitts der vorhergehende Satz, für das zweite Jahrzehend der folgende Satz des Werths- und Sortimentsverhältnisses angewandt worden. Hätte man, was jedoch für den vorliegenden Zweck unnöthig war, die Werthverhältnisse nach 10jährigen Abschnitten regulirt, so würde sich eine noch regelmäßigere Veränderung der Differenzen zwischen Massen- und Werth-Nutzungsfaktoren herausgestellt haben.

Tafel 53.

Vergleichung der Massen- und Werth-Nutzungsfaktoren für Kiefern I. Bodenklasse.

Alter.	Massenwerth eines Morg. thl.	sg.	Werth des normalen Vorraths. thlr.	sg.	Massennutzungsfaktor.	Werthnutzungsfaktor.	Bemerkungen.
10	4	3	21	12	0,19237	0,19237	
20	9	17	91	24	0,10439	0,10439	20 Jahre: Reisholz à 30 C' p. Schock à 15 Sgr.
30	15	24	221	9	0,07139	0,07139	
40	29	13	475	6	0,05437	0,06194	40 Jahre: 50% Knüppel à 60 C' p. Klafter à 2 Thlr., 50% Reisholz à 50 C' p. Schock à 15 Sgr.
50	38	22	820	15	0,04368	0,04721	
60	66	1	1425	5	0,03613	0,04633	60 Jahre: 25% Kloben à 70 C' p. Klafter à 3 Thlr., 50% Knüppelholz, 25% Reisholz.
70	77	17	2149	22	0,03039	0,03608	
80	139	16	3469	26	0,02606	0,04021	80 Jahre: 25% Nutzholz à 80 C' p. Klafter à 6 Thlr. 10 Sgr., 50% Kloben, 15% Knüppel, 10% Reisholz.
90	155	1	4951	20	0,02268	0,03131	
100	205	8	6930	1	0,01995	0,02962	100 Jahre: 30% Nutzholz à 80 C' p. Klafter à 8 Thlr., 55% Kloben, 10% Knüppel, 5% Reisholz.
110	220	3	9065	9	0,01772	0,02428	
120	271	22	11714	12	0,01588	0,02320	120 Jahre: 35% Nutzholz, 9 Thlr. 15 Sgr. p. Klafter, 50% Kloben, 10% Knüppel, 5% Reisholz. In Betreff der Rechnung gilt die Bemerkung zur vorigen Tafel.

Ta

Zusamm

einiger Reduktionsfakto

Länder.	Kubikfuß		Morgen	
	Fremde in preußische.	Preußische in fremde.	Fremde in preußische.	Preuß in fre
Anhalt	1	1	1	1
Baden	0,8733	1,1450	1,4100	0,70
Bayern	0,8042	1,2435	1,3345	0,74
Braunschweig	0,7516	1,3304	1,3064	0,76
Dänemark	1	1	2,1605	0,46
England	0,9159	1,0918	1,5849	0,63
Frankfurt	0,7457	1,3410	1,2751	0,78
Frankreich	32,346	0,0309	3,9166	0,25
Hannover	0,8061	1,2405	1,0265	0,97
— —	—	—	1,3687	0,73
Großherzogth. Hessen.	0,5054	1,9786	0,9792	1,02
Kurfürstenth. Hessen .	0,7703	1,2983	0,9347	1,06
(Fulda)	0,7322	1,3657	0,7221	1,38
Mecklenburg Schwerin	0,7606	1,3148	—	—
Nassau	0,8733	1,1450	0,9792	1,02
Oesterreich	1,0216	0,9788	2,2542	0,44
Polen	0,7727	1,2942	2,1928	0,45
Rußland	0,9159	1,0918	4,2789	0,23
Sachsen	0,7346	1,3613	2,1675	0,46
S. Weimar	0,7252	1,3789	1,1161	0,89
Schweden	0,8466	1,1813	1,9334	0,517
Württemberg	0,7606	1,3148	1,2344	0,81

t.

llung
forstliche Maaße.

Kubikfuß f einem Morgen.		Bemerkungen.
nde in ßische.	Preußische in fremde.	
	1	
194	1,6145	
026	1,6595	Tagewerk.
754	1,7380	Waldmorgen.
629	2,1605	Geometrische Tonnen.
779	1,7305	Acre.
848	1,7098	Werkschuh und Waldmorgen.
586	0,1211	Stères und Hectares.
853	1,2735	Hann. Morgen à 120 Quadrat=Ruthen.
889	1,6980	Kalenberger Morgen à 160 Quadrat=Ruthen.
162	1,9374	
241	1,2135	Kurhess. Cubikfuß und Cass. Acker.
140	0,9862	Hundeshagen.
958	1,1163	Auf 100 mecklenb. Quadrat=Ruthen.
919	1,1212	Werkfuß à 0,3 Mètre.
532	2,2064	Joch.
524	2,8379	Morgen à 300 Quadrat=Ruthen.
140	4,6719	Kron=Dessätinen à 2400 Quadrat=Faden.
389	2,9506	Acker à 300 Quadrat=Ruthen.
498	1,5390	Acker à 140 Quadrat=Ruthen.
379	2,2838	Tonnen à 14000 Quadrat=Ellen.
161	1,6230	

In dem Taschenbuch der Maaß- und Gewichtskunde von F. W. Schneider, Berlin 1839, aus welchem die vorstehenden Reduktionsfaktoren (excl. der Mecklenburgischen) entnommen worden, finden sich auch noch die anderen den Forstmann interessirenden Vergleichungen, als: Preis eines laufenden Fußes, Preis oder Kulturkosten p. Morgen, Preis eines Cubikfußes, Klafter (Malter, Stecken &c.), Preis einer Klafter, Scheffel p. Morgen, Pfunde p. Scheffel, Pfunde p. Morgen. — Den obigen Angaben über Mecklenburg-Schwerin liegt der mecklenb. Werkfuß von 127, und der Feldfuß (16 = 1 Ruthe) von 129 pariser Linien (angeblich der lübecksche) zum Grunde.

Gedruckt bei Julius Sittenfeld in Berlin.

Einzeln: I. Literatur-Nachweisung ($1\frac{1}{6}$ Thlr.) II. Holzkenntniß und Holzerziehung ($1\frac{5}{6}$ Thlr.). III. Forstschutz und praktische Forstpolizeilehre ($2\frac{1}{4}$ Thlr.) IV. Forstbenutzung und Forsttechnologie ($2\frac{1}{4}$ Thlr.). V. Forsttaxation ($2\frac{1}{2}$ Thlr.).

Dessen: Die Forstpolizeigesetze Deutschlands und Frankreichs nach ihren Grundsätzen mit besonderer Rücksicht auf eine neue Forstpolizeigesetzgebung Preußens. Für Forstmänner, Cameralisten und Landstände. gr. 8. 276 S. . . . . $1\frac{1}{2}$ Thlr.

Lüdersdorff, Dr. F., Beschreibung des Pistorius'schen Dampf-Brenn-Apparates, nebst erläuternden Bemerkungen. Zweite, nach den neueren Erfahrungen verbesserte Auflage. Mit 6 Tafeln in Zinkdruck. gr. 8. 52 S. . . . . 25 Sgr.

Rothe, A., Handbuch für den angehenden Landwirth. gr. 8. 459 Seiten. . . . . geh. 2 Thlr.

Veit und Comp.

FSC
www.fsc.org
MIX
Papier | Fördert
gute Waldnutzung
FSC® C083411

Kolibri 360 GmbH
Ferdinand-Jühlke-Straße 7
99095 Erfurt, Deutschland
produktsicherheit@kolibri360.de